Bewertung globaler Standortstrukturalternativen im Maschinenbau

Von der Fakultät für Maschinenwesen
der Rheinisch-Westfälischen Technischen Hochschule Aachen
zur Erlangung des akademischen Grades eines
Doktors der Ingenieurwissenschaften
genehmigte Dissertation

vorgelegt von
Diplom-Ingenieur Diplom-Wirtschaftsingenieur
Andreas Merchiers
aus
Iserlohn

Berichter:
Univ.-Prof. Dr.-Ing. Dipl.-Wirt.Ing. Günther Schuh
Univ.-Prof. Dr.-Ing. Dipl.-Wirt.Ing. Dr.h.c.mult. Walter Eversheim

Tag der mündlichen Prüfung: 12.11.2008

ERGEBNISSE AUS DER PRODUKTIONSTECHNIK

Andreas Merchiers

Bewertung globaler Standortstrukturalternativen im Maschinenbau

Herausgeber:
Prof. Dr.-Ing. Dr.-Ing.E.h. F. Klocke
Prof. Dr.-Ing. Dipl.-Wirt.Ing. G. Schuh
Prof. Dr.-Ing. C. Brecher
Prof. Dr.-Ing. R. Schmitt

Band 16/2008

WZL RWTHAACHEN

IPT

Fraunhofer Institut Produktionstechnologie

Bibliografische Information der Deutschen Bibliothek
Die Deutsche Nationalbibliothek verzeichnet diese Publikation in der Deutschen Nationalbibliografie; detaillierte bibliografische Daten sind im Internet über http://dnb.ddb.de abrufbar.

Autor: Andreas Merchiers
Bewertung globaler Standortstrukturalternativen im Maschinenbau

Gedruckt auf holz- und säurefreiem Papier, 100% chlorfrei gebleicht.

Wissenschaftsverlag des Instituts für Industriekommunikation und Fachmedien
an der RWTH Aachen
Steinbachstr. 25, 52074 Aachen
Internet: www.apprimus-verlag.de, E-Mail: info@apprimus-verlag.de

Printed in Germany

ISBN 978-3-940565-24-2

D 82 (Diss. RWTH Aachen University, 2008)

Vorwort

Die vorliegende Arbeit entstand während meiner Tätigkeit als wissenschaftlicher Mitarbeiter am Lehrstuhl für Produktionssystematik des Werkzeugmaschinenlabors WZL der Rheinisch-Westfälischen Technischen Hochschule (RWTH) Aachen.

Sie ist Ergebnis der ständigen Spiegelung der Forschung an realen, die Industrie betreffenden Problemstellungen am WZL. Dieses besondere Umfeld war nicht zuletzt eine wesentliche Voraussetzung für die erfolgreiche Durchführung der Arbeit.

Herrn Professor Günther Schuh, Inhaber des Lehrstuhls für Produktionssystematik, möchte ich daher an dieser Stelle ganz herzlich für die Möglichkeit zur Promotion und sein Vertrauen in mich und meine Arbeit danken. Seinem Vorgänger, Herrn Professor emeritus Walter Eversheim, danke ich für die kritische Durchsicht der Dissertation und die Übernahme des Koreferats.

Mein Dank gilt ferner meinen Kollegen und Freunden am WZL, die mich in vielfältiger Weise unterstützt und damit zum Gelingen dieser Arbeit beigetragen haben. Für die konstruktiven Diskussionen und die Durchsicht der Arbeit gebührt mein besonderer Dank Herrn Dipl.-Ing. Alexander Gulden, Herrn Dipl.-Ing. Bastian Franzkoch sowie Herrn Dr.-Ing. Sebastian Gottschalk.

Meinen studentischen Mitarbeitern sowie Studien- und Diplomarbeitern Herrn cand. Ing. Hauke Pelzer, Herrn Dipl.-Ing. Christoph Kriegel, Herrn cand. Ing. Thorsten Haubrich und Herrn Dipl.-Ing. Tilman Richers danke ich für ihr Mitwirken und ihren unermüdlichen Einsatz bei der Umsetzung der Ergebnisse.

Zum Gelingen dieser Arbeit hat zudem mein privates Umfeld beigetragen. Meinen langjährigen Freunden danke ich für Aufmunterungen und Rückhalt sowie die stete Erinnerung daran, dass sich das Leben nicht auf die Produktionstechnik beschränkt.

Nicht zuletzt danke ich meinen Eltern für ihre immerwährende, vorbehaltlose Unterstützung auf meinem bisherigen Lebensweg und Katrin, die mit ihrer Liebe, ihrer Geduld und tatkräftiger Unterstützung dieser Arbeit zum Erfolg verholfen hat.

Ihnen sei diese Arbeit gewidmet.

Essen, im November 2008

Inhaltsverzeichnis

Abbildungsverzeichnis

Abkürzungsverzeichnis

#	(An-) Zahl
a. M.	am Main
Abs.	Absatz
Abt.	Abteilung
AfA	Abschreibung für Anlagevermögen
AG	Aktiengesellschaft
Anz.	Anzahl
Aufl.	Auflage
BDE	Betriebsdatenerfassung
BDI	Bundesverband der Deutschen Industrie
BMBF	Bundesministerium für Bildung und Forschung
bspw.	beispielsweise
BVL	Bundesvereinigung Logistik e.V.
BWL	Betriebswirtschafslehre
bzw.	beziehungsweise
CFROI	Cash Flow Return on Investment
CKD	Completely Knocked Down
CMR	California Management Review
D	Deutschland
d.h.	das heißt
DBW	Die Betriebswirtschaft
Destatis	Deutsches Statistik-Informationssystem
DIHK	Deutscher Industrie- und Handelskammertag
Diss.	Dissertation
e.V.	eingetragener Verein
ERP	Enterprise Resource Planning
et al.	et alii
etc.	et cetera
EU	Europäische Union

EUR	Euro
eurostat	European Statistical Office
f	folgende
F.A.Z.	Frankfurter Allgemeine Zeitung
Fa.	Firma
FAG	FAG Kugelfischer AG & Co. oHG
FB	Fachbereich
FDI	Financial Direct Investment
ff	Plural der Abkürzung f
GATT	General Agreement on Tariffs and Trade
ggf.	gegebenenfalls
GmbH	Gesellschaft mit beschränkter Haftung
GoB	Grundsätze ordnungsmäßiger Buchführung
GTZ	Deutsche Gesellschaft für technische Zusammenarbeit GmbH
GuV	Gewinn- und Verlustrechnung
h	Stunde
H.	Heft
HBR	Harvard Business Review
HGB	Handelsgesetzbuch
Hrsg.	Herausgeber
i.A.a.	in Anlehnung an
i.d.R.	in der Regel
i.e.S.	im engeren Sinne
i.S.d.	im Sinne der/ des
i.S.e.	im Sinne eines/ einer
i.S.v.	im Sinne von
i.w.S.	im weiteren Sinne
ifo	Institut für Wirtschaftsforschung e.V.
IG	Industrie-Gewerkschaft
IIE	Institution of Incorporated Engineers

IKB	IKB Deutsche Industriebank
IKS	Informations- und Kommunikationssystem
ISI	Institut Systemtechnik und Innovationsforschung
ISP	Internet Service Provider
IuK	Information und Kommunikation
IW	Institut der deutschen Wirtschaft
Jg.	Jahrgang
JIT	Just in Time
Kap.	Kapitel
KfW	Kreditanstalt für Wiederaufbau
Kg	Kilogramm
KPMG	Wirtschaftsprüfungsgesellschaft, benannt nach den Gründern Klynveld, Peat, Marwick und Goerdeler
M+E	Metall- und Elektroindustrie
MA	Mitarbeiter
Mio.	Million
MNU	Multinationale Unternehmen
Mrd.	Milliarde
NAFTA	North American Free Trade Agreement
No.	Number
Nr.	Nummer
o.g.	oben genannte
o.V.	ohne Verfasser
OEM	Original Equipment Manufacturer
p.a.	per annum
PFT	Bereich "Produktion und Fertigungstechnologien", Projektträger Forschungszentrum Karlsruhe
PIMS	Profit Impact of Marketing Strategy
PTW	Institut für Produktionsmanagement, Technologie und Werkzeugmaschinen der TU Darmstadt
PZH	Produktionstechnisches Zentrum Hannover

RCA	Revealed Comparative Advantage
ROE	Return on Equity
ROS	Return on Sales
RWTH	Rheinisch-Westfälische Technische Hochschule
S.	Seite
SCM	Supply Chain Management
SEP	Strategische Erfolgsposition
SKD	Semi Knocked Down
SOP	Standard Operating Procedures
Sp.	Spalte
Stk.	Stück
t	Tonne
TCO	Total Cost of Ownership
Tier-1	engl. für erster Rang
TNC	Transnational Company
Tsd.	Tausend
u.	und
u.a.	unter anderem
UNCTAD	United Nations Conference on Trade and Development
Univ.	Universität
USA	United States of America
VDA	Verband der Deutschen Automobilindustrie
VDI	Verein Deutscher Ingenieure
VDMA	Verband Deutscher Maschinen- und Anlagenbau
vgl.	vergleiche
Vol.	Volume
VPN	Virtual Private Network
vs.	versus
WAN	Wide Area Network
WACC	Weighted Average Cost of Capital

WID	World Investment Directory
WiSt	Wirtschaftswissenschaftliches Studium
WTO	World Trade Organization
WZL	Werkzeugmaschinenlabor WZL der RWTH Aachen
z.B.	zum Beispiel
z.T.	zum Teil
ZfB	Zeitschrift für Betriebswirtschaft
ZfbF	Zeitschrift für betriebswirtschaftliche Forschung
zfo	Zeitschrift Führung + Organisation
ZWF	Zeitschrift für wirtschaftlichen Fabrikbetrieb

1 Einleitung

1.1 Motivation

1.1.1 Ausgangssituation

Bedingt durch das außergewöhnlich hohe Wachstum im Welthandel ist der Trend zur Globalisierung im produzierenden Gewerbe seit Jahren ungebrochen. Der Großteil des künftig zu erwartenden Wachstums ist dabei in neuen Märkten – speziell China und Indien – zu verzeichnen. Prognosen gehen davon aus, dass der Handel in diesen Schwellenmärkten mindestens doppelt so schnell wachsen wird wie in den entwickelten Märkten.[1] Doch was auf den ersten Blick sehr verlockend aussieht, birgt erhebliche Gefahren für die bestehenden Unternehmen. Sie sehen sich mit einem zunehmenden „Wettbewerb von unten" aus Ländern Mittel- und Osteuropas sowie Zentralasiens im Bereich der Herstellung wissens- und technologieintensiver Güter konfrontiert. Traditionelle Vorsprünge schrumpfen.[2] Insbesondere der Eintritt chinesischer Wettbewerber in den Weltmarkt wird gravierende strukturelle Veränderungen mit sich führen – ähnlich dem Auftauchen japanischer und koreanischer Unternehmen vor 25 Jahren – nur dürfte der Effekt entsprechend der Größe der chinesischen Volkswirtschaft wesentlich stärker sein.[3] Parallel fordern Kunden von den Unternehmen einerseits, dass bestimmte Standardprodukte global verfügbar zum besten Preis angeboten werden[4], andererseits erwarten sie von den gleichen Unternehmen aber auch, dass sie weltweit in der Lage sind, technologisch hochwertige und kundenspezifische Produkte zeitnah zu liefern.[5] Das Dogma der Unvereinbarkeit unterschiedlicher Wettbewerbsstrategien[6] wird dieser Entwicklung nicht mehr gerecht; die konsequent singuläre Ausrichtung auf eine strategische Stoßrichtung ist nur noch schwer möglich.

Während viele Unternehmen in den 80er und 90er Jahren ihre erfolgreiche Expansion in den Weltmarkt über eine Export- und Vertriebsstrategie realisierten, sind sie nun gezwungen, über das Service- und Vertriebslevel hinaus in den Märkten aktiv zu sein. Nur so können sie neue Wettbewerbsstrategien hybrider Natur[7] umsetzen, flexibel auf die

---

[1] Ergebnisse einer Befragung von weltweit 232 leitenden Führungskräften aus der Fertigungsindustrie durch die Economist Intelligence Unit im Auftrag von KPMG. Vgl. o.V.: Perspektiven im Maschinen- und Anlagenbau, 2007, S. 2.

[2] Vgl. Calabuig Rull, J.: Bericht über einen politischen Rahmen zur Stärkung des verarbeitenden Gewerbes in der EU, 2006, S. 11; Kempkens, W.; Dürand, D.: Wachstum kann nur über Innovationen kommen, 2003, S. 92.

[3] Vgl. o.V.: Globalisierungsstrategien für Maschinen- und Anlagenbauer, 2006, S. 5.

[4] Vgl. Kanter, R. M.: Wachstum, 2000, S. 44f.

[5] Vgl. Veit, E.: Individuelle Produkte und Systeme bei bestem Preis-/ Leistungsverhältnis, 2004, S. 14f.

[6] Vgl. Porter, M. E.: Wettbewerbsstrategien,1999, S. 70ff; Porter, M. E.: Wettbewerbsvorteile, 1992, S. 93ff.

[7] Als hybride oder mehrdimensionale Wettbewerbsstrategien werden Kombinationen der klassischen Porter'schen Strategien Kostenführerschaft und Differenzierung bezeichnet. Vgl. hierzu auch Fleck, A.: Hybride

Marktbedürfnisse reagieren sowie unter Ausnutzung lokaler (Kosten-) Vorteile zu wettbewerbsfähigen Preise anbieten und entsprechend am Marktwachstum partizipieren.[1]

Begünstigt wird diese Entwicklung durch einen steten Abbau von Handelsbarrieren[2] und einer zunehmenden Deregulierung und Liberalisierung der Kapitalmärkte[3]. Gleichzeitig führt die verstärkte Ausbildung von Ingenieuren und Facharbeitern in aufstrebenden Entwicklungs- und Schwellenländern zu einer weltweit höheren Verfügbarkeit produktionstechnischen Wissens. Gepaart mit moderner Logistik, einer verbesserten Verkehrsinfrastruktur sowie den revolutionären Fortschritten in der Informations- und Kommunikationstechnologie wird die „Desintegration" der Produktion[4] vorangetrieben. Betriebliche Abläufe und Prozesse lassen sich heute viel einfacher zerlegen und an unterschiedlichen Standorten getrennt von einander durch eine übergeordnete Koordination betreiben.[5]

Der Aufbau effizienter globaler Wertschöpfungsketten wird somit zunehmend eine Kompetenz und damit auch ein Differenzierungspotenzial produzierender Unternehmen.[6] Während dies jedoch bis dato ein Privileg großer, so genannter Multinationaler Unternehmen (MNU)[7], war, setzt sich dieses Verständnis nun in immer breiterer Front durch[8] – nicht zuletzt auch durch den Umstand, dass zunehmend kleine und mittelständische Unternehmen ebenfalls in den Sog der Optimierung internationaler Liefer- und Wertschöpfungsketten geraten.[9]

Deutlich wird dieser Trend bei der Betrachtung der Auslands- und Inlandsaktivitäten deutscher Unternehmen des verarbeitenden Gewerbes. Von 1991 bis 2005 stieg der Umsatz ausländischer Niederlassungen deutscher Unternehmen in diesem Sektor um mehr als 210%, während in Deutschland der konsolidierte Umsatz im gleichen Zeitraum um lediglich 42% zulegen konnte. Mit dieser Umsatzentwicklung einher ging mindestens eine Verdoppelung der Zahl der Auslandsniederlassungen deutscher Unternehmen auf

Wettbewerbsstrategien, 1995; Corsten, H.: Produktion als Wettbewerbsfaktor, 1995; Jenner, T.: Hybride Wettbewerbsstrategien in der deutschen Industrie, 2000.

[1] Vgl. Jacob, F.; Meyer, T.: Globalisierung und globale Produktion, 2006, S. 6ff; Gottschalk, B.: Standort Deutschland, 2005, S. 6.

[2] Vgl. Berger, R.: Chancen und Risiken der Internationalisierung, 2002, S. 21f.

[3] Vgl. Porter, M. E.: Globaler Wettbewerb, 1989, S. 2.

[4] Unter der „Desintegration" der Produktion wird die Auflösung der örtlichen und zeitlichen Konzentration aller Aktivitäten auf einen bestimmten Standort verstanden. Vgl. Jochimsen, R.: Globalisierung und Währungsintegration als Katalysatoren des Strukturwandels im Mittelstand, 1999, S. 28f.

[5] Vgl. Jochimsen, R.: Globalisierung und Währungsintegration als Katalysatoren des Strukturwandels im Mittelstand, 1999, S. 28.

[6] Vgl. Abele, E.; Kluge, J.; Näher, U. (Hrsg.): Handbuch Globale Produktion, 2006, S. 1.

[7] Vgl. Scherer, A. G.: Multinationale Unternehmen und Globalisierung, 2003, S. 90ff.

[8] Ergebnis einer Zusatzbefragung im Rahmen der DIHK-Konjunkturumfrage. Vgl. o.V.: Investitionen im Ausland, 2005.

[9] Vgl. Schuh, G. et al.: Wettbewerbsfaktor Produktionstechnik, 2005, S. 48; o.V.: Wertschöpfung hat Wert, 2006, S. 8.

über 10.000.[1] Der Anteil der im Ausland beschäftigten Mitarbeiter stieg im Vergleichszeitraum von 18% auf mittlerweile 45% (Bild 1.1).

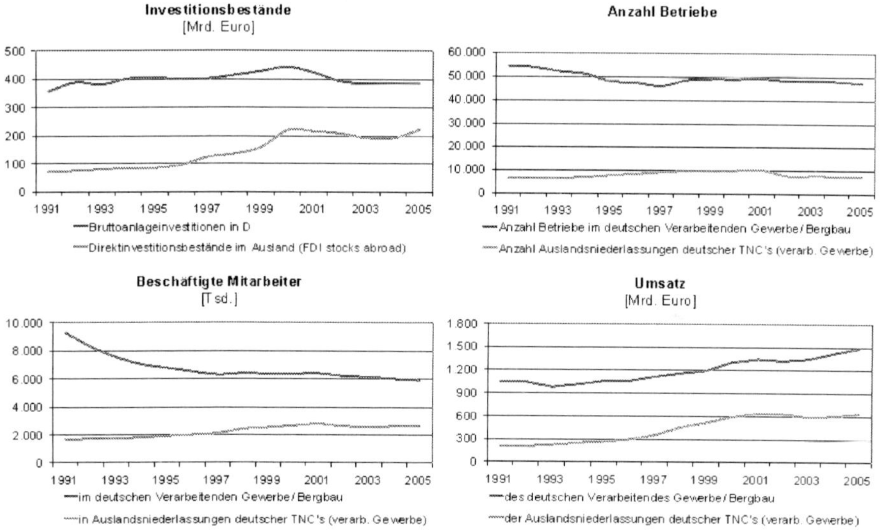

Bild 1.1: Globalisierung im Verarbeitenden Gewerbe[2]

Erst 2002 kam es zu einer ersten nennenswerten Gegenbewegung, die jedoch vor allem auf konjunkturelle Ursachen zurückzuführen war. Die Unternehmen waren in dieser wirtschaftlich angespannten Phase bemüht, die Auslastung der heimischen Kapazitäten durch Rückverlagerungen eines Teils der Wertschöpfung kurzfristig möglichst wenig absinken zu lassen.[3] Hierbei handelt es sich jedoch nach neusten Erhebungen für die Metall- und Elektroindustrie nicht um eine stabile Trendumkehr. Die für 2003 ermittelten Werte entsprechen wieder dem Niveau von 2000.[4]

Interpretiert man Investitionen deutscher Unternehmen als Zukunftserwartungen, so ist trotz der erkennbaren konjunkturinduzierten Trendabschwächung zukünftig eher eine weitere Zunahme der Internationalisierung zu erwarten: Korrespondierend zum Umsatzwachstum ausländischer Niederlassungen nahm der Bestand deutscher Direktinvestitio-

[1] Die in der zugehörigen Graphik (Bild 1.1) zu sehende Abnahme der Auslandsniederlassungen nach 2001 resultiert aus der Anhebung der Meldefreigrenze im März 2002 auf 3 Mio. €. Vgl. o.V.: Bestandserhebung über Direktinvestitionen, 2007, S. 65.

[2] Eigene Darstellung. Quellen: Auslandsgrößen bis 2001, vgl. o.V.: WID Country Profile Germany, 2005, S. 20, 24, 30, 34; Auslandsgrößen ab 2002, vgl. o.V.: Bestandserhebung über Direktinvestitionen, 2007, S. 25, 30; Inlandsgrößen, vgl. o.V.: Volkswirtschaftliche Gesamtrechnungen, 2007, S. 7; o.V.: Verarbeitendes Gewerbe, 2007.

[3] Vgl. Hild, R.: Produktion, Wertschöpfung und Beschäftigung im Verarbeitenden Gewerbe, 2004, S. 21.

[4] Vgl. Kinkel, S.; Lay, G.: Produktionsverlagerungen unter der Lupe, 2004, S. 3.

nen im Ausland um ebenfalls mehr als 225% zu; der Anlageninvestitionsbestand in Deutschland befindet sich hingegen nur leicht über dem Niveau von 1991 (plus 8,5%).

Untermauert wird dies durch die Verlagerungsabsichten der Unternehmen (Bild 1.2). Deutlich erkennbar ist hierbei auch die eingangs beschriebene Ausweitung der Aktivitäten auf den gesamten Sektor.[1] Während in den Jahren 2000 bis 2004 weniger als 30% der kleinen und mittelständischen Unternehmen Verlagerungsmaßnahmen planten, werden bis 2009 fast zwei Drittel dieser Unternehmen auf diesem Gebiet aktiv werden. In der Klasse bis 250 Mio. € Umsatz bilden Unternehmen ohne Verlagerungen gar die Ausnahmen.[2] Die im Verhältnis hierzu deutlich niedrigeren Zahlen bei großen Unternehmen sind vornehmlich darauf zurückzuführen, dass mit dem Aufbau verteilter Wertschöpfung bereits frühzeitiger begonnen wurde und nun die Optimierung der vorhandenen Strukturen im Vordergrund der Aktivitäten steht.[3]

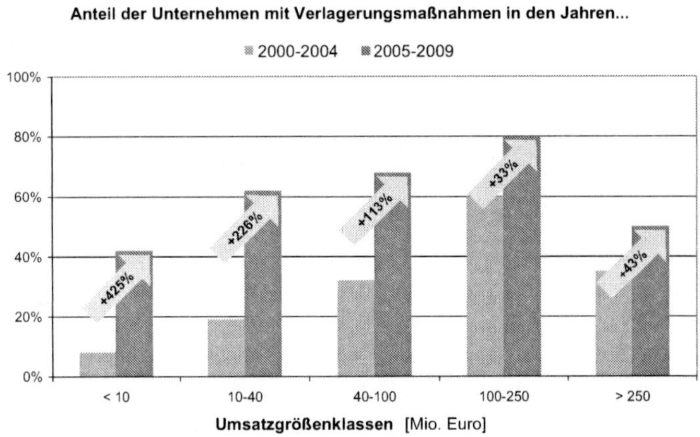

Bild 1.2: Verlagerungsmaßnahmen in Abhängigkeit der Unternehmensgröße[4]

Aus produktionstheoretischer Sicht führt die zunehmende internationale Arbeitsteilung zu einer Umverteilung der Produktionsfaktoren Arbeit, Kapital und technischen Wissens. Teile des Leistungserstellungsprozesses sind nicht mehr am Heimatstandort angesiedelt, sondern dort, wo diese den größten Beitrag zum Unternehmenserfolg leisten.[5] In der deutschen Industrie spiegelt sich dies in einem steigenden Anteil der Vorleistungen am Produktionswert wider. Einerseits steigt die Industrieproduktion (gemessen mit dem Produktionsindex) schneller als die Wertschöpfung im Verarbeitenden Gewerbe, anderer-

[1] Analyseergebnisse des Verbands der Bayerischen Metall- und Elektroindustrie e.V. Vgl. o.V.: Wertschöpfung hat Wert!, 2006, S. 8.

[2] Vgl. Wildemann, H.: Unternehmensstandort Deutschland, 2006, S. 10.

[3] Vgl. Jacob, F.; Meyer, T.: Globalisierung und globale Produktion, 2006, S. 2.

[4] Vgl. Wildemann, H.: Unternehmensstandort Deutschland, 2006, S. 10.

[5] Vgl. Grömling, M.: Zur Weltmarktposition der Deutschen Wirtschaft, 2003, S. 10f.

seits zeigt sich eine Erhöhung der Vorleistungsquote (Anteil des Vorleistungswertes am gesamten Produktionswert) bzw. wie im Bild 1.3 dargestellt, eine sinkende Wertschöpfungsquote (Anteil der Wertschöpfung am Produktionswert).[1] Dabei hat sich die Entwicklung seit 1995 besonders stark beschleunigt. Während die Quote in den 24 Jahren von 1970 bis 1994 lediglich um 1,8 Prozentpunkte sank, fiel sie in den neun Jahren von 1994 bis 2003 um 4,4 Prozentpunkte.[2]

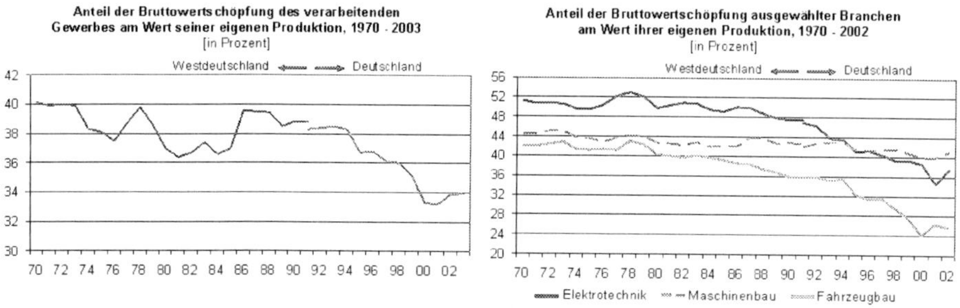

Bild 1.3: Wertschöpfungsentwicklung im Verarbeitenden Gewerbe[3]

Die wesentlichen Impulse hierzu gaben in der Vergangenheit hauptsächlich große OEM und Tier-1 Zulieferer aus der Automobil- und Elektroindustrie.[4] Hier sank der Anteil der eigenen Wertschöpfung an der Produktion in den elf Jahren von 1991 bis 2002 um bis zu 10,3 Prozent. Hingegen blieb die Eigenleistung im Maschinenbau nahezu konstant auf einem verhältnismäßig hohen Level von deutlich über 40%.[5]

Gründe für die hohe Wertschöpfungsquote im Maschinenbau sind dabei nicht nur die sehr kundenindividuellen Produkt- und damit auch Produktionsprogramme, sondern vor allem auch die mittelständische Branchenstruktur. Die Betriebe sind zu klein, um mehrere Produktionsstandorte zu betreiben.[6] Darüber hinaus fehlt es ihnen im Gegensatz zu den Großkonzernen der Fahrzeug-, Elektronik- oder Pharmaindustrie an Finanz- und Personalressourcen.[7]

Doch gibt es deutliche Anzeichen für eine Trendwende.[8] Der stärker werdende Wettbewerbsdruck, insbesondere der Kampf um die neuen Absatzmärkte in den Wachstumsre-

[1] Vgl. o.V.: Arbeitsplatzeffekte der Globalisierung, 2004, S. 59.

[2] Vgl. Sinn, H.-W.: Basar-Ökonomie Deutschland, 2005, S. 6; Hild, R.: Produktion, Wertschöpfung und Beschäftigung im Verarbeitenden Gewerbe, 2004, S. 21.

[3] Auswertungen des ifo Instituts für Wirtschaftsforschung. Vgl. Sinn, H.-W.: Basar-Ökonomie Deutschland, 2005, S. 6ff.

[4] Vgl. Kannegiesser, M.: Zukunft der M+E-Industrie, 2004, S. 3f; o.V.: Internationalisierung, 2005, S. 7.

[5] Vgl. Sinn, H.-W.: Basar-Ökonomie Deutschland, 2005, S. 7.

[6] Vgl. Auer, J.: Fertigungstechnik im Hochlohnland Deutschland, 2005, S. 5; Baumgartner, P.; Kautzsch, T.: Maschinenbau 2010, 2005, S. 2.

[7] Vgl. Spur, G.; Nackmayr, J.: Optionen industrieller Produktionssysteme im Maschinenbau,1997, S. 221.

[8] Vgl. Klingen, H., Litzenburger, G.: Schlüsselindustrie und Dienstleister, 2004, S. 5.

gionen Osteuropa und Asien, sowie die zunehmende Finanzierungszurückhaltung der Banken macht im deutschen Maschinenbau ein Umdenken erforderlich[1] – weg von einer opportunistischen Abwicklung von Einzelmaßnahmen, hin zu einem systematischen Strategieprozess, indem die gesamte Wertschöpfungsstruktur neu gestaltet wird.[2] Im Zuge dieser Entwicklung sind jedoch kleinbetriebliche und mittelständische Strukturen eher hinderlich wenn nicht gar hemmend.[3] Wachstum, sei es intern oder durch Zukäufe, ist gefordert.[4] Entsprechend finden in vielen Bereichen des Maschinenbaus eine Konsolidierung und eine Konzentration der Unternehmen auf ihre Kernkompetenzen statt.[5] Aktuelle Zahlen belegen diesen Trend: Nach einer Studie der Wirtschaftsprüfungsgesellschaft KPMG erwarten über 85% der befragten Unternehmen eine Konsolidierung in ihrem Marktsegment innerhalb der nächsten vier Jahre.[6]

Durch den Konzentrations- und Konsolidierungsprozess entledigen sich die Unternehmen der Wertschöpfungsumfänge, die weder einen Beitrag zum wirtschaftlichen Erfolg leisten noch vom Kunden im Sinne eines Beitrags zu einer Strategischen Erfolgsposition (SEP) wahrgenommen werden.[7] Gleichzeitig schaffen sie vor allem durch den Anstieg von Wertschöpfungsbreite und -intensität, die jeweils kritischen Umfänge, die eine Arten-, Mengen- und Kompetenzteilung überhaupt erst zulassen, zu überschreiten (Bild 1.4);[8] denn nur so erhalten sie erst Zugang zu den Potenzialen einer internationalen Arbeitsteilung.

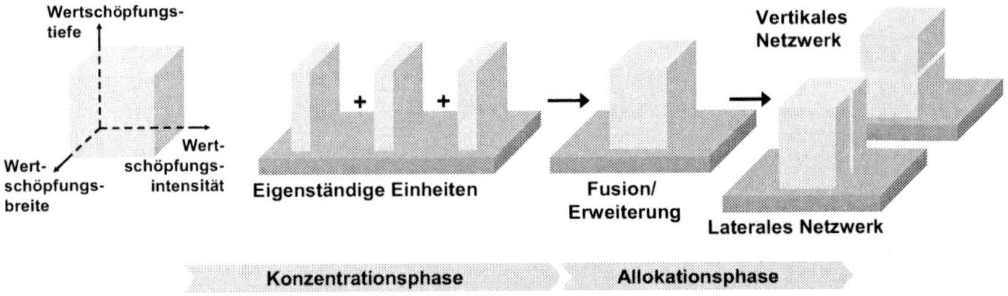

Bild 1.4: Wandel der Wertschöpfungsstrukturen im Maschinenbau[9]

Entsprechend stehen viele deutsche Maschinenbauunternehmen derzeit erstmalig vor der Herausforderung, Standorte fernab der Heimat in Absatz- und/ oder Beschaffungs-

[1] Vgl. o.V.: Strukturelle Marktveränderungen im Maschinen- und Anlagenbau, 2004, S. 1.
[2] Vgl. o.V.: Globalisierung der Wertschöpfung im Maschinenbau, 2005.
[3] Vgl. o.V.: Maschinenbau Branchenanalyse 2000, 2001, S. 28.
[4] Vgl. Baumgartner, P.; Kautzsch, T.: Maschinenbau 2010, 2005, S. 3.
[5] Vgl. Klingen, H., Litzenburger, G.: Schlüsselindustrie und Dienstleister, 2004, S. 7.
[6] KPMG-Umfrage unter 50 Geschäftsführern und Vorständen aus dem Maschinen- und Anlagenbau. Vgl. o.V.: Strukturelle Marktveränderungen im Maschinen- und Anlagenbau, 2004, S. 1. Vgl. auch Kap. 2.2.
[7] Vgl. Schuh, G.; Merchiers, A.: Wo ist Schluss mit dem Outsourcen?, 2006, S. 308ff.
[8] Vgl. Bieberbach, F.: Die optimale Größe und Struktur von Unternehmen, 2001, S. 9f.
[9] Eigene Darstellung.

märkten aufzubauen und somit ihre Standort- und Wertschöpfungsstrukturen anzupassen.

1.1.2 Problemstellung

Verankert in der strategischen Planung werden die Planungsaktivitäten im Zusammenhang mit dem Aus- und Umbau der bestehenden Präsenzstruktur eines Unternehmens unter dem Oberbegriff der Standortplanung zusammengefasst.[1] Hierzu gehört sowohl die Standortwahl, d.h. die Auswahl des physischen Standortes für eine neu zu errichtende bzw. zu verlagernde Betriebsstätte, als auch die deutlich komplexere und oft nicht in ausreichendem Maße beherrschte Standortstrukturplanung.[2] Ziel dieser ist die Verteilung der Leistungsumfänge und Ausstattungen eines Unternehmens zwischen vorhandenen und neuen Betriebsstätten, so dass Zielkongruenz entsteht. So kann es durchaus notwendig sein, dass einzelne Standorte im gemeinsamen Interesse Nachteile hinnehmen müssen.[3]

Operativ wird die Unternehmensführung bei der Entscheidung über Produktionsstandorte und die Allokation von Produkten und Produktionsprozessen zu Standorten mit folgenden, sich gegenseitig beeinflussenden Fragestellungen konfrontiert:

- Welche Implikationen hat die verfolgte Wettbewerbs- und Internationalisierungsstrategie für den zum Teil sehr heterogenen globalen Markt? Ist der Zugang zu und das Wachstum in den jeweiligen Märkten nur durch lokale Produktionsstandorte realisierbar? Lassen sich erforderliche Kosteneinsparpotenziale nur durch die Nutzung komparativer Standortvorteile im Sinne der internationalen Arbeitsteilung realisieren?
- Wie sehen die entsprechenden Möglichkeiten zur Aufteilung des unternehmensspezifischen Leistungsprogramms entlang der in Bild 1.4 dargestellten Dimensionen Wertschöpfungstiefe (Prozessteilung), Wertschöpfungsbreite (Artenteilung) und Wertschöpfungsintensität (Mengenteilung) aus?
- Wo werden die einzelnen Standorte des Produktionsnetzes in den Zieldichotomien Auslastung vs. Verfügbarkeit[4] und Economies of Scale vs. Economies of Scope positioniert, um den strategischen Vorgaben auch von der Betriebsseite nachzukommen?

Die sukzessive Einschränkung des Lösungsraums auf strategischer Ebene führt schließlich zu einer diskreten Anzahl alternativer Standortstrukturkonzepte. Diese werden dann in einem engen Zusammenspiel aus Iteration und quantitativer Bewertung weiter konkre-

---

[1] Vgl. Aggteleky, B.: Fabrikplanung, 1987, S. 287.

[2] Vgl. u.a. Bankhofer, U.: Industrielles Standortmanagement, 2001, S. 16; Kontny, H.: Standortplanung für internationale Verbundproduktionssysteme, 1999, S. 38; Götze, U.; Mikus, B.: Strategisches Management, 1997, Sp. 991f.

[3] Vgl. Weber, J; Kummer, S.: Logistikmanagement, 1998, S. 348.

[4] Zu den klassischen Zieldichotomien, von GUTENBERG auch als „Dilemma der Produktion" bezeichnet, vgl. Gutenberg, E.: Grundlagen der Betriebswirtschaftslehre, 1960, S. 156ff.

tisiert bzw. verworfen. Oft entscheidet sich erst an dieser Stelle, ob die Absicherung oder der weitere Ausbau der Stammmärkte nicht Priorität vor dem verzweifelten Versuch, China zu erobern, haben sollte.[1]

Die konsequente Abarbeitung der beschriebenen Gestaltungs- und Bewertungsaufgaben sind jedoch für mittelständisch geprägte Maschinenbauunternehmen sehr schwer zu bewältigen. Gründe hierfür sind vor allem fehlende Finanzmittel, unzureichende personelle Kapazitäten und mangelndes methodisches und analytisches Know-how.[2] Das Abwägen von Alternativen zur Umsetzung der gewählten Strategie funktioniert mangels Kenntnissen über Einflussgrößen und Wechselwirkungen nicht. Analysen werden bisher mehr „aus dem Gefühl heraus" gemacht.[3] Hinzu kommt, dass die eher Einzel- und Kleinseriencharakter aufweisenden Produktionsstrukturen besonders anfällig für Nebeneffekte wie Logistikkosten und Qualitätsprobleme sind.[4]

Dass der Aufbau globaler Produktionsnetzwerke kein Selbstläufer ist und es weniger auf die richtige Ausnutzung von Lokalisierungsvorteilen ankommt denn mehr auf die optimale Standortstruktur[5], bestätigen auch die in regelmäßigen Abständen durchgeführten Erhebungen des Fraunhofer ISI: Während zwischen 1999 und 2001 sowie zwischen 2001 und 2003 jeweils 21% der Betriebe der M+E-Industrie Produktion ins Ausland verlagert bzw. dort aufgebaut haben, haben in den gleichen Zeiträumen jeweils 7% der Unternehmen ihre Produktion wieder zurückverlagert bzw. konzentriert, was einer Quote von 1:3,3 entspricht.[6]

Die Gründe für die Rückverlagerungen sind neben mangelnder Flexibilität vorwiegend kostengetrieben (Bild 1.1):

Einerseits scheitern Verlagerungen an den direkten Produktionskosten; die versprochenen Faktorkosteneinsparungen rechtfertigen das Engagement nicht mehr. Da die Produktionsfaktoren Arbeit[7], Material und Kapital – wenn auch nicht immer gleichbleibend – sich jedoch in ihrer zeitlichen Entwicklung mittelfristig gut abbilden lassen, liegt der Schluss

---

[1] Vgl. o.V.: Globalisierungsstrategien für Maschinen- und Anlagenbauer, 2006, S. 9.

[2] Vgl. Nackmayr, J.; Spur, G.: Globalisierte Wertschöpfungsstrukturen als Antwort auf den weltweiten Wandel, 2005, S. 11; Bassen, A.; Behnam, M.; Gilbert, D. U.: Internationalisierung des Mittelstands, 2001, S. 424.

[3] Vgl. o.V.: Perspektiven im Maschinen- und Anlagenbau, 2007, S. 5.

[4] Vgl. o.V.: Produktionsverlagerung, 2006.

[5] Vgl. Botta, V.: Lean Management, 1996, S. 171ff.

[6] Vgl. Studinka, C.; Niederkorn, S.: Industriestandort Schweiz, 2004, S. 19.

[7] Die Konvergenzgeschwindigkeit bei den Löhnen ist nach Berechnungen des ifo Instituts deutlich niedriger als angenommen. So werden die Lohnkosten der osteuropäischen Länder im Jahr 2020 erst bei 39% und im Jahr 2030 bei 50% der westdeutschen Lohnkosten angekommen sein. Bei dieser Berechnung wird zudem eine eher unwahrscheinliche konstant hohe Wachstumsrate von 11% in den osteuropäischen Ländern unterstellt. Vgl. Sinn, H.-W.: Basar-Ökonomie Deutschland, 2005, S. 20f.

nahe, dass insbesondere Fehleinschätzungen bei indirekten Produktionskosten wie z.B. Lagerbeständen und Transportkosten, Hauptgründe für das Scheitern sind.[1]

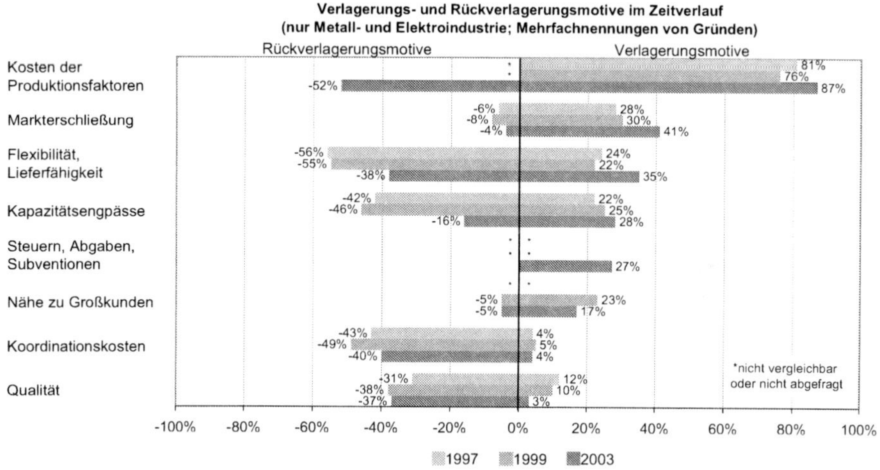

Bild 1.5: Verlagerungs- und Rückverlagerungsmotive produzierender Unternehmen[2]

Diese so genannten "Hidden Costs of Globalization"[3] werden häufig gar nicht erst dem ausländischen Standort in Rechnung gestellt. Sie verschwinden als „Overheads" in der Finanzplanung des Heimatstandortes. Diese fehlende Transparenz erschwert nicht nur die Entscheidungsfindung[4], sondern birgt insbesondere bei mittelständisch geprägten Unternehmen des Maschinenbaus unkalkulierbare Risiken. Fehlentscheidungen bei den mit dem Aufbau eines neuen Standortes verbundenen Investitionshöhen können das Mutterunternehmen ruinieren.[5]

Während bei großen multinationalen Unternehmen das Prinzip der Selbstregelung greift, sind die beschriebenen Maschinenbauunternehmen von der hierzu erforderlichen Struktur und Größe weit entfernt. Es findet kein direkter Wettbewerb zwischen Standorten um die Zuteilung von Produkten und Projekten und damit eine an den Gesetzen des Marktes orientierte Leistungsverteilung statt.[6] Die im Fokus dieser Arbeit stehenden Unternehmen sind allein auf Methoden und Hilfsmittel angewiesen.

[1] Vgl. o.V.: Global Spend Management Studie, 2005, S. 6.

[2] Vgl. Kinkel, S.; Lay, G.: Produktionsverlagerungen unter der Lupe, 2004, S. 8.

[3] Vgl. Mark, C.; Hammond, J.: China and the New Rules for Global Business, 2005, S. 8.

[4] Vgl. Kuhn, D.: Perspektiven für Deutschland, 2005, S. 18f.

[5] Vgl. Bates, K.: Produktionsverlagerung nach Mittel- und Osteuropa, 2005, S. 300; Fujita, M.: Zur Transnationalisierung von kleinen und mittleren Unternehmungen, 1993, S. 247.

[6] Vgl. Welkener, B.: Motorenfertigung in einem „Low Cost"-Land, S. 20.

Doch auf das relativ neue Problem der Standortstrukturplanung lassen sich viele der existierenden Methoden und Hilfsmittel nicht direkt übertragen[1] – was nicht zuletzt auch einer der Gründe für die erwähnte mangelnde Systematik in der Planung ist. Neuere Ansätze zur Standortstrukturplanung weisen noch erhebliche Defizite auf – und dies, obwohl die Themenfelder Internationales (Produktions-) Management und Standortplanung in der wissenschaftlichen Literatur seit geraumer Zeit intensive Aufmerksamkeit genießen. Begründen lässt sich dies darin, dass ein großer Teil der existierenden Arbeiten von einem volkswirtschaftlichen Standpunkt ausgeht. Ihre Ausführungen sind eher deskriptiver Natur.[2]

Aber auch die Arbeiten, die eine betriebs- bzw. produktionswirtschaftliche Sichtweise verfolgen, weisen Defizite auf:

Ein Großteil dieser präskriptiven Ansätze fokussiert ausschließlich auf den konzeptionell-gestalterischen Part der Standortstrukturplanung[3], d.h. die Ableitung der Internationalisierungsstrategie aus der Unternehmensstrategie sowie die sich damit ergebenden Organisations- und Koordinationsstrukturen für die internationalen Unternehmensaktivitäten.[4] Mit vornehmlich qualitativen Planungs- und Bewertungsverfahren (z.B. Portfoliotechnik) wird mehr die Zielsetzung einer Eingrenzung des Handlungs- und Lösungsraums denn die Konstruktion und vergleichende Bewertung von Alternativen verfolgt. Zur Konkretisierung wird auf die Ansätze zur Standortwahl bzw. zur Wertschöpfungsverteilung in Produktionsnetzwerken verwiesen.[5] Der produktionswirtschaftliche Aspekt der Problemstellung wird nur unzureichend abgebildet.[6] Aufgrund ihres strategischen Charakters werden diese Ansätze auch unter dem Oberbegriff der „strategischen Standortstrukturplanung" geführt.[7]

Die vergleichsweise deutlich geringere Anzahl an Ansätzen zur Standortstrukturplanung, die sich (auch) mit der Gestaltung und Bewertung von alternativen Standortstrukturkonzepten befassen[8], leiden ebenfalls unter der oftmals nicht gegebenen Integration in einen durchgängigen Planungsprozess – in diesem Falle fehlt die Anknüpfung zur strategischen Standortstrukturplanung. Den Anwendern ist es i.d.R. selbst überlassen, einen für ihre Situation geeigneten Ansatz zu identifizieren. Gleichzeitig liegt häufig das Gewicht auf der eigentlichen Standortwahl statt auf der Wahl der geeigneten Standortstruktur. Interdependenzen zwischen Standortwahl und Standortstrukturwahl werden nicht in ausrei-

[1] Vgl. Diederichs, R. et al.: How to Go Global, 2005, S. 18ff.
[2] Vgl. Kontny, H.: Standortplanung für internationale Verbundproduktionssysteme, 1998, S. 2.
[3] Vgl. Schmidt, G.: Strategic, tactical and operational decisions in multi-national logistics networks, 2000, S. 1505ff.
[4] Vgl. Perlitz, M.: Internationales Management, 2004, S. 119ff.
[5] Vgl. Fleischer, J; Herm, M.; Schell, M.-O.: Wertschöpfung in Netzwerken, 2004, S. 470.
[6] Vgl. Perlitz, M.: Internationales Management, 2004, S. 403.
[7] Vgl. Harre, J.: Global Footprint Design, 2006, S. 51.
[8] Vgl. Kap. 4.2.

chendem Maße berücksichtigt.[1] Es besteht die Gefahr, einem so genannten „optimization paradox" zu unterliegen, in dem die Summe der Standortoptima mit der optimalen Standortstruktur gleichgesetzt wird.[2]

Bei der Wahl der eingesetzten Bewertungsverfahren dominieren qualitative Verfahren mit einer abschließenden, auf das bereits vorbestimmte Konzept ausgerichteten Wirtschaftlichkeitsbetrachtung. Alternativen werden nicht bewertet.[3] Diejenigen Ansätze hingegen, die im Kern eine quantitative Bewertung vorsehen, konzentrieren sich zumeist mehr auf das der Bewertung zugrunde liegende Lösungsverfahren (z.B. Simulationsmodell oder Optimierungsalgorithmus) denn den Bezug zur Praxis herzustellen.[4] Neben einschränkenden Rahmenbedingungen sind die erforderlichen Datenumfänge und -qualitäten zum Zeitpunkt der Konzeptauswahl kaum verfügbar. Hinzu kommt, dass die mit diesen Verfahren verbundene Komplexität in Bedienung und Pflege nicht praxisgerecht ist.[5] In Kombination mit einer mangelnden Transparenz über Funktionsweise und Wirkzusammenhänge existiert kein großes Vertrauen in diese Werkzeuge.

Resümierend kann festgehalten werden, dass der Einfluss der durch die Standortstruktur hervorgerufenen Kosten entweder unterschätzt (siehe Rückverlagerungen) oder aber auch überschätzt (hohe Verlagerungsschwellwerte[6]) wird – in beiden Fällen mit deutlich negativen Konsequenzen für die Wettbewerbsfähigkeit der Unternehmen. Während große Unternehmen mit einer Vielzahl von global verteilten Standorten diesen Aspekt durch den regulierenden Mechanismus des internen Wettbewerbs umgehen, sind kleinere Unternehmen dagegen ausschließlich auf den Einsatz von Methoden und Hilfsmitteln angewiesen. Für die gestalterischen Aufgaben der Standortstrukturplanung existieren zahlreiche Ansätze, die auch in der Praxis Anwendung finden. Zur systematischen quantitativen Bewertung von Standortstrukturalternativen hingegen fehlt es an Methoden und Verfahren. In Folge findet in der Planungsphase keine ausreichende Validierung und damit auch kein iterativer Änderungs- und Anpassungsprozess der favorisierten Gestaltungsoptionen statt.

Einige der genannten Aspekte wurden bereits in der einschlägigen Literatur partiell aufgegriffen. Es fehlt jedoch bislang ein integrierter Ansatz, der die genannten Anforderungen umfassend abdeckt. Mit der Zielsetzung der vorliegenden Arbeit wird dieses Defizit angegangen.

---

[1] Vgl. Diederichs, R. et al.: How to Go Global, 2005, S. 18ff.

[2] Ergebnisse einer Befragung der Beratungsgesellschaft Deloitte & Touche von knapp 600 Unternehmen aus Nordamerika und Europa. Vgl. Koudal, P.: Mastering complexity in global manufacturing, 2003, S. 2.

[3] Vgl. Diederichs, R. et al.: How to Go Global, 2005, S. 18ff.

[4] Vgl. Vos, B.; Akkermans, H.: Capturing the dynamics of facility allocation, 1996, S. 58.

[5] Vgl. Meyer, T.: Globale Produktionsnetzwerke, 2006, S. 16.

[6] Hohe Verlagerungsschwellwerte sind ein Indiz für Planungsunsicherheit. Vgl. Anhang 10.4.

1.1.3 Zielsetzung

Das übergeordnete Ziel der vorliegenden Arbeit ist es, einen Beitrag zur Stärkung der internationalen Wettbewerbsfähigkeit deutscher produzierender Unternehmen des Maschinen- und Anlagenbaus zu leisten. Der Fokus liegt dabei auf den eher mittelständisch geprägten, erst jüngst mit den Herausforderungen der Globalisierung konfrontierten Unternehmen. Für sie ist es zunehmend überlebenswichtig, neben den etablierten Maßnahmen zur Effizienzsteigerung auch die Potenziale durch eine Globalisierung der Wertschöpfungsaktivitäten für sich zu nutzen. Die damit verbundenen, für ein Unternehmen richtungweisenden Entscheidungen bedürfen jedoch genauer Kenntnisse über die mit möglichen Alternativen verbundenen Potenzialen, d.h. die Verrechnung der mit globalen Standortstrukturen verbundenen Vorteile mit den ebenfalls auftretenden, unvermeidbaren Nachteilen. Mit Blick auf die den Entscheidungen zugrunde liegende genuine Zielsetzung der Unternehmenswertsteigerung spielt dabei die Quantifizierung der Einflussgrößen eine maßgebliche Rolle.[1]

Aufgrund der Komplexität und des Umfangs der Aufgabenstellung sind die grundlegenden Entscheidungen über die zukünftige Standortstruktur im Sinne einer Eingrenzung des Gestaltungs- und Lösungsraums bereits zu einem sehr frühen Zeitpunkt erforderlich. Damit verbunden sind zwangsläufig die Problematik einer frühen Kostenverursachung im Vergleich zu deren eigentlicher Entstehung und damit das Risiko, interessante Alternativen zu früh zu verwerfen.[2] Um einerseits dieser Problematik entgegenzutreten und andererseits auch möglichst frühzeitig in den dann noch stark strategisch geprägten Gestaltungsprozess Rückkoppelungen aus der Bewertung einfließen zu lassen, ist eine frühzeitige quantitative Bewertung alternativer Standortstrukturen unabdingbar.

Hierzu und vor dem Hintergrund der Defizite bestehender Ansätze bedarf es nach Meinung des Autors eines Ansatzes, der die Lücke zwischen Anspruch (integrierte Optimierung von Produktionsnetzwerken und Berücksichtigung aller relevanter Einflussfaktoren) und Wirklichkeit (einfache Auswahl anhand qualitativer Kriterien und grobe Wirtschaftlichkeitsrechnung für Standortstrukturalternativen) minimiert.

Grundvoraussetzung zur Entwicklung eines solchen Ansatzes ist es zunächst, Transparenz über die relevanten monetären Größen, die im Rahmen der Bewertung alternativer Standortstrukturen zu berücksichtigen sind, zu schaffen. Hierbei sind insbesondere diejenigen Größen herauszustellen, die eine starke Abhängigkeit von der Ausprägung der Standortstruktur aufweisen. Zur vollständigen und systematischen Erfassung der Größen und auch in Hinblick auf deren strukturierte Bereitstellung im Rahmen des Bewertungsverfahrens erscheint die Abbildung in einem Modell als zweckmäßig.

---

[1] Vgl. Copeland, T., Koller, T.; Murrin, J.: Valuation, 2000, S. 3.

[2] Vgl. Bates, K.: Produktionsverlagerung nach Mittel- und Osteuropa, 2005, S. 300.

Hiermit implizit verbunden ist jedoch auch eine möglichst konkrete Eingrenzung des Objektbereichs. Der damit implizit verbundenen Erfordernis einer Eingrenzung des Objektbereichs kann wiederum entsprochen werden, indem der Auffassung gefolgt wird, dass nur eine begrenzte Anzahl grundsätzlicher Strukturmuster existieren.[1] Die potenziellen Ausprägungen einer Standortstruktur im Allgemeinen und im Speziellen für die im Rahmen dieser Arbeit fokussierten Unternehmen lassen sich dabei in Anlehnung an die „Kongruenz-Effizienz-Hypothese“[2] bestimmen und bilden entsprechend die Ausgangsbasis für den Aufbau und die Gestaltung des Beschreibungsmodells.

Zur eigentlichen Bewertung unterschiedlicher Standortstrukturalternativen ist schließlich die Offenlegung der Wirkung der Standortstruktur auf die identifizierten monetären Größen erforderlich. Hierzu sind die Determinanten der monetären Größen zu bestimmen sowie deren Abhängigkeit von den Gestaltungsparametern der Standortstruktur abzubilden, wobei der systemische Charakter von Produktionsnetzwerken berücksichtig werden soll. Eine solche Abbildung hat den Charakter eines Erklärungsmodells. Mittels dieses soll im Rahmen dieser Arbeit insbesondere das Entscheidungsproblem strukturiert werden, das aus den mit einem Anstieg der Standortstrukturkomplexität ergebenden gegenläufigen Kostenentwicklungen (Nutzung der globalen Arbeitsteilung vs. Anstieg strukturspezifischer Kosten) resultiert.

Das beschriebene Entscheidungsproblem steht wiederum in direktem Zusammenhang mit der Zielsetzung der Maximierung des Unternehmenswerts. Entsprechend dieser Zielgröße sind die einzelnen, im Erklärungsmodell abgebildeten Ursache-Wirkungs-Zusammenhänge in einem Gesamtmodell (Entscheidungsmodell) zu integrieren, welches die Anwendung auf zu vergleichende Standortstrukturalternativen ermöglichen soll.

Neben der Kenntnis der Zusammenhänge stellt sich jedoch auch die Frage nach der praktischen Handhabung und der so genannten „Managementtauglichkeit“. Hierzu soll als gestaltungsleitendes Motiv ein selbsterklärender, stringenter und sequenziell-modularer Aufbau des Bewertungsmodells angestrebt werden. Zur Gewährleistung der Balance zwischen Genauigkeit und Einfachheit und damit der praktischen Anwendbarkeit soll das Erklärungsmodell weitgehend heuristischen Charakter[3] aufweisen und sich auf die wesentlichen, kostenmäßig relevanten Zusammenhänge beschränken.

Ein solches Bewertungsverfahren kann schließlich nicht nur zur Ermittlung der sich aus der genuinen Zielsetzung der Unternehmenswertmaximierung ergebenden Zielgrößen verwendet werden, sondern bietet darüber hinaus auch die Möglichkeit, Einzelaspekte im

[1] Nach der Positionierungsschule des Strategischen Managements existieren nur eine begrenzte Anzahl Strategischer Erfolgspositionen und damit Strategien, die ein Unternehmen einnehmen bzw. verfolgen kann. Vgl. Mintzberg, H. et al.: Strategy Safari, 1999, S. 100ff.

[2] Vgl. Kap. 4.3.1.

[3] "Als Heuristik bezeichnet man eine Methode, komplexe Probleme, die sich nicht vollständig lösen lassen, mit Hilfe einfacher Regeln und unter Zuhilfenahme nur weniger Informationen zu entwirren." O.V.: Der Psychologe Gerd Gigerenzer analysiert die Mechanismen der Entscheidungsfindung, 2000, S. 184ff.

Zusammenhang mit der gewählten oder noch auszugestaltenden Standortstruktur herauszuheben bzw. näher zu beleuchten. Dies bietet – auch vor dem Hintergrund der weiterhin bestehenden Unsicherheit in den Annahmen – die Möglichkeit von Sensitivitätsanalysen hinsichtlich bestimmter Annahmen und daraus ergebende Ziele im Sinne des Target Costing.

Die Zielsetzung der Arbeit lässt sich somit wie folgt zusammenfassen:

Ziel der Dissertation ist die Erarbeitung einer Bewertungsunterstützung im Rahmen der Gestaltung und Auswahl von Standortstrukturalternativen zur Nutzung der internationalen Arbeitsteilung für den Bereich der mittelständisch geprägten Maschinenbauunternehmen.

Abschließend sei jedoch noch bemerkt, dass auch im Rahmen eines solchen Modells niemals alle Aspekte und Auswirkungen globaler Standortstrukturen beleuchtet und in Form mathematischer Zusammenhänge dargestellt werden können.[1] Bei der Anwendung des Modells ist somit dem heuristischen Charakter und damit einem gewissen Restrisiko Rechnung zu tragen. Jedoch leistet das Modell einen Beitrag zur Reduzierung der derzeit noch sehr hohen und damit eine hohe Planungsunsicherheit repräsentierenden Veränderungsschwellwerte bei den Unternehmen.

1.2 Forschungskonzeption

In den folgenden Unterkapiteln soll die Forschungskonzeption der Arbeit vorgestellt werden. Zunächst erfolgt die Einordnung der Arbeit in die Wissenschaftssystematik. Aufbauend hierauf wird das dieser Arbeit zugrunde liegende wissenschaftstheoretische und forschungsmethodische Selbstverständnis festgelegt sowie der eigentliche Forschungsprozess beschrieben.

1.2.1 Einordnung in die Wissenschaftssystematik

Jede Wissenschaft umfasst ein individuelles Verständnis darüber, welcher Ausschnitt der Wirklichkeit in ihren Theorien und Modellen erfasst und erklärt wird. Entsprechend unterscheiden sich die jeweiligen wissenschaftlichen Disziplinen im Gegenstand, in der Zielsetzung und in den Methoden der Erkenntnisgewinnung.[2] Zur Klärung der dieser Arbeit zugrunde liegenden Erkenntnisperspektive wird im Folgenden zunächst eine Einordnung der Problemstellung in die Wissenschaftssystematik vorgenommen.

Wissenschaften lassen sich grundlegend in Formal- und Realwissenschaften unterteilen (Bild 1.6):

[1] Vgl. Schmidt, G.: Strategic, tactical and operational decisions in multi-national logistics networks, 2000, S. 1502.

[2] Vgl. Schwarz, P.: Morphologie von Kooperationen und Verbänden, 1979, S. 4.

Ziel der Formalwissenschaften (Philosophie, Logik, Mathematik) ist die Konstruktion von Zeichensystemen mit Regeln zur Verwendung dieser Zeichen.[1] Da sich ihre Aussagen nicht auf tatsächlich existierende Objekte beziehen, kann sich die Prüfung ihrer Richtigkeit allein auf die Suche nach logischen Widersprüchen beschränken.[2]

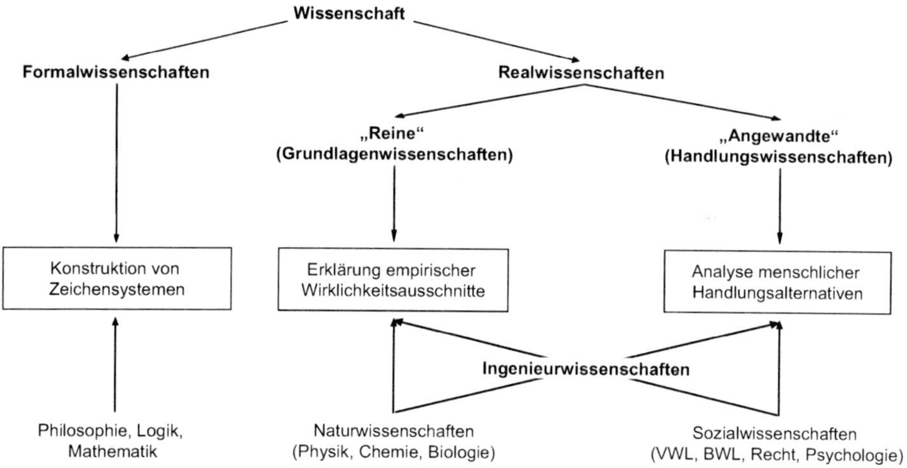

Bild 1.6: Überblick über die Wissenschaftssystematik[3]

Aufgaben der Realwissenschaften hingegen sind die Beschreibung, Erklärung und Gestaltung empirisch wahrnehm- und nachweisbarerer Zusammenhänge. Sie lassen sich weiter in Grundlagenwissenschaften („reine" Wissenschaften) und Handlungswissenschaften („angewandte" Wissenschaften) untergliedern. Die Grundlagenwissenschaften (Physik, Chemie, Biologie) versuchen dabei, die Diskrepanz zwischen Theorie und Beobachtung mittels theoretischer Modelle zu erklären. Die Handlungswissenschaften dagegen wählen als Themen Probleme von praktisch handelnden Menschen aus und versuchen diese mittels Entscheidungsmodellen bzw. Entscheidungsprozessen zu lösen.[4]

Zu den Handlungswissenschaften zählen neben der Soziologie und der Psychologie u.a. auch die angewandten Sozialwissenschaften, zu denen nach der vorherrschenden Auffassung auch die Betriebswirtschaftslehre (BWL) gerechnet wird.[5] Die Ingenieurwissenschaften können je nach Forschungsgegenstand und wissenschaftlicher Fragestellung sowohl den Grundlagen- als auch den Handlungswissenschaften zugeordnet werden.[6]

---

[1] Vgl. Ulrich, P.; Hill, W.: Wissenschaftstheoretische Grundlagen der BWL (Teil I), 1976, S. 305.

[2] Vgl. Ulrich, P.; Hill, W.: Wissenschaftstheoretische Grundlagen der BWL (Teil I), 1976, S. 305; Schanz, G.: Wissenschaftstheoretische Grundfragen, 1987, Sp. 2039.

[3] Vgl. Ulrich, P.; Hill, W.: Wissenschaftstheoretische Grundlagen der BWL (Teil I), 1976, S. 305.

[4] Vgl. Ulrich, P.; Hill, W.: Wissenschaftstheoretische Grundlagen der BWL (Teil I), 1976, S. 305.

[5] Vgl. Ulrich, P.; Hill, W.: Wissenschaftstheoretische Grundlagen der BWL (Teil I), 1976, S. 305.

[6] Vgl. Ulrich, H.: Der systemorientierte Ansatz in der Betriebswirtschaftslehre, 1971, S. 47.

Die vorliegende Arbeit kann aufgrund ihres Anspruchs, Menschen konstruktiv bei der Bewertung und Auswahl von Handlungsalternativen zu unterstützen und ihres Praxisbezugs den Handlungswissenschaften zugeordnet werden. Sie befindet sich an der Schnittstelle zwischen Ingenieurwissenschaften und Betriebswirtschaftslehre.

1.2.2 Forschungsansatz

Die Einordnung der Arbeit in die Handlungswissenschaften erfordert mit Blick auf die Forschungskonzeption eine intensive Auseinandersetzung mit den Grundproblemen realwissenschaftlichen Denkens – dem Subjektivitätsproblem und dem Kommunikationsproblem: Aufgrund von Wahrnehmungsfiltern (selektive Wahrnehmung der Wirklichkeit durch z.B. erworbene Kenntnisse, Erfahrungen, Einstellungen) und individuellen Interessensbezügen fließen Werturteile in den Forschungsprozess ein (Subjektivitätsproblem). Gleichzeitig kann bei der Abstraktion vom Konkreten zum Allgemeinen der Grad an Unschärfe so hoch werden, dass die wissenschaftlichen Erkenntnisse wertlos werden (Kommunikationsproblem). [1]

Die beschriebenen Grundprobleme können durch Regeln zwar nicht komplett ausgeschaltet, jedoch unter Kontrolle gebracht werden. Den Rahmen hierzu bildet ein klares wissenschaftstheoretisches und forschungsmethodisches Selbstverständnis und damit die Präzisierung des Entstehungszusammenhangs, des Begründungszusammenhangs und des Anwendungszusammenhangs.[2]

Entstehungszusammenhang

Vor dem Hintergrund, dass wissenschaftliche Forschung letztlich nie ohne Wertungen und wertende Entscheidungen möglich ist, stellt sich zunächst die Frage nach der „Weltsicht" des Autors bzw. dem der Arbeit zugrunde liegenden Vorverständnis.[3] Diese grundlegende Sichtweise, oder der Satz erster Prinzipien, auf dem die Forschungsarbeit beruht, ist nach GUBA und LINCOLN ein nicht weiter begründbares „belief system", dessen ultimative Wahrheit nicht nachgewiesen werden kann; es muss als grundlegende Überzeugung akzeptiert werden.[4] Die Wahl seines Forschungsprogramms – in der Literatur auch häufig Forschungsparadigma genannt[5] – resultiert somit nicht aus einem systemati-

[1] Vgl. Ulrich, P.; Hill, W.: Wissenschaftstheoretische Grundlagen der BWL (Teil I), 1976, S. 306.

[2] Vgl. Ulrich, H.: Systemorientiertes Management, 2001, S. 171.

[3] Vgl. Binder, V.; Kantowsky, J.: Technologiepotentiale, 1996, S. 3; Chia, R.: The Problem of Reflexivity in Organizational Research, 1996, S. 32f.

[4] Vgl. Guba, E. G.; Lincoln, Y. S.: Competing Paradigms in Qualitative Research, 1994, S. 107.

[5] Der Begriff des Forschungsprogramms ist von LAKATOS (vgl. Lakatos, I.: Falsifikation und die Methodologie wissenschaftlicher Forschungsprogramme, 1974) geprägt, während KUHN (vgl. Kuhn, T. S.: Die Struktur wissenschaftlicher Revolution, 1988), GLASERFELD (vgl. Von Glaserfeld, E.: Radical Constructivism, 1995, S. 128) und ULRICH (Vgl. Ulrich, H.: Die Unternehmung als produktives soziales System, 1970) den Begriff des (Forschungs-) Paradigmas verwenden.

schen Entscheidungsverfahren, sondern ist ein ursprünglicher Entscheid des Wissenschaftlers selbst – basierend auf „guten, evidenten und nachvollziehbaren Gründen“[1].

Den einzelnen Wissenschaften lassen sich folglich ein oder mehrere Paradigmen zuordnen, die in Anlehnung an ULRICH als ein System von Normen verstanden werden können und das Wissenschaftsbild prägen; die Normen beziehen sich dabei sowohl auf die Ziele wie auch auf die Methodik des Vorgehens und die Charakteristik der anzustrebenden Erkenntnisse einer Wissenschaft.[2]

In den in dieser Arbeit adressierten Handlungswissenschaften sehen ULRICH und HILL neben dem faktortheoretischen Ansatz von GUTENBERG[3] den systemtheoretischen Ansatz nach ULRICH[4] und den entscheidungstheoretischen Ansatz nach HEINEN[5] als paradigmatauglich an.[6]

Der faktortheoretische Ansatz von GUTENBERG stellt das erste[7] und „klassische“ Paradigma der BWL dar.[8] Ziel dabei ist die Entwicklung einer reinen Theorie der BWL, d.h. „praxisbezogene Forschung sei zwar grundsätzlich erwünscht, dürfe aber auf keinen Fall den theoretischen Bestrebungen im Wege stehen.“[9] Als Gesetze formulierende Wissenschaft verstanden löst der faktortheoretische Ansatz insbesondere zur Mathematisierung neigende produktions- und kostentheoretische Forschung aus.[10]

ULRICH dagegen versteht seinen Ansatz der systemorientierten BWL nicht als „reine Theorie“, sondern als angewandte, auf die realen Problemstellungen fokussierte Gestaltungslehre mit interdisziplinärem Charakter.[11] Es wird bewusst auf die Geschlossenheit und Mathematisierung der Gutenberg'schen Theorie zugunsten der praktischen Relevanz verzichtet.[12] Durch seine gleichzeitige Betrachtung sowohl ökonomischer als auch psychologischer, soziologischer und technologischer Einflussfaktoren kommt ihm eine Integrationsfunktion nah.[13] Hierzu stellt der systemtheoretische Ansatz neben einem differen-

[1] Vgl. Rüegg-Stürm, J.: Organisation und organisationaler Wandel, 2001, S. 16.
[2] Vgl. Ulrich, H.: Systemorientiertes Management, 2001, S. 125.
[3] Vgl. Gutenberg, E.: Grundlagen der Betriebswirtschaftslehre, 1951.
[4] Vgl. Ulrich, H.: Die Unternehmung als produktives soziales System, 1970.
[5] Vgl. Heinen, E.: Einführung in die Betriebswirtschaftslehre, 1970.
[6] Vgl. Ulrich, P.; Hill, W.: Wissenschaftstheoretische Grundlagen der BWL (Teil I), 1976, S. 308.
[7] Ablösung des nationalökonomischen Ertragsgesetzes durch ein empirisch richtigeres „Gesetz der industriellen Faktorkombination“ (vgl. Gutenberg, E.: Grundlagen der Betriebswirtschaftslehre, 1951) als Basis einer Produktions- und Kostentheorie: Die Annahme der Konstanz der übrigen Faktoreinsatzmengen bei Variation eines bestimmten Faktoreinsatzes wird fallen gelassen. In den Vordergrund gelangt das Problem der Produktivitätsbeziehungen zwischen verschiedenen Faktoreinsatzmengen und Faktorausbringungsmengen. Vgl. auch Jehle, E.: Über Fortschritt und Forschrittskriterien in betriebswirtschaftlichen Theorien, 1973, S. 76ff.
[8] Vgl. Jehle, E.: Über Fortschritt und Forschrittskriterien in betriebswirtschaftlichen Theorien, 1973, S. 76.
[9] Jehle, E.: Über Fortschritt und Forschrittskriterien in betriebswirtschaftlichen Theorien, 1973, S. 82.
[10] Vgl. Ulrich, P.; Hill, W.: Wissenschaftstheoretische Grundlagen der BWL (Teil I), 1976, S. 308.
[11] Vgl. Ulrich, H.: Der systemorientierte Ansatz in der Betriebswirtschaftslehre, 1971, S. 44ff.
[12] Vgl. Ulrich, P.; Hill, W.: Wissenschaftstheoretische Grundlagen der BWL (Teil I), 1976, S. 308.
[13] Vgl. Ulrich, H.: Der systemorientierte Ansatz in der Betriebswirtschaftslehre, 1971, S. 47.

zierten Begriffssystem zur Beschreibung komplexer techno-sozialer Systeme Struktur- und Erklärungsmodelle zur Verfügung. Deren kausalanalytische Grundstrukturen ermöglichen (durch Umformung) die Erstellung von Prognosen über zukünftiges Geschehen und damit die Ableitung von Entscheidungsmodellen „für ein zielgerichtetes menschliches Handeln zwecks Änderung der bestehenden Wirklichkeit in einer gewollten Richtung.“[1]

Ähnlich wie ULRICH sieht HEINEN in seinem Konzept der entscheidungsorientierten BWL die BWL als „äußerst komplexes, offenes, soziales System mit einer Reihe funktionaler Subsysteme.“[2] Stärker als beim Systemansatz ist jedoch die Verknüpfung von theoretischer und pragmatischer Zielsetzung ausgeprägt. Der deutliche Fokus auf praktische Probleme begründet sich insbesondere aus der Formulierung der Probleme in den logischen Kategorien eines Entscheidungsprozesses. Basis der Gestaltung dieser somit erforderlich werdenden deutlich realistischeren Problemlösungen ist eine ausgeprägte deskriptive BWL: Ausgehend vom tatsächlichen Entscheidungsverhalten in Betriebswirtschaften werden die zur Problemlösung erforderlichen realistischen Prämissen abgeleitet.[3]

Mit Blick auf die Zielsetzung dieser Arbeit, der Entwicklung einer Bewertungsunterstützung im Rahmen der Gestaltung und Auswahl von Standortstrukturalternativen, scheinen gerade für die im Bereich der quantitativen Modellanalyse anzusiedelnden Fragestellungen hinsichtlich Zielfunktion und Kostenverläufen Überschneidungen zum theoretisch-abstrakt ausgerichteten faktortheoretischen Ansatz GUTENBERGS zu existieren. Jedoch werden „erschwerende“ Aspekte wie z.B. menschliches Verhalten oder nicht-monetäre Unternehmensziele bzw. neuere Probleme der BWL im Bereich Organisation und Führung, die gerade in Hinblick auf global agierende Unternehmen ein deutliches Gewicht einnehmen, ausgeklammert.[4] Ähnlich verhält es sich beim entscheidungstheoretischen Ansatz HEINENS. Auch hier wird in den Entscheidungsmodellen vom einzigen Ziel der Gewinnmaximierung ausgegangen.

Dem dieser Arbeit zugrunde liegenden Verständnisses von Unternehmen und Handlungsoptionen in wirtschaftlichen Systemen kommt der systemorientierte Ansatz nach ULRICH am nächsten. Dieser bietet gerade in Hinblick auf seine terminologische, heuristische und integrative Funktion deutliche Vorteile. Seine historische Verwandtheit mit der Informationstheorie und der Kybernetik[5] führt zu einer hohen Kompatibilität mit den dort verwendeten Begriffssystemen und qualifiziert ihn in besonderem Maße für Anwendungen an der Schnittstelle von Ingenieur- und Betriebswissenschaften. Die gleichzeitige Beachtung verschiedenster Einflussfaktoren und Variabeln ermöglicht zudem den Aufbau

---

[1] Ulrich, H.: Der systemorientierte Ansatz in der Betriebswirtschaftslehre, 1971, S. 45.
[2] Heinen, E.: Der entscheidungsorientierte Ansatz der Betriebswirtschaftslehre, 1971, S. 25.
[3] Vgl. Ulrich, P.; Hill, W.: Wissenschaftstheoretische Grundlagen der BWL (Teil I), 1976, S. 309.
[4] Vgl. Ulrich, P.; Hill, W.: Wissenschaftstheoretische Grundlagen der BWL (Teil I), 1976, S. 308.
[5] Vgl. Ulrich, H.: Der systemorientierte Ansatz in der Betriebswirtschaftslehre, 1971, S. 45.

von Strukturmodellen, die den komplexen Sachverhalt global verteilter Produktionsstandorte und deren Interaktionen untereinander abzubilden und zu analysieren vermögen.[1]

Der vorliegenden Arbeit liegt entsprechend der systemtheoretische Ansatz nach ULRICH zugrunde und stellt im Sinne der positiven Heuristik[2] nach LAKATOS den festen Kern der Arbeit dar.[3]

Begründungszusammenhang

Während im Entstehungszusammenhang die konzeptionelle Basis der Hypothesen- und Modellbildung festgelegt wird, steht im Begründungszusammenhang die Prüfung dieser Hypothesen und Modelle bzgl. Richtigkeit und Wahrheit im Vordergrund.[4] Die damit einhergehende Frage nach der Verallgemeinerung und Überprüfbarkeit von Beobachtungen adressiert vornehmlich das eng mit dem einleitend beschriebenen Kommunikationsproblem verbundene Problem der Induktion, d.h. die Schlussfolgerung genereller Aussagen aus Einzelbeobachtungen.[5]

Die empirische Validierung genereller Aussagen (Hypothesen) im realwissenschaftlichen Forschungsprozess wird heute durch den von POPPER in Auseinandersetzung mit dem Logischen Empirismus entwickelten Kritischen Rationalismus[6] geprägt.[7] Im Logischen Empirismus wird unterstellt, dass es mittels der Konstruktion formaler Idealsprachen möglich sei, alle Begriffe auf empirische Gegebenheiten zu reduzieren und damit allgemeine durch empirische Aussagen zu verifizieren.[8] Da allerdings selbst noch so große Erfahrungsbasen keine Wahrheitsgarantie für die aus ihr induzierte Theorie geben können, gilt als einziges zuverlässiges Verfahren die sogenannte vollständige Induktion.[9] Während dieses Verfahren in vielen Bereichen der Formalwissenschaften erfolgreich eingesetzt wird, lehnt der Kritische Rationalismus die Vollständige Induktion als Prüfverfahren im Bereich der Realwissenschaften aufgrund der notwendigen umfassenden und ex-

---

[1] Letztendlich wird in einer Unternehmensbeschreibung der geldmäßigen Betrachtungsweise naturgemäß eine hohe Bedeutung beigemessen; dieser klassisch-wirtschaftswissenschaftliche Ansatz ist selbstverständlich auch in einer systemorientierten Betriebswirtschaftslehre klar verankert. Das Unternehmensgeschehen und die Unternehmen-Umwelt-Beziehungen werden geldwertmäßig erfasst und damit die übliche wirtschaftswissenschaftliche Betrachtungsweise in den umfassenderen Ansatz integriert. Vgl. Ulrich, H.: Der systemorientierte Ansatz in der Betriebswirtschaftslehre, 1971, S. 52.

[2] Nach LAKATOS können positive und negative Heuristiken unterschieden werden. Während positive Heuristiken dem Forscher Hinweise auf erfolgversprechende Pfade der Forschung geben, signalisieren negative Heuristiken, welche Pfade zu vermeiden sind. Vgl. Lakatos, I.: Falsifikation und die Methodologie wissenschaftlicher Forschungsprogramme, 1974, S. 129ff.

[3] Vgl. Lakatos, I.: Falsifikation und die Methodologie wissenschaftlicher Forschungsprogramme, 1974, S. 131f.

[4] Vgl. Ulrich, P.; Hill, W.: Wissenschaftstheoretische Grundlagen der BWL (Teil II), 1976, S. 345.

[5] Vgl. Eberhard, K.: Einführung in die Erkenntnis- und Wissenschaftstheorie, 1999, S. 32.

[6] Vgl. Popper, K. R.: Logik der Forschung, 1971.

[7] Vgl. Ulrich, P.; Hill, W.: Wissenschaftstheoretische Grundlagen der BWL (Teil II), 1976, S. 345.

[8] Vgl. Eberhard, K.: Einführung in die Erkenntnis- und Wissenschaftstheorie, 1999, S. 32ff.

[9] Vgl. Eberhard, K.: Einführung in die Erkenntnis- und Wissenschaftstheorie, 1999, S. 34.

akten Terminologie ab.[1] Der Kritische Rationalismus zielt nur noch auf eine beschränkte Induktion – die Falsifikation – ab. Hiernach können Hypothesen „nie endgültig als wahr bewiesen, sondern nur vorläufig als richtig beibehalten werden, als sie nicht durch Einzelbeobachtungen widerlegt, also falsifiziert sind."[2] Vorteil dieses Ansatzes ist, dass die Theorie lediglich auf den Prüfstand der Empirie gestellt wird und damit nicht an die Grenzen zeitgenössischer Erfahrung (Empirie) gebunden ist.[3]

Dieses Verständnis der Bewertung und Validierung von Beobachtungen, Hypothesen und Modellen des Kritischen Rationalismus soll auch dieser Arbeit zugrunde liegen. Im Gegensatz zu den Grundlagenwissenschaften, bei denen die empirische Forschung von zentraler Bedeutung für die Überprüfung von Hypothesen dient, ist sie in den hier adressierten Handlungswissenschaften jedoch auf die Erfassung typischer Probleme in der Praxis und der Prüfung der entwickelten Theorien und Modelle im Anwendungszusammenhang ausgerichtet.[4] Aus dem Begründungszusammenhang dieser Arbeit ergibt sich daher hier das primäre Ziel, die hinreichende Gültigkeit der Forschungsergebnisse aufzuzeigen. Dies geschieht durch die Konzipierung des Entscheidungs- und Gestaltungsmodells anhand eines Anwendungsbeispiels aus dem Maschinenbau, das repräsentativ für die Branche ist.

Anwendungszusammenhang

Im Anwendungszusammenhang steht die Grundfrage nach dem Adressatenkreis und der gesellschaftlichen Relevanz der Forschungsergebnisse im Mittelpunkt.[5] Vor dem Hintergrund, dass „der Anwendungszusammenhang wissenschaftlichen Wissens die Praxis ist"[6], nimmt er eine analoge Stellung bei den Handlungswissenschaften ein wie der Begründungszusammenhang bei den Grundlagenwissenschaften. Die Erkenntnisse der Handlungswissenschaften sollen praktisch angewendet werden, d.h. der Anwendungszusammenhang wird durch das praktische Handeln von Menschen bei der Gestaltung sozialer und technischer Systeme dargestellt.[7] Neben der Beantwortung der Frage nach dem Nutzen getroffener Aussagen gilt es in diesem Zusammenhang aber auch, den Adressatenkreis zu definieren.[8] Da sich in jeder praktisch-normativen Aussage die Parteilichkeit des Forschers zugunsten des Adressaten seiner Empfehlungen widerspiegelt, ist dies ebenfalls eine unabdingbare subjektive Basisentscheidung des Forschers bei der Formulierung seines praktisch-normativen Wissenschaftsprogramms.[9]

[1] Vgl. Ulrich, P.; Hill, W.: Wissenschaftstheoretische Grundlagen der BWL (Teil II), 1976, S. 345.
[2] Vgl. Ulrich, P.; Hill, W.: Wissenschaftstheoretische Grundlagen der BWL (Teil II), 1976, S. 346.
[3] Vgl. Eberhard, K.: Einführung in die Erkenntnis- und Wissenschaftstheorie, 1999, S. 44.
[4] Vgl. Ulrich, H.: Systemorientiertes Management, 2001, S. 174.
[5] Vgl. Ulrich, P.; Hill, W.: Wissenschaftstheoretische Grundlagen der BWL (Teil I), 1976, S. 307.
[6] Ulrich, H.: Systemorientiertes Management, 2001, S. 175.
[7] Vgl. Ulrich, H.: Systemorientiertes Management, 2001, S. 175.
[8] Vgl. Ulrich, P.; Hill, W.: Wissenschaftstheoretische Grundlagen der BWL (Teil II), 1976, S. 349f.
[9] Vgl. Kirsch, W.: Die entscheidungs- und systemorientierte Betriebswirtschaftslehre, 1972, S. 175.

Zur Relevanz der angestrebten Aussagen für das produzierende Gewerbe in Deutschland wurden bereits in Kap. 1.1 ausführliche Erläuterungen gegeben. Angesichts der Zielsetzung dieser Arbeit ist der Adressatenkreis die Gestalterebene in Unternehmen des ebenfalls in Kap. 1.1 genannten Objektbereichs mittelständisch geprägter, produzierender Unternehmen, die im Kontext der Globalisierung ihre Standortstrukturen verändern müssen.

1.2.3 Forschungsprozess

Im Kritischen Rationalismus basiert der Erkenntnisfortschritt auf der fortwährenden Falsifikation und Verbesserung von Hypothesen.[1] Dies führt nach KUBICEK im Kontext betriebswirtschaftlicher Forschung jedoch zu erheblichen Problemen:[2] Einerseits ist der Objektbereich der Betriebswissenschaften im Gegensatz zu den Naturwissenschaften in natura zu komplex. Aufgestellte Hypothesen lassen nicht in einer reproduzierbaren Laborumgebung ceteris paribus testen, revidieren und erneut testen. Entsprechend langsam und schwerfällig gestaltet sich der Erkenntnisfortschritt. Andererseits existieren häufig Erfahrungsdefizite auf Seiten des akademischen Forschers, die die Aufstellung zweckmäßiger und realistischer Hypothesen und damit eine effiziente Annäherung an die Wirklichkeit erschweren. Darüber hinaus besteht im akademischen Arbeitsumfeld eine gewisse Scheu vor Fehlschlägen. Diese führt schließlich dazu, dass bei der Falsifikation und der damit einhergehenden Auseinandersetzung mit potenziellen Widersprüchen zu unkritisch und unpräzise vorgegangen wird.

Als Lösung der geschilderten Probleme schlägt KUBICEK eine explizit auf das Konstruktionsziel der Handlungswissenschaften bezogene Forschungsmethodologie, die „explorative Forschung“, vor.[3] Der Forschungsprozess zielt dabei nicht mehr auf die Überprüfung theoriegeleiteter Hypothesen an der Realität ab, sondern auf die Konstruktion und Entwicklung wissenschaftlicher Aussagesysteme zur Schaffung neuer Realitäten.[4]

Diese Grundidee wird auch in dem dieser Arbeit zugrunde liegenden explorativen Forschungszyklus nach TOMCZAK[5] aufgegriffen (Bild 1.7):

Die Konstruktion wissenschaftlicher Aussagen vollzieht sich hierbei als iterativer Lernprozess. Ausgangsbasis für die Gewinnung neuer Hypothesen bildet ein theoretisches Prob-

---

[1] Vgl. Kap. 1.2.2.

[2] Vgl. Kubicek, H.: Heuristische Bezugsrahmen und heuristisch angelegte Forschungsdesigns als Elemente einer Konstruktionsstrategie empirischer Forschung, 1977, S. 10f.

[3] Vgl. Kubicek, H.: Heuristische Bezugsrahmen und heuristisch angelegte Forschungsdesigns als Elemente einer Konstruktionsstrategie empirischer Forschung, 1977, S. 12ff.

[4] Vgl. Kromrey, H.: Empirische Sozialforschung, 2002, S. 21; Kubicek, H.: Heuristische Bezugsrahmen und heuristisch angelegte Forschungsdesigns als Elemente einer Konstruktionsstrategie empirischer Forschung, 1977, S. 12ff; Ulrich, H.: Die Betriebswirtschaftslehre als anwendungsorientierte Sozialwissenschaft, 1984, S. 174.

[5] Vgl. Tomczak, T.: Forschungsmethoden in der Marketingwissenschaft, 1992, S. 83f.

lem bzw. ein generelles Phänomen, das nicht genügend verstanden oder beherrscht wird.[1] Das Vorverständnis des betreffenden Forschers formt dieses Problem.[2] Aus einer bestimmten theoretischen Perspektive heraus wird die Realität betrachtet und sowohl gedanklich als auch sprachlich strukturiert.[3] Ziel ist es, mittels auf die jeweilige Problemstellung ausgerichteter Forschungsdesigns systematisches Erfahrungswissen zu gewinnen. Dieses ermöglicht dann wiederum durch Reflexion und Abstraktion die Konstruktion theoretischer Aussagen über die Realität, welche schließlich in erneuten Fragen an die Realität münden.[4]

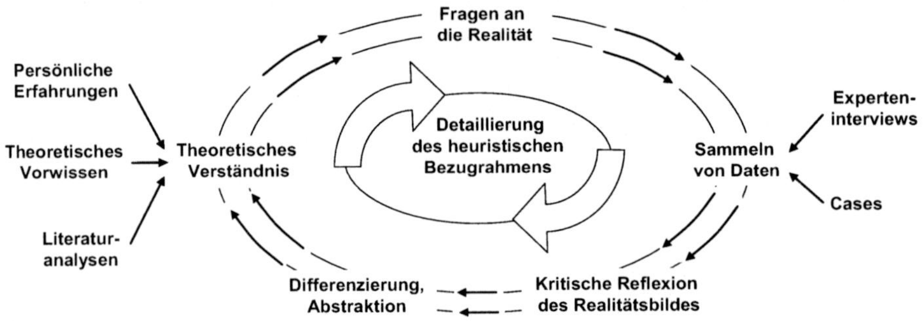

Bild 1.7: Forschungsmethodologisches Vorgehen[5]

Den Mittelpunkt des beschriebenen Lernprozesses bildet ein so genannter heuristischer Bezugsrahmen, der als provisorisches Erklärungsmodell das Vorverständnis des Forschers hinsichtlich relevanter Größen, Beziehungen und Wirkmechanismen expliziert, den Forschungsprozess steuert und Orientierungshilfen für die Lösung praktischer Probleme liefern soll.[6] Der stets durch die Iteration modifizierte, weiterentwickelte und präzisierte Bezugsrahmen kann somit als Quelle heuristischen Potenzials für den wissenschaftlichen Fortschritt betitelt werden. Mit der Veröffentlichung der Arbeit wird er schließlich pragmatisch eingefroren.[7]

[1] Vgl. Mayring, P: Einführung in die qualitative Sozialforschung, 1996, S. 22.
[2] Vgl. Rößl, D.: Die Entwicklung eines Bezugsrahmens und seine Stellung im Forschungsprozess, 1990, S. 101.
[3] Vgl. Tomczak, T.: Forschungsmethoden in der Marketingwissenschaft, 1992, S. 84.
[4] Vgl. Kubicek, H.: Heuristische Bezugsrahmen und heuristisch angelegte Forschungsdesigns als Elemente einer Konstruktionsstrategie empirischer Forschung, 1977, S. 14.
[5] I.A.a. Zohm, F.: Management von Diskontinuitäten, 2004, S. 9. Vgl. auch Tomczak, T.: Forschungsmethoden in der Marketingwissenschaft, 1992, S. 84.
[6] Vgl. Kubicek, H.: Heuristische Bezugsrahmen und heuristisch angelegte Forschungsdesigns als Elemente einer Konstruktionsstrategie empirischer Forschung, 1977, S. 16; Tomczak, T.: Forschungsmethoden in der Marketingwissenschaft, 1992, S. 84.
[7] Vgl. Kubicek, H.: Heuristische Bezugsrahmen und heuristisch angelegte Forschungsdesigns als Elemente einer Konstruktionsstrategie empirischer Forschung, 1977, S. 28.

Ein erstes Konzept des heuristischen Bezugsrahmens – basierend auf der in Kap. 1.1.2 dargestellten Problemstellung – zeigt die nachstehende Abbildung (Bild 1.8). Die Ergebnisse zum Abschluss des iterativen Lern- und Forschungsprozesses werden in Form der vorliegenden Arbeit dokumentiert.

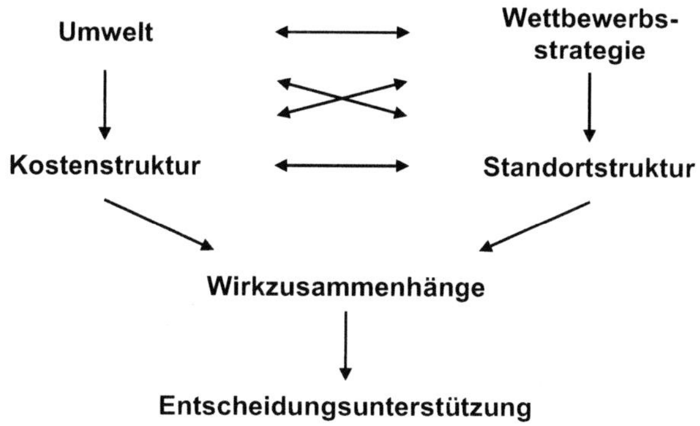

Bild 1.8: Heuristischer Bezugsrahmen der Arbeit[1]

Wichtig für die Nutzung des durch diesen Bezugsrahmen bereitgestellten Potenzials ist aufgrund des pragmatischen Wissenschaftsziels die intensive Einbeziehung der Praxis. Die vorliegende Dissertation ist daher geprägt durch Erfahrungsgewinn und Dialog in und mit der Praxis.

Theoretisches Verständnis

Der durch die Auseinandersetzung mit Problemen und Herausforderungen im Themenfeld ‚Global verteilte Produktion' gewonnene Erfahrungshintergrund des Autors basiert im wesentlichen auf der fünfjährigen Tätigkeit als wissenschaftlicher Mitarbeiter am Lehrstuhl für Produktionssystematik des Werkzeugmaschinenlabors WZL der RWTH Aachen. In dieser Zeit initiierte, bearbeitete und koordinierte der Autor zahlreiche Forschungsprojekte, industrielle Beratungsprojekte und Studien mit Berührungspunkten zu global produzierenden Unternehmen.

Den Ausgangspunkt der Auseinandersetzung mit dem Themenkomplex global verteilter Produktion bildete das BMBF-Verbundforschungsprojekt ‚MobiFak – Entwicklung eines Geschäftskonzepts für mobile Fabriken'[2] – eines der bundesweit ersten Forschungsprojekte, das explizit auch die Internationalisierung der Produktion thematisierte. Zunächst als Forscher im Projektteam und später als Gesamtprojektkoordinator konnte der Autor die zunehmende Erfordernis seitens der produzierenden Unternehmen an Methoden, Instrumenten und Hilfsmitteln zur Strukturierung und Systematisierung ihres globalen Engagements aktiv verfolgen und begleiten. Neben der projektspezifischen Thematik der

[1] Eigene Darstellung.

[2] Vgl. Schuh, G.; Merchiers, A. (Hrsg.): Entwicklung eines Geschäftskonzeptes für mobile Fabriken, 2004.

Konzeption und Gestaltung mobiler Fabriken rückten somit gerade die Aspekte der Standortstrukturplanung mit wachsendem Projektfortschritt mehr in den Mittelpunkt der Aktivitäten. In entsprechenden Teilprojekten mit den international tätigen Unternehmen SCHOTT AG[1] und FAG Kugelfischer AG & Co. KG[2] konnte der Autor wertvolle Erkenntnisse im Zusammenhang mit der standortspezifischen Ausrichtung von Produktion und Wertschöpfung sammeln und weiterentwickeln.[3] Parallel hierzu ergaben sich für die im Projekt beteiligten und eher mittelständisch geprägten Maschinen- und Anlagenhersteller erste Signale, von ihrer traditionellen Exportstrategie abzuweichen und unter Nutzung von Lokalisierungsvorteilen mit ihren Kunden global zu wachsen.[4] Letzteres war prägend für die weiteren Forschungsaktivitäten des Autors und nicht zuletzt auch für die thematische Positionierung dieser Arbeit.

Die Thematik der Neuausrichtung und -verteilung von Wertschöpfungsumfängen für eben jene zumeist mittelständisch geprägten Maschinenbauunternehmen sowie die hiermit eng verknüpfte Standortstrukturplanung war im Weiteren auch Thema vieler bilateraler Beratungsprojekte des Autors. Hierbei galt es, markt- und technologiegetrieben die notwendigen Standorte zu bestimmen und anschließend unter Kosten- und logistischen Gesichtspunkten ihre Wertschöpfungsumfänge festzulegen. Ziel war es, den Standorten klar definierte Rollen zuzuweisen, die sich zum einen aus der Nutzung lokaler Vorteile und Synergien, zum anderen durch ihre jeweilige Spezialisierung heraus begründeten.[5]

Das im Rahmen dieser Beratungsprojekte gewonnene praktische Erfahrungswissen als auch die stetige Konfrontation mit der Problematik, alternative Standortstrukturkonzepte auch quantitativ zu bewerten, bildeten den Kristallisationspunkt dieser Arbeit. Entsprechend soll diese Arbeit einen Beitrag zur Schaffung von Transparenz in den Wechselwirkungen zwischen Kostenverläufen und Standortstrukturkonzepten leisten.

Das erworbene praktische Verständnis wurde flankiert durch eine Forschungsarbeit zum Thema ‚Erfolgsfaktoren für Rollen global verteilter Produktionsstandorte', die der Autor im Rahmen seines wirtschaftswissenschaftlichen Zusatzstudiums erarbeitete.

Neben den genannten persönlichen Erfahrungen wurde im Rahmen von Literaturanalysen die forschungsrelevante Literatur in den Bereichen Internationales (Produktions-) Management und Standortplanung ausgewertet.[6]

---

[1] Business Unit White Goods Flat Glass, Mainz.

[2] Geschäftsbereich Aerospace/ Superprecision, Schweinfurt.

[3] Vgl. Schuh, G.; Merchiers, A.; Kampker, A.: Geschäftskonzepte für global verteilte Produktion, 2004, S. 52ff.

[4] Vgl. hierzu auch Abele, E.; Kluge, J.; Näher, U. (Hrsg.): Handbuch Globale Produktion, 2006, Vorwort.

[5] Vgl. Schuh, G.; Merchiers, A.: Wo ist Schluss mit dem Outsourcen?, 2006, S. 308ff.

[6] Vgl. Kap. 1.

Empirische Fundierung

Als empirische Datenbasis für den Forschungsprozess dieser Arbeit dienten im Themenbereich ‚Globale Produktion' und ‚Optimierung der Produktions- und Wertschöpfungsstrukturen' die zahlreich erschienen Studien[1], insbesondere die Ergebnisse der empirischen Studie ‚Zukunftsperspektiven Deutschland' des WZL und Kienbaum Management Consultants, an der der Autor für den Produktionsteil verantwortlich war. Im Rahmen einer Unternehmensbefragung wurden u.a. produktionsseitige Motive und Zielsetzung der deutschen Unternehmen zur Sicherung ihrer Wettbewerbsfähigkeit sowie Kostendaten und Verlagerungsschwellwerte abgefragt.[2]

Darüber hinaus konnte bei der Erstellung der Arbeit bereits auf erste Ergebnisse der laufenden Studie ‚Strategien im Maschinen- und Anlagenbau" des WZL, Roland Berger Strategy Consultants und des VDMA zugegriffen werden. Ziel dieser Studie war es, die zukünftigen Herausforderungen für den deutschen Maschinen- und Anlagenbau zu identifizieren sowie Handlungsempfehlungen und Best-Practice-Strategien in den Kategorien Strategische Positionierung, Produkt, Produktion und Einkauf abzuleiten.[3]

Untermauert wurden diese Ergebnisse durch einen steten Dialog mit Vertretern aus Industrie und Forschung. In diesem Zusammenhang sind insbesondere die Industriearbeitskreise im Rahmen des BMBF-Forschungsvorhabens ‚TempoFak – Flexible, temporäre Fabriken' hervorzuheben.

Nicht zuletzt waren es aber auch die Diskussionen mit Kollegen und Experten anderer wissenschaftlicher Einrichtungen verschiedenster Couleur, die zu einer kontinuierlichen Erweiterung des Erfahrungsfeldes auf angrenzende Bereiche des Produktionsmanagements führten. Hierdurch konnte von der theoretischen Seite her der Forderung nach Pluralismus zur Nutzung des heuristischen Potenzials des verwendeten Bezugsrahmens nachgekommen werden.

1.3 Forschungsfrage

Der im vorangegangen Kapitel vorgestellte und auch auf diese Arbeit anzuwendende, auf KUBICEK zurückzuführende Prozess explorativer Forschung zur Gewinnung wissenschaftlicher Aussagen beginnt mit der Formulierung grundlegender Forschungsfragen.[4]

---

[1] Vgl. u.a. Geissbauer, R.; Schuh, G.: Global Footprint Design, 2004; Bhattacharaya, A. et al.: Capturing global advantages, 2004; Farrel, D.: Can Germany win from offshoring, 2004; Kinkel, S.; Lay, G.; Maloca, S.: Produktionsverlagerungen ins Ausland und Rückverlagerungen, 2004; Nitschke, A.; Wimmers, S.: Produktionsverlagerungen als Element einer Globalisierungsstrategie von Unternehmen, 2003; o.V.: Produktionsstandort Deutschland, 2003; o.V.: Mastering complexity in global manufacturing, 2003; o.V.: Königsweg Ausland?, 2004; o.V.: Studie zu den Auslandsaktivitäten deutscher Unternehmen, 2004.

[2] Vgl. Anhang 10.4.

[3] Vgl. Anhang 10.3.

[4] Vgl. Kubicek, H.: Heuristische Bezugsrahmen und heuristisch angelegte Forschungsdesigns als Elemente einer Konstruktionsstrategie empirischer Forschung, 1977, S. 18f.

Basis dieser Fragen bildet das theoretische Problem der Praxis. Ziel ist es, durch sie die Eingrenzung des Betrachtungsfelds vorzunehmen sowie die weiteren Untersuchungen auszurichten.[1] Zur Formulierung dieser Forschungsfragen wird die Arbeit vorab wie folgt abgegrenzt:[2]

- Untersuchungsobjekt ist die Branche des Maschinen- und Anlagenbaus, wobei insbesondere solche Unternehmen im Mittelpunkt der Untersuchung stehen, die mittelständisch geprägt sind und noch am Anfang ihrer globalen Ausrichtung stehen.
- Untersuchungsgegenstand sind die Wirkzusammenhänge zwischen Standortstruktur und Kostenstruktur und damit die Quantifizierung der mit einer Veränderung der Wertschöpfungsstrukturen i.S.e. globalen Arbeitsteilung verbundenen monetären Einflussgrößen.
- Untersuchungsmotivation ist der stetig steigende (globale) Wettbewerbsdruck in der Maschinenbaubranche und die Grenzen herkömmlicher Maßnahmen zur Effizienzsteigerung sowie die Erkenntnis, durch Veränderung der Wertschöpfungsstrukturen i.S.e. Nutzung der globalen Arbeitsteilung neue Potenziale freisetzen zu können.
- Wichtigste Einflussfaktoren der Untersuchung sind die Möglichkeit zur Bewertung und Beurteilung alternativer Gestaltungsoptionen im Rahmen der Neugestaltung von Wertschöpfungsstrukturen sowie deren Beitrag zum unternehmerischen Erfolg.
- Untersuchungsziel ist schließlich die Erkenntnis, wie Veränderungen der Standortstruktur nachhaltig zum Unternehmenserfolg beitragen und auf welche Ursache-Wirkungsbeziehungen dies zurückzuführen ist. Daraus abgeleitet lässt sich eine Bewertungsunterstützung für den Vergleich alternativer Standortstrukturen konzipieren und beschreiben.

Entsprechend dieser Abgrenzung sowie der formulierten Problemstellung und Zielsetzung kann folgende handlungsleitende Fragestellung formuliert werden:

> Gibt es objektivierbare, grundlegende Ursache-Wirkungs-Mechanismen bei der Gestaltung von Standort- bzw. Wertschöpfungsstrukturen, die einen quantitativen Vergleich unterschiedlicher Szenarien im Maschinen- und Anlagenbau möglich machen?

Die Beantwortung der handlungsleitenden Fragestellung erfolgt in Form von abgeleiteten Forschungsfragen. Diese adressieren einzelne Themenbereiche des im vorangegangenen Kapitel entworfenen heuristischen Bezugsrahmens und strukturieren das Vorgehen. Aus ihrer Beantwortung lassen sich die erforderlichen Beiträge zur Lösung der handlungsleitenden Fragestellung erzeugen.

Folgende Teilfragen sind im Kontext des vorliegenden Forschungsvorhabens zu beantworten:

---

[1] Vgl. Rumelt, R. P.; Schendel, D.; Teece, D. J. (Hrsg.): Fundamental Issues in Strategy, 1994, S. 39.

[2] Vgl. Klotzbach, C.: Gestaltungsmodell für den industriellen Werkzeugbau, 2007, S. 13.

- Existieren für die fokussierten Unternehmen bestimmte Grundmuster der Leistungsverflechtung? Welches sind die potenziellen Ausprägungen der sich hieraus ergebenden Standortstruktur?
- Welches sind die dem Entscheidungsproblem zugrunde liegenden gegenläufigen Einflüsse auf die Kostenstruktur und damit die Zielfunktion, die unterschiedliche Positionierungen zulassen?
- Welches sind die relevanten monetären Größen und wie sehen ihre Determinanten aus? Welchen Einfluss hat die Standortstruktur auf diese Determinanten und wie lässt sich dieser abbilden?
- Wie sieht eine quantitative Bewertung unterschiedlicher Standortstrukturalternativen aus? Welche Ansätze hierzu existieren, wo liegen ihre Schwächen, welche Elemente leisten einen Beitrag zur avisierten Bewertungsunterstützung?

1.4 Aufbau der Arbeit

Der Aufbau dieser Arbeit orientiert sich an der oben beschriebenen Strategie der angewandten Forschung nach ULRICH.[1] Sie stellt ebenso wie der explorative Ansatz nach KUBICEK den Praxisbezug in den Vordergrund.[2] Demnach findet der Forschungsprozess in der Überprüfung der entwickelten Lösung in der Praxis mit der Implementierung sowie Beratung sein vorläufiges Ende.[3]

Bild 1.9 zeigt den Aufbau der Arbeit und spiegelt ihn an ULRICHS Strategie der angewandeten Forschung:

Im ersten Kapitel wurde in die Thematik eingeführt, die Problemstellung und die sich hieraus ableitende Zielsetzung der Arbeit erläutert sowie das forschungsmethodische und erkenntnistheoretische Konzept vorgestellt.

Im sich anschließenden zweiten Kapitel wird das dieser Arbeit zugrunde liegende Problemverständnis anhand der in der Praxis vorzufindenden Begebenheiten empirisch belegt. Durch Auswertung statistischen Datenmaterials werden zunächst die sich im Kontext der Globalisierung neu ergebenden bzw. veränderten Zielsetzungen produzierender Unternehmen im Allgemeinen beleuchtet und die sich hieraus ableitenden Trends bzgl. der Neu-/ Umverteilung von Produktionsaktivitäten herausgearbeitet. In einem zweiten Teil werden diese im Speziellen mit der Situation in der Maschinenbaubranche, die bis dato den allgemeinen Trends nicht uneingeschränkt gefolgt ist, abgeglichen.

---

[1] Vgl. Ulrich, H.: Die Betriebswirtschaftslehre als anwendungsorientierte Sozialwissenschaft, 1984, S. 193.

[2] Vgl. Kubicek, H.: Heuristische Bezugsrahmen und heuristisch angelegte Forschungsdesigns als Elemente einer Konstruktionsstrategie empirischer Forschung, 1977, S. 18f.

[3] Vgl. Ulrich, H.: Management, 1984, S. 192.

Bild 1.9: Strategie angewandter Forschung und Aufbau der Arbeit[1]

Analog zur Beschreibung und Präzisierung des Praxisproblems wird im Rahmen des dritten Kapitels die diesem zugrunde liegenden theoretischen Zusammenhänge dargelegt und hinsichtlich des Objektbereichs dieser Arbeit präzisiert und eingegrenzt. Ziel hierbei ist es, die Kausalzusammenhänge zwischen den im heuristischen Bezugsrahmen als relevant definierten Themenbereichen in Hinblick auf die maßgeblichen Ziel- und Einflussgrößen, Gewichtungen und das methodische Vorgehen im Rahmen der zu entwickelnden Bewertungsunterstützung zu bestimmen.

Im vierten Kapitel werden der Eingrenzung des Objektbereichs folgend die problemrelevanten Theorien erfasst und mit Blick auf einen möglichen Beitrag zur Zielsetzung dieser Arbeit interpretiert. Dabei werden einerseits adaptierbare Aspekte herausgestellt, andererseits aus den identifizierten Defiziten Rückschlüsse auf Anforderungen an die im Rahmen dieser Arbeit zu entwickelnde Bewertungsunterstützung geschlossen.

Aufbauend auf den Analyseergebnissen und den daraus abgeleiteten Anforderungen ist der Gegenstand des fünften Kapitels die Konzeption einer Bewertungsunterstützung. In einem ersten Teil werden hierzu zunächst die grundlegenden Zusammenhänge und Wirkmechanismen, die hinter der Beeinflussung der Kostenstruktur durch Veränderung der Wertschöpfungsstruktur stehen, verdeutlicht und hinsichtlich der Zielsetzung dieser Arbeit strukturiert. Zur adäquaten Abbildung und Nutzung dieser Zusammenhänge im Rahmen der Bewertungsunterstützung wird ferner der Anwendungsbereich konkretisiert

[1] I.A.a. Ulrich, H.: Die Betriebswirtschaftslehre als anwendungsorientierte Sozialwissenschaft, 1984, S. 193.

und modelliert. Hierauf aufbauend erfolgt im zweiten Teil die Konzeption der Bewertungsunterstützung.

Im sechsten Kapitel erfolgt die Konkretisierung der Bewertungsunterstützung und damit die detaillierte Ausgestaltung der einzelnen Bestandteile dieser. Im Vordergrund stehen dabei die Ursache-Wirkungs-Zusammenhänge zwischen Standortstruktur und Kostenstruktur und dem Aufbau einer transparenten Entscheidungsbasis. Basis hierzu bilden aufzubauende Beschreibungs- und Erklärungsmodelle.

Die Umsetzung der Bewertungsunterstützung im Rahmen eines Gestaltungsmodells sowie deren Überprüfung im Anwendungszusammenhang erfolgt im siebten Kapitel. Die Überprüfung findet im Rahmen eines realen Fallbeispiels aus der Beratung statt. Die Resultate der Anwendung werden im Anschluss kritisch reflektiert.

Die eigentliche Arbeit i.S.d. aufgezeigten Forschungsprozesses schließt mit einer Zusammenfassung sowie einem Ausblick auf mögliche Weiterentwicklungen im achten Kapitel.

Im sich anschließenden Anhang finden sich ergänzende und vertiefende Informationen zum Objektbereich der Arbeit, zur empirischen und theoretischen Basis sowie zur verwendeten Terminologie.

2 Die Globalisierung der Produktion

Zielsetzung dieses Kapitels ist es einerseits, ein besseres Verständnis des Objektbereichs dieser Arbeit zu bekommen, andererseits den Bezug zur Praxis herzustellen. Gleichzeitig soll dieses Kapitel dazu genutzt werden, den Objektbereich dahingehend näher zu spezifizieren, als dass die in der Praxis vorzufindenden Begebenheiten dem Aufbau der theoretischen Zusammenhänge im nachfolgenden Kapitel als Basis dienen. Damit verbunden findet auch eine erste Präzisierung des Gestaltungs- und Lösungsraums und nicht zuletzt auch des Anwendungsbereichs dieser Arbeit statt.

Hierzu wird zunächst das Phänomen der Globalisierung aus der makroökonomischen Perspektive beleuchtet. Es werden die Gründe und Treiber für dieses Phänomen beschrieben sowie die sich aus diesem Kontext neu ergebenden oder veränderten Zielsetzungen produzierender Unternehmen vorgestellt. Auf der Basis der Außenhandels- und Außenwirtschaftstheorie soll zudem eine Erklärung für die zunehmenden internationalen Unternehmenstätigkeiten im Sinne eines Intra-Firm-Handels sowie die sich ändernden Industriestrukturen als Basis für das unternehmerische Handeln gegeben werden.

Mit Blick auf die in dieser Arbeit fokussierten Maschinenbauunternehmen wird dann auf die Auswirkungen der Globalisierung auf diese Branche näher eingegangen. Betrachtet werden die sich ergebenden Änderungen von Wettbewerbs- und Marktstrukturen und die damit verbundenen produkt- und prozessseitigen Anforderungen. Besonderes Augenmerk wird schließlich auf die Reaktionen der Branche und die in diesem Kontext entstehenden Probleme gelegt.

Das Kapitel schließt mit einer Eingrenzung des Objektbereichs für diese Arbeit.

2.1 Das Phänomen Globalisierung

Kaum ein anderes Phänomen hat in den letzten 15 bis 20 Jahren einen größeren Einfluss auf das Unternehmensumfeld und damit auch auf die Unternehmen selbst genommen als die Globalisierung.[1] Die Unternehmen sind gezwungen, ihre Strategien und Strukturen den neuen Gegebenheiten anzupassen, ohne sich den damit verbundenen Risiken entziehen zu können. Gleichzeitig kann die Globalisierung aber auch als Chance gesehen werden, die zahlreiche neue Möglichkeiten eröffnet.[2] Was sich genau hinter diesem Phänomen verbirgt, welche Einflussfaktoren eine Rolle spielen, mit welchen Intentionen Unternehmen an dieser Entwicklung partizipieren und wie die Auswirkungen auf die Industriestruktur Deutschlands aussehen, wird in den folgenden Unterkapiteln dargestellt.

[1] Vgl. Jochimsen, R. : Globalisierung und Währungsintegration als Katalysatoren des Strukturwandels im Mittelstand, 1999, S. 28f.

[2] Vgl. Porter, M. E.: Wettbewerbsstrategie, 1999, S. 350f.

2.1.1 Gründe und Treiber der Globalisierung

Hinter dem Phänomen der Globalisierung verbirgt sich im Allgemeinen die Zunahme der nationenübergreifenden wirtschaftlichen und sozialen Beziehungen, d.h. unternehmerisches Handeln und interkulturelles Zusammenleben und -wirken über nationale und kulturelle Grenzen hinweg.[1]

Aus der rein ökonomischen Sichtweise wird unter dem Begriff der „Globalisierung" hauptsächlich das Zusammenwachsen nationaler bzw. isolierter Märkte zu übernationalen, globalen Märkten verstanden.[2] Jedoch umfasst der Begriff „Globalisierung" noch einen zweiten, ebenfalls zentralen Aspekt: Parallel zum Zusammenwachsen von Märkten (Globalisierung von Märkten) findet eine Zunahme grenzüberschreitender Aktivitäten von Unternehmen statt (Globalisierung von Unternehmen).[3] Aufgrund der direkten Zusammenhänge zwischen der Globalisierung von Märkten und Unternehmen ist eine isolierte Betrachtung der Aspekte kaum möglich. Vielfach steht daher auch nicht die Globalisierung selbst im Betrachtungsfokus, sondern mehr das Phänomen der Vernetzung, mit Indikatoren wie dem internationalen Handelsvolumen, dem grenzüberschreitenden Güterverkehr zwischen Einheiten des gleichen Unternehmens oder internationalen Kapital- und Wissenstransfers. Zusammengefasst kann die Globalisierung somit auch als eine verstärkte Integration der Weltwirtschaft interpretiert werden.[4]

Ausgelöst und begünstigt wurde diese Entwicklung durch das Zusammenspiel unterschiedlichster Ereignisse und Entwicklungen:

- Die politische Öffnung großer Teile der Welt hat dazu geführt, dass die Zahl der am Wettbewerb teilnehmenden Volkswirtschaften stark gewachsen ist. Während sich bis zum Ende der 80er Jahre der internationale Wettbewerb hauptsächlich auf die Triade beschränkte, wird der Einfluss Chinas, der sich öffnenden lateinamerikanischen Wirtschaften sowie der ehemaligen Ostblock-Staaten immer größer.[5]
- Im Zuge dieser Öffnung steigt die Anzahl an multilateralen Abkommen wie z.B. GATT, die neben dem Abbau von Handelsbarrieren eine zunehmende Deregulierung und Liberalisierung der Kapitalmärkte (Abbau von administrativen Kapitalverkehrsbeschränkungen) bewirken.[6]
- Parallel hierzu entstehen und wachsen große Binnenmärkte in Europa, Asien und Nord- und Mittelamerika wie z.B. die Europäische Union (EU), die NAFTA oder die Ti-

[1] Vgl. Handrack, H.: Globaler Wettbewerb in der Automobilindustrie, 1998, S. 10; o.V.: Globalisierung, 2001, S. 19.

[2] Vgl. Budzinski, O.; Kerber, W.: Megafusionen, Wettbewerb und Globalisierung, 2003, S. 9.

[3] Vgl. Härtel, H.-H.; Jungnickel, R.: Grenzüberschreitende Produktion und Strukturwandel, 1996, S. 17f.

[4] Vgl. Klodt, H.: Globalisierung: Phänomen und empirische Relevanz, 1998, S. 7ff.

[5] Vgl. Berger, R.: Chancen und Risiken der Internationalisierung, 2002, S. 21f.

[6] Vgl. Porter, M. E.: Globaler Wettbewerb, 1989, S. 2.

ger-Staaten. Kennzeichen dieser Binnenmärkte ist die Harmonisierung der Wettbewerbsbedingungen sowie der Abbau von staatlicher Regulierung. [1]

- Neben den genannten wirtschaftspolitischen Rahmenbedingungen begünstigen insbesondere aber auch die rasanten Fortschritte in der Informations- und Kommunikationstechnik die Globalisierung von Märkten und Unternehmen.[2] In Kombination mit immer effizienter werdenden Logistik- und Transportsystemen führen die technischen und ökonomischen Entwicklungen zu einer allgemeinen Senkung der Transaktionskosten sowie zu einer internationalen Angleichung der Angebots- und Nachfragebedingungen (z.B. Homogenisierung von Käuferpräferenzen).[3]
- Des Weiteren begünstigen der technologische Fortschritt, die Mobilität von Know-how sowie die Angleichung vieler Schwellenländer an ein „westliches" Infrastruktur-Niveau den Prozess der „Desintegration" der Produktion, d.h. die Auflösung der örtlichen und zeitlichen Konzentration aller Aktivitäten auf einen bestimmten Standort. Betriebliche Abläufe und Prozesse lassen sich heute viel einfacher zerlegen und an unterschiedlichen Standorten getrennt von einander durch eine übergeordnete Koordination betreiben.[4]

Während aus makroökonomischer Sicht die genannten Aspekte eine verstärkte Integration der Weltwirtschaft zur Folge haben, bedeutet dies auf mikroökonomischer Ebene eine enorme Verschärfung des Wettbewerbs für die Unternehmen (Bild 2.1).

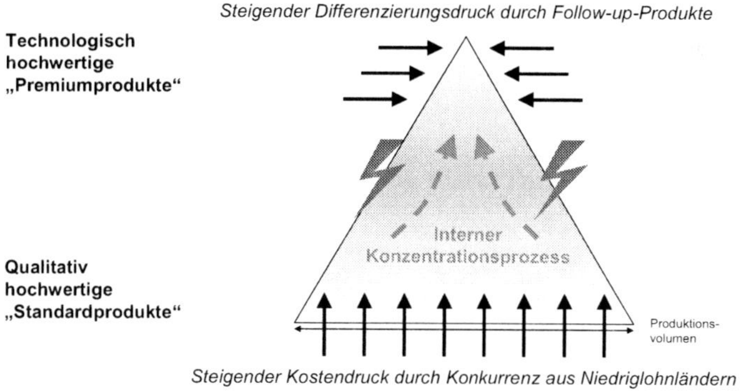

Bild 2.1: Verschärfung der Wettbewerbssituation produzierender Unternehmen[5]

---

[1] Vgl. Berger, R.: Chancen und Risiken der Internationalisierung, 2002, S. 21f.

[2] Vgl. Jochimsen, R.: Globalisierung und Währungsintegration als Katalysatoren des Strukturwandels im Mittelstand, S. 28f.

[3] Vgl. Härtel, H.-H.; Jungnickel, R.: Grenzüberschreitende Produktion und Strukturwandel, 1996, S. 17f; Porter, M. E.: Globaler Wettbewerb, 1989, S. 39.

[4] Vgl. Jochimsen, R.: Globalisierung und Währungsintegration als Katalysatoren des Strukturwandels im Mittelstand, S. 28f.

[5] Eigene Darstellung.

Neue Binnenmärkte in aufstrebenden Volkswirtschaften wie z.B. China führen bei zuweilen deutlichen Unterschieden bei den Faktorkosten dazu, dass gerade die Unternehmen des produzierenden Gewerbes sich mit einem zunehmenden „Wettbewerb von unten" durch bislang unbedeutende Konkurrenten aus Ländern Mittel- und Osteuropas sowie Zentralasiens konfrontiert sehen.[1] Bisherige Markt- und Machtpositionen werden hierdurch aufgebrochen, traditionelle Vorsprünge schrumpfen.[2]

Gleichzeitig steigt aber auch der Differenzierungsdruck im Markt für Premium-Produkte mit hohen Qualitäts- und Technologieanforderung.[3] Die Flucht ins Spezialistentum ist keine nachhaltige Alternative für die Unternehmen, zumal dieses Marktsegment zwar bisher gute Margen garantierte, jedoch aufgrund seiner geringen Größe die Unternehmensressourcen in den seltensten Fällen wirtschaftlich auslastet. Zum Erhalt der kritischen Existenzmasse sind die Unternehmen daher gezwungen, ihre Gesamtkosten zu optimieren, um auch im mittleren Preissegment wieder konkurrenzfähig zu werden.[4]

Wollen Unternehmen bei diesen veränderten Marktbedingungen ihren bisherigen Absatz von Waren sichern bzw. ausweiten, ist eine Neuausrichtung ihrer strategischen Marktpositionen unabdingbar. Grundvoraussetzung hierfür ist eine beträchtliche Steigerung ausländischer Direktinvestitionen, d.h. die Internationalisierung der Produktion.[5]

2.1.2 Globalisierungsziele produzierender Unternehmen

Vor dem Hintergrund der beschriebenen Veränderungen können sich produzierende Unternehmen dem Schritt in die totale Globalisierung nicht mehr entziehen. Ihre bisher erfolgreiche Bearbeitung des Weltmarktes über Export und Vertriebsniederlassungen wird den neuen Anforderungen nicht mehr gerecht. Entsprechend der in Kap. 2.1.1 dargestellten Herausforderungen sind es vornehmlich zwei primäre Zielsetzungen, die verfolgt werden: Einerseits die Erweiterung der Kundenbasis durch die Erschließung neuer Märkte, andererseits die Verbesserung der Wettbewerbsfähigkeit in bestehenden Märkten durch Senkung der Gesamtproduktionskosten unter Einschluss des Heimatstandortes.[6] Sekundäre Ziele sind die Sicherstellung der Verfügbarkeit kritischer materieller und immaterieller Ressourcen, die Erhöhung der Innovationsfähigkeit, die Minimierung des Risikos und das Einhalten staatlicher Restriktionen.

---

[1] Vgl. Oldendorf, C.: Nutzung lokaler Netzwerke im internationalen Wettbewerb, 2004, S. 203ff; Hirn, W.: Trends: China, 2004, S. 88.

[2] Vgl. Budzinski, O.; Kerber, W.: Megafusionen, Wettbewerb und Globalisierung, 2003, S. 9f; Kempkens, W.; Dürand, D.: Wachstum kann nur über Innovationen kommen, S. 92.

[3] Vgl. Calabuig Rull, J.: Bericht über einen politischen Rahmen zur Stärkung des verarbeitenden Gewerbes in der EU, 2006, S. 11.

[4] Vgl. Geissbauer, R.; Schuh, G.: Global Footprint Design, 2004, S. 11.

[5] Vgl. Hirsch-Kreinsen, H.: Internationalisierung der Produktion, 1998, S. 20; Spur, G.: Globalisierungspotentiale im Maschinenbau, 1999, S. 63.

[6] Vgl. Beckermann, U.; Büchner, H.-J.: Maschinenbau in Deutschland, 2004, S. 26.

Absatzorientierte Zielsetzung

Bei einer absatzorientierten Zielsetzung bildet die Produktion im neuen Markt den Kern der Markterschließungsstrategie. Ohne Produktion vor Ort sind viele Produkte in neuen Märkten nicht hinreichend kostengünstig verfügbar zu machen, nicht hinreichend und nicht flexibel genug an die örtlichen Marktanforderungen anzupassen und aus Gründen des Image, des mangelnden Vertrauens der Kunden oder staatlicher Regulierung nicht absetzbar.[1] Insbesondere in Asien werden Produktionsstätten von westlichen Unternehmen teilweise aus reinen absatzorientierten Motiven heraus errichtet.[2]

Kostenorientierte Zielsetzung

Mit einer kostenorientierten Zielsetzung wird mit der Produktion an neuen Standorten versucht, Maßnahmen zur Verbesserung der Kostenposition zu realisieren. Einsparungen gegenüber der bisherigen Situation können durch die Ausnutzung von Faktorkostendifferenzen, Produktivitätsvorteilen und die Vermeidung oder Senkung transaktionaler Kosten (z.B. von Zöllen) erreicht werden. Darüber hinaus lassen sich aufgrund der Kostensenkung die Produkte in bestehenden Märkten günstiger anbieten und damit Marktanteile gewinnen und sichern. Beispiele dafür stellen die Produktion von Elektronikkomponenten in Portugal und Ungarn, die Automobilzulieferindustrie in Osteuropa[3] sowie die Textilindustrie in Asien dar.

Sekundäre Zielsetzung: Beschaffung, Wissen, Risiko und Regulierung

Im Falle der beschaffungsorientierten Zielsetzung erfolgt die Produktion nahe der Quelle verfügbarer, geeigneter und kostengünstiger Vorprodukte. Ein klassisches Beispiel hierfür ist die Produktion von Lebensmittelzusätzen: Aufgrund der Mengenverhältnisse zwischen den natürlichen Vorprodukten (z.B. Apfelschalen) und dem extrahierten Produkt (z.B. Pektin) ist eine Produktion nahe der Rohstoffquelle sinnvoll. Ähnliches gilt für die petrochemische Industrie im Mittleren Osten.

Analog gilt dies bei der „Beschaffung" von Wissen (wissensorientierte Zielsetzung). Die Produktion erfolgt an Standorten, die eine integrierte Nutzung des dort verfügbaren Wissens erlauben. Dies kann sowohl für die Fertigung von hochgenauen Bauteilen als auch zur markt- und fertigungsgerechten Entwicklung dem Unternehmen entscheidende Wettbewerbsvorteile verschaffen. Ein Beispiel hierfür ist die Fertigung von Werkzeugmaschinen im Großraum Stuttgart.

Extreme Währungseinflüsse durch starke Schwankungen des Dollars als der dominierenden globalen Währung und das damit verbundene unternehmerische Risiko veranlassen die Unternehmen des produzierenden Gewerbes zunehmend, Wertschöpfung entsprechend des Anteils der betreffenden Märkte am eigenen Umsatz in diese zu verla-

[1] Vgl. Kempkens, W.; Dürand, D.: Wachstum kann nur über Innovationen kommen, 2003, S. 92.
[2] Vgl. Kinkel, S.; Lay, G.; Jung Erceg, P.: Problemfall internationale Standortbewertung, 2004, S. 23.
[3] o.V.: Automobilstandort Deutschland in Gefahr?, 2004, S. 7.

gern.[1] Durch eine gleichmäßige Verteilung der Standorte auf die relevanten Währungsräume Dollar und Euro lassen sich die Risiken im Sinne einer Währungswaage weitgehend eliminieren.[2] Beispiele hierfür sind in allen Branchen vertreten.

Abschließend sind es weiterhin – trotz eines stetig fortschreitenden Abbaus – Handelsbarrieren (Zollschranken oder so genannte no-tariff barriers)[3], die eine Erschließung von Wachstumsmärkten über den Export verhindern und lokale Wertschöpfung erfordern.[4] Die abnehmende Bedeutung der WTO führt zudem dazu, dass regionale und bilaterale Handelsabkommen den Wettbewerb zukünftig in noch stärkerem Maße prägen werden. Dies impliziert aber auch, dass nur wer in den entstehenden Freihandelszonen präsent ist, freien Marktzugang hat.[5] Ein Beispiel hierfür ist die CKD-Montage von DaimlerChrysler in Indien, die aufgrund der geringen Stückzahlen nur unter dem vorhandenen Zollregime wirtschaftlich ist.[6]

Zwischenfazit

Im Grundsatz ist der Aufbau einer Produktion im Markt nur in zwei Fällen interessant: Für solche Produktsegmente, die sich aufgrund ihrer Eigenschaften (z.B. physische Wertdichte, Transportfähigkeit) nicht für den Export eignen oder aber dann, wenn insgesamt eine kostengünstigere Netzwerkstruktur erreicht werden kann. Unter der Annahme eines perfekten Marktes und rationaler Entscheidungen aller Marktteilnehmer wäre somit die Minimierung der Kosten die dominierende Zielsetzung bei der Neugestaltung von Produktionsnetzwerken.[7] Die Praxis zeigt jedoch, dass bei der Markterschließung nicht immer vordergründig die Kosten das primäre Entscheidungskriterium bilden.[8] So wird sogar bei industriellen Produkten davon ausgegangen, dass die lokale Präsenz von Produktionsstätten positive Rückwirkung auf die Wahrnehmung des Unternehmens im Markt hat und den Absatz fördert. Die „gefühlte Marktnähe", ausgedrückt durch Elemente wie wahrgenommene oder erwartete Flexibilität, Zuverlässigkeit und Betreuungsintensität, spielt bei der strategischen Entscheidung über den Aufbau neuer Produktionsstandorte eine z.T. nicht unerhebliche Rolle.[9] Um so mehr ist es erforderlich, die mit einer solchen Entscheidung verbundenen Gesamtkosten transparent darzustellen, um diese den durch Umsatzwachstum erwarteten Grenzerträgen gegenüberzustellen.

---

[1] Vgl. Oldendorf, C.: Nutzung lokaler Netzwerke im internationalen Wettbewerb, 2004, S. 203ff.

[2] Vgl. Oldendorf, C.; Möhwald, H.: Global agieren, am Standort Deutschland produzieren, 2004, S. 6.

[3] Z.B. technische Zulassungsbeschränkungen oder Local Content Bestimmungen.

[4] Vgl. Mischler, G.: Neues Zeitalter im Asienhandel, 2004, S. 85; Handrack, H.: Globaler Wettbewerb in der Automobilindustrie, 1998, S. 10ff.

[5] Vgl. Mischler, G.: Neues Zeitalter im Asienhandel, 2004, S. 84.

[6] Vgl. Kuhn, J.: The role of continuous improvement within globalization, 2000, S. 445.

[7] Vgl. Meyer, T.: Globale Produktionsnetzwerke, 2006, S. 24f.

[8] Vgl. Kuhn, J.: The role of continuous improvement within globalization, 2000, S. 442ff; Baumann, E.: Produzieren in globalem Maßstab, 2004, S. 387.

[9] Vgl. Meyer, T.: Globale Produktionsnetzwerke, 2006, S. 25.

2.1.3 Veränderungen der Wertschöpfungs- und Produktionsstrukturen

Die dargestellten Bestrebungen der Unternehmen, ihre wertschöpfenden Aktivitäten global zu verteilten, haben einen prägnanten Einfluss auf die Außenhandelsbeziehungen und den Welthandel.[1] Die realen Handels- und Warenströme ändern sich in Folge von Standortentscheidungen und der Neuverteilung von Wertschöpfungsumfängen. Mit einem Anteil von fast drei Vierteln der weltweit gehandelten Güter führt dies aber auch dazu, dass sich traditionelle Industriestrukturen ändern.[2]

Diese Veränderungen der Wertschöpfungs- und Produktionsstrukturen im Allgemeinen und im Speziellen für den Standort Deutschland lassen sich aufgrund der gegenseitigen Abhängigkeiten von Außenhandel und internationaler Arbeitsteilung mittels der neueren Außenhandels- und Außenwirtschaftstheorie erklären.[3]

In den klassischen Theorien der Außenhandels- und Außenwirtschaftstheorie dominiert der industrielle Handel. Industrieländer konzentrieren ihre Produktion auf Fertigerzeugnisse und exportieren diese in Entwicklungsländer. Im Austausch erhalten sie rohstoffintensive Güter oder Agrarprodukte. Untereinander sind die Industrieländer auf komplementäre Produktkategorien spezialisiert, die sie ebenfalls austauschen.[4] So stellt sich die internationale Arbeitsteilung als Spezialisierungs- und Handelsmuster von Unternehmen dar. Die Theorie gründet dabei auf drei wesentlichen Annahmen[5]: Es gibt a) geographische oder natürliche absolute Preisvorteile, b) technologische Unterschiede und dadurch erwachsene Produktivitätsvorsprünge und c) unterschiedliche Ausstattungen mit den Produktionsfaktoren Arbeit und Kapital.[6]

Nicht berücksichtigt hierbei sind jedoch die mittlerweile dominierenden Handelsströme, bei denen es innerhalb einer Güterkategorie zwischen den Ländern sowohl zu Import- als auch zu Exportbeziehungen kommt, dem so genannten intraindustriellen Handel.[7] Hier setzten die neueren Theorien an.[8]

Als Motivation zum intraindustriellen Handel werden nicht mehr ausschließlich die klassischen komparativen Vorteile herangezogen, sondern auch Motive wie Know-how-

---

[1] Vgl. Bender, D.: Außenhandel, 1999, S. 457.

[2] Vgl. Ferdows, K.: Made in the world, 1997, S. 103.

[3] Vgl. Siebert, H.: Außenwirtschaft, 1991, S. 2.

[4] Vgl. Eicher, F. U.: Internationale Arbeitsteilung und Wohlstandsgefälle zwischen Entwicklungs- und Industrieländern, 1981, S. 36ff.

[5] Vgl. Kortmann, W.: Reale Außenwirtschaftslehre, 1998, S. 137ff.

[6] Die Theorie der komparativen Faktorknappheit wurde von HECKSCHER (vgl. Heckscher, E. F.: The Effect of Foreign Trade on the Distribution of Income [1919], 1991) geprägt und wird häufig auch als das Heckscher-Ohlin-Theorem bezeichnet. Vgl. Niehans, J.: Geschichte des Außenwirtschaftstheorie im Überblick, 1995, S. 78ff.

[7] Eine Subform des intraindustriellen Handels stellt der Intra-Firm-Handel dar, bei dem dasselbe Unternehmen sowohl als Absender als auch als Empfänger fungiert (Klein, H.: Internationale Produktion, 1998, S. 409ff). Nach Angaben der UNCTAD zählen mittlerweile allein über 60% des Handels zu dieser Kategorie. Vgl. o.V.: World Investment Report 2002, 2002.

[8] Vgl. Bender, D.: Außenhandel, 1999, S. 457ff.

Verfügbarkeit, Produktdifferenzierung durch Nachfragepräferenzen oder aber das Eindringen in ausländische Absatzmärkte zur Realisierung von Größenvorteilen durch zunehmende Skalenerträge. Parallel führen zunehmende interne Skalenerträge oftmals zu Unternehmensübernahmen und -fusionen, um die optimale Betriebsgröße zur Ausnutzung von Skalenerträgen zu erreichen.[1]

Die Ressourcen streben dorthin, wo günstige Faktorkombinationen zu erwarten sind, die Kundennachfrage bzw. der Markt dies verlangt oder technologische Vorsprünge Wettbewerbsvorteile versprechen. Die Länder spezialisieren sich entsprechend; die Industriestrukturen formieren sich neu.[2]

In Hinblick auf die Standort- und Unternehmensspezialisierung in Deutschland können unter den Gesichtspunkten der Handels- und Warenströme sowie Kapitalexporte einige markante Tendenzen beobachtet werden:

Die Handelsströme und Kapitalexporte wachsen deutlich schneller als die gesamte Wirtschaftsleistung. Auslöser dieser auch in anderen traditionellen Industrienationen zu verzeichnenden Entwicklung sind die Outsourcing- und Offshoringbestrebungen[3] produzierender Unternehmen und damit einhergehend die zunehmende Arbeitsteilung im verarbeitenden Gewerbe.[4] Dass hiermit Teile der Wertschöpfungskette auch ins Ausland verlagert werden, wird anhand des enormen Anstiegs der ausländischen Direktinvestitionen deutlich.[5] Vor diesem Hintergrund kann der gleichzeitig stattfindende Anstieg der Vorleistungen am Produktionswert als eindeutiges Indiz für die Spezialisierung von Unternehmen und Standort gewertet werden.[6]

In den statistischen Kennzahlen spiegelt sich diese Entwicklung wie folgt wider: Die Wertschöpfungsquote im Verarbeitenden Gewerbe sank von ca. 37% im Jahr 1995 auf 32% im Jahr 2003. Anlog hierzu stieg die Vorleistungsquote von 64% auf 68% (Bild 2.2).

Während sich die Werte bis in die 80er Jahre im Mittel konstant bei ca. 40% gehalten hatten, begann der Wandel der Wertschöpfungsstruktur Mitte der 80er Jahre mit der Verlagerung der lohnintensiven Textil- und Schuhindustrie in Niedriglohnländer, gefolgt von der Verlagerung der Herstellung von Spielzeug und Elektronikartikeln Ende der 80er/ Anfang der 90er Jahre nach Asien.[7]

---

[1] Vgl. Kortmann, W.: Reale Außenwirtschaftslehre, 1998, S. 150ff.

[2] Vgl. Kortmann, W.: Reale Außenwirtschaftslehre, 1998, S. 92ff; Bofinger, P. et al. (Hrsg.): Erfolge im Ausland, 2004, S. 352.

[3] Unter dem Begriff Outsourcing wird die Ausgliederung von unternehmerischen Funktionen und Prozessen an unternehmensexterne Spezialisten verstanden, während der Begriff Offshoring die unternehmensinterne Verlagerung an vornehmlich ausländische Standorte umschreibt. Vgl. hierzu auch Schneck, O. (Hrsg.): Lexikon der Betriebswirtschaft, 2003, S. 753f.

[4] Vgl. Bofinger, P. et al. (Hrsg.): Erfolge im Ausland, 2004, S. 349.

[5] Vgl. Kap. 1.1.1.

[6] Vgl. o.V.: Arbeitsplatzeffekte der Globalisierung, 2004, S. 59.

[7] Vgl. Clement, R.; Natrop, J.: Offshoring, 2004, S. 519.

Parallel setzte in fast allen Branchen des Verarbeitenden Gewerbes eine Verlagerungswelle i.S.d. Outsourcing ein. Zuerst wurden lokale Zulieferer mit der Übernahme von Teilen der Wertschöpfung beauftragt, doch mit steigendem internationalen Kostendruck gewann die internationale Komponente bei den Beschaffungsaktivitäten mehr und mehr an Gewicht. Entweder wurde direkt aus dem Ausland beschafft oder die lokalen Zulieferer verlegten ihre Produktion ins Ausland.

Aktuell findet schließlich eine Umverlagerung der Beschaffungsströme – den wandelnden Faktorkostenvorteilen und neuen Märkten folgend – statt. Insbesondere die großen Unternehmen optimieren ihre internationale Supply Chain entsprechend und in der Folge planen auch kleine und mittelständische Unternehmen in großem Maße Verlagerungen.[1]

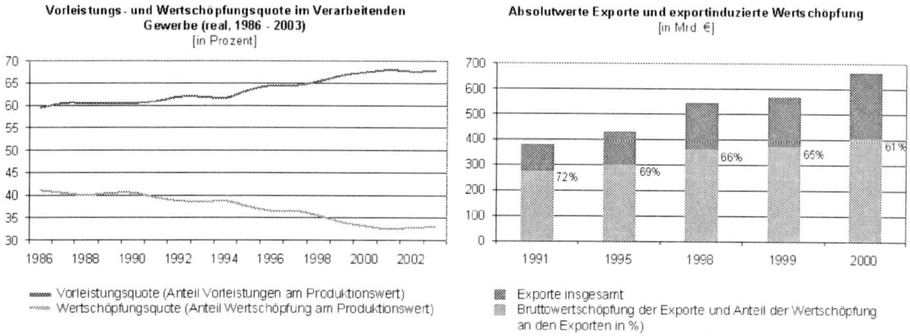

Bild 2.2: Entwicklung der Wertschöpfungsstruktur im Verarbeitenden Gewerbe[2]

Dies führt dazu, dass bei einer detaillierten Betrachtung der Quellen nominaler Wertschöpfung über alle Stufen hinweg sich der Anteil der Vorleistungsimporte am Exportwert in ähnlicher Weise wie der Anteil der Vorleistungen am Produktionswert erhöht bzw. der Anteil der Wertschöpfung verringert hat. Der Wertschöpfungsgehalt („Made in Germany") eines Exportguts ist im gesamtwirtschaftlichen Durchschnitt von 72% im Jahr 1991 auf 60,7% im Jahre 2000 gesunken.[3]

Dies legt wiederum den Schluss nahe, dass der inländische Wertschöpfungsanteil[4] an der Industrieproduktion, die so genannte Wertschöpfungstiefe, zugunsten des Auslands fällt, während sich die am Standort Deutschland verbleibenden Unternehmensbereiche mehr auf Tätigkeiten spezialisieren, die auf Endstufen und Handel ausgerichtet sind.[5]

---

[1] Vgl. o.V.: Wertschöpfung hat Wert, 2006, S. 8.

[2] Vgl. o.V.: Arbeitsplatzeffekte der Globalisierung, 2004, S. 60, 63.

[3] Vgl. o.V.: Arbeitsplatzeffekte der Globalisierung, 2004, S. 60.

[4] Der Wertschöpfungsanteil bezieht sich hier auf die jeweiligen Produkte, nicht auf das Bruttoinlandsprodukt.

[5] Vgl. Sinn, H.-W.: Basar-Ökonomie Deutschland, 2005, S. 3.

Überspitzt wird diese Schlussfolgerung auch als Entwicklung hin zu einer „Basarökonomie“[1] interpretiert.[2]

Doch gibt es auch eine andere Interpretation: Ein sinkender inländischer Wertschöpfungsanteil kann als Beleg für eine effiziente Einordnung der deutschen Exportunternehmen in die internationale Arbeitsteilung ausgelegt werden. Grund zu dieser Annahme ist die Tatsache, dass die Exporte überdurchschnittlich zur Wertschöpfung beigetragen (Bild 2.2). Die Folge ist ein positiver Mengeneffekt: Durch die hohe Exportdynamik wird die Verringerung der spezifischen Wertschöpfung je exportierten Euro überkompensiert.[3] Mit Blick auf den durch die drei Dimensionen Wertschöpfungstiefe, -breite und -intensität aufgespannten Wertschöpfungsumfang bedeutet dies, dass die Steigerung der Wertschöpfungsintensität größer ist als die Reduzierung der Tiefe.[4] Die Befürchtungen, dass die Konzentration auf Basar-Leistungen, also Arbeit und Kapital in basarähnliche Produktionsprozesse flössen[5], mit einem Verlust der industriellen Basis verbunden sei, sind entsprechend überzogen.[6]

Auf die produzierenden Unternehmen bezogen lassen sich zusammenfassend einige klare Trends festhalten.[7] Determinierend für die Produktionsaktivitäten im weiteren Sinne[8] sind dabei der Einsatz der Produktionsfaktoren Kapital und Know-how:

- Unternehmen konzentrieren sich am Standort Deutschland einerseits auf die Planung und Organisation von Großanlagen (Engineering und Anpassarbeiten), wobei
- dies i.d.R. auch die kreative Produktentwicklung sowie die Endmontage einschließt; denn in diesen Bereichen ist deutlich mehr Humankapital in Relation zu einfacher Arbeit gebunden.
- Die hierzu erforderlichen Know-how-unkritischen Komponenten bis hin zu kompletten Modulen und Systemen werden global von unternehmensinternen oder -externen Zulieferern eingekauft.

[1] Das von SINN geprägte und mit einer negativen Konnotation belegte Schlagwort der „Basarökonomie“ soll ausdrücken, dass der inländische Wertschöpfungsanteil an der Industrieproduktion zugunsten des Auslands fällt und dass sich Deutschland zunehmend auf Basar-Tätigkeiten spezialisiert. Vgl. Sinn, H.-W.: Der kranke Mann Europas, 2003, S. 5ff.

[2] Vgl. Bofinger, P. et al. (Hrsg.): Erfolge im Ausland, 2004, S. 358.

[3] Vgl. Bofinger, P. et al. (Hrsg.): Erfolge im Ausland, 2004, S. 359.

[4] Der Wertschöpfungsumfang eines Produktionsstandortes wird durch den Umfang aller Wertaktivitäten innerhalb seiner Grenzen beschrieben. Die Wertaktivitäten ihrerseits lassen sich hinsichtlich der Anzahl der abgedeckten Wertschöpfungsstufen (Wertschöpfungstiefe), des Spektrums der verschiedenen Aktivitäten auf diesen Stufen (Wertschöpfungsbreite), sowie der Intensität der jeweiligen Aktivitäten (Wertschöpfungsintensität), untergliedern. Vgl. Bieberbach, F.: Die optimale Größe und Struktur von Unternehmen, 2001, S. 9f.

[5] Vgl. Sinn, H.-W.: Basar-Ökonomie Deutschland, 2005, S. 14.

[6] Vgl. Bofinger, P. et al. (Hrsg.): Erfolge im Ausland, 2004, S. 349.

[7] Vgl. Sinn, H.-W.: Basar-Ökonomie Deutschland, 2005, S. 32.

[8] Vgl. Kap. 3.2.2.

- Know-how-kritische Komponenten werden jedoch weiterhin nicht zuletzt auch wegen des i.d.R. kapitalintensiven Herstellungsprozesses in Deutschland hergestellt.
- Die hiermit einhergehende Konzentration auf Kernkompetenzen bzw. Verringerung der Wertschöpfungstiefe ermöglicht bei gleichzeitigem Anstieg des globalen Absatzes wiederum eine konsequentere Ausnutzung von Skaleneffekten (z.B. durch automatisierte Lösungen).
- Entsprechend werden diese Komponenten auch den vorwiegend absatzmotivierten Endmontagen in ausländischen Märkten zur Verfügung gestellt.[1]

Als einzige bedeutende Branche des Verarbeitenden Gewerbes ist der Maschinenbau in den letzten 20 Jahren diesen Trends nicht uneingeschränkt gefolgt. Dies lag vor allem an der vorherrschenden Branchenstruktur (mittelständisch geprägte Unternehmen mit kundenindividuellem Produkt- und Produktionsprogrammen bei hoher Wertschöpfungstiefe) sowie fehlenden Finanz- und Personalressourcen. Jedoch deutet vieles darauf hin, dass auch im Maschinenbau eine Trendwende in Richtung der genannten Grundmuster stattfindet. Die Gründe und Motive hierfür und die damit verbundenen Herausforderungen für die Unternehmen des Maschinenbaus sollen im folgenden Unterkapitel dargestellt werden.

2.2 Auswirkungen der Globalisierung im Maschinenbau

Der deutsche Maschinenbau ist wie die gesamte Verarbeitende Industrie von standortbedingten Wettbewerbsnachteilen, branchenspezifischen Strukturproblemen und weltwirtschaftlichen Wandlungsprozessen direkt betroffen. Mit seinem umfassenden Produktspektrum, seinen vielfältigen, von einfachsten bis hin zu hoch technisierten Produktionsprozessen und im Vergleich zu anderen Branchen sehr homogenen Unternehmensstrukturen (Unternehmensorganisation und -führung) bildet die Maschinenbaubranche[2] damit einen idealen produktionstechnischen Forschungsgegenstand in Bezug auf das Forschungsfeld Globalisierung.[3]

Mit Blick auf die in direkten Bezug zu dieser Branche gesetzten Ergebnisse dieser Arbeit sollen in den folgenden Unterkapiteln die am Ende des vorangegangenen Kapitels angedeuteten Auswirkungen der Globalisierung auf diese Branche näher analysiert werden. Hierzu wird zunächst ein Überblick über die Struktur der Branche gegeben. Im Anschluss werden die aktuellen Herausforderungen der Branche unter Globalisierungsgesichtspunkten untersucht sowie die in der Praxis zu beobachtenden Reaktionsmuster vorgestellt.

---

[1] Vgl. Schmitt, R.; Klenter, G.: Sourcing-Trends Maschinenbau 2005, 2005, S. 5.
[2] Vgl. Anhang 10.1.
[3] Vgl. Spur, G.; Nackmayr, J.: Optionen industrieller Produktionssysteme im Maschinenbau, 1997, S. 219.

2.2.1 Die Struktur der Maschinenbaubranche

Das Münchener Institut für Wirtschaftsforschung ifo definiert den Maschinenbau „als Produzent und Lieferant von Investitionsgütern [...], die primär für die Herstellung physischer Erzeugnisse benötigt werden. Ein Großteil von Maschinenbauerzeugnissen betrifft Vorprodukte und Komponenten, die allerdings zumeist für die Herstellung von maschinellen Ausrüstungen und Anlagen benötigt werden."[1] Mit rund 873.000 Mitarbeitern, die im Jahr 2006 in rund 5.900 Unternehmen einen Umsatz von 167 Mrd. Euro erwirtschaftet haben, zählt die Branche zu den fünf wichtigsten in Deutschland.[2]

Neben dieser direkten wirtschaftlichen Bedeutung bildet der Maschinenbau im engeren Sinne[3] zudem den Kern der deutschen Investitionsgüterindustrie. Als Hersteller hochproduktiver Produktionsausrüstungen und damit als „Lieferant von Produktivität" für andere produzierende Branchen leistet der Maschinenbau einen entscheidenden Beitrag zur Sicherung der internationalen Wettbewerbsfähigkeit der gesamten deutschen Volkswirtschaft.[4]

Eine große Bedeutung kommt dem deutschen Maschinenbau auch auf internationalen Märkten zu. Beleg hierfür ist nicht nur die hohe Exportquote (77,2% im Jahr 2006)[5], sondern auch die starke Position im Branchenvergleich der komparativen Vorteile der Unternehmen (Revealed Comparative Advantage RCA). Der hohe positive RCA-Wert belegt, dass im Vergleich zum Durchschnitt aller Branchen in Deutschland sich der Maschinenbau wesentlich besser im Ausland positionieren konnte, als dies ausländischen Unternehmen im Inland gelungen ist (Bild 2.3).[6]

Die Maschinenbaubranche trägt dadurch wesentlich dazu bei, dass Deutschland seit 2003 ununterbrochen als „Exportweltmeister" die weltweit höchste Ausfuhr an Gütern vorweisen kann. Mit einem Weltmarktanteil von 19,1% und 122,8 Mrd. Euro Auslandsumsatz[7] sorgte die Branche in 2006 für 14% der deutschen Ausfuhren insgesamt und belegte damit Platz zwei hinter der Automobilbranche mit 19%.[8]

---

[1] Vieweg, H.-G. et al.: Der Maschinenbau im Zeitalter der Globalisierung und „New Economy", 2002, S. 4.

[2] Vgl. o.V.: Maschinenbau in Zahl und Bild 2007, S. 5.

[3] Vgl. Anhang 10.1.

[4] Vgl. Kinkel, S.; Som, O.: Strukturen und Treiber des Innovationserfolgs im deutschen Maschinenbau, 2007, S. 2; o.V.: Maschinenbau Branchenanalyse 2003, 2004, S. 7f; Spur, G.; Nackmayr, J.: Optionen industrieller Produktionssysteme im Maschinenbau, 1997, S. 220.

[5] Vgl. o.V.: Maschinenbau in Zahl und Bild 2007, 2007, S. 5.

[6] Vgl. Böhmer, M. et al.: Globalisierungsreport, 2007, S. 29.

[7] Vgl. o.V.: Maschinenbau in Zahl und Bild 2007, 2007, S. 5.

[8] Vgl. o.V.: GENESIS online, 2007.

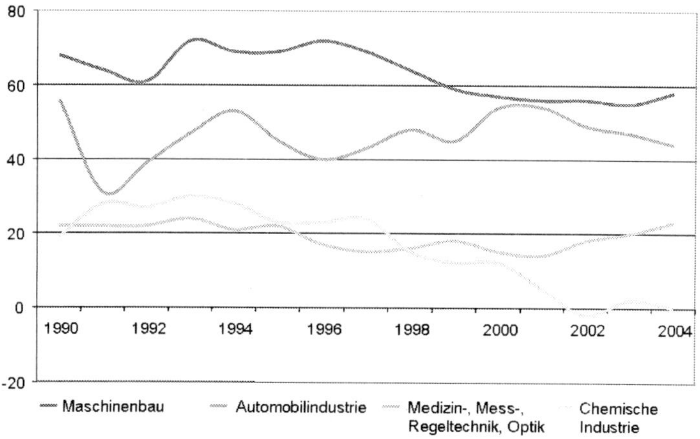

Bild 2.3: Entwicklung des RCA ausgewählter Branchen[1]

Im Gegensatz zur von Großkonzernen dominierten Automobilbranche zeichnet sich der Maschinenbau jedoch durch stark mittelständisch geprägte Betriebs- und Entscheidungsstrukturen aus. Einer Vielzahl von kleinen und mittelständischen, oftmals in Familienbesitz befindlichen Firmen steht derzeit nur eine überschaubare Anzahl großer, global aufgestellter Unternehmen gegenüber. Fast zwei Drittel der Unternehmen beschäftigen weniger als 100, nur 2% mehr als 1.000 Mitarbeiter.[2] Zudem vereinen die 100 größten Maschinenbauunternehmen lediglich 37% des gesamten Branchenumsatzes auf sich. Im Vergleich zu anderen Branchen ist dieser Wert äußerst niedrig. In der Automobilindustrie bspw. beträgt er 94%.[3]

Allen Unternehmen des Maschinenbaus gemein ist darüber hinaus ihre klare Ausrichtung auf das Einzel- und Kleinseriengeschäft komplexer Produkte, gepaart mit einer starken Innovationsorientierung.[4] So sind laut einer Umfrage des Fraunhofer-Instituts für System- und Innovationsforschung (ISI) fast zwei Drittel der Maschinenbaubetriebe Hersteller von Produkten mit vorwiegend hoher Komplexität. Auch in Hinblick auf die gefertigten Seriengrößen präsentiert sich die Branche größtenteils einheitlich: mehr als die Hälfte aller Betriebe (58%) stellt ihre Produkte in Einzel- oder Kleinserie her.[5]

Viele dieser kleinen und mittleren Unternehmen waren jedoch trotz ihrer geringen Größe bis dato äußerst erfolgreich und nicht selten auf ihren Spezialgebieten als Unikat- oder Kleinserienhersteller weltweit führend. Dies gelang ihnen vor allem durch die Wettbe-

[1] Vgl. Schrooten, M.; König, P.: Exportnation Deutschland, 2006, S. 548.

[2] Vgl. o.V.: Maschinenbau in Deutschland 2006, 2007, S. 1.

[3] Vgl. o.V.: Branchenanalyse Maschinenbau, 2000, S. 9.

[4] Vgl. o.V.: Maschinenbau in Zahl und Bild 2007, 2007, S. 4.

[5] Ergebnisse einer Befragung von 1663 Unternehmen des Verarbeitenden Gewerbes durch das Fraunhofer-Institut für System- und Innovationsforschung (ISI) im Jahre 2006. Vgl. Kinkel, S.; Som, O.: Strukturen und Treiber des Innovationserfolgs im deutschen Maschinenbau, 2007, S. 4.

werbsstrategie, sich durch Innovationen, kundenspezifische Entwicklungen und überlegene Produkt- und Prozesstechnologie am Markt zu differenzieren.[1]

2.2.2 Herausforderungen durch die Globalisierung

Trotz hoher technologischer Leistungsfähigkeit des deutschen Maschinenbaus hat sich die wirtschaftliche Situation für die meisten Unternehmen in den letzten Jahren verschlechtert.[2] Ein wesentlicher Grund für die schlechte Ertragslage vieler Unternehmen ist der Preiswettbewerb mit so genannten Billiganbietern. Vermehrt sehen sich auch technologisch führende Unternehmen dazu gezwungen, Preiszugeständnisse zu machen, die bei gegebenen Kostenstrukturen die Deckungsbeiträge dramatisch schrumpfen lassen.[3]

Darüber hinaus gerät die Branche unter Druck, da sich sowohl die Markt-, als auch die Wettbewerbsarenen grundlegend ändern: Ein schwaches Wachstum der traditionellen Absatzmärkte gegenüber einem hohen Wachstumstempo in Schwellenländern führt zu einer weiteren Globalisierung der Märkte, aus der vor allem für kleinere Betriebe enorme organisatorische Herausforderungen erwachsen. Eine entscheidende Rolle spielen dabei auch die unterschiedlichen Reifegrade und Entwicklungsrichtungen der einzelnen Märkte. Durch ihre Individualität und Dynamik erhöht sich die Komplexität in der gesamten Wertschöpfungskette erheblich.[4]

Konkret geben derzeit 83% der Unternehmen an, dass sie sich stärker als bisher differenzierten Markanforderungen ausgesetzt sehen, und 66% bezeichnen die Anpassung ihrer Produkte an regionale Anforderungen als „wichtig" oder „sehr wichtig".[5] Aufgrund des hohen Wirtschaftswachstums in den Schwellenländern, allen voran Osteuropa, China und Indien, kann zudem pauschal von einer Verschiebung des Absatzvolumens ausgegangen werden. Statt wie bisher 49% wird der Branchenumsatz, der außerhalb von Westeuropa erzielt wird, bis 2012 auf über 57% ansteigen. Hierbei kommt erschwerend hinzu, dass sich auch gravierende Änderungen in der Bedeutung der einzelnen Produktsegmente abzeichnen (Bild 2.4).

[1] Vgl. Kinkel, S.; Som, O.: Strukturen und Treiber des Innovationserfolgs im deutschen Maschinenbau, 2007, S. 3.

[2] Vgl. Spur, G.; Nackmayr, J.: Optionen industrieller Produktionssysteme im Maschinenbau,1997, S. 219.

[3] Vgl. Spur, G.; Nackmayr, J.: Optionen industrieller Produktionssysteme im Maschinenbau,1997, S. 225.

[4] Zu diesen Ergebnissen kommt eine im Jahre 2007 von Roland Berger Strategy Consultants, dem VDMA und dem Lehrstuhl für Produktionssystematik am WZL der RWTH Aachen durchgeführte Befragung von 258 Unternehmen des Maschinen- und Anlagenbaus. Vgl. Schuh, G. et al.: Effizient, schnell und erfolgreich, 2007, S. 6.

[5] Vgl. Schuh, G. et al.: Effizient, schnell und erfolgreich, 2007, S. 13.

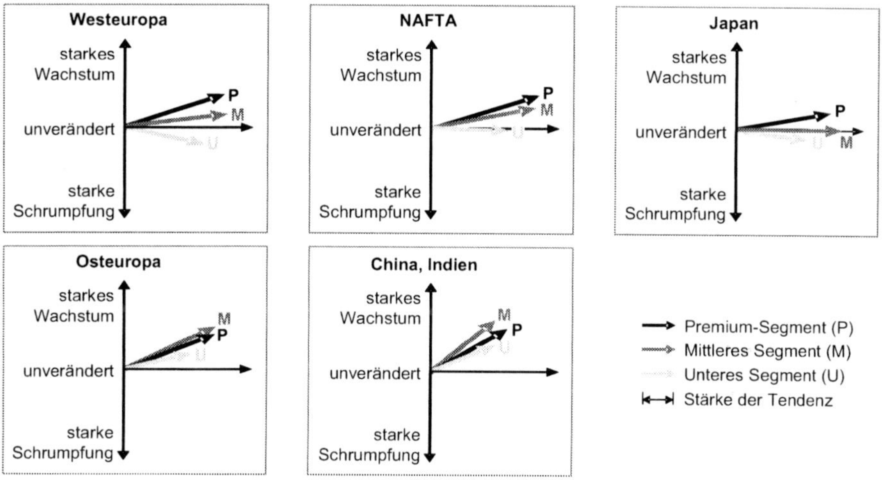

Bild 2.4: Entwicklung der Marktsegmente im Maschinenbau bis 2012[1]

Insgesamt ist eine Zunahme des mittleren und des Premiumanteils am Umsatz zu erwarten. Der Umsatz mit Produkten des unteren Segments ist hingegen rückläufig. Zu dieser Entwicklung tragen die traditionellen Märkte der Triade (Westeuropa, NAFTA, Japan) in gleichem Maße wie Osteuropa, China und Indien bei, wobei in letztgenannten Märkten absolut gesehen auch das untere Segment weiter zunimmt. Entsprechend wird es zukünftig für den Maschinenbau mehr denn je erforderlich sein, marktspezifische Anspruchsgruppen und lokale Besonderheiten im Detail zu verstehen und in der Produkt- und Leistungsgestaltung sowie in der Marktbearbeitungsstrategie zu berücksichtigen, um weiterhin am weltweiten Wachstum zu partizipieren.[2]

Die Gefahr des Verlustes von Marktanteilen geht jedoch nicht nur von den klassischen „Billiganbietern“ aus Fernost aus. Insbesondere die Wettbewerber aus Schwellenländern nähern sich im raschen Tempo dem technologischen Niveau der deutschen Unternehmen. Die Steigerung der technischen Leistungsfähigkeit ihrer Produkte ist nur noch unter hohem Aufwand zu erzielen. Angesichts dieser sich abzeichnenden Nivellierung des Leistungsniveaus in der Branche verliert die Differenzierung allein über die Maschinentechnologie als Wettbewerbsstrategie an Bedeutung. Neben dem technologischen Vorsprung sind daher die Anpassungen des Produktprogramms an die Anforderungen der Wachstumsmärkte unausweichlich.[3]

Produktseitig ist neben der Nachfrage nach kundenindividuellen Maschinen auch eine zunehmende Bedeutung von softwarebasierter Wertschöpfung (integrierte Software macht bereits im Durchschnitt 40% des Wertes einer Maschine aus) und verschiedenen

[1] Vgl. Schuh, G. et al.: Effizient, schnell und erfolgreich, 2007, S. 14.
[2] Vgl. Schuh, G. et al.: Effizient, schnell und erfolgreich, 2007, S. 13.
[3] Vgl. Schuh, G. et al.: Effizient, schnell und erfolgreich, 2007, S. 14f.

Dienstleistungen wie Service und Fernwartung zu verzeichnen.[1] Selten bleibt das Produktangebot eines erfolgreichen Unternehmens auf die eigentliche Maschine beschränkt. Oftmals werden Komplettlösungen angeboten, die auch die Finanzierung, Qualifizierung sowie die (zunehmend netzgestützte) Wartung und Instandhaltung beinhalten. Bereits heute liegt der Anteil der Umsätze des Maschinenbaus, die direkt und indirekt mit produktbegleitenden Diensten erzielt werden, bei über einem Fünftel.[2] Die Anwender wünschen sich weltweit die lokale Präsenz des Herstellers ihrer Produktionsanlagen.[3] Es reicht auch nicht mehr aus, weltweit nur über Vertriebs- und Händlernetzwerke vertreten zu sein – das Geschäft muss global gesteuert werden.[4]

Zusammenfassend ist die Herausforderung des Maschinenbaus die Ausweitung des Zielmarktes auf den Weltmarkt (weg von der Nischenorientierung) mit dem klaren Unternehmensziel, Weltmarktführer zu werden. Eng damit verbunden sind die konsequente Nutzung internationaler Standortvorteile und die Nähe zum Anwender bzw. die Präsenz in aufstrebenden Märkten.[5] In der Konsequenz bedeutet dies die Erschließung neuer Absatzmärkte, die Schaffung eines weltweiten Servicenetzes, die Verbesserung der Kostenstruktur durch Mengen- und Standortvorteile, die Sicherung von Know-how, der Zugriff auf weltweite Innovationsquellen sowie die Besetzung strategischer Marktpositionen zur Bekämpfung der Konkurrenz.[6]

2.2.3 Reaktionen in der Branche

In der Vergangenheit hat der deutsche Maschinenbau seine wertschöpfenden Tätigkeiten vornehmlich am Standort Deutschland konzentriert. Dieses Bild ändert sich derzeit. Während noch in den 80er Jahren Internationalisierungsbestrebungen zumeist eine Expansion im Inland bedeuteten, sind Auslandaktivitäten heutzutage eher eine Reaktion auf absehbare bzw. in Teilen schon spürbare Verschlechterungen der Absatzsituation.[7] Eine große Mehrheit der Unternehmen des Maschinen- und Anlagenbaus (58%), der Blech- und Metallverarbeitung (73%) und auch der Elektrotechnik (70%) plant entsprechende Verlagerungen von Wertschöpfungsumfängen ins Ausland.[8]

---

[1] Ergebnis einer IKB-Befragung von 300 mittelständischen deutschen Maschinenbauunternehmen. Vgl. Beckermann, U.; Büchner, H.-J.: Maschinenbau in Deutschland, 2004, S. 6.

[2] Vgl. o.V.: Branchenanalyse Maschinenbau, 2003, S. 7f; o.V.: External affairs, 2007. Laut einer Befragung von ca. 200 Maschinenbauunternehmen durch Mercer Management Consulting (o.V.: Ungenutzte Chancen im Servicegeschäft, 2003, S. 1) liegt dieser Anteil bei den erfolgreichsten Unternehmen der Branche sogar durchweg zwischen 40% und 60%.

[3] Vgl. Nackmayr, J.; Spur, G.: Globalisierte Wertschöpfungsstrukturen als Antwort auf den weltweiten Wandel, 2005, S. 2.

[4] Vgl. Winters, J.; Helders, B.: Manufacturing Value Report, 2006, S. 4ff.

[5] Vgl. Nackmayr, J.: Globalisierungspotenziale im Maschinenbau, 1997, S.18.

[6] Vgl. Nackmayr, J.; Spur, G.: Globalisierte Wertschöpfungsstrukturen als Antwort auf den weltweiten Wandel, 2005, S. 10.

[7] Vgl. von Behr, M.: Internationalisierungsstrategien kleiner und mittlerer Unternehmen, 2001, S. 10.

[8] Vgl. o.V.: Wertschöpfung hat Wert, 2006, S. 9.

Im Zuge dieser Entwicklung sind jedoch kleinbetriebliche und mittelständische Strukturen eher hinderlich, wenn nicht gar hemmend.[1] Wachstum, sei es intern oder durch Zukäufe, ist gefordert.[2] Entsprechend findet in vielen Bereichen des Maschinenbaus eine Konsolidierung der Unternehmen statt (Bild 2.5).[3] Aktuelle Zahlen belegen diesen Trend: Nach einer Studie der Wirtschaftsprüfungsgesellschaft KPMG erwarten über 85% der befragten Unternehmen eine Konsolidierung in ihrem Marktsegment innerhalb der nächsten vier Jahre. Als Haupttreiber werden von diesen die Erhöhung des Marktanteils (91%), die Ausweitung der regionalen Präsenz (57%) sowie die Ausweitung bzw. Vertiefung der Produktpalette (ebenfalls 57%) genannt. Nur eine untergeordnete Rolle spielt dabei die Erschließung von technologischem Know-how.[4]

Ein weiterer entscheidender und besonders im Maschinenbau zur Geltung kommender Grund ist die Kapitalsituation der Unternehmen: In der Branche betrug die Umsatzrendite im Schnitt der letzten Jahre nur 3,4%, was insbesondere vor dem Hintergrund der traditionell geringen Eigenkapitalquote (bei 60% der Unternehmen liegt diese unter 20%)[5] und der Verschlechterung der Finanzierungsmöglichkeiten in Folge des Basel-II-Abkommens zu Problemen bei der Kreditaufnahme führt. In Hinblick auf kapitalintensive Maßnahmen wie z.B. der Erschließung neuer Märkte oder gar dem Aufbau neuer Standorte sind die Unternehmen oftmals stark in ihrem Handlungsspielraum und damit auch in ihren strategischen Optionen eingeschränkt.[6] Speziell mittelgroße Unternehmen haben mit Problemen zu kämpfen: Aus empirischen Untersuchungen geht hervor, dass Unternehmen mit mittlerem Marktanteil eher niedrige, Unternehmen mit besonders hohem oder besonders niedrigem Marktanteil dagegen eher hohe Renditen erwirtschaften. Auch der in Relation zum Umsatz mit beinahe 50% ähnlich hohe Materialaufwand wie bei Großunternehmen belastet diese Unternehmen in höherem Maße als Kleinunternehmen, die im Schnitt knapp 40% ihres Umsatzes für Material verwenden.[7]

Dass sich langfristig Größe auszeichnet, zeigt die Umsatzentwicklung der Branche in den Jahren 2000 bis 2005. Während Unternehmen mit weniger als 500 Mitarbeitern nur um 12,4% wuchsen, und damit noch hinter dem Durchschnitt des Verarbeitenden Gewerbes (13,9%) zurückblieben, konnten Unternehmen mit mehr als 500 Mitarbeitern ihren Umsatz um 23,2% steigern.[8] Die Wertschöpfung pro beschäftigter Person im Maschinenbau

[1] Vgl. o.V.: Maschinenbau Branchenanalyse 2000, 2001, S. 28.
[2] Vgl. Baumgartner, P.; Kautzsch, T.: Maschinenbau 2010, 2005, S. 3.
[3] Vgl. Klingen, H., Litzenburger, G.: Schlüsselindustrie und Dienstleister, 2004, S. 7.
[4] Vgl. o.V.: Strukturelle Marktveränderungen im Maschinen- und Anlagenbau unter Berücksichtigung der Unternehmensfinanzierung, 2004, S. 4.
[5] Vgl. o.V.: Maschinenbau 2010, 2003, S. 8.
[6] Vgl. o.V.: Maschinenbau 2010, 2003, S. 4ff.
[7] Vgl. o.V.: Maschinenbau, 2006, S. 33f.
[8] Vgl. o.V.: Destatis, 2007; o.V.: Maschinenbau, 2002, S. 5; o.V.: Produzierendes Gewerbe, 2006, S. 42.

lag im Durchschnitt in großen Unternehmen um 15% höher als in mittleren und um 32% höher als in kleinen Unternehmen (Bild 2.5).[1]

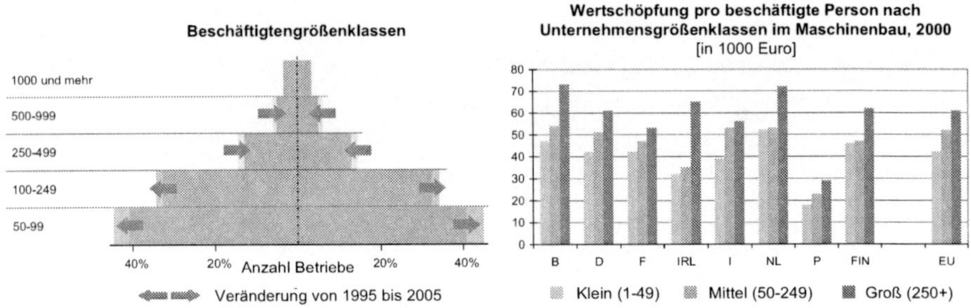

Bild 2.5: Auswirkungen und Gründe der Konsolidierung im Maschinenbau[2]

Mit Erreichen einer kritischen Größe und der damit verbundenen Ausweitung des Handlungsspielraums folgt der Internationalisierungsprozess einem generellen Schema – von einer ortsgebundenen Produktion hin zu einem globalisierten Unternehmen. Die Reihenfolge, in der ein Unternehmen die einzelnen Stufen dieses Schemas durchläuft, variiert dabei je nachdem, wie hoch das Globalisierungspotenzial und die Risiken im Einzelfall bewertet werden. [3]

In einem ersten Schritt werden Absatzfunktionen globalisiert und Vertriebskanäle in lokalen Märkten geschaffen, um Marktpositionen und -anteile sowie direkte Anwenderkontakte in relevanten Märkten auf- und auszubauen. Auf der zweiten Stufe folgt die sukzessive Errichtung eines weltweiten, an die Vertriebsstruktur angegliederten Service-Netzwerks. Ziel hierbei ist es, über die ständige Präsenz von Servicemitarbeitern und Ersatzteilen vor Ort einerseits die Kundenanforderungen nach maximaler Verfügbarkeit zu erfüllen, andererseits aber auch die Voraussetzungen für den Verkauf weiterer Dienstleistungen aus dem Bereich „aftermarket sales“ zu schaffen. Der dritte Schritt ist dann die Errichtung von Fabriken zur Endmontage in den wichtigsten Zielmärkten, um einerseits „local content“-Anforderungen nachzukommen und andererseits Transport-, Material- und Personalkosten zu reduzieren sowie das Firmenimage zu verbessern. Der Internationalisierung dieser „downstream-Wertschöpfungsprozesse“ folgt die Verlagerung von upstream-Aktivitäten – i.d.R. der Beschaffung. Dabei ist dieser Schritt nur dann zweckmäßig, wenn aus der unmittelbaren Nähe zu einem regionalen Beschaffungsmarkt im Ausland deutliche Vorteile für die Produktion erwachsen; denn ein globales Beschaffungsmanagement kann auch erfolgreich vom Stammsitz eines Unternehmens praktiziert werden.

[1] Vgl. Sura, W.: Maschinenbau in der EU, 2003, S. 5.

[2] Eigene Darstellung. Quellen: Linke Graphik, für 1995, vgl. Vieweg, H.-G. et al.: Der Maschinenbau im Zeitalter der Globalisierung und „New Economy“, 2001, S. 28; für 2000, vgl. o.V.: Produzierendes Gewerbe, 2006, S. 18; rechte Graphik, vgl. Sura, W.: Maschinenbau in der EU, 2003, S. 5.

[3] Vgl. Nackmayr, J.; Spur, G.: Globalisierte Wertschöpfungsstrukturen als Antwort auf den weltweiten Wandel, 2005, S. 5f.

Der weitere Schritt ist schließlich die konsequente Erhöhung der Wertschöpfung an den vorhandenen Auslandsstandorten, wobei der mittelständisch geprägte Maschinenbau hier an seine Grenzen stößt. Grund hierfür ist die erforderliche Nähe zwischen (Kern-) Produktion und den Forschungs- und Entwicklungsbereichen. Da die Randbedingungen in Deutschland häufig für einen Verbleib der Forschungs- und Entwicklungsabteilungen am Stammsitz sprechen, ziehen es die Unternehmen nicht selten auch vor, dort zentrale Fertigungsbereiche zu belassen.[1]

Empirische Untersuchungen zu den Verlagerungsaktivitäten belegen dies. Derzeit errichten deutsche Maschinenbauer im Ausland vornehmlich Produktionsstandorte und weiten ihren Kundendienst global aus. Auch Vertriebsstandorte werden – bereits auf hohem Niveau – weiter aufgebaut. Systemkopfaktivitäten, wie z.B. Forschung und Entwicklung, Konstruktion sowie indirekte Bereiche werden dagegen auch in Zukunft zentral am Heimatstandort gebündelt bleiben.[2] Während noch über 50% der Unternehmen mit der Produktion auch den Logistikbereich verlagern, sinkt der Anteil beim Einkauf bereits auf knapp 30%. Noch geringer fällt die Quote bei den Funktionen Controlling, Marketing, IT und Personalwesen aus (Bild 2.6).[3]

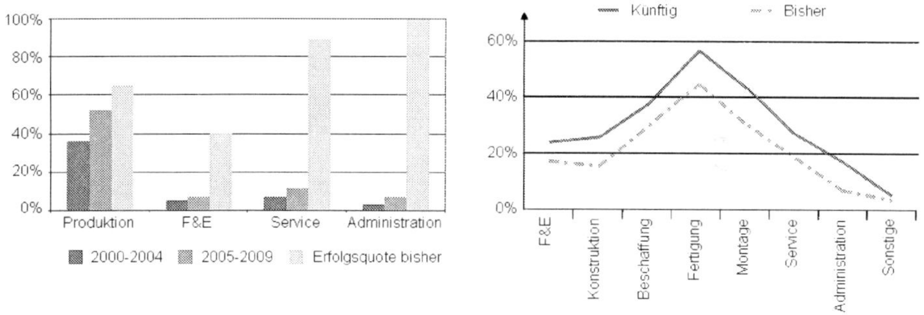

Bild 2.6: Verlagerungsbereiche, Unternehmensfunktionen im Ausland[4]

Auffallend an den Verlagerungsaktivitäten in der Maschinenbaubranche ist zudem, dass die vorwiegend mittelständisch geprägten Unternehmen versuchen, ihre Marktziele weni-

[1] Vgl. Nackmayr, J.; Spur, G.: Globalisierte Wertschöpfungsstrukturen als Antwort auf den weltweiten Wandel, 2005, S. 5f.

[2] Vgl. Berger, R.: Chancen und Risiken der Internationalisierung, 2002, S. 24.

[3] Ergebnisse einer Gemeinschaftsstudie der VDI Nachrichten und der PA Consulting Group. Vgl. o.V.: Königsweg Ausland?, 2004, S. 13.

[4] Eigene Darstellungen. Quellen: Linke Graphik, vgl. Wildemann, H.: Unternehmensstandort Deutschland, 2006, S. 12f; rechte Graphik, vgl. Fleisch, E.; Geginat, J.; Loeser, B. O.: Verlagern oder nicht?, 2004, S. 13. Ergebnisse einer durch das ITEM-HSG, Roland Berger Strategy Consultants und den Verband Swiss Engineering durchgeführten Befragung von 112 mittelständische Unternehmen und Großunternehmen der Maschinenbau- und Elektroindustrie.

ger über lokale Kooperationen, denn mehr über die Gründung eigener Niederlassungen und Tochtergesellschaften zu erreichen.[1]

2.3 Zwischenfazit – Eingrenzung des Objektbereichs

Die Ausführungen in diesem Kapitel haben das in Kap. 1.1 knapp beschriebene Ausmaß des Phänomens Globalisierung und die damit verbundenen Implikationen für das produzierende Gewerbe nochmals verdeutlicht. Anhand der Auswertung statistischen Datenmaterials und unter Einbezug der Ergebnisse aktueller empirischer Studien zum Thema wurden die sich im Kontext der Globalisierung neu ergebenden bzw. veränderten Zielsetzungen produzierender Unternehmen erklärt und validiert. Zudem konnten die mit der internationalen Arbeitsteilung einhergehenden Trends bzgl. der Neu-/ Umverteilung von Produktionsaktivitäten entsprechend der eingesetzten Produktionsfaktoren und des Einsatzortes herausgearbeitet werden. Gleichzeitig konnte die in der Einleitung dieser Arbeit antizipierte zunehmende Bedeutung der Internationalisierung von wertschöpfenden Aktivitäten für die Maschinenbaubranche nachgewiesen werden.

In dieser den allgemeinen Trends nicht uneingeschränkt gefolgten Branche findet aktuell die in anderen Branchen bereits vollzogene Restrukturierung der Wettbewerbs- und Produktionsstrukturen statt. Mehr denn je steht die Frage nach dem Aufbau von Standorten fernab der Heimat in Absatz- und/ oder Beschaffungsmärkten im Raum. Jedoch wird auch deutlich, dass die zumeist mittelständisch geprägten Unternehmen bei der Bewältigung dieser Herausforderung noch erhebliche Probleme haben – nicht zuletzt auch vor dem Hintergrund, als dass sie sich im Gegensatz zu großen multinationalen Unternehmen kaum Fehlschläge erlauben können bzw. überhaupt nur einen bis wenige Versuche haben. Auf Lerneffekte kann nicht gesetzt werden.

Ein wesentlicher Grund hierfür ist, dass diesen Unternehmen für ihre Gestaltungsaufgabe ein praxistaugliches Instrument zur Bewertung unterschiedlicher Standortstrukturalternativen im frühen Planungsstadium fehlt. Hier setzt diese Arbeit an.

Da die angestrebten Ergebnisse einer solchen Arbeit jedoch nur für eine möglichst homogene Grundgesamtheit hinreichend valide getroffen werden können und um der im nachfolgenden Kapitel erfolgenden Darstellung der theoretischen Zusammenhänge eine eindeutige Basis zu geben, soll dieses Zwischenfazit auch dazu genutzt werden, den Objektbereich dieser Arbeit einzugrenzen.

Abgrenzung bzgl. Art und Umfang der Unternehmen

Aufgrund ihres thematischen Fokus richtet sich die vorliegende Arbeit an Unternehmen des Maschinenbaus, die in ihrem direkten Wettbewerbsumfeld mit einer Internationalisie-

[1] Ergebnisse einer Befragung von 533 mittelständischen Unternehmen verschiedener Branchen durch die European Business School Oestrich-Winkel. Vgl. Bassen, A.; Behnam, M.; Gilbert, D. U.: Internationalisierung des Mittelstands, 2001, S. 421.

rung der Wertschöpfung konfrontiert sind. Sie haben dabei entweder die kritische Größe, die zu einer Arten- und Kompetenzteilung überhaupt erst befähigt, bereits überschritten oder befinden sich in der beschriebenen Konsolidierungsphase und müssen sich entsprechend in naher Zukunft den Herausforderungen einer global verteilten Produktion stellen. Das Produkt- und Produktionsprogramm weist dabei Klein- und Mittelseriencharakter auf oder besteht aus einer kundenindividuellen Endmontage mit sich wiederholenden (ähnlichen) zu verbauenden Komponenten und Modulen.

Abgrenzung bzgl. der Markt- und Kundenausrichtung

Die Marktausdehnung innerhalb der Branche ist stark von der Art des gehandelten Guts abhängig. Entsprechend kann diesbezüglich keine weitere Präzisierung vorgenommen werden. Innerhalb des Betrachtungsbereichs liegen somit globale, wie auch regional und lokal beschränkte Güter- und Faktormärkte. Mit Blick auf die adressierten Produkt- und Marktssegmente zählen zu diesen neben den ein konstantes Wachstum aufweisenden Produkten im Premiumsegment auch und insbesondere die ein hohes Wachstumspotenzial in den Schwellenmärkten Asiens und Osteuropas aufweisenden Produkte im mittleren Segment. Markt- und kundenseitig bewegen sich die fokussierten Unternehmen entsprechend im Spannungsfeld von Standardisierung und kundenindividuellen Lösungen.

Abgrenzung bzgl. Unternehmensfunktionen

Die primär im Rahmen dieser Arbeit adressierten Unternehmensfunktionen beschränken sich auf global verteilte Produktionsaktivitäten. Im Betrachtungsbereich liegen somit ausschließlich innerhalb der Unternehmensgrenzen liegende Produktionsaktivitäten im erweiterten Verständnis des Produktionsbegriffs.[1] Die ebenfalls aktuell stattfindende globale Ausweitung des Kundendienstes in Form von Vertriebsstandorten wird explizit ausgeschlossen. Analog werden Systemkopfaktivitäten wie z.B. Forschung und Entwicklung, Konstruktion sowie indirekte Bereiche (Controlling, Marketing, Qualitätswesen) zwar implizit berücksichtigt, stehen jedoch nicht im direkten Fokus dieser Arbeit.

Abgrenzung bzgl. des Problems

Entsprechend der Zielsetzung dieser Arbeit und vor dem Hintergrund der in diesem Kapitel aufgeführten Problemfelder werden in dieser Arbeit ausschließlich die mit dem Aufbau globaler Produktionsstandorte verbundenen Probleme und Herausforderungen adressiert. Nicht adressiert werden hingegen die eher klassischen Herausforderungen im Maschinenbau wie z.B. die Produktmodularisierung und -standardisierung, die Erhöhung des Dienstleistungsanteils oder aber die Optimierung des weltweiten Service- und Vertriebsnetzwerkes. Eine weitere Präzisierung des Gestaltungs- und Lösungsraums erfolgt am Ende des nachfolgenden Kapitels.

---

[1] Vgl. Kap. 3.2.2.

3 Theoretisches Problemverständnis und Eingrenzung

Während im vorangegangenen Kapitel die Problemstellung aus der Praxis heraus beleuchtet wurde, soll in diesem Kapitel der den aufgezeigten Phänomenen zugrunde liegende theoretische Zusammenhang dargelegt werden. Die Ausführungen hierzu sollen gleichzeitig genutzt werden, um den Objektbereich dieser Arbeit einzugrenzen, zu präzisieren und die theoretischen und begrifflichen Grundlagen für die weiteren Kapitel zu legen.

Ausgangspunkt für die mikroökonomische Perspektive auf das beschriebene Problem bildet die Strategie eines Unternehmens, indem sie das grundlegende Muster des Einsatzes von Ressourcen und der Interaktion zwischen Unternehmen und Markt festlegt. In Anlehnung an HOFER und SCHENDEL bilden dabei neben der Abgrenzung eines relevanten Marktes insbesondere die Definition des Verhaltens auf dem Markt sowie die Gestaltung von Ressourcenpotenzialen das Fundament der Strategie.[1]

Diesem Verständnis folgend und mit Blick auf die in dieser Arbeit fokussierten internationalen Produktionsnetzwerke als Resultat strategischer Entscheidungen liegen zwei Paradigmen der Positionierungsschule zugrunde (Bild 3.1).[2]

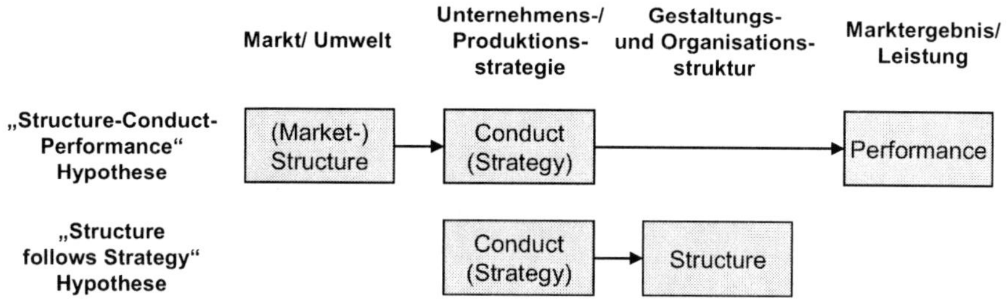

Bild 3.1: Zusammenhang zwischen Markt, Strategie und Struktur[3]

Das erste Paradigma „Structure Conduct Performance“ besagt, dass der Markt bzw. die Umwelt (Structure) maßgeblich das Verhalten (Conduct) der Unternehmen beeinflusst, welches sich wiederum auf den Unternehmenserfolg (Performance) auswirkt. Auf den Betrachtungsbereich dieser Arbeit angewandt kann davon ausgegangen werden, dass erstens das Unternehmensumfeld (Globalisierung von Märkten und Wettbewerb, Veränderung des Kundenverhaltens) Einfluss auf die vom Unternehmen verfolgten Strategien ausübt, zweitens die Unternehmen aktiv zur Umsetzung bestimmter strategischer Stoßrichtungen die Form des Produktionsnetzwerkes nutzen und drittens die Strategiekonformität bzw. Struktur des Netzwerkes nachhaltig den Unternehmenserfolg beeinflusst.

[1] Vgl. Hofer C., Schendel, O.: Strategy Fornulation-Analytical Concepts, 1978.
[2] Vgl. Mintzberg, H. et al.: Strategy Safari, 1999, S. 99ff.
[3] Eigene Darstellung.

Das zweite Paradigma „Structure follows Strategy" untermauert letztendlich, dass eine konsequente Umsetzung von unterschiedlichen strategischen Stoßrichtungen auch die an die jeweilige Stoßrichtung angepasste (Gestaltungs- und Organisations-) Struktur der in dieser Arbeit betrachteten Produktionsnetzwerke erfordert.[1]

Dieser Kausalkette folgend wird in den kommenden Unterkapiteln der strategische Gestaltungsraum von Unternehmen in Bezug auf die in Kap. 1.1.1 und 1 dargestellten produktionsorientierten Herausforderungen, der Entstehungszusammenhang, die Formen und die Gestaltungsebenen von globalen Produktionsnetzwerken sowie die mit der Gestaltung dieser zusammenhängenden Aufgaben konkretisiert. Das Kapitel schließt mit einer Zusammenfassung der kontinuierlich stattfindenden Präzisierung des Objektbereiches für diese Arbeit.

3.1 Strategischer Gestaltungsraum produzierender Unternehmen

Die durch die Globalisierung hervorgerufenen markt- und wettbewerbsseitigen Entwicklungen stellen die Unternehmen des produzierenden Gewerbes nicht nur vor die Herausforderung, die globale Integration der Unternehmenstätigkeit zu forcieren, sondern auch und vor allem ihre Strategien den neuen Rahmenbedingungen anzupassen.

Einen einheitlichen und sicheren Weg zum globalisierten Unternehmen gibt es jedoch nicht. Dennoch lassen sich bestimmte – insbesondere mit Blick auf die in dieser Arbeit fokussierten Unternehmen des Maschinenbaus – längerfristig angelegte Verhaltenspläne, die die Erreichung der unternehmerischen Zielsetzungen auf Auslandsmärkten versprechen, identifizieren.[2]

In den folgenden Unterkapiteln soll zunächst kurz auf das Konzept der „Unternehmenswertsteigerung" im Sinne der allen Aktivitäten zugrunde liegenden genuinen Zielsetzung der Unternehmen eingegangen werden[3], um im Anschluss daran die in Kap. 2.1.2 beschriebenen konkreteren Zielsetzungen in den wettbewerbs- und standortstrategischen Kontext zu bringen.

3.1.1 Das Konzept der Unternehmenswertsteigerung

Der bisher vorwiegend aus der Entscheidungsfindung amerikanischer Investoren bekannte Unternehmenswert („Shareholder Value") gewinnt bei strategischen Entscheidungen deutscher Geschäftsleitungen rapide an Gewicht. Dabei sind hierfür nicht nur die immer anspruchsvoller werdenden Anteilseigener ausschlaggebend. Die zumeist inhabergeführten Unternehmen des Maschinenbaus spüren den verstärkten Handlungsbedarf, in diese

---

[1] Vgl. Gaitanides, M.: Strategie und Struktur, 1985, S. 115ff.
[2] Vgl. Meffert, H.: Marketing im Spannungsfeld von weltweitem Wettbewerb und nationalen Bedürfnissen, 1986, S. 689.
[3] Vgl. Gomez, P.: Wertmanagement, 1993, S. 75ff.

Richtung vornehmlich durch den zunehmenden globalen Wettbewerbsdruck und der damit verbundenen Notwendigkeit, zu wachsen. Auf der einen Seite besteht ein direkter Zusammenhang zwischen Wettbewerbsstärke, Produktivität und der Maximierung des Unternehmenswertes, auf der anderen Seite müssen die Unternehmen für das rasante Wachsen Banken und externe Geldgeber als Partner akquirieren.[1]

In diesem Kontext bildet die Grundlage, auf der Führungskräfte auf der Unternehmens- und Geschäftsbereichsebene Entscheidungen über Umstrukturierungen oder groß angelegte Transaktionen treffen, vornehmlich das mit diesen einhergehende Verhalten bzw. Steigerungspotenzial des Unternehmenswertes. Entsprechend wichtig ist es, den Wert alternativer Strategien oder Strukturkonzepte adäquat zu beurteilen.[2]

In der Konsequenz ist das traditionelle Kriterium der so genannten „schwarzen Zahlen" im Rahmen einer solchen Entscheidungsfindung nicht umfassend genug bzw. in Teilen sogar verwirrend. Es wird nicht ersichtlich, ob die darin enthaltenen Kapitalkosten verdient worden sind und entsprechend auch der Unternehmenswert gestiegen ist. Aber auch herkömmliche Kennzahlen wie die Umsatzrendite (ROS) oder die Eigenkapitalrendite (ROE) sind wenig geeignet. Die methodischen Schwächen dieser statischen Renditedefinitionen liegen einerseits in der fehlenden Berücksichtigung des notwendigen Kapitaleinsatzes und der Kapitalstruktur begründet, andererseits basieren sämtliche Renditedefinitionen auf Buchwerten statt auf Zahlungsströmen.[3]

Aber auch neuere Ansätze, wie z.B. der Cash flow Return on Investment (CFROI), zollen den Anforderungen an eine verlässliche und aussagefähige Bewertungsgrundlage nicht ausreichend Rechnung. Als Ausgangsbasis für das für Sachanlagevermögen eingesetzte Kapital werden hier bspw. statt der Barwerte erzielbarer zukünftiger Cash flows nur mit der Inflationsrate fortgeschriebene historische Buchwerte verwendet.[4]

Das Unternehmenswert-Konzept vermeidet die Schwächen der gängigen Leistungsmaßstäbe:[5]

Grundlage des Konzepts bildet der freie Cash flow. Er ist definiert als Ergebnis vor Zinsen, Abschreibungen und Rückstellungsdotierungen/ -auflösungen, vermindert um Investitionen in das Anlagevermögen und Erhöhung des Working Capital. Durch eine solche Betrachtung lassen sich Verzerrungen durch buchhalterische Maßnahmen und kalkulatorische Ansätze im Rahmen der Rechnungslegung vermeiden. Gleichzeitig sind es ausschließlich die so ermittelten Zahlungen, die für die Bedienung des investierten Kapitals (Eigen- und Fremdkapital) zur Verfügung stehen. Zudem lassen sich Zukunftserwartungen systematisch berücksichtigen. Mittels Projektion sämtlicher bewertungsrelevanter

[1] Vgl. Ballwieser, W.: Unternehmensbewertung, 2007, S. 1f.
[2] Vgl. Copeland, T.; Koller, T.; Murrin, J.: Unternehmenswert, 1998, S. 26.
[3] Vgl. Copeland, T.; Koller, T.; Murrin, J.: Unternehmenswert, 1998, S. 12.
[4] Vgl. Copeland, T.; Koller, T.; Murrin, J.: Unternehmenswert, 1998, S. 13.
[5] Vgl. Copeland, T.; Koller, T.; Murrin, J.: Unternehmenswert, 1998, S. 14f.

Größen und des Fortführungswesens lassen sich Zahlungsentwicklungen in der Zukunft erfassen und durch Diskontierung gewichten – auch wenn dies notwendigerweise unter Unsicherheit antizipiert werden muss. Weiterhin sind über die Diskontierung die Kapitalstruktur, Finanzierungskosten und das Risiko voll in die Betrachtung einzubeziehen.

Durch die konsequente Verfolgung dieses Konzepts wird ein objektiver Maßstab für den Vergleich strategischer Optionen geschaffen. Heterogene Maßnahmen wie z.B. Einzelmaßnahmen zur Leistungsverbesserung, Investitionsprojekte aber auch die im Rahmen dieser Arbeit betrachtete Restrukturierung bestehender Netzwerkstrukturen bzw. der Aufbau neuer Netzwerkstrukturen lassen sich einheitlich bewerten. Ein weiterer großer Vorteil ist zudem, dass nahezu alle Informationen zur Berechnung des Unternehmenswertes aus Ist- bzw. Plangrößen des betrieblichen Rechnungswesens abgeleitet werden können.[1]

Das Konzept der Unternehmenswertsteigerung und die mit diesem verbundene Reduzierung aller unternehmerischen Aktivitäten auf das Ziel der Maximierung des Unternehmenswerts sollen auch für diese Arbeit handlungsleitend sein. Sowohl die Analyse bestehender Konzepte global verteilter Produktion als auch die kritische Reflexion bestehender Ansätze im Themenfeld der Standortplanung sollen nicht zuletzt auch immer vor dem Hintergrund der genannten Prämissen erfolgen.

3.1.2 Entwicklung der Wettbewerbsstrategien

Allen in Kap. 2.1.2 genannten Zielen gemein ist die Schaffung langfristiger Wettbewerbsvorteile gegenüber konkurrierenden Unternehmen. Basis für die hieraus resultierenden Aktivitäten sind die so genannten Wettbewerbsstrategien.[2]

Ausgehend von der Gesamtunternehmensstrategie, die sich vornehmlich mit der Fokussierung auf das Betätigungsfeld des Unternehmens beschäftigt, bestimmt die Wettbewerbsstrategie die Art und Weise, mit der innerhalb dieser Betätigungsfelder der Wettbewerb bestritten werden soll.[3]

Es können dabei grundsätzlich zwei unterschiedliche Ansätze zur Erklärung von Wettbewerbsvorteilen unterschieden werden. Einerseits lassen sich Wettbewerbsvorteile auf die Ausstattung des Unternehmens mit Ressourcen[4] zurückführen (ressourcenorientierter Ansatz)[5], andererseits durch eine Steigerung des Kundennutzens, d.h. durch für den Kunden wichtige und von diesem auch wahrgenommene Leistungsmerkmale (marktori-

[1] Vgl. Kap. 6.1.1.
[2] Vgl. Müller-Stevens, G.; Lechner, C.: Strategisches Management, 2001, S. 198ff.
[3] Vgl. Corsten, H.; Will, T.: Das Konzept generischer Wettbewerbsstrategien, 1995, S. 119.
[4] Unter Ressourcen werden diejenigen Faktoren verstanden, die nicht oder nur schwer nachzuahmen sind.
[5] Ansatz von WERNERFELT. Vgl. Kuß, A.; Tomczak, T.: Marketingplanung, 2001, S. 11ff.

entierter Ansatz).[1] Beides gilt es schließlich, dauerhaft vor Imitationsversuchen der Konkurrenz zu verteidigen.

Während die ressourcenorientierten Ansätze im Rahmen der Globalisierung ihre Gültigkeit behalten und auch weiterhin Erfolg versprechend sind, werden die marktorientierten Ansätze in ihrer ursprünglichen Form den sich geänderten Anforderungen nicht mehr in vollem Umfang gerecht. In den folgenden Unterkapiteln sollen daher diese, von PORTER geprägten Ansätze der Kostenführerschaft und der Differenzierung[2], ihre aktuelle Gültigkeit sowie die aus ihnen hervorgehenden Treiber der strukturellen Veränderungen, die hybriden Wettbewerbsstrategien, vorgestellt werden.

3.1.2.1 Kostenführerschaftsstrategie

Ziel der Strategie der Kostenführerschaft ist es, einen relativen Kostenvorsprung gegenüber den Wettbewerbern zu erreichen. Der dadurch erzielbare Wettbewerbsvorteil liegt in der Möglichkeit, zu niedrigsten Preisen am Markt anzubieten und entsprechend eine große Kundenzahl und den damit einhergehenden Umsatz zu sichern.[3]

Zur Erzielung der genannten Kostenvorteile bedarf es einer Bündelung aller strategischen Aktivitäten:[4] Es gilt, das Produkt besonders kostengünstig zu entwickeln, herzustellen und zu vertreiben. Mit Blick auf die Produktion sind die wichtigsten Quellen einer Kostenführerschaft betriebsbedingte Kostendegressionen sowie der Zugang zu Faktoren unter Vorzugsbedingungen.

Unter betriebsbedingten Kostendegressionen wird die Abnahme der Produktionsstückkosten bei zunehmender Produktionsmenge verstanden. Ursachen sind hierbei im wesentlichen Fixkostendegression, Skaleneffekte sowie Lerneffekte. Fixkostendegression entsteht durch die Umlage fixer Kosten auf die Stückzahl, was zu sinkenden Stückkosten mit steigender Menge führt. Skaleneffekte entstehen durch die Möglichkeit, bei höheren Stückzahlen effizientere Produktionstechnologien und -verfahren einzusetzen (z.B. automatisierte Verfahren) sowie durch niedrigere Kosten bei der Beschaffung höherer Stückzahlen. Mit Lerneffekten werden die Auswirkungen der Erfahrungskurve beschrieben. Diese besagt, dass sich durch eine Verdoppelung der kumulierten Produktionsmenge die

---

[1] Vgl. Corsten, H.; Will, T.: Das Konzept generischer Wettbewerbsstrategien, 1995, S. 119; vgl. hierzu auch Frese, E.: Grundlagen der Organisation, 1993.

[2] Der dritte existierende Porter'sche Ansatz der Konzentration auf Schwerpunkte zielt im Gegensatz zur Kostenführerschafts- und Differenzierungsstrategie vornehmlich auf eine engere Ausrichtung auf eine spezielle Marktnische ab, in der dann wiederum eine Entscheidung über den Typ des angestrebten Wettbewerbsvorteils (Kostenführerschaft oder Differenzierung) getroffen werden muss. Vgl. Corsten, H.; Will, T.: Das Konzept generischer Wettbewerbsstrategien, 1995, S. 119.

[3] Vgl. Porter, M. E.: Wettbewerbsstrategie, 1999, S. 71ff.

[4] Vgl. Porter, M. E.: Wettbewerbsstrategie, 1999, S. 120f.

Stückkosten um 20 bis 30 Prozent senken lassen. Gründe dafür sind z.B. die Lerneffekte von Mitarbeitern bei sich wiederholenden prozeduralen Tätigkeiten.[1]

Die Stückkosten verhalten sich reziprok zur Produktionsstückzahl und damit auch zum Marktanteil. Entsprechend sind die Motoren der Kostenführerschaft Wachstum bzw. der Ausbau der Marktanteile.

3.1.2.2 Differenzierungsstrategie

Mit der Differenzierungsstrategie wird das Ziel verfolgt, das angebotene Produkt so zu gestalten, dass es sich in den von den Abnehmern als wichtig erachteten Eigenschaften positiv von den Produkten der Wettbewerber abhebt. Dieser gestiftete Zusatznutzen bzw. die Einzigartigkeit wird entsprechend mit einer Preisprämie honoriert.[2] Voraussetzung hierfür ist jedoch, dass der angebotene Zusatznutzen auch tatsächlich wahrgenommen wird und die Preisprämie über den Differenzierungskosten liegt.[3]

Als Quellen der Einzigartigkeit sind zum einen die Produkteigenschaften zu nennen, die eine Steigerung des Nutzenwertes bewirken. Dies können z.B. eine hohe Qualität, Zusatzfunktionen, ein besonderes Design, innovative Technologien, ein hervorragender Kundenservice sowie ein mit dem Produkt assoziiertes hohes Image sein. Zum anderen kann eine Differenzierung aber auch durch die Senkung der Nutzungskosten des Abnehmers erfolgen. So ist ein Abnehmer beispielsweise bereit, eine Preisprämie dafür zu entrichten, dass er durch eine fertigungssynchrone Zulieferung oder durch eine montagegerechte Produktgestaltung seine eigenen Herstellkosten senken kann.[4]

Der Vorteil der Verfolgung einer Differenzierungsstrategie liegt in der Möglichkeit des jeweiligen Unternehmens, eine Verringerung der Preiselastizität zu bewirken und somit dem Preiswettbewerb zu entgehen.

3.1.2.3 Hybride Wettbewerbsstrategien

Der Grundgedanke im Kontext der beschriebenen marktorientierten Porter'schen Wettbewerbsstrategien Kostenführerschaft und Differenzierung ist deren negative Korrelation. PORTER spricht explizit von der Unvereinbarkeit der beiden Wettbewerbsstrategien. Unabhängig von der Produkt-Markt-Abdeckung (Konzentration auf Schwerpunkte) muss sich demnach ein Unternehmen eindeutig für eine der beiden Strategien entscheiden. Das Einnehmen einer Zwischenposition, auch als „stuck in the middle“ bezeichnet, birgt nur geringe Erfolgsaussichten.[5] Hintergrund dieser Annahme ist die Polarisierung des

---

[1] Vgl. Pepels, W.: Produktmanagement, 2000, S. 414ff.
[2] Vgl. Porter, M. E.: Wettbewerbsstrategie, 1999, S. 73f.
[3] Vgl. Corsten, H.; Will, T.: Das Konzept generischer Wettbewerbsstrategien, 1995, S. 120f.
[4] Vgl. Corsten, H.; Will, T.: Das Konzept generischer Wettbewerbsstrategien, 1995, S. 120f.
[5] Vgl. Porter, M. E.: Wettbewerbsstrategie, 1999, S. 78ff.

Kaufverhaltens, das in vielen Branchen zu einer Verödung des mittleren Preissegments führt.[1]

Vor dem Hintergrund der Entwicklung der Märkte und des Wettbewerbs mehren sich jedoch die Stimmen, die die negative Korrelation der beiden Arten von Wettbewerbsvorteilen in Frage stellen.[2] Gestützt wird dieser Trend durch Ergebnisse aus der PIMS-Forschung sowie Felderfahrungen.[3] Gerade die im Zuge der Globalisierung zunehmende Standardisierung von Produkten[4] durch immer homogener werdende Käuferpräferenzen führt dazu, dass eine ausschließliche Strategie der Differenzierung immer schwieriger umzusetzen ist. Zudem sehen sich insbesondere produzierende Unternehmen mehr denn je mit der kundenseitigen Forderung konfrontiert, Produkte unterschiedlicher Leistungsspektren global zum besten Preis anbieten zu müssen (Bild 3.2).[5]

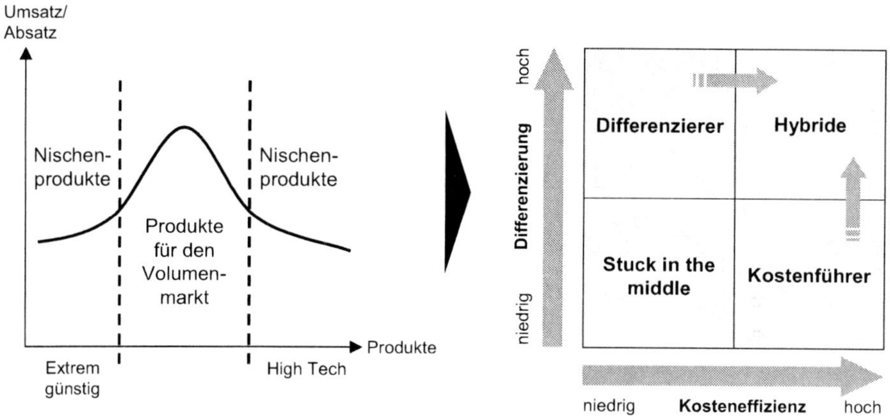

Bild 3.2: Hybride Wettbewerbsstrategien für globale Produktprogramme[6]

Die Schwerpunkte der Differenzierung verlagern sich. Entscheidend ist, in wie weit es den Unternehmen gelingt, auf der Basis von standardisierten Produktplattformen lokale Geschmäcker zu treffen[7] sowie ein hohes Image in den jeweiligen global verteilten Märkten zu erzielen.[8] Darüber hinaus entstehen zunehmend Differenzierungspotenziale an den Schnittstellen zur Wertschöpfungskette des Abnehmers bzw. zum Kunden.[9] Hierzu

[1] Vgl. Jenner, T.: Hybride Wettbewerbsstrategien in der deutschen Industrie, 2000, S. 7f.
[2] Vgl. Jenner, T.: Hybride Wettbewerbsstrategien in der deutschen Industrie, 2000, S. 8.
[3] Vgl. Jenner, T.: Hybride Wettbewerbsstrategien in der deutschen Industrie, 2000, S. 10.
[4] Vgl. Kanter, R. M.: Wachstum, 2000, S. 44f.
[5] Vgl. Veit, E.: Individuelle Produkte und Systeme bei bestem Preis-/ Leistungsverhältnis, 2004, S. 14f.
[6] Eigene Darstellung. I.A.a. Corsten, H.; Will, T.: Wettbewerbsvorteile durch strategiegerechte Produktionsorganisation, 1995, S. 2ff; Jenner, T.: Hybride Wettbewerbsstrategien in der deutschen Industrie, 2000, S. 8ff.
[7] Vgl. Kanter, R. M.: Wachstum, 2000, S. 44ff.
[8] Vgl. Meffert, H.: Wettbewerbsstrategien auf globalen Märkten, 1991, S. 408.
[9] Vgl. Fleck, A.: Hybride Wettbewerbsstrategien, 1995, S. 12.

zählen u.a. die in Kap. 2.2 aufgezeigten Ausweitungen des Leistungsumfangs um Serviceleistungen sowie die Sicherstellung von Verfügbarkeit.

Die aus diesen Entwicklungen hervorgehenden Strategien, in denen die Vorteile beider Porter'schen Wettbewerbsstrategien vereint werden, werden als mehrdimensionale bzw. hybride Wettbewerbsstrategien bezeichnet (Bild 3.2).[1] In Abhängigkeit der Berücksichtigung einer zeitlichen Komponente kann hierbei zwischen dem Outpacing-Strategieansatz und der Simultanstrategie unterschieden werden.

Der Outpacing-Strategieansatz nimmt eine Zwischenposition zwischen der reinen Alternativhypothese nach PORTER und der Simultanitätshypothese ein.[2] Es wird davon ausgegangen, dass erst im Zeitablauf eine sukzessive Kombination beider Wettbewerbsstrategien zu realisieren ist. Entsprechend sind im Ausgangspunkt die beiden Strategietypen noch negativ korreliert. Erst nach dem Erreichen eines hohen Leistungsniveaus eines der beiden Wettbewerbstypen wird das Leistungsniveau des anderen ebenfalls angehoben. In dem Ansatz spiegeln sich damit auch der Lebenszyklus eines Produktes bzw. einer Technologie sowie die damit einhergehenden wechselnden Wettbewerbsparameter wider:[3] Die Produktentstehungsphase ist gekennzeichnet von einer hohen Unsicherheit der Verbraucher. Das Vertrauen der Verbraucher und damit auch der Erfolg des Produktes lassen sich in diesem frühen Stadium hauptsächlich über Qualitätsmerkmale und durch den Aufbau eines positiven Images (Differenzierung) gewinnen. In der sich anschließenden Reifephase, der Standardisierung des Produktes, wird der Druck der Wettbewerber zunehmend größer; Wettbewerbsvorteile lassen sich nun hauptsächlich durch einen vergleichsweise niedrigen Preis erzielen (Kostenführerschaft).

Bei der Simultanstrategie findet die zeitliche Dimension dagegen keine Berücksichtigung. Der Fokus liegt hier auf der simultanen Verfolgung von Kostenführerschafts- und Differenzierungsstrategie.[4]

Angesichts der geschilderten Entwicklung der Märkte und des Wettbewerbs erweisen sich gerade hybriden Strategien als immer häufiger vorteilhaft – nicht zuletzt auch bedingt durch neue technologische und organisatorische Gestaltungspotenziale in der Produktion.[5] Als Folge verändern sich auch die Internationalisierungsstrategien der Unternehmen

[1] Vgl. Fleck, A.: Hybride Wettbewerbsstrategien, 1995; Corsten, H. (Hrsg.): Produktion als Wettbewerbsfaktor, 1995; Jenner, T.: Hybride Wettbewerbsstrategien in der deutschen Industrie, 2000.

[2] Vgl. Corsten, H.; Will, T.: Wettbewerbsvorteile durch strategiegerechte Produktionsorganisation, 1995, S. 2f.

[3] Vgl. Jenner, T.: Hybride Wettbewerbsstrategien in der deutschen Industrie, 2000, S. 11.

[4] Vgl. Corsten, H.; Will, T.: Wettbewerbsvorteile durch strategiegerechte Produktionsorganisation, 1995, S. 2ff.

[5] Vgl. Corsten, H.; Will, T.: Wettbewerbsvorteile durch strategiegerechte Produktionsorganisation, 1995, S. 4ff.

beträchtlich. Direktinvestitionen gewinnen im Vergleich zu den traditionellen Internationalisierungsstrategien Export und Vertrieb zunehmend an Bedeutung.[1]

3.1.3 Standortstrategien produzierender Unternehmen

Im globalen Kontext ist Wachstum auf der Basis hybrider Wettbewerbsstrategien oft eng verbunden mit dem Aufbau global verteilter Produktionsstätten (vgl. Kap. 2.1). Aktuelle Studien[2] belegen, dass insbesondere die als klassische Differenzierer geltenden mittelständischen deutschen Unternehmen neben der Erschließung neuer Märkte zunehmend auch versuchen, komparative Produktionsvorteile an internationalen Standorten zu nutzen.[3] Aber auch diejenigen Unternehmen, die weiterhin eine Nischenstrategie verfolgen, müssen in neue Märkte expandieren und in diesen ihre Nischenstrategie fortsetzen, d.h. die Kundennähe und Marktpräsenz erhöhen. Nur durch die Expansion lassen sich die relativ hohen Ausgaben für Forschungs- und Entwicklungsaufwendungen finanzieren, die einen genuinen Bestandteil der Nischenstrategie ausmachen.[4] Gleichzeitig können, wenn auch nicht Skaleneffekte, so doch wenigstens Lerneffekte realisiert werden, die nicht zwingend eine Konzentration der Aktivitäten bedingen.[5]

Die Umsetzung unterschiedlicher strategischer Stoßrichtungen durch den Aufbau bzw. Betrieb von Produktionsstätten ist weitgehend unumstritten. Jedoch lassen sich die von den Unternehmen verfolgten hybriden Wettbewerbsstrategien nicht ganzheitlich produktionsseitig umsetzten. Ursache hierfür ist die begrenzte Fähigkeit von Unternehmensressourcen im Allgemeinen bzw. Produktionsressourcen im Speziellen, divergente Strategieanforderungen adäquat zu unterstützen.[6] So können Produktionssysteme, die sich durch einen hohen Grad an Flexibilität auszeichnen, unmöglich mit dedizierteren, auf größere Stückzahlen ausgelegten Produktionssystemen kostenseitig konkurrieren. Flexibilität, Qualität und Komplexität korrelieren negativ mit dem Kostenmotiv. Vor dem Hintergrund dieser potenzialseitigen Restriktionen in der Produktion ist eine Konzentration auf wenige, intern homogene strategische Erfolgsfaktoren unausweichlich. Unter Berücksichtigung der auf Gesamtunternehmensebene verfolgten hybriden Wettbewerbsstrategien führt dies dazu, dass es erforderlich ist, autonome Produktionseinheiten zu schaffen, die jeweils nur auf ein enges Bündel strategischer Erfolgsfaktoren ausgerichtet sind.[7]

---

[1] Vgl. Hirsch-Kreinsen, H.: Internationalisierung der Produktion, 1998, S. 20ff.

[2] Vgl. Geissbauer, R.; Schuh, G.: Global Footprint Design, 2004; Kinkel, S.; Gunter, L.: Automobilzulieferer in der Klemme, 2004; o.V.: Ist der Produktionsstandort Deutschland noch zu retten?, 2004.

[3] Vgl. Koller, H.; Raithel, U.; Wagner, E.: Internationalisierungsstrategien mittlerer Industrieunternehmen am Standort Deutschland, 1998, S. 176.

[4] Vgl. von Behr, M.: Internationalisierungsstrategien kleiner und mittlerer Unternehmen, 2001, S. 10

[5] Vgl. Schenk, K.-E.: Internationale Kooperationen und Joint Ventures, 1998, S. 162.

[6] Vgl. Corsten, H.; Will, T.: Wettbewerbsvorteile durch strategiegerechte Produktionsorganisation, 1995, S. 4ff.

[7] Vgl. Corsten, H.; Will, T.: Wettbewerbsvorteile durch strategiegerechte Produktionsorganisation, 1995, S. 4ff; Roth, S: Standortentscheidung in der Automobilindustrie, 2004, S. 3.

Bei der Formulierung der Internationalisierungsstrategie auf Unternehmens- und insbesondere auf Standortebene ist demnach darauf zu achten, wie die für das Auslandsengagement leitenden Motive im Sinne einer „strategischen Stimmigkeit" zu ihrer individuell verfolgen Wettbewerbsstrategie passen.[1]

Die in Kap. 2.1.2 bereits vorgestellten Motive zum Aufbau globaler Produktionsstandorte lassen sich – mit Ausnahme von Sonderfällen wie z.B. der Reduzierung von (Währungs-) Risiken – grob in den vier Kategorien Kostenreduktion, Markterschließung, Following Customer, Know-how-/ Technologieerschließung zusammenfassen.[2] Im Abgleich mit den im vorangegangenen Kapitel vorgestellten Wettbewerbsstrategien erben sich die in Bild 3.3 dargestellten Korrelationen.

Motive zum Aufbau globaler Produktionsstandorte

Wettbewerbsstrategien	Kosten-reduktion	Markt-erschließung	Following Customer	Know-how/ Technologie-erschließung
Kostenführerschaft	●	●	○	○
Differenzierung				
Qualitätsführerschaft	○	●	●	●
Technologieführerschaft	○	●	●	●
Hohe Liefertreue, kurze Lieferzeiten	○	●	●	○
Flexibilitätsführerschaft	○	●	●	●

○ Negative Korrelation ● Positive Korrelation

Bild 3.3: Korrelation zwischen Wettbewerbsstrategie und Standortmotiven[3]

Die in der Matrix dargestellten positiven Korrelationen zwischen Motiv und Wettbewerbsstrategie stellen mögliche strategische Rollen eines Standortes dar, d.h. im vorliegenden Fall, Funktionen, die er im Rahmen der hybriden Wettbewerbsstrategie des Unternehmens einnimmt.[4]

Bei der Umsetzung von hybriden Wettbewerbsstrategien und der sich hieraus ergebenden Standortstrategien innerhalb der Organisationsstrukturen des Unternehmens kann dabei auf ein weites Feld an Alternativen – von der Vergabe von Lizenzen über Direktinvestitionen bis hin zu Kooperationen – zurückgegriffen werden.[5]

---

[1] Vgl. Müller-Stevens, G.; Lechner, C.: Strategisches Management, 2001, S. 240.

[2] Vgl. Scherm, E.; Süß, S.; Wirth, S.: Virtualisierung von Unternehmen, 2000, S. 14; Spur, G.: Globalisierungspotentiale im Maschinenbau, 1999, S. 63.

[3] Vgl. Kinkel, S.; Lay, G.; Jung Erceg, P.: Problemfall internationale Standortbewertung, 2004, S. 25.

[4] Vgl. Ferdows, K.: Mapping International Factory Networks, 1989, S. 8; Friedli, T.; Loeser, B.; Elben, H.: Nicht nur die Kosten entscheiden, 2005, S. 25.

[5] Vgl. Nackmayr, J.; Spur, G.: Globalisierte Wertschöpfungsstrukturen als Antwort auf den weltweiten Wandel, 2005, S. 3.

Da zwischen den Strategietypen und den verschiedenen Umsetzungsformen der Internationalisierung nicht zwangsläufig ein Zusammenhang besteht, lässt sich prinzipiell jeder der Strategietypen mit mehreren Internationalisierungsformen verbinden.[1] Die Entscheidung für oder gegen bestimmte Kombinationen hängt somit von verschiedenen unternehmens- und branchenspezifischen Parametern, wie z.B. der Unternehmensphilosophie, der Kapitalstruktur oder aber auch speziellen Umwelteinflüssen ab.[2] Entsprechend werden im Weiteren neben einem kurzen Abriss möglicher Alternativen diejenigen Formen konkretisiert werden, die für den Betrachtungsbereich dieser Arbeit von Belang sind.

3.1.4 Formen der Strategieumsetzung

Die verschiedenen Internationalisierungsformen werden i.d.R. in Stufenmodellen mit aufsteigendem Anforderungsniveau dargestellt. Differenzierungsmerkmale der Stufen sind dabei die unterschiedlichen Grade der Ressourcenbindung, der Internationalität, der Integration und der Komplexität der internationalen Strukturen. Die Stufen reichen vom Import/ Export (unterste Stufe) über Zwischenstufen wie z.B. Lizenzen oder eigenen Vertriebsstätten hin zur eigenen ausländischen Produktion (oberste Stufe).[3]

Für die mittelständisch geprägten Unternehmen des Maschinenbaus sind insbesondere der Grad der Komplexität der Internationalisierungsform und die Kapitalbeteiligung entscheidend. Entsprechend lassen sich die Internationalisierungsformen in Internationalisierungsformen ohne Kapitalbeteiligung (untere Komplexitätsstufen), mit Kapitalbeteiligung (obere Komplexitätsstufen) sowie in die hierzu quer stehenden Formen zwischenbetrieblicher Kooperationen untergliedern.[4]

Zu den Internationalisierungsformen ohne Kapitalbeteiligung und damit auf den untersten Stufen der Komplexität stehend, zählen Import und Export sowie verschiedene andere vertragliche Vereinbarungen ohne Kapitalbindung (z.B. Vertrieb über Dritte). Mit steigender Komplexität sind die Vergabe von Lizenzen oder das Subcontracting zu nennen.

Auf den höheren Stufen der Komplexität sind die Internationalisierungsformen mit Kapitalbeteiligung verortet. Hierbei handelt es sich um Unternehmensbeteiligungen in Form von Joint Ventures, Unternehmenskäufen und Gründungen eigener Tochtergesellschaften für Vertrieb und Produktion.

Die quer zu den beschriebenen Formen stehenden zwischenbetrieblichen Kooperationen mit ausländischen Partnern können wiederum mit unterschiedlichen Internationalisie-

---

[1] Vgl. von Behr, M.: Internationalisierungsstrategien kleiner und mittlerer Unternehmen, 2001, S. 16.

[2] Vgl. Nackmayr, J.; Spur, G.: Globalisierte Wertschöpfungsstrukturen als Antwort auf den weltweiten Wandel, 2005, S. 3.

[3] Vgl. u.a. Koller, H.; Raithel, U.; Wagner, E.: Internationalisierungsstrategien mittlerer Industrieunternehmen am Standort Deutschland, 1998, S. 184; Fujita, M.: Zur Transnationalisierung von kleinen und mittleren Unternehmungen, 1993, S. 249; Hardock, P.: Produktionsverlagerung von Industrieunternehmen ins Ausland, 2000, S. 17ff.

[4] von Behr, M.: Internationalisierungsstrategien kleiner und mittlerer Unternehmen, 2001, S. 17ff.

rungsformen ohne und mit Kapitalbeteiligung realisiert werden. Sie bergen den Vorteil, dass vorhandene Defizite bei Kapital, Personal, Marktwissen und Reputation durch die Partnerunternehmen gemindert werden können.

Doch trotz des vermeintlich hohen Lösungspotenzials internationaler Kooperationen werden bei den zumeist noch eigentümergeführten mittelständisch geprägten Maschinenbauunternehmen nach ersten Aktivitäten ohne Kapitalbindung nun vermehrt Internationalisierungsformen mit Kapitalbindungen in Form von Beteiligungen, Unternehmensakquisitionen und Gründungen von Tochtergesellschaften forciert. Der Grund hierfür liegt vor allem in den mit Kooperationen einhergehenden eingeschränkten Kontrollmöglichkeiten und den sich hieraus ergebenden Gefahren. Die Unternehmen befürchten aufgrund des mangelnden Einflusses auf den Partner Verluste von Kapital, Marktpositionen und Lücken im Know-how-Schutz. Darüber hinaus trägt auch das mittelständische Unabhängigkeitsstreben einen Großteil zur Zurückhaltung gegenüber internationalen Kooperationen bei.[1]

Für den Objektbereich dieser Arbeit kann somit angenommen werden, dass die Umsetzung der hybriden Wettbewerbsstrategien mittels global verteilter Produktionsstandorte vornehmlich über das Instrument der Direktinvestition erfolgt und damit die Standorte auf der rechtlich-finanziellen Ebene eine Einheit bilden. Die Gestaltung der Beziehungen auf den anderen möglichen Ebenen ist Thema des nachfolgenden Kapitels.

3.2 Produktionsnetzwerke als Antwort auf die Globalisierung

Die Verfolgung der hybriden Wettbewerbsstrategien und der damit einhergehende Aufbau global verteilter Produktionsstandorte mit unterschiedlichen strategischen Ausrichtungen (Rollen) erfordert neben deren rollenspezifischen Ausgestaltung[2] auch ein netzwerkorientiertes Führungssystem zur Koordination und Steuerung der Produktionsstandorte.[3] Um die Gestalt des mit dieser Definition umschriebenen Produktionsnetzwerkes für die im Rahmen dieser Arbeit fokussierten Maschinenbauunternehmen eingrenzen zu können, werden im Folgenden Formen von Produktionsnetzwerken sowie deren konstituierende Merkmale vorgestellt. Zum besseren Verständnis wird hierzu im Vorfeld auf den theoretischen Entstehungszusammenhang von Netzwerken im Allgemeinen eingegangen. Am Ende des Kapitels wird dann der Betrachtungs- und Gestaltungsraum dieser Arbeit anhand der Gestaltungsebenen im Produktionsnetzwerk weiter präzisiert.

---

[1] Vgl. von Behr, M.: Internationalisierungsstrategien kleiner und mittlerer Unternehmen, 2001, S. 17; Böhmer, M. et al.: Globalisierungsreport, 2007, S. 40.

[2] Vgl. Schellberg, O.: Effiziente Gestaltung von globalen Produktionsnetzwerken, 2002, S. 11ff.

[3] Vgl. Mirow, M.: Globalisierung der Wertschöpfung, 2002, S. 113.

3.2.1 Entstehungszusammenhang von Netzwerken

Die in den vorangegangenen Kapiteln beschriebenen Veränderungen der Umweltbedingungen für produzierende Unternehmen sowie deren Reaktionsmuster stellen bereits wichtige Faktoren dar, die die Herausbildung von Unternehmensnetzwerken begünstigen. Parallel und teilweise dem entsprechend sind jedoch auch theoretische Ansätze entwickelt worden, die die Entwicklung von Netzwerken stärker aus der Perspektive der einzelnen Unternehmen erklären.[1] Die bedeutendsten Ansätze dieser Art sind der Ansatz der Komplexitätsbewältigung, der ressourcentheoretische Ansatz sowie der transaktionstheoretische Ansatz.

3.2.1.1 Ansatz der Komplexitätsbewältigung

Dieser mehr auf unternehmensübergreifende Netze abzielende Ansatz begründet die Bildung von Netzwerken aus ihrem Potenzial zur Komplexitätsbewältigung heraus. Die Komplexität kann dabei als Entscheidungsfeld angesehen werden, in dem ein bestimmtes System auf die Anforderungen seiner Umwelt reagieren muss. Dabei wird der Beziehungs- und Möglichkeitsraum der Umwelt dem System zum Problem.[2]

Aus der klassischen Systemtheorie heraus kann nun ein Unternehmen erfolgreich auf seine Umwelt reagieren, wenn es ihr eine entsprechend hohe Eigenkomplexität entgegensetzt. Dies ist jedoch gleichbedeutend mit einer hohen Vielfalt von Handlungsoptionen für jede spezifische Entscheidungssituation. Der vermeintliche Flexibilitätsgewinn wird durch das schwer zu beherrschende Überangebot an Optionen überkompensiert.[3]

In der diesem Ansatz zugrunde liegenden neueren Systemtheorie wird dagegen die Betrachtungsperspektive ausgeweitet. Die Umwelt wird als Ansammlung anderer autonomer Unternehmen definiert. Zwei Unternehmen sind sich somit gegenseitig ein Teil der Umwelt. Die Lösung liegt nun in der (Selbst-) Beschränkung des Handlungsraums eines jeden betroffenen Unternehmens. Das hieraus resultierende gemeinsame Bestreben zur Bildung von Netzwerken ermöglicht eine gewisse Form der Abstimmung bei gleichzeitiger unternehmerischer Autonomie der Beteiligten.[4]

3.2.1.2 Ressourcenorientierter Ansatz

Der ressourcenorientierte Ansatz basiert auf der Annahme, dass sich durch Netzwerkstrukturen neue Leistungspotenziale freisetzen lassen. Die Generierung von Wettbewerbsvorteilen ist damit bei diesem Ansatz die primäre Entstehungsursache von Netzwerken.[5] Einzelne Einheiten des Netzwerkes konzentrieren sich dabei auf spezielle Res-

---

[1] Vgl. Falkner, A. M.: Logistik-Controlling für Produktionsnetzwerke, 2004, S. 52.
[2] Vgl. Willke, H.: Systemtheorie, 1993, S. 31.
[3] Vgl. Willke, H.: Systemtheorie, 1993, S. 107.
[4] Vgl. Falkner, A. M.: Logistik-Controlling für Produktionsnetzwerke, 2004, S. 54
[5] Vgl. Falkner, A. M.: Logistik-Controlling für Produktionsnetzwerke, 2004, S. 54.

sourcen und Kernkompetenzen, was dem Netzwerk als ganzem einen Wettbewerbsvorteil verschafft. Gleichzeitig entstehen durch diese Konzentration wechselseitige Abhängigkeiten der Netzwerkpartner untereinander.[1]

3.2.1.3 Transaktionstheoretischer Ansatz

Der Transaktionskostenansatz erklärt die Entstehung von Netzwerken über die damit verbundene Möglichkeit, die organisationsspezifischen Transaktionskosten zu reduzieren.[2] Grundgedanke ist dabei immer der Abgleich der Transaktionskosten des Marktes (z.B. Kosten der Informationsbeschaffung über Anbieter, Preise und Qualitäten) und den Koordinationskosten innerhalb einer Form hierarchischer Koordination. In einer weiteren Fassung kann dies auch auf die Wertschöpfungsaktivitäten übertragen werden, wenn z.B. die Transaktionen zwischen den Stationen der Wertschöpfungskette (z.B. zwischen der Produktion von Komponenten im Inland und der Montage sowie dem Verkauf im Ausland) innerhalb einer Organisation der Unternehmung oder in der Kooperation mit anderen Unternehmungen mit niedrigeren Kosten als durch externe Märkte koordiniert werden können und/ oder zu höheren Erträgen führen.[3]

3.2.1.4 Zwischenfazit

Mit den vorliegenden Ansätzen lassen sich die Reaktionsmuster der Unternehmen auf die sich ändernden Umweltanforderungen in einen theoretischen Rahmen einordnen sowie die bereits empirisch nachgewiesene Herausbildung von Netzwerkstrukturen begründen. Der Ansatz der Komplexitätsbewältigung setzt beim Problem der zunehmenden Umweltkomplexität – bedingt durch die veränderten Wettbewerbssituationen und neue Märkte – an. Mit der Schaffung von Netzwerkstrukturen weist er einen Lösungsweg zur Beherrschung der damit einhergehenden steigenden Komplexität auf Seiten der Unternehmen auf. Den komplexitätstreibenden und gegenläufigen Aktionsplänen, um den stark divergierenden Anspruchsgruppen gerecht zu werden, stellt der Ressourcenorientierte Ansatz das Lösungskonzept der spezialisierten Einheiten innerhalb einer zu schaffenden Netzwerkorganisation entgegen. Er liefert damit die theoretische Erklärung für die Ausbildung und Nutzung von Standorten unterschiedlicher Rollen/ Kompetenzen zur Umsetzung verschiedener strategischer Stoßrichtungen. Mit Blick auf die im Fokus dieser Arbeit stehende Analyse strukturspezifischer Netzwerkkosten ist der Transaktionstheoretische Ansatz von zentraler Bedeutung. Er bietet insbesondere in seiner auch auf die physischen Interaktionen zwischen den Einheiten eines Netzwerkes erweiterten Version nicht

[1] Vgl. Krcal, H.-C.: Koordination durch „Wertschöpfungspartnerschaftlichkeit" im Netzwerk Kompetenzzentrum, 2001, S. 8ff.

[2] Vgl. Windsperger, J.: Die Entstehung der Netzwerkunternehmung, 1995, S. 191; Picot, A.: Transaktionskostenansatz in der Organisationstheorie, 1982, S. 273ff.

[3] Vgl. Schenk, K.-E.: Internationale Kooperationen und Joint Ventures, 1998, S. 156.

nur kostenseitige Erklärungen für das Entstehen von Netzwerkstrukturen, sondern auch die Basis für die Bewertung alternativer Netzwerkstrukturen.

Nachdem in den vorangegangen Unterkapiteln der Entstehungszusammenhang von Netzwerkstrukturen sowie Erklärungsansätze, die diese Entwicklung nachzeichnen, beschrieben wurden, werden im Folgenden die möglichen Formen von Netzwerkstrukturen vorgestellt und für diese Arbeit konkretisiert.

3.2.2 Formen von Produktionsnetzwerken

In der Betriebswirtschaftslehre gehört der hier verwendete Begriff des Unternehmensnetzwerkes zu denjenigen Fachtermini, über deren inhaltliche Abgrenzung noch kein einheitliches Verständnis vorliegt.[1] Dies liegt insbesondere daran, dass Netzwerke problem- und unternehmensspezifisch aus individuell unterschiedlichsten Motiven heraus entstehen. Der Netzwerkbegriff wird bspw. gleichermaßen auf die firmeninterne Koordination von Produktionsstandorten und Forschungszentren als auch auf die Abstimmung innerhalb eines Zulieferernetzwerkes von verschiedenen Unternehmen angewendet.

In der wissenschaftlichen Auseinandersetzung mit diesem Thema ist die Arbeit von SYDOW hervorzuheben. Sie integriert die englischsprachigen Forschungsarbeiten[2] zu Netzwerken und verbindet sie mit der deutschsprachigen Organisationstheorie.[3] Die von ihm geprägte Definition von Unternehmensnetzwerken basiert auf einer umfassenden Bestandsaufnahme und ist Basis für eine Vielzahl von Arbeiten zum Themenkomplex Netzwerk. SYDOW sieht in einem Unternehmensnetzwerk „eine auf die Realisierung von Wettbewerbsvorteilen zielende Organisationsform ökonomischer Aktivitäten, die marktähnliche und hierarchische Koordinationselemente kombiniert und sich durch komplexreziproke, eher kooperative denn kompetitive und relativ stabile Beziehungen zwischen rechtlich selbständigen, wirtschaftlich jedoch zumeist abhängigen Unternehmen auszeichnet."[4] Damit erfolgt jedoch auf den ersten Blick ein Ausschluss der in dieser Arbeit fokussierten Kooperationsformen innerhalb von Unternehmen. Wird allerdings davon ausgegangen, dass die Grenzziehung zwischen wirtschaftlicher und rechtlicher Selbständigkeit einen gewissen Deutungsspielraum zulässt und in der Definition von SYDOW der letzte Teil durch rechtlich und wirtschaftlich „...weitgehend autonome Unternehmen oder organisatorische Teileinheiten von Unternehmen"[5] ersetzt, so herrscht Konformität.

Mit Blick auf unterschiedliche Ausprägungsformen von Unternehmensnetzwerken kann als weiteres wesentliches Element der Begriffsfassung die Kombination marktlicher und

[1] Vgl. Winkler, G.: Koordination in strategischen Netzwerken, 1999, S. 22.
[2] Zu den relevanten englischsprachigen Forschungsarbeiten zählen u.a. Thorelli, H. B.: Networks, 1986; Miles, R. E.; Snow, C. C.: Causes of Failure in Network Organizations, 1992; Goshal, S; Bartlett, C. A.: The multinational corporation as an inter-organizational network, 2005.
[3] Vgl. Sydow, J.: Strategische Netzwerke, 1992, S. 61ff.
[4] Sydow, J.: Strategische Netzwerke, 1992, S. 79.
[5] Mildenberger, U.: Selbstorganisation von Produktionsnetzwerken, 1998, S. 24.

hierarchischer Koordinationselemente aufgefasst werden.[1] Markt und Hierarchie bilden die beiden Endpunkte eines Kontinuums, in dem die Unternehmensnetzwerke die dazwischen liegenden Übergangsformen darstellen (Bild 3.4).[2]

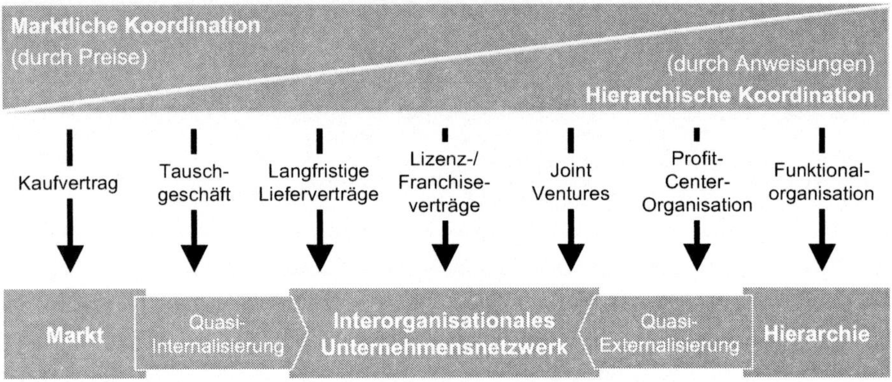

Bild 3.4: Unternehmensnetzwerke als hybride Organisationsformen[3]

Mittels dieses Erklärungsmodells lässt sich der hybride Charakter der Unternehmensnetzwerke abbilden. Die Entwicklung zum Netzwerk kann dabei jeweils von beiden Ur-Organisationsformen ausgehen. Bei der Externalisierung (Vermarktlichung) bildet das integrierte Unternehmen den Ausgangspunkt für die Ausgliederung von Einzelfunktionen in vollständig oder teilweise rechtlich selbständige Organisationseinheiten. Dabei findet eine Anreicherung hierarchischer Koordinationsbeziehungen durch marktliche Element statt. Ergebnis ist ein internes Netzwerk.[4] Die Internalisierung bezeichnet hingegen eine Bewegung, weg vom Organisationsmodell Markt, hin zu hierarchischen Strukturen. Dabei findet eine Intensivierung der Zusammenarbeit zwischen Unternehmen statt, die zuvor nur über den Markt interagiert haben. Am Markt erfolgt die Koordination über den Preismechanismus, in der Hierarchie über Pläne, Anweisungen und eingespielte Routinen, wobei die Planerstellung über einen zentralen Koordinator funktioniert.[5]

Eine weitere Präzisierung der Verortung im Spannungsfeld aus marktlicher und hierarchischer Koordination lässt sich durch das Heranziehen vornehmlich die hierarchische Koordination beschreibender Kriterien erreichen. Neben dem eigentlichen Transaktionsinhalt eines Netzwerkes sind insbesondere die Steuerungsform (Führungs- und Organisa-

[1] Vgl. Reiß, M.: Mythos Netzwerkorganisation, 1998, S. 225; Siebert, H.: Ökonomische Analyse von Unternehmensnetzwerken, 2006, S. 8ff.

[2] Vgl. Sydow, J.: Strategische Netzwerke, 1992, S. 102.

[3] I.A.a. Siebert, H.: Ökonomische Analyse von Unternehmensnetzwerken, 2006, S. 9; Sydow, J.: Strategische Netzwerke, 1992, S. 104.

[4] Vgl. Siebert, H.: Ökonomische Analyse von Unternehmensnetzwerken, 2006, S. 22ff.

[5] Vgl. Siebert, H.: Ökonomische Analyse von Unternehmensnetzwerken, 2006, S. 22ff.

tionsstruktur) sowie die Stabilität (Bindungsintensität, zeitlicher Horizont) wichtige, in diesem Zusammenhang zu berücksichtigende Klassifizierungsmerkmale.[1]

Im Weiteren soll daher auch der Objektbereich dieser Arbeit anhand dieser Kriterien sinnvoll eingegrenzt werden.

Bindungsintensität

Die Bindungsintensität ist ein Maß für die gegenseitige Abhängigkeit der Netzwerkakteure. Sie korreliert mit dem Grad der hierarchischen Koordination. Unter rein wirtschaftlichen Gesichtspunkten lässt sich die Bindungsintensität einerseits über Direktinvestitionen (z.B. 100%ige Tochtergesellschaft, Joint Venture, Minderheitsbeteiligung), andererseits aber auch über vertragliche Vereinbarungen (z.B. Lizenzvergabe, Auftragsfertigung) variieren.[2] Mit Blick auf die in dieser Arbeit fokussierte mittelständisch geprägte Maschinenbaubranche liegt jedoch eine deutliche Diskrepanz bei den gefühlten Kontroll- und Einflussmöglichkeiten zwischen diesen beiden Formen vor.[3] Hier wird eine hohe Bindungsintensität eng mit dem Kriterium der Kapitalbeteiligung verbunden.

Im Folgenden kann entsprechend davon ausgegangen werden, dass sowohl eine hohe Bindungsintensität angestrebt als auch ausschließlich das Mittel der Kapitalbeteiligung hierzu angewendet wird.[4] Es wird damit unterstellt, dass die Allokation von Wertschöpfungsumfängen nicht mit konzernexternen Verlagerungen verbunden ist, sondern unternehmenseigene Produktionsstätten errichtet und betrieben werden. Die Kooperationsaktivitäten konzentrieren sich somit auf die Beziehungen innerhalb eines Unternehmens. In der Literatur werden diese Formen auch als interne bzw. intraorganisationale Netzwerke bezeichnet.[5]

Zeitlicher Horizont

Der Zeitraum, auf den Netzwerkbeziehungen ausgelegt sind, kann stark variieren. Obwohl auch hier eine Korrelation zwischen zeitlichem Horizont und Grad der hierarchischen Koordination zu verzeichnen ist, ist die oben genannte Kapitalbeteiligung kein hinreichendes Kriterium für ein langfristig angelegtes Engagement. So können bspw. auch zeitlich begrenzte Projekte wie der Eintritt in einen neuen Markt mittels Kapitalbeteiligungen (z.B. Joint Ventures) erfolgen und damit eine dynamische Komponente beinhalten.[6]

Da es sich bei den aktuell getätigten Direktinvestitionen im Maschinenbau vornehmlich um neue Betriebsstätten handelt, kann im vorliegenden Fall jedoch davon ausgegangen

[1] Vgl. Sydow, J.: Management von Netzwerkorganisationen, 1999, S. 284ff.

[2] Vgl. Klein, H. J.: Internationale Verbundproduktion, 1993, S. 36f.

[3] Vgl. Kap. 3.1.4.

[4] Vgl. Kap. 3.1.4.

[5] Vgl. Miles, R. E.; Snow, C. C.: Causes of Failure in Network Organizations, 1992, S. 65f; Kreikebaum, H.; Gilbert, D. U.; Reinhardt, G. O.: Organisationsmanagement internationaler Unternehmen, 2002, S. 155.

[6] Vgl. Kreikebaum, H.; Gilbert, D. U.; Reinhardt, G. O.: Organisationsmanagement internationaler Unternehmen, 2002, S. 155.

werden, dass es sich um langfristig angelegte Aktivitäten mit eher statischem Charakter handelt.[1]

Transaktionsinhalt

Eine weitere das Netzwerk determinierende Variable ist der Transaktionsinhalt, d.h. die Art und Form der Leistungsverflechtung. Die Art der Leistungsverflechtung gibt Aufschluss über den Zweck des Netzwerkes, d.h. ob es sich bspw. um ein Produktions-, F&E-, Vertriebs- oder Beschaffungsnetzwerk handelt.[2] Die Form der Leistungsverflechtung gibt dagegen an, ob die Akteure auf verschiedenen (vertikale Leistungsverflechtung) oder gleichen Stufen des Wertschöpfungsprozesses (horizontale Leistungsverflechtung) kooperieren.[3]

Im Zuge der aktuellen Globalisierungsentwicklung im Maschinenbau kommt der Produktion eine besondere Bedeutung zu.[4] Mittels verschiedener, durch Lieferbeziehungen verbundener Produktionsstandorte versuchen die Unternehmen, Wachstum und Wettbewerbsfähigkeit langfristig zu sichern.[5] Entsprechend können die in Kap. 3.1.4 beschriebenen global verteilten Produktionsstandorte unterschiedlicher strategischer Ausrichtungen (Rollen) innerhalb eines Unternehmens als unternehmensinternes Produktionsnetzwerk interpretiert werden.[6]

Grundlegend wird dabei unter dem Begriff Produktion der Transformationsprozess spezifischer Inputfaktoren in spezifische Outputfaktoren verstanden. Für sich genommen bezieht sich der Begriff Produktion also nur auf die Be- und Verarbeitung materieller Güter und damit auf den technischen Prozess der Leistungserstellung, d.h. die Fertigung von Teilen, die Montage, die Konfektionierung etc.

Vor dem Hintergrund, dass die Entwicklung globaler Strukturen in jedem anderen Funktionsbereich singulär denkbar ist, die Internationalisierung der Produktion jedoch die gleichzeitige Globalisierung weiterer Funktionsbereiche voraussetzt[7], muss das Begriffsverständnis der Produktion auf den gesamten Prozess der Erstellung wirtschaftlicher Werte und damit auf den gesamten Entstehungsprozess physischer Produkte bzw. Zwischenprodukte erweitert werden. Diesem Verständnis von Produktion schließt, über das enge Begriffsverständnis hinaus, die zur Aufrechterhaltung der Transformationsprozesses notwendigen indirekt wertschöpfenden Unterstützungsprozesse, wie z.B. Beschaf-

---

[1] Vgl. Eversheim, W.: Standortplanung, 1996, S. 9/40.

[2] Vgl. Buse, H. P. et al.: Organisation der Logistik, 1996, S. 16ff; Mildenberger, U.: Selbstorganisation von Produktionsnetzwerken, 1998, S. 25; von Stengel, R.: Gestaltung von Wertschöpfungsnetzwerken, 1999, S. 142.

[3] Vgl. Kreikebaum, H.; Gilbert, D. U.; Reinhardt, G. O.: Organisationsmanagement internationaler Unternehmen, 2002, S. 160.

[4] Vgl. Kap. 2.2.2 und 2.2.3.

[5] Vgl. Eversheim, W. et al.: Produktion in globalen Netzwerken, 2000, S. 184.

[6] Vgl. Westkämper, E. et al.: Dezentralisierung und Autonomie in der Produktion, 1998, S. 407; Tönshoff, H. K.; Sielemann, M.: Dezentralisierte Auftragsabwicklung, 1998, S.120f.

[7] Vgl. Klein, H. J.: Internationale Verbundproduktion, 1993, S. 1.

fung, Lagerhaltung, Distribution, innerbetriebliche Logistik, Qualitätssicherung sowie Technologieentwicklung, Betriebsmittelbau, Produktionsplanung und -steuerung sowie Leitung und Führung ein.[1]

Die Form der Leistungsverflechtung hingegen kann und darf im Rahmen dieser Arbeit nicht eingegrenzt werden. Sie liefert neben der räumlichen Verteilung der Standorte die entscheidende Gestaltungsvariable zur Bildung auf Unternehmen und Strategie ausgerichteter Netzwerkalternativen.

Führungs- und Organisationsstruktur

Unter der Führungs- und Organisationsstruktur eines Netzwerkes werden die Beziehungen der einzelnen Akteure zueinander, die Intensität der Zusammenarbeit (i.S.v. Informationsaustausch, Unterstützung) sowie die Machtverteilung bzw. Entscheidungsautonomie der Akteure zusammengefasst.[2]

Die Führung bzw. Steuerung eines Netzwerkes kann zentral von einem Unternehmen oder aber verteilt wahrgenommen werden, wodurch hierarchische oder polyzentrische (heterarchische) Organisationsstrukturen bedingt sind.[3] Bei heterarchischen Organisationsstrukturen liegt die Verantwortung für die Steuerung des Netzwerkes bei allen, mehr oder weniger gleichberechtigten Netzwerkakteuren. Die Akteure sind nicht in eine starre Hierarchie und zentrale Machtstruktur eingebunden, sondern auf horizontaler Basis miteinander verkoppelt. In hierarchischen Organisationsstrukturen ist dagegen die Macht asymmetrisch zugunsten eines oder mehrere Netzwerkakteure verteilt.[4]

Mit Blick auf die in dieser Arbeit fokussierten Produktionsnetzwerke mit materiellen und immateriellen leistungswirtschaftlichen Verflechtungen der einzelnen Standorte ist eine zentrale Planung, Steuerung und Kontrolle und damit eine Entscheidungszentralisierung unabdingbar. Diese zentrale Instanz hat u.a. folgende Aufgaben zu erfüllen: Erlassung genereller Richtlinien für die Beschaffung und Lagerhaltung, Koordination der Vertriebs- und Produktionsinteressen sowie Planung und Koordination der inner- und außerbetrieblichen Transportaktivitäten.[5]

Darüber hinaus birgt jede Erhöhung der Entscheidungsautonomie von Produktionsstandorten die Gefahr, dass die einheitliche Leitung, d.h. die Einheitlichkeit der Unternehmenspolitik nicht mehr gewährleistet ist. Diese einheitliche Leitung ist jedoch die fundamentale Voraussetzung für eine effiziente Umsetzung globaler Unternehmensstrategien.[6]

---

[1] Vgl. Corsten, H.: Produktion, 1997, S. 812f.

[2] Vgl. Klein, H. J.: Internationale Verbundproduktion, 1993, S. 204.

[3] Vgl. Pfohl, H.-C.; Buse, H. P.: Logistik in Unternehmensnetzwerken, 1997, S. 16.

[4] Vgl. Kreikebaum, H.; Gilbert, D. U.; Reinhardt, G. O.: Organisationsmanagement internationaler Unternehmen, 2002, S. 155.

[5] Vgl. Klein, H. J.: Internationale Verbundproduktion, 1993, S. 32.

[6] Vgl. Koch, H.: Die zentrale Globalplanung als Kernteil der integrierten Unternehmensplanung, 1972, S. 222.

Die Einschränkungen der Entscheidungsautonomie haben dabei jedoch keinen Einfluss auf die Rechtspersönlichkeiten der Produktionsstätten. Hier sind unterschiedliche Formen möglich.[1]

Zusammenfassend kann folgendes festgehalten werden: Bei den im Rahmen dieser Arbeit betrachteten Netzwerken handelt es sich um langfristig angelegte Produktionsnetzwerke, deren Standorte eine hohe Bindungsintensität aufweisen und einer zentralen Planungs-, Steuerungs- und Kontrollgewalt unterliegen.

3.2.3 Gestaltungsebenen im Produktionsnetzwerk

Bei der Betrachtung von Netzwerken kann stets zwischen zwei Arten von gestalterischen Elementen unterschieden werden: Die Teileinheiten einer Organisation selbst sowie deren Beziehungen untereinander. In der Netzwerkforschung werden diese zwei Elemente üblicherweise mit den Begriffen Knoten und Kanten belegt. Entsprechend sind die Knoten die eigentlichen Netzwerkakteure (Teileinheiten einer Organisation) und die Kanten die zwischen den Knoten ablaufenden Beziehungen oder Interaktionsprozesse.[2] Aus diesen beiden Grundelementen ergeben sich je nach deren Zusammensetzung und Ausprägungen die strukturellen Eigenschaften des Netzwerkes.[3]

Die durch die Kanten beschriebenen Eigenschaften eines Netzwerkes sind neben den inhaltlichen Beziehungen zwischen den Knoten bzw. Organisationseinheiten (Ressourcen- und Leistungsflüsse, Einflussbeziehungen, Informationsströme) auch deren jeweilige Ausprägungen. Die Ausprägungen der Beziehungen können dabei in der Stärke der Bindung, im hierarchischen Gefälle zwischen zwei Knoten sowie in der Art und Anzahl der inhaltlichen Beziehungen differieren.[4]

In Verbindung mit den Knoten lassen sich, durch die Art der Zusammensetzung des Netzwerkes aus Kanten und Knoten, weitere charakteristische Netzwerkeigenschaften identifizieren: Relationale und positionale Eigenschaften. Zu den relationalen Eigenschaften eines Netzwerkes zählen u.a. die Anzahl der durch Kanten verbundenen Knoten (Größe), die gegenseitige Erreichbarkeit von Knoten (direkt oder über zwischengeschaltete Knoten) oder aber das Verhältnis aus der Anzahl existierender zur Anzahl möglicher Kanten. Die positionalen Eigenschaften eines Netzwerkes verdeutlichen vornehmlich die Stellung der Knoten im Netzwerk. In Abhängigkeit der Anzahl und Richtung der von einem Knoten ausgehenden Kanten kann z.B. zwischen so genannten Stars (Knoten mit

[1] Vgl. Klein, H. J.: Internationale Verbundproduktion, 1993, S. 19.
[2] Vgl. Zundel, P.: Management von Produktions-Netzwerken, 1999, S. 76.
[3] Für eine detailliertere Betrachtung von Aufbau und Funktionsweise von Netzwerken vgl. Meier, A.: Das Konzept der transnationalen Organisation, 1997.
[4] Vgl. Meier, A.: Das Konzept der transnationalen Organisation, 1997, S. 150ff.

den meisten Kanten), isolierten Knoten (Knoten mit nur einer Kante) oder Brücken bzw. Liaisons (Verbindungsknoten) unterschieden werden.[1]

Übertragen auf die im Rahmen dieser Arbeit fokussierten Produktionsnetzwerke lassen sich die beschriebenen Elemente heranziehen, um die möglichen Gestaltungsfelder zu identifizieren und zu strukturieren.

Von der planerischen Seite kommend, erfolgt die Gestaltung eines Produktionsnetzwerkes auf der Basis einer hierarchischen Modellvorstellung des Gesamtobjekts. Dies ermöglicht die Konzeption der Standortstruktur, d.h. der Standortverteilung, -eigenschaften und -verflechtungen[2], ohne eine tiefere Sicht auf die eigentliche Produktionsebene vornehmen zu müssen. Die Abbildung des Gestaltungsgegenstands endet hierbei „vor den Werksgrenzen".[3] Für die eigentlichen Standorte bzw. Betriebsstätten kann dann die „klassische Fabrikplanung"[4] unter den spezifischen, durch das Netzwerk vorgegebenen Restriktionen weitestgehend autonom vorgenommen werden. Zur Reduzierung der Komplexität empfiehlt es sich, zusätzlich noch eine weitere Detaillierungsstufe einzuführen, in der die eigentliche Wertschöpfung, d.h. die physische Bearbeitung stattfindet (Ressourcen- und Arbeitsplatzgestaltung).[5]

Entsprechend kann für das hier betrachtete Produktionsnetzwerk eine Differenzierung des Betrachtungs- und Gestaltungsgegenstands in drei Ebenen vorgenommen werden: Die Netzwerk-, die Standort- und die Produktions(modul)ebene (Bild 3.5).

Betrachtungsebenen		
Netzwerk	**Standort**	**Produktionsmodul**
• „virtuelle Produktion" • Rollendefinition von Produktionsstätten • Leistungs- und Kapazitätsverteilung • Strat. Standortwahl (Makroebene)	• „physische Produktion" • Auslegung des Standort-Produktionsprogramms • Operative Standortwahl (Mikroebene) • Innerbetriebliche Wertkettengestaltung	• „physische Produktion" • Detaillierte innerbetriebliche Wertkettengestaltung • Physische Gestaltung des Arbeitssystems für eine Produktionsstufe

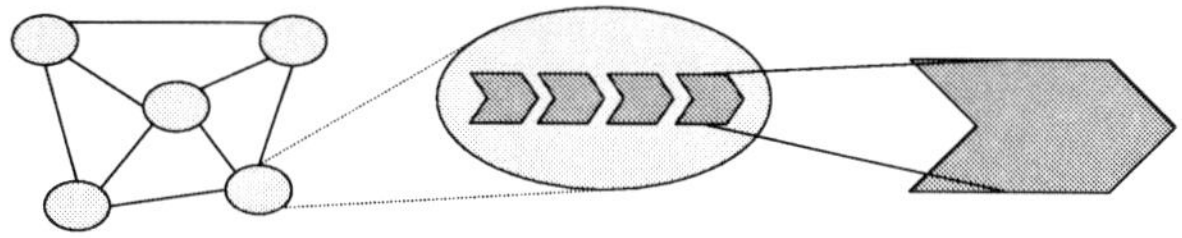

Bild 3.5: Betrachtungsebenen eines Produktionsnetzwerkes[6]

[1] Vgl. Meier, A.: Das Konzept der transnationalen Organisation, 1997, S. 150ff.
[2] Vgl. Götze, U.: Standortstruktur, 1997, S. 992.
[3] Vgl. Eversheim, W. et al.: Produktion in globalen Netzwerken, 2000, S. 185.
[4] Die Fabrikplanung i.e.S. konzentriert sich auf die vier Bereiche Personal- und Organisationsplanung, Prozess- und Einrichtungsplanung, Materialfluss- und Logistikplanung, Gebäude- und Grundstücksplanung. Vgl. Wiendahl, H.-P.: Grundlagen der Fabrikplanung, 1996, S. 9/4.
[5] Vgl. Schellberg, O.: Effiziente Gestaltung von globalen Produktionsnetzwerken, 2002, S. 23.
[6] Eigene Darstellung.

Die Betrachtungsebenen stehen dabei in folgendem hierarchischen Verhältnis zueinander: Ein Standort besteht aus unterschiedlichen Produktionsmodulen und bildet wiederum mit anderen Standorten ein Netzwerk.

Auf der Netzwerkebene findet die eigentliche Konfiguration des aus Kanten und Knoten bestehenden Netzwerkes statt. Die relationalen und positionalen Eigenschaften des Netzwerkes bilden die Standortstruktur des Unternehmens. Die charakteristischen Gestaltungsparameter hierbei sind neben der eigentlichen Anzahl der Standorte die diesen zugeordneten Leistungsbereiche, die sich hieraus ergebenden Leistungsprogramme, Kapazitäten und Technologien sowie Umfang und Art der Verflechtungen zwischen den Standorten.[1]

Bei der Standortebene sind die Knoten des Netzwerkes im Fokus der Betrachtung. Ausgehend von den durch das Netzwerk vorgegebenen Restriktionen (Rolle, Markt, Produktspektrum) wird hier das Anforderungsprofil an den Standort generiert sowie die eng hiermit verknüpfte grobe Ausgestaltung des eigentlichen Produktionssystems im Sinne der „klassischen Fabrik- und Produktionssystemgestaltung".[2] Letzteres umfasst die Gestaltung eines Produktionsstandortes hinsichtlich Art und Umfang der primären und der unterstützenden Aktivitäten im Porter'schen Sinne.

Während auf der Standortebene die Aktivitäten in der Wertkette eher in Form eines Lasten- bzw. Pflichtenheftes für den jeweiligen Standort zusammengestellt werden, beinhaltet die Ebene der Produktionsmodule deren detaillierte Umsetzung. Entsprechend der standort- und rollenspezifischen Anforderungen findet die Ausgestaltung der für den Produktentstehungsprozess erforderlichen Arbeitssysteme[3] statt.[4]

Mit Blick auf die Zielsetzung dieser Arbeit, der Entwicklung einer Bewertungsunterstützung für alternative Standortstrukturen, liegt der Fokus im Weiteren auf der Netzwerkebene. Die Gestaltungs- und damit auch Bewertungsaspekte von Produktionsnetzwerken auf dieser Ebene sind wiederum planerisch im Bereich der Standortstrukturplanung angesiedelt. Im folgenden Kapitel soll daher einerseits die Standortstrukturplanung in den Kontext der unternehmerischen Standortplanung verortet werden und andererseits die anstehenden Bewertungsaufgaben und -anforderungen innerhalb der planerischen Abläufe analysiert und für den Objektbereich dieser Arbeit präzisiert werden.

Eine Betrachtung der Standort- und Modulebene im fabrikplanerischen Kontext sowie der Konfiguration der eigentlichen Produktionsprozesse erfolgt nicht.

---

[1] Vgl. Kontny, H.: Standortplanung für internationale Verbundproduktionssysteme, 1998, S. 43f; Meier, A.: Das Konzept der transnationalen Organisation, 1997, S. 150ff; Götze, U.: Standortstruktur, 1997, S. 992.

[2] Vgl. Eversheim, W. et al.: Produktion in globalen Netzwerken, 2000, S. 184; Aggteleky, B.: Fabrikplanung, 1987, S. 25ff.

[3] Hier wird unter einem Arbeitssystem das Zusammenspiel zwischen Mensch (i.S.v. Maschinenbediener), Technik (i.S.v. Produktionsressourcen) und Organisation (i.S.v. Verantwortlichkeit) verstanden. Vgl. auch Hartmann, E. A.: Psychologische Gestaltung von Arbeitssystemen und Arbeitsprozessen, 2001.

[4] Vgl. Schellberg, O.: Effiziente Gestaltung von globalen Produktionsnetzwerken, 2002, S. 24.

3.3 Standortplanung für Produktionsnetzwerke

In Anlehnung an die Definition des Management-Begriffs von HANSMANN[1] zählen zum Standortmanagement alle Aktivitäten zur Entscheidungsvorbereitung und Planung bzgl. der räumlichen Lage und Struktur der unternehmenseigenen Standorte sowie die Kontrolle der in diesem Kontext durchzuführenden Aufgaben.[2] Das Standortmanagement umfasst somit die drei miteinander verflochtenen Bereiche Standortcontrolling, Standortpolitik und die Standortplanung (Bild 3.6).

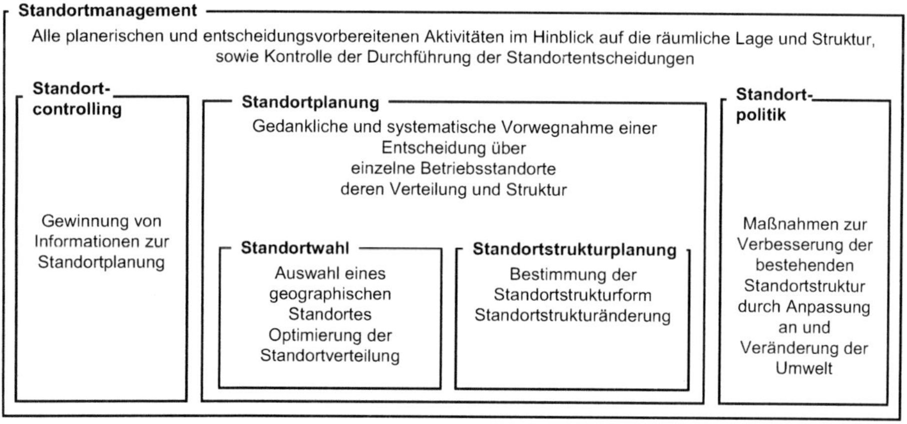

Bild 3.6: Aktivitäten im Rahmen des Standortmanagement[3]

Im Rahmen des Standortcontrollings wird die Standortstruktur auf notwendige Veränderungen hin überprüft. Hierzu wird das Unternehmensumfeld kontinuierlich analysiert und mit den aktuellen Planungsprämissen verglichen. Zudem fällt in diesen Bereich auch das Monitoring der laufenden Aktivitäten zur Änderung der Standortstruktur i.S.e. Fortschrittskontrolle.

Aufgabe der Standortpolitik ist es, geeignete Maßnahmen zur Anpassung an geänderte Umweltbedingungen sowie zu deren Änderung zu identifizieren und zu initiieren.[4] Ersteres kann bspw. durch eine Umstellung des Leistungsprogramms und/ oder Änderungen der Faktorkombinationen erreicht werden. Über gezielte Einflussnahme auf die Umwelt, z.B. in Form von Lobbyarbeit, kann zudem versucht werden, die Standortbedingungen im Sinne des Unternehmens zu verändern.[5]

---

[1] Vgl. Hansmann, K.-W.: Industrielles Management, 1997, S. 2.
[2] Vgl. Bankhofer, U.: Industrielles Standortmanagement, 2001, S. 14.
[3] I.A.a. Harre, J.: Global Footprint Design, 2006, S. 44.
[4] Vgl. Götze, U.; Meyer, M.: Strategische Standortstrukturplanung, 1993, S. 11.
[5] Vgl. Schill, C. O.: Industrielle Standortplanung, 1990, S. 58ff.

Unter der Standortplanung werden schließlich alle Planungen bzgl. der räumlichen Lage und Struktur des Betriebsgeschehens zusammengefasst.[1] Ziel hierbei ist es, die Standortstruktur so zu konzipieren, dass betriebsinterne (produktionsbedingte) und -externe (umweltbedingte) Anforderungen harmonieren, um somit eine ideale Ausgangsbasis für den langfristigen wirtschaftlichen Erfolg des Unternehmens zu schaffen.[2] Die Standortplanung beinhaltet dementsprechend die zwei Kernfelder Standortwahl und Standortstrukturplanung. Während bei der Standortwahl die eigentliche geographische Auswahl eines Standortes im Vordergrund steht, befasst sich die Standortstrukturplanung mit der Bestimmung bzw. Änderung der den Standorten zugrunde liegenden Standortstrukturformen sowie der entsprechenden Ausgestaltung der einzelnen Betriebsstätten.

Die Wurzeln der Standortplanung liegen im Bereich der Standortwahl. Dieses Gebiet war bereits Ende des 18. Jahrhunderts Gegenstand wissenschaftlicher Betrachtungen.[3] Die Standortstrukturplanung ist hingegen ein noch sehr junges Themenfeld, welches erst durch die zunehmende Globalisierung der Unternehmensaktivitäten richtig zur Geltung gekommen ist. Beide Bereiche sind allerdings so stark miteinander verwoben, dass nur ein integrierter Gesamtprozess den gestiegenen Herausforderungen der Standortplanung gerecht werden kann, wobei die Standortstrukturplanung die Standortwahl klar dominiert.

Einer der fundamentalsten Ansätze zur Standortstrukturplanung stammt von GÖTZE.[4] Sein Planungsprozess unterteilt sich in die folgenden drei Ebenen:

(1. Ebene) Bestimmung der Grundform der Standortstruktur

(2. Ebene) Ableitung der Standortstrukturänderungsstrategien

(3. Ebene) Ausgestaltung der Standortstruktur/ Ressourcenzuordnung

Gängige Strukturierungsmodelle, um den gestalterischen Rahmen zur Festlegung der Grundform einer räumlichen Struktur auf der 1. Ebene des Planungsprozesses aufzuspannen, liefern IHDE und HAGEDORN (Bild 3.7).

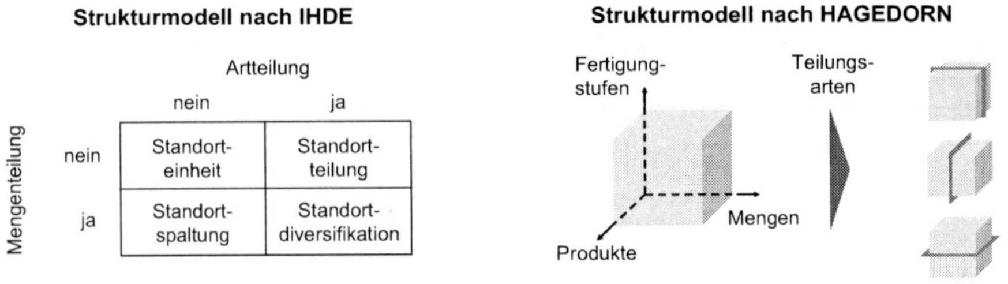

Bild 3.7: Grundformen räumlicher Struktur[1]

[1] Vgl. Kontny, H.: Standortplanung für internationale Verbundproduktionssysteme, S. 38.
[2] Vgl. Domschke, W.; Drexl, A.: Logistik: Standorte, 1996, S. 3.
[3] Vgl. Warnecke, H.-J.: Der Produktionsbetrieb 1, 1993, S. 39.
[4] Vgl. Götze, U.; Meyer, M.: Strategische Standortstrukturplanung, 1993, S.10.

Auf der Basis einer räumlichen Mengen- und Artenteilung unterscheidet IHDE die vier Grundformen Standorteinheit, Standortteilung, Standortspaltung und Standortdiversifikation.[2] Unter der Mengenteilung wird dabei die Verteilung der insgesamt zu erbringenden Menge auf mehrere Standorte verstanden. Die Artteilung beschreibt in diesem Modell die Zuweisung einzelner Leistungsarten auf unterschiedliche Standorte.

HAGEDORN nutzt zur Abbildung der Standortstruktur einen Strukturwürfel. Die Dimensionen der Darstellung hier sind Produkte, Fertigungsstufen und Mengen.[3]

Auf der 2. Ebene, der Ableitung der Standortstrukturänderungsstrategie, wird der Übergang von einer Standortstruktur zu einer anderen Standortstruktur geplant. In Abhängigkeit davon, ob sich die Anzahl der Standorte und/ oder die Kapazitäten einer Betriebsstätte verändern, lassen sich die vier Grundformen Erwerb/ Errichtung, Stilllegung/ Verkauf, Erweiterung und Teilstilllegung unterscheiden (Bild 3.8).

	Stilllegung	**Teilstilllegung**
Errichtung	Verlagerung	Aufteilung
Erweiterung	Vereinigung	Teilverlagerung

Bild 3.8: Grund- und Mobilitätsformen von Standortstrukturveränderungen[4]

Aus der Kombination dieser vier Grundformen lassen sich zudem die Mobilitätsformen der Standortstrukturänderungen (Verlagerung, Vereinigung, Teilverlagerung und Aufteilung von Standorten) ableiten.[5]

Die Zuordnung von Leistungen und Betriebsmitteln auf die jeweiligen Standorte erfolgt schließlich auf der 3. Ebene im Sinne der „klassischen Fabrik- und Produktionssystemgestaltung".[6]

Vor dem Hintergrund, dass unabhängig von der Planungsebene bzw. des Planungsstadiums ein Standortstrukturkonzept ohne Kenntnisse bzw. Annahmen über die eigentlichen Standorte weder entwickelt noch bewertet werden kann, ist die zusätzliche Integration der Standortwahl in den beschriebenen Prozess jedoch zwingend erforderlich.

Die Integration der Standortwahl und damit die Konzeption eines ganzheitlichen Planungsprozesses zur Standort(struktur)planung soll im Folgenden am 3-Ebenen-Planungsprozess von GÖTZE aufgezeigt werden. Die Erweiterung um Planungsschritte

[1] Eigene Darstellung. I.A.a. Ihde, G. B.: Transport, Verkehr, Logistik, 1991, S. 143; Hagedorn, A.: Modellgestützte Planung und Kontrolle von Produktionsstandorten, 1994, S. 17.

[2] Vgl. Ihde, G. B.: Transport, Verkehr, Logistik, 1991, S. 143.

[3] Vgl. Hagedorn, A.: Modellgestützte Planung und Kontrolle von Produktionsstandorten, 1994, S. 17.

[4] Vgl. Hagedorn, A.: Modellgestützte Planung und Kontrolle von Produktionsstandorten, 1994, S. 18.

[5] Vgl. Hagedorn, A.: Modellgestützte Planung und Kontrolle von Produktionsstandorten, 1994, S. 18.

[6] Vgl. Kap. 3.2.3.

der Standortwahl erfolgt auf den Ebenen 1 und 2 in Form von eingefügten Validierungs- bzw. Detaillierungsschritten auf Seiten der Standortwahl mit einem interativen Charakter (Bild 3.9).

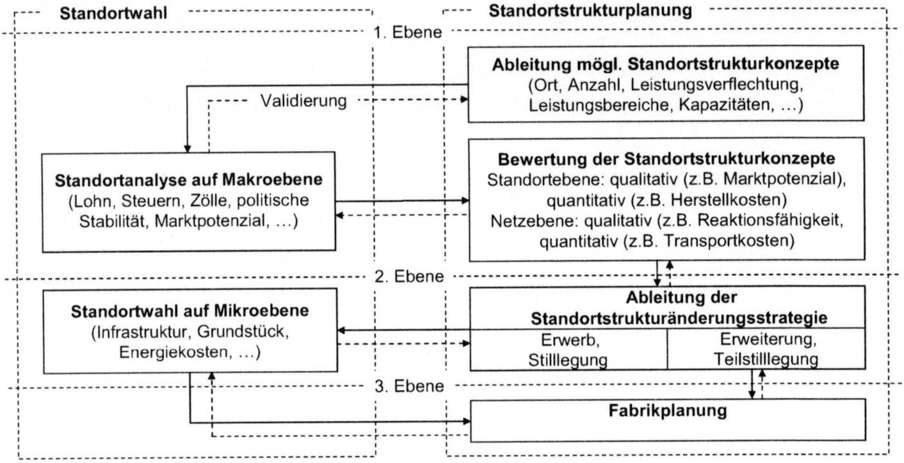

Bild 3.9: Gesamtprozess der Standortplanung[1]

Der Planungsschritt der 1. Ebene, die Bestimmung der Grundform der Standortstruktur, wird im dargestellten Gesamtprozess in eine konzeptionell-gestalterische und eine Bewertungsphase aufgeteilt sowie um eine Standortanalyse auf der Makroebene ergänzt.

Den Anstoß für die Entwicklung/ Ableitung alternativer Standortsstrukturkonzepte in der konzeptionell-gestalterischen Phase bildet die Unternehmensstrategie.[2] Hieraus leiten sich die Motive zur Änderung bzw. Erweiterung der Standortstruktur, wie z.B. die Reduzierung der Herstellkosten oder die Erschließung neuer Märkte, ab. Unter Berücksichtigung unternehmensspezifischer Gegebenheiten (z.B. Produktionsprozesse, Technologien, Produkt- und Produktionsprogramm) und unter Antizipation entscheidender Standortfaktoren ergeben sich bereits in dieser frühen Phase Einschränkungen bzgl. des geographischen und strukturellen Lösungsraums.[3]

Die sich hieran anschließende Standortanalyse auf der Makroebene hat zwei Aufgaben. Einerseits werden die zuvor antizipierten Standortfaktoren validiert und so ggf. die Anzahl alternativer Standortstrukturkonzepte weiter eingeschränkt. Andererseits werden mit Blick auf die Bewertung der Alternativen und die Auswahl eines geeigneten Standortstrukturkonzepts die relevanten standortspezifischen Daten im Sinne des Zielsystems des Unter-

[1] Eigene Darstellung.
[2] Vgl. Hofer, C.; Schendel, D.: Strategy Formulation, 1978.
[3] Vgl. Liebmann, H.-P.: Standortwahl als Entscheidungsproblem, 1971, S. 18; Kontny, H.: Standortplanung für internationale Verbundproduktionssysteme, 1999, S. 37.

nehmens und unter Berücksichtigung des angestrebten Bewertungsverfahrens ermittelt. Dies sind neben bestimmten qualitativen (z.B. Qualifikationsniveau der Bevölkerung) vornehmlich quantitative (z.B. Löhne und Gehälter, Transportstrecken und -zeiten) Daten.

Der anschließenden Bewertung der Konzepte kommt als dem zentralen Bestandteil der Standortplanung eine große Bedeutung zu. Mit der Festlegung der Standortstruktur und den i.d.R. hiermit verbundenen Entscheidungen über den Aufbau bzw. die Verlagerung von Standorten sind grundsätzlich auch Investitionsentscheidungen geknüpft.[1] Aufgrund der langfristigen Bindung an die Entscheidung und vor dem Hintergrund der verhältnismäßig großen Unsicherheit hat dies maßgeblichen Einfluss auf den Erfolg des gesamten Unternehmens.[2] Eine detaillierte Betrachtung der Planungs- und Bewertungsverfahren erfolgt in Kap. 1.

Nach Festlegung der zukünftigen Standortstruktur wird in der 2. Ebene die entsprechende Standortstrukturänderungsstrategie abgeleitet. Für den Fall, dass mit der Änderungsstrategie eine Akquisitionsentscheidung verbunden ist, ist eine weitere, detailliertere Standortanalyse erforderlich, um den passenden geographischen Standort zu dem zuvor angenommenen und festgelegten Anforderungsprofil zu ermitteln.[3] Mit Blick auf den hierzu erforderlichen Bewertungs- und Auswahlprozess sei auf die einschlägige Literatur zu diesem Thema verwiesen.[4]

Die Ausgestaltung der jeweiligen Standorte erfolgt auf der 3. Ebene. Dabei hat die Umsetzung der rollen- bzw. strukturspezifischen Anforderungen auf fast alle bei der Gestaltung eines Produktionsstandortes zu berücksichtigenden Themenfelder maßgeblichen Einfluss. Neben planerisch-organisatorischen Aspekten auf Standortebene, wie z.B. die Auftragssteuerung und die Organisationsstruktur, sind bis auf die unterstützenden Bereiche Finanzen/ Controlling und Personalmanagement alle am Produktentstehungsprozess direkt und indirekt beteiligten Bereiche in gleichem Maße betroffen. Die Produktion selbst gilt es, durch das vorzuhaltende Prozess-Know-how, die Produkt- und Prozessflexibilität der eingesetzten Betriebsmittel sowie deren Verkettungszustand dem Produktionsprogramm anzupassen. Eingangs- und Ausgangslogistik sowie Auftragssteuerung müssen entsprechend den Kundenanforderungen bzw. den damit einhergehenden Formen von Wettbewerbs- und Produktionsstrategie gestaltet werden. Zudem sind mit zunehmender Differenzierung der Umfang der Vertriebsaktivitäten und der Service-Dienstleistungen ein zentraler Gestaltungsaspekt.

Die in dieser Arbeit zu entwickelnde Bewertungsunterstützung heuristischer Natur soll – wie bereits in Kap. 1.1.3 präzisiert – im Sinne der Kostenverursachungs-

[1] Vgl. Bloech, J.: Industrieller Standort, 1990, S. 74.

[2] Vgl. Hentze, J.; Brose, P.: Unternehmensplanung, 1985, S. 63f.

[3] Vgl. Götze, U.; Meyer, M.: Strategische Standortstrukturplanung, 1993, S. 39f.

[4] Zum Thema Standortwahl vgl. u.a. Aggteleky, B.: Fabrikplanung, 1987; Eversheim, W.: Standortplanung, 1996; Grundig, C.-G.: Fabrikplanung, 2000; Kettner, H.; Schmidt, J.; Greim, H.-R.: Leitfaden der systematischen Fabrikplanung, 1984; Kinkel, S. (Hrsg.): Erfolgsfaktor Standortplanung, 2004.

Kostenentstehungsproblematik bereits in einem frühen Planungsstadium zum Einsatz kommen. In Anlehnung an den Planungsprozess von GÖTZE ist dies die sich in der 1. Ebene an die strategisch orientierte konzeptionell-gestalterische Phase anschließende Bewertungsphase. Die eigentliche Standortwahl sowie der Übergang von der alten auf die neue Standortstruktur liegen nicht mehr im Fokus dieser Arbeit.

3.4 Zwischenfazit – Präzisierung des Objektbereichs

Analog zur Beschreibung und Präzisierung des Praxisproblems in Kap. 1 wurden im Rahmen dieses Kapitels die diesem Problem zugrunde liegenden theoretischen Zusammenhänge dargelegt und hinsichtlich des Objektbereichs dieser Arbeit präzisiert und eingegrenzt. Dies ist für die angestrebten Ergebnisse dieser wissenschaftlichen Arbeit nicht nur vor dem Hintergrund der Schaffung eines einheitlichen Begriffsverständnisses und der Verortung der Arbeit in wissenschaftlichen Themenfeldern von hoher Relevanz, sondern auch mit Blick auf den Geltungsbereich der Ergebnisse. Die angenommenen Kausalzusammenhänge zwischen Strategie, Struktur und entsprechenden Planungs-, Gestaltungs- und Bewertungsprozessen haben maßgeblichen Einfluss auf Zielgrößen, Priorisierungen, zu berücksichtigende Einflussgrößen sowie das methodische Vorgehen.

Im Folgenden sollen daher nochmals die wichtigsten Aspekte des im Kontext dieser Arbeit aufgespannten theoretischen Bezugsrahmens resümiert werden.

Als handlungsleitende genuine Zielsetzung wurde in Kap. 3.1.1 die Unternehmenswertsteigerung identifiziert. Diesem Ziel folgend und vor dem Hintergrund der in Kap. 2.2 geschilderten Entwicklung der Märkte und des Wettbewerbs wird davon ausgegangen, dass die in dieser Arbeit fokussierten Unternehmen ihre bisher mehr auf die Differenzierung ausgerichtete Wettbewerbsstrategie in Richtung hybrider Strategieformen anpassen. Als Folge ändern sich die Internationalisierungsstrategien dieser Unternehmen: Die hybriden Wettbewerbsstrategien lassen sich produktionsseitig nicht ganzheitlich umsetzen. Es wird erforderlich, autonome Produktionseinheiten aufzubauen, die jeweils nur auf ein enges Bündel strategischer Erfolgsfaktoren ausgerichtet sind, um damit die Vorteile der internationalen Arbeitsteilung effektiv zu nutzen. In der Konsequenz bedeutet dies, nicht zuletzt auch aufgrund des so genannten „mittelständischen Unabhängigkeitsbestrebens“, dass gerade Direktinvestitionen im Vergleich zu den traditionellen Internationalisierungsstrategien Export und Vertrieb zunehmend an Bedeutung gewinnen.

Die so entstehenden globalen Produktionsnetzwerke können prinzipiell in ihrem Aufbau, ihrer Struktur sowie der Organisationsform (Koordination und Steuerung) sehr stark variieren. Im Kontext dieser Arbeit und vor dem Hintergrund der Fokussierung auf eher mittelständisch geprägte Unternehmen des Maschinenbaus wird für diese Arbeit davon ausgegangen, dass sich der Transaktionsinhalt der betrachteten Netzwerke ausschließlich aus Produktionsaktivitäten[1] innerhalb der Unternehmensgrenzen beschränkt. Unternehmensübergreifende Verbindungen, wie sie bspw. bei Unternehmenskooperationen, der virtuellen Fabrik, beim Supply Chain Management (SCM) oder beim Global Sourcing anzutreffen sind, werden explizit ausgeschlossen. Darüber hinaus sind die Produktionsnetzwerke langfristig angelegt, weisen eine hohe Bindungsintensität auf und unterliegen einer zentralen Planungs-, Steuerungs- und Kontrollgewalt. Gründe hierfür sind neben dem Wusch nach umfassenden Kontroll- und Einflussmöglichkeiten u.a. der Know-how-Schutz, die Verlagerbarkeit von Unternehmensfunktionen an sich sowie Art und Umfang der eingesetzten Produktionsfaktoren.[2]

Mit Blick auf den Gestaltungs- und Lösungsraum dieser Arbeit liegt der Fokus auf der Netzwerkebene. Die Gestaltungs- und damit auch Bewertungsaspekte von Produktionsnetzwerken auf dieser Ebene sind wiederum planerisch im Bereich der Standortstrukturplanung angesiedelt.

Hinsichtlich ihres Lösungsbeitrags adressiert diese Arbeit damit die Standortstrukturplanung. Die zu entwickelnde Bewertungsunterstützung heuristischer Natur soll im Sinne der Kostenverursachungs-Kostenentstehungsproblematik bereits in einem frühen Planungsstadium zum Einsatz kommen. In Anlehnung an den Planungsprozess von GÖTZE ist dies die sich in der 1. Ebene an die strategisch orientierte konzeptionell-gestalterische Phase anschließende Bewertungsphase. Die eigentliche Standortwahl sowie der Übergang von der alten auf die neue Standortstruktur liegen nicht mehr im Fokus dieser Arbeit.

[1] Hierbei liegt das erweiterte Verständnis der Produktion i.w.S. vor. Vgl. auch Kap. 3.2.2.
[2] Vgl. Kap. 2.2.

4 Methoden und Ansätze zur Standortstrukturbewertung

Der Eingrenzung des Objektbereichs folgend sollen in diesem Kapitel die problemrelevanten Theorien erfasst und mit Blick auf einen möglichen Beitrag zur Zielsetzung dieser Arbeit interpretiert werden. Dabei sollen einerseits adaptierbare Aspekte herausgestellt, andererseits aus den identifizierten Defiziten Rückschlüsse auf Anforderungen an die im Rahmen dieser Arbeit zu entwickelnde Bewertungsunterstützung geschlossen werden.

Im ersten Unterkapitel werden hierzu die gängigen Methoden der Entscheidungsvorbereitung und -unterstützung zur Ermittlung eines Zielwertes und damit zur Bewertung alternativer (Standortstruktur-) Konzepte vorgestellt und hinsichtlich ihrer Eignung für den Objektbereich dieser Arbeit untersucht.

Die eigentlichen Ansätze zur Standortstrukturplanung und -bewertung werden im zweiten Unterkapitel vorgestellt, wobei hier das Augenmerk auf den Aspekten der Bewertung liegt.

Für die weitere Eingrenzung bzw. vor dem Hintergrund der Erfordernis eines klar umrissenen Problem- und Anwendungsbereichs werden im dritten Unterkapitel bestehende Ansätze zur strategischen Standortstrukturplanung auf ihre Eignung zur Eingrenzung des strategisch-konzeptionellen Gestaltungs- und Lösungsraums dieser Arbeit hin untersucht.

Dieses Kapitel schließt schließlich mit einer Anforderungsliste an die zu entwickelnde Bewertungsunterstützung, die sich aus den für diese Arbeit als relevant ergebenden Aspekten sowie den identifizierten Defiziten ableiten lässt.

4.1 Methoden der Entscheidungsvorbereitung und -unterstützung

Zur Ermittlung eines Zielwertes und damit zur Bewertung alternativer (Standortstruktur-) Konzepte existieren verschiedene Methoden, die sich in der Art der Betrachtung, der zeitlichen Perspektive sowie dem eigentlichen Lösungsverfahren voneinander unterscheiden.

Die Art der Betrachtung, d.h. ob vornehmlich qualitative oder quantitative Kriterien zur Bewertung herangezogen werden, hängt stark von der Detaillierung und damit einhergehend vom Planungsfortschritt ab. So reichen bspw. zur Eingrenzung des Suchraums für einen neuen Produktionsstandort oftmals Faktoren der Makroumwelt (z.B. Mitarbeiterverfügbarkeit und Qualifikationsniveau) aus, während zur eigentlichen Auswahl des physischen Standortes Detailanalysen auf der Basis quantitativer Faktoren der Mikroumwelt (z.B. Arbeitskosten und Entfernungen) unerlässlich sind.[1]

Da die vollständige Abbildung der Realität durch quantitative Faktoren zudem kaum möglich ist, bestehen Planungsprozesse im Bereich des Standortmanagement i.d.R. sowohl

[1] Vgl. Meyer, T.: Globale Produktionsnetzwerke, 2006, S. 59.

aus qualitativen als auch aus quantitativen Elementen. Zu Beginn überwiegt der qualitative Teil, während sich mit zunehmendem Planungsfortschritt das Verhältnis umkehrt.[1]

Entsprechend lassen sich auch die Methoden der Entscheidungsunterstützung grob hinsichtlich des erforderlichen Datenumfangs und der Datenqualität unterscheiden. Die fünf wesentlichen praxisrelevanten Verfahrenstypen sind – geordnet nach dem Verhältnis von quantitativen zu qualitativen bzw. nach erforderlichem Datenumfang – die Portfolioverfahren, die Checklistenverfahren, szenariobasierte Wirtschaftlichkeitsbetrachtungen, modellgestützte Simulationsansätze sowie modellgestützte Optimierungsansätze (Bild 4.1).

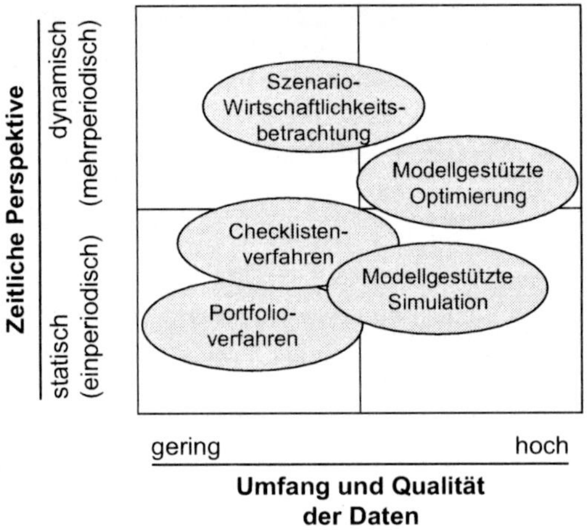

Bild 4.1: Übersicht der Methoden zur Entscheidungsunterstützung[2]

Parallel zu der vorgenommenen Differenzierung nach Umfang und Qualität der erforderlichen Daten lassen sich die Ansätze zusätzlich noch hinsichtlich ihrer Eignung zur Abbildung zeitlicher Verläufe unterscheiden. Hier kann zwischen statisch (einperiodisch) und dynamisch (mehrperiodisch) orientierten Ansätzen unterschieden werden. Statische Verfahren gehen von einem stetigen Geschäftsverlauf aus. Sie ignorieren damit mögliche, im Zeitverlauf stattfindende Änderungen (z.B. steigende Absatzzahlen). Betrachtet wird das Geschäftssystem im eingeschwungenen stabilen Zustand. Die dynamischen Verfahren hingegen berücksichtigen dies bzw. bieten die Möglichkeit, einen zeitlichen Verlauf von Ein- und Auszahlungen zu antizipieren.

Obwohl alle betrachteten Verfahren sowohl statische als auch dynamische Elemente prinzipiell in sich vereinigen können, existieren je nach Ausgangskonstellation und Zielsetzungen eindeutige Ausrichtungen der Verfahren hinsichtlich der betrachteten Perioden (Bild 4.1). Auf diesen Aspekt sowie die Anwendbarkeit der einzelnen Verfahren auf die

[1] Vgl. Wiendahl, H.-P.: Grundlagen der Fabrikplanung, 1996, S. 9/10f.
[2] Eigene Darstellung. I.A.a. Jacob, F.: Quantitative Optimierung dynamischer Produktionsnetzwerke, 2005, S. 28.

Problemstellung dieser Arbeit wird in der nachfolgenden Vorstellung der einzelnen Verfahren näher eingegangen.

4.1.1 Portfoliomethoden

Während die Wurzeln der Portfolio-Technik im Bankwesen zu finden sind[1], wird die Portfolio-Technik seit den sechziger Jahren auch auf strategische Fragestellungen angewendet. Mit ihrer Hilfe lassen sich die grundsätzlichen strategischen Zielsetzungen einzelner Geschäftseinheiten sowie die daraus resultierenden Prioritäten bei der Ressourcenallokation auf objektive Weise und losgelöst von kurzfristigen Erfolgsgrößen bestimmen.[2] Grundgedanke dabei ist es, Chancen und Risiken der Umwelt den Stärken und Schwächen des Unternehmens gegenüberzustellen.[3]

In der Standortstrukturplanung ist die Portfolio-Technik in der strategisch orientierten konzeptionell-gestalterischen Phase ein etabliertes Instrument.[4] Für die vergleichende Bewertung alternativer Standortstrukturen ist sie dagegen eher ungeeignet. Entsprechend des Einsatzes in frühen Planungsstadien sind die berücksichtigten Faktoren fast ausschließlich qualitativer Natur. Dynamische Aspekte werden – wenn überhaupt – über die Marktveränderungen berücksichtigt.

4.1.2 Checklisten-/ Indexverfahren

Ziel und Zweck von Checklisten sind die Unterstützung eines Arbeitsablaufs. Sie sind i.d.R. Bestandteil von so genannten „Standard Operating Procedures" (SOP – Standardarbeitsanweisungen).[5] Vor dem Hintergrund ihres zumeist ausschließlich qualitativen Charakters werden Checklisten dazu genutzt, um einzelne Alternativen (z.B. Länder, Regionen oder Orte aus einer Menge potenzieller Standorte) auszuschließen, wenn sie ein Kriterium nicht erfüllen.[6]

Analog funktionieren die Index-Verfahren. Bei ihnen wird durch eine (gewichtete) Mittelung von Merkmalsausprägungen eine zusammenfassende Bewertung entlang aller Einflussfaktoren für die potenzielle Alternativen erreicht.[7]

---

[1] Vgl. Markowitz, H. M.: Portfolio selection, 1959.

[2] Vgl. Homburg, C.: Quantitative Betriebswirtschaftslehre, 2000, S. 148; Jung, H.: Allgemeine Betriebswirtschaftslehre, 2006, S. 361.

[3] Vgl. Kontny, H.: Standortplanung für internationale Verbundproduktionssysteme, 1998, S. 108.

[4] Vgl. z.B. Ferdows, K.: Making the most of foreign factories, 1997, S. 77.

[5] Vgl. Jacob, F.: Quantitative Optimierung dynamischer Produktionsnetzwerke, 2005, S. 23.

[6] Checklistenverfahren sind in der einschlägigen Literatur zur Standortwahl stark verbreitet. Vgl. Aggteleky, B.: Fabrikplanung, 1987; Eversheim, W.: Standortplanung, 1996; Grundig, C.-G.: Fabrikplanung, 2000; Kettner, H.; Schmidt, J.; Greim, H.-R.: Leitfaden der systematischen Fabrikplanung, 1984.

[7] Repräsentative Indexverfahren sind u.a. die Einschätzung von Ländern bzgl. verschiedener Risikokriterien mittels des BERI-Index (vgl. Hake, B.: Der BERI-Index, 1979) oder des International Country Risk Guide ICRG (vgl. o.V.: International Country Risk Guide, 2003), der Ähnlichkeitsindex zwischen Standort- und Anforderungsprofil nach UPHOFF (vgl. Uphoff, H.: Bestimmung des optimalen Standortes mit Hilfe der

Anwendung finden diese Verfahren einerseits in einem frühen Stadium einer anstehenden Standortentscheidung, um die Anzahl der Standortalternativen einzugrenzen, so dass sich in den nachfolgenden Phasen der Untersuchungsaufwand verringert.[1] Zur vergleichenden Bewertung alternativer Standortstrukturen sind sie dagegen genauso wenig geeignet wie die Portfolioverfahren. Andererseits dienen sie teilweise als Entscheidungsgrundlage bei sehr begrenztem Investitionsvolumen,[2] wobei dies jedoch kritisch hinterfragt werden muss, da insbesondere Checklisten nur in geringem Maße unternehmensspezifisch sind und relevante Faktoren wie z.B. Kundenanforderungen und Transportaufwendungen nur bedingt berücksichtigt werden.

4.1.3 Szenariobasierte Wirtschaftlichkeitsbetrachtung

Die Szenariobasierte Wirtschaftlichkeitsbetrachtung alternativer Handlungsoptionen ist eines der klassischen vergleichenden Bewertungsverfahren. Szenariobasierte Wirtschaftlichkeitsbetrachtungen bestehen zumeist aus einer Gegenüberstellung der Aufwände und Erträge über mehrere Perioden hinweg. Jedes Bewertungskriterium, ob qualitativ oder quantitativ, wird dabei über verschiedene Zwischengrößen auf die Erträge oder Auwände projiziert. Somit lassen sich z.B. Positionen wie Qualifikations- bzw. Produktivitätsniveau, Marktanteil wie auch Material- und Versorgungsaufwände, Personal- und Instandhaltungskosten erfassen und in aggregierter Form gegenüberstellen.[3] Selten werden dagegen rein statische Untersuchungen vorgenommen.[4] Eine Ausnahme bildet der Ansatz der Bestimmung der „total landed costs“ als Maß für die Effizienz von Produktionsnetzwerken.[5]

Der Vorteil der Berücksichtigung einer zeitlichen Entwicklung ist evident – insbesondere wenn Übergangsphasen oder Marktentwicklungen berücksichtigt werden sollen. Jedoch sind in diesem Falle die einzelnen Positionen für jedes Jahr und jedes Szenario einzeln und konsistent zu ermitteln und zu erfassen, was zu einer großen Anzahl von Nebenrechnungen führen kann.[6] Doch auch ohne klare Kenntnisse über die tatsächlichen Zahlungsströme in der Zukunft überwiegt in der Praxis das Bedürfnis, diese zu antizipieren und damit insbesondere den zeitlichen Aspekt in einer Bewertung zu berücksichtigen.

Ist eine Wirtschaftlichkeitsbetrachtung schließlich konsistent, können unabhängig von der Datenqualität ohne großen Aufwand Aussagen über deren Robustheit getroffen werden.

Profilmethode, 1977) sowie die Nutzwertanalyse bei der Standortbewertung (vgl. Eversheim, W.: Standortplanung, 1996).

[1] Vgl. Eversheim, W.: Standortplanung, 1996, S. 9/44ff.

[2] Vgl. Jacob, F.: Quantitative Optimierung dynamischer Produktionsnetzwerke, 2005, S. 26.

[3] Vgl. Buhmann, M.; Schön, M.: Dynamische Standortbewertung, 2004, S. 257f.

[4] Vgl. Jacob, F.: Quantitative Optimierung dynamischer Produktionsnetzwerke, 2005, S. 28.

[5] Vgl. Meyer, T.: Globale Produktionsnetzwerke, 2006, S. 21.

[6] Vgl. Jacob, F.: Quantitative Optimierung dynamischer Produktionsnetzwerke, 2005, S. 24.

Dazu werden vornehmlich Sensitivitätsanalysen der Eingangsgrößen (etwa welchen Einfluss die Preisentwicklung hat) sowie Worst- und Best-Case-Analysen eingesetzt.[1]

4.1.4 Modellgestützte Simulation

Grundlage der Modellgestützten Simulation ist die Abbildung des zu bewertenden Systems in einem Modell. An diesem werden Analysen durchgeführt, um wiederum Rückschlüsse und Erkenntnisse über das System selbst zu gewinnen.[2] Mittels der Simulation sollen Aussagen über eine zu erwartende Zielgröße des Systems unter Einhaltung von Nebenbedingungen getroffen werden. Zielgrößen können dabei z.B. die anfallenden Kosten oder der zu erwartende Gewinn sein, Nebenbedingungen Lieferzeit- oder Kapitalrestriktionen.

Dem Hauptvorteil modellgestützter Simulationsansätze, die detaillierte und umfangreiche Berücksichtigung von Einflussfaktoren, steht jedoch die Herausforderung gegenüber, die mit der Simulation verbundene große Anzahl analytisch anspruchsvoller Rechenschritte und Regeln in einem rechnergestützten Modell zu hinterlegen.[3]

Entsprechend wird das Instrument der Simulation auch vornehmlich nur für statische (einperiodische) Analysen herangezogen. Schwerpunkte hierbei sind i.d.R. Analysen der Transportstrategie oder Lagerlogistik mit dem Ziel der Kostenoptimierung bei gleichzeitiger Einhaltung der Lieferrestriktionen. Unter Verwendung von Verfahren aus der Stochastik (z.B. Monte-Carlo-Simulation) werden bspw. die Wirkung stochastischer Einflussgrößen wie Nachfrageschwankungen oder Lieferverzögerungen erfasst.[4]

Eine Erweiterung der Simulation um dynamische Betrachtungen führt zu ähnlichen Ergebnissen (Ausgabegrößen) wie bei der szenariobasierten Wirtschaftlichkeitsrechnung. Während jedoch der szenariobasierten Wirtschaftlichkeitsrechnung Schätzungen oder im besten Fall Nebenrechnungen zugrunde liegen, verbergen sich bei der modellgestützten Simulation hinter den Eingangsgrößen umfassende Simulationen (z.B. der Transportströme oder Bestandsentwicklungen).[5] Aufgrund der großen Anzahl vorzugebender Daten ist die Dynamisierung der Simulation in der Praxis kaum verbreitet.

---

[1] Vgl. Jacob, F.: Quantitative Optimierung dynamischer Produktionsnetzwerke, 2005, S. 24; Buhmann, M.; Schön, M.: Dynamische Standortbewertung, 2004, S. 258ff.

[2] Vgl. Zeigler, B. P.; Praehofer, H.; Kim, T. G.: Theory of Modeling and Simulation, 2000, S. 3f.

[3] Vgl. Hartweg, E.: Instrumentarium zur Gestaltung innerbetrieblicher Produktionsnetzwerke, 2003, S. 56f.

[4] Vgl. Jacob, F.: Quantitative Optimierung dynamischer Produktionsnetzwerke, 2005, S. 25.

[5] Vgl. Zantow, D.; Kuhn, A. (Hrsg.): Prozessorientierte Bewertung von Produktionsstandorten in Produktionsnetzwerken, 1999, S. 126; Jacob, F.: Quantitative Optimierung dynamischer Produktionsnetzwerke, 2005, S. 25.

4.1.5 Modellgestützte Optimierungsverfahren

Bei Modellgestützten Optimierungsverfahren erfolgt die Festlegung der Lösungsparameter (z.B. Anzahl der Standorte, Produktionsvolumen) durch einen Optimierungsalgorithmus. Dieser leitet sich aus den durch den Anwender im Modell definierten Zielfunktionen, Nebenbedingungen und Parameterwerten ab.[1] Die Optimierung erfolgt auf Basis der Methoden des Operations Research. Grundlage der Verfahren ist dabei eine formale Struktur und eine strikte quantitative Abbildung des Entscheidungsproblems im Modell.[2]

Analog zu den beschriebenen Simulationsverfahren greifen somit auch modellgestützte Optimierungsansätze auf ein rechnergestütztes mathematisches Modell zurück. Der Unterschied liegt in den Freiheitsgraden. Die Simulation wird dazu genutzt, eine Aussage über eine bestimmte Zielgröße bei gegebenen Rahmenbedingungen im System zu ermitteln. Der Optimierungsalgorithmus maximiert oder minimiert darüber hinaus diese Zielgröße bei Veränderung von Rahmenbedingungen.

So müssen bei der Simulation immer sämtliche potenziell interessanten Handlungsoptionen manuell vorgegeben werden. Bei den Optimierungsansätzen erfolgt die Suche nach der besten Lösung automatisch. Der vermeintlich hohe Aufwand zum „Durchprobieren" alternativer Lösungsszenarien entfällt, wird jedoch durch eine stärkere Einschränkung des modellierbaren Systems und durch einen niedrigeren Detaillierungsgrad erkauft.[3]

Vor dem Hintergrund der Analogie des Modellierungsansatzes gilt für die modellgestützte Optimierung die gleiche Typisierung in statische und dynamische Betrachtungen wie bei der modellgestützten Simulation.[4]

4.1.6 Zwischenfazit – Eignung für den Objektbereich der Arbeit

Die Hauptursache für die parallele Existenz und Weiterentwicklung der beschriebenen unterschiedlichen Ansätze zur Entscheidungsvorbereitung und -unterstützung sind verschiedenartige Ausgangskonstellationen. Je nach Anwendungsfall, Umfang und Datenlage sind die unterschiedlichen Verfahren besser oder schlechter geeignet.[5]

Mit Blick auf die in dieser Arbeit fokussierte Problemstellung einer adäquaten Bewertung alternativer Standortstrukturkonzepte mittelständisch geprägter Maschinenbauunternehmen im Rahmen der Konzeptfindungsphase sind die vorgestellten Verfahren hinsichtlich ihrer Eignung vor allem unter dem Aspekt des Einsatzzeitpunktes (Planungsfortschritts), der Handhabung (Ressourcenbeanspruchung) und des Zeithorizonts (Periodizität) zu

[1] Vgl. u.a. Gal, T. (Hrsg.): Grundlagen des Operations Research, 1992; Scholl, A.: Robuste Planung und Optimierung, 2001.
[2] Vgl. Meyer, T.: Globale Produktionsnetzwerke, 2006, S. 79.
[3] Vgl. Jacob, F.: Quantitative Optimierung dynamischer Produktionsnetzwerke, 2005, S. 27.
[4] Vgl. Jacob, F.: Quantitative Optimierung dynamischer Produktionsnetzwerke, 2005, S. 26.
[5] Vgl. Jacob, F.: Quantitative Optimierung dynamischer Produktionsnetzwerke, 2005, S. 26.

bewerten. Hierauf aufbauend können dann die sich für den Objektbereich dieser Arbeit ergebenden Anforderungen durch das Verfahren abgeleitet werden.

Einsatzzeitpunkt (Planungsfortschritt)

Im Rahmen der Standortplanung erfolgt die zentrale Bewertung alternativer Standortstrukturkonzepte nach der gestalterisch-konzeptionellen Phase, d.h. eine erste grobe Vorauswahl alternativer Standortstrukturkonzepte hat bereits stattgefunden.[1] Somit kommen auch die Portfolio- und Checklistenverfahren als Lösungsverfahren nicht mehr in betracht. Aufgrund ihrer qualitativen Ausrichtung liegen ihre Stärken im mehrkriteriellen Vergleich von Standorten und damit der Eingrenzung des Lösungsraums. Hierbei garantieren sie ein zügiges Vorgehen und sind in der Lage, die Anfangskomplexität in beherrschbarem Maß zu halten. Für die Bewertung alternativer Standortstrukturkonzepte sind sie dagegen ungeeignet.[2]

Mit Blick auf die Datenlage ist diese trotz des bereits erkennbaren Planungsfortschritts noch von einer deutlichen Unschärfe geprägt. Insbesondere in mittelständisch geprägten Unternehmen existiert zu diesem Zeitpunkt wenig konkretes Datenmaterial für Absatzzahlen, die Zusammensetzung des Produktionsprogramms oder aber Materialkosten. Gängige Praxis zur Umgehung des Problems sind Schätzungen. Bei den externen Einflussfaktoren sieht es ähnlich aus. Zwar sind die Eckdaten der Makroebene wie z.B. Zölle und Lohngefüge bekannt, Aussagen zu deren zeitlicher Entwicklung können jedoch ebenfalls nur abgeschätzt werden. Entsprechend führt die Anwendung von Lösungsverfahren, die auf einer großen Anzahl vorzugebender Daten basieren, im vorliegenden Planungsstadium lediglich zu einer Scheingenauigkeit. Modellgestützte Optimierungsverfahren oder aber dynamische Simulationsverfahren sind aus datentechnischer Sicht überdimensioniert.

Dem Planungsstatus entsprechend erscheinen einzig die von ihren Zielgrößen und den Anforderungen an die Datenmenge und -qualität ähnlichen Lösungsverfahren der szenariobasierten Wirtschaftlichkeitsbetrachtung und statischen Simulation geeignet.

Handhabung (Ressourcenbeanspruchung)

Die in mittelständischen Unternehmen des Maschinenbaus für die Standortplanung zur Verfügung stehenden begrenzten Managementkapazitäten und Humanressourcen führen neben der Datenlage zu einer weiteren zu berücksichtigenden Restriktion bei der Wahl des geeigneten Lösungsverfahrens.

Legt man den mit dem Einsatz eines Lösungsverfahrens verbundenen Aufwand zugrunde, weisen die Ansätze der modellgestützten Optimierung neben der im vorliegenden Fall suboptimalen qualitativen Auslastung auch einen hohen Implementierungsaufwand auf.

[1] Vgl. Kap. 3.3.

[2] Zantow, D.: Prozessorientierte Bewertung von Produktionsstandorten in Produktionsnetzwerken, 2000, S. 25.

Dieser begründet sich vornehmlich in der schlechten Zugänglichkeit bei vergleichsweise hoher Komplexität.[1] Die Ansätze verzichten bei der Abbildung der verwendeten Prozessmodelle, Annahmen und Ergebnisse auf die im Management mittlerweile gängige Kommunikation komplexer Zusammenhänge in Schaubildern. Zudem beschäftigt sich ein hoher Anteil der Beiträge ausschließlich mit den den Optimierungsverfahren zugrunde liegenden Lösungsalgorithmen. Praxisnahe Anwendungen sind selten, die Deduktion auf das eigene Problem ist dem Unternehmen i.d.R. selbst überlassen.[2]

Ein weiterer Grund, der gegen den Einsatz dieser Lösungsverfahren spricht, ist die mangelnde Flexibilität dieser Ansätze. Einflussfaktoren, die in der unternehmerischen Praxis hohe Relevanz haben (z.B. Zölle, Lieferzeitrestriktionen und Sicherheitsbestände) werden durch Ansätze aus dem akademischen Umfeld oftmals nicht hinreichend gewürdigt. Zudem stellt sich die Integration außerordentlicher Gegebenheiten wie z.B. Einmalaufwendungen im Rahmen des Produktionsanlaufs in die in der Literatur dargestellten Verfahren als nicht trivial heraus.[3]

Dies spiegelt sich auch in der unternehmerischen Praxis wider. Während ernst zu nehmende Ansätze des Operations Research zur Bestimmung und Auswahl von Produktionsstandorten bereits seit den siebziger Jahren existieren, fanden solche Verfahren in der unternehmerischen Praxis bisher kaum Anwendung.[4]

Die szenariobasierten Wirtschaftlichkeitsbetrachtungen zeichnen sich hingegen durch ihren verhältnismäßig geringen Bedarf an zu ermittelnden Daten und durch ihre vergleichsweise hohe Flexibilität und einfache Nachvollziehbarkeit aus. Darüber hinaus ermöglicht der eher überschaubare Umfang der Berechnungen den Einsatz standardmäßig verfügbarer Software wie z.B. Microsoft Excel.[5]

Ihr eigentlicher Nachteil, die Oberflächlichkeit der Analyse, kommt im vorliegenden Falle nicht zum Tragen. Das Verfahren bietet sich damit für eine erste Abschätzung der Potenziale besonders attraktiv erscheinender Handlungsoptionen an. Jedoch muss berücksichtigt werden, dass mit einem Anstieg der Handlungsoptionen der Aufwand überproportional ansteigt.[6]

Der mit dem Einsatz einer dynamischen Simulation verbundene Aufwand ist ähnlich hoch wie bei der Optimierung. Bei der statischen Simulation müssen sämtliche potenziell interessanten Handlungsoptionen manuell vorgegeben werden, so dass eine umfassende

[1] Vgl. Vos, B.; Akkermans, H.: Capturing the dynamics of facility allocation, 1996, S. 58.

[2] Vgl. Haug, P.: An international location and production transfer model for high technology multinational enterprises, 1992; Verter, V.; Dincer, C. M.: Facility Location and Capacity Acquisition, 1995; Canel, C.; Khumawala, B. M.: Multi-period international facilities location, 1997; Dasci, A.; Verter, V.: The plant location and technology acquisition problem, 2001.

[3] Vgl. Meyer, T.: Globale Produktionsnetzwerke, 2006, S. 83.

[4] Vgl. Vos, B.; Akkermans, H.: Capturing the dynamics of facility allocation, 1996. S. 58.

[5] Vgl. Jacob, F.: Quantitative Optimierung dynamischer Produktionsnetzwerke, 2005, S. 24.

[6] Vgl. Jacob, F.: Quantitative Optimierung dynamischer Produktionsnetzwerke, 2005, S. 27.

Betrachtung sehr zeitaufwendig ist.[1] Bei eingeschränkten Handlungsoptionen weist dieses Verfahren daher keinen wesentlichen Vorteil gegenüber den szenariobasierten Wirtschaftlichkeitsrechnungen auf.

Zeithorizont (Periodizität)

Der dritte bei der Auswahl zu berücksichtigende Aspekt ist der dem Bewertungsverfahren zugrunde liegende Zeithorizont (Periodizität). Begründet liegt dies in der Tatsache, dass mit einer Veränderung der Standortstruktur bei mittelständisch geprägten Maschinenbauunternehmen meistens auch eine im Verhältnis zum Bilanzvermögen sehr hohe Investition verbunden ist.[2] Entsprechend wird pagatorischen Größen und damit mehrperiodischen Betrachtungen eine große Bedeutung beigemessen.[3]

Gleichwohl ist die wirtschaftliche Analyse von Zukunftsszenarien mit einem mittel- bis langfristigen Horizont im statischen Fall durchaus möglich und entspricht auch der unternehmerischen Praxis; denn die Abbildung der wirtschaftlichen Zusammenhänge im eingeschwungenen Zustand eines Produktionsnetzwerkes sowie eine hierauf aufbauende vergleichende Bewertung sind vor dem Hintergrund von Langzeitwirkungen nicht zu unterschätzen. Jedoch liefern solche statischen Kostenvergleichsrechnungen einem Entscheidungsgremium nicht ausreichend Informationen für eine Entscheidung. Es fehlen – insbesondere in Hinblick auf Investitionen – Analysen zur Entwicklung der erwarteten Ein- und Auszahlungen über den Zeitverlauf.[4] Dies ist letztendlich auch der Grund für die geringe Verbreitung statischer Wirtschaftlichkeitsbetrachtungen in der unternehmerischen Praxis.[5] Die dynamische Szenariobasierte Wirtschaftlichkeitsbetrachtung weist hier klare Vorteile auf.

Dies ist nicht nur vor dem Hintergrund der Beurteilung der Wirtschaftlichkeit einer Investition von Bedeutung – dem primären Erkenntnisziel der Investitionsrechnung – sondern liefert auch wichtige Aussagen hinsichtlich der Zahlungsströme und der sich daraus ergebenden Finanzbedarfe.

Analog gilt dieser Sachverhalt auch für die statischen Simulationsverfahren. Eine Dynamisierung der Simulation füllt die Lücke und stellt die bereits angesprochene Erweiterung der Wirtschaftlichkeitsbetrachtung dar – jedoch mit den bereits genannten Nachteilen.

Resultierende Anforderungen an das Bewertungsverfahren

Unter Berücksichtigung der Aspekte Einsatzzeitpunkt (Planungsfortschritt), Handhabung (Ressourcenbeanspruchung) und Zeithorizont (Periodizität) ergibt sich die dynamische

---

[1] Vgl. Jacob, F.: Quantitative Optimierung dynamischer Produktionsnetzwerke, 2005, S. 27.

[2] Vgl. Bates, K.: Produktionsverlagerung nach Mittel- und Osteuropa, 2005, S. 300.

[3] Die Indikatoren Amortisationszeit und Kapitalwert sind nach einer Kooperationsstudie von McKinsey und dem PTW der TU Darmstadt die meist beachteten Indikatoren bei der Entscheidung über Produktionsverlagerungen. Vgl. Abele, E.; Kluge, J.; Näher, U. (Hrsg.): Handbuch Globale Produktion, 2006, S. 123.

[4] Vgl. Buhmann, M.; Schön, M.: Dynamische Standortbewertung, 2004, S. 254f.

[5] Vgl. Jacob, F.: Quantitative Optimierung dynamischer Produktionsnetzwerke, 2005, S. 28.

Wirtschaftlichkeitsbetrachtung für das vorliegende Bewertungsproblem als adäquates Lösungsverfahren (Bild 4.2).

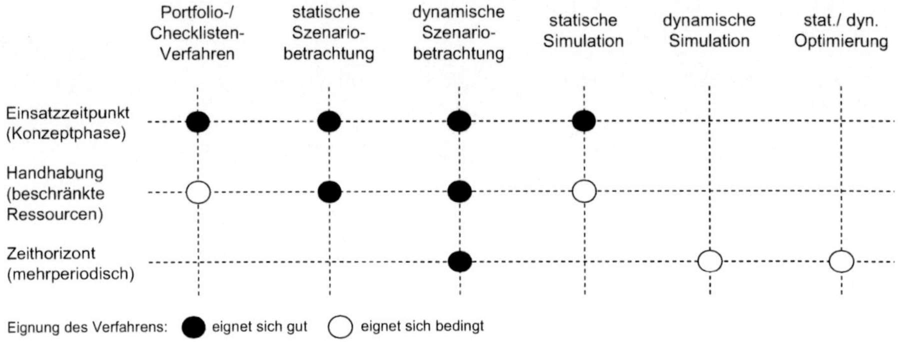

Bild 4.2: Eignung der Verfahren für den Objektbereich der Arbeit[1]

Aufgrund des universellen Charakters dynamischer Szenariobasierter Wirtschaftlichkeitsbetrachtungen und vor dem Hintergrund des in dieser Arbeit fokussierten Anwendungsfalls ergeben sich Anforderungen an die dem Lösungsverfahren zugrunde liegende Planungs- und Bewertungsbasis:

Das Verfahren der Szenariobasierten Wirtschaftlichkeit eignet sich nur bedingt für einen Vergleich komplexer Optionen mit einer Vielzahl von Lösungsmöglichkeiten wie z.B. der Bestimmung der optimalen Anzahl an Produktionsstandorten bei freier Wahl zwischen verschiedenen Standorten unter Berücksichtigung von Transportkosten und Zöllen. In einem solchen Anwendungsfall steht der Aufwand für vorzunehmende Nebenrechnungen in keinem Verhältnis zum erzielbaren Ergebnis.[2] Entsprechend ist für den Einsatz dieses Verfahrens eine Einschränkung des Gestaltungs- und Lösungsraums und damit auch der Alternativenmenge im Vorfeld zwingend erforderlich.

Die Abbildung des eingeschränkten Gestaltungs- und Lösungsraums erfolgt i.d.R. in Form eines die Realität abbildenden (Beschreibungs-) Modells.[3] Beim Aufbau dieses Modells ist darauf zu achten, dass zwar einerseits die Realität in adäquater Weise abgebildet wird, andererseits aber der abzubildende Ausschnitt der Realität weder zu groß noch zu klein für das zu lösende Problem bzw. die Aufgabe gewählt wird.

Dies ist nicht zuletzt auch für die eigentliche Erfassung der Daten (auf der Basis dieses Modells) elementar wichtig. Vor dem Hintergrund, dass durch Verwendung dieses Verfahrens in einem frühen Planungsstadium eine erste quantitative Aussage getroffen werden soll, sind die relevanten Daten von den unrelevanten Daten – insbesondere falls sie noch erzeugt werden müssen – zu trennen. Basis für eine effektive und effiziente Nut-

[1] Eigene Darstellung.
[2] Vgl. Jacob, F.: Quantitative Optimierung dynamischer Produktionsnetzwerke, 2005, S. 27.
[3] Vgl. Patzak, G.: Systemtechnik, 1982, S. 313.

zung der Daten bilden die (im Erklärungsmodell) abzubildenden Wirkzusammenhänge. Von ihrer Wahl und Darstellung hängt die Validität der Abschätzung maßgeblich ab.

Mit Blick auf die geforderte Mehrperiodizität ist es zudem erforderlich, die relevanten Einflüsse auf die Zahlungsströme zu identifizieren und geeignet abzubilden bzw. zu parametrisieren. Hierzu zählen neben möglichen Anlaufverlusten insbesondere Steuer- und Abschreibungsmodalitäten.

Unter Berücksichtigung dieser Anforderungen und mit Blick auf die Zielsetzung dieser Arbeit werden im folgenden Unterkapitel bestehende (Planungs- und) Bewertungsansätze hinsichtlich eines möglichen Lösungsbeitrags beleuchtet sowie adaptierbare Aspekte herausgestellt.

4.2 Ansätze zur Bewertung von Standortstrukturen

In den folgenden Unterkapiteln werden die existierenden Ansätze zur Standortstrukturplanung und -bewertung zunächst wertfrei vorgestellt. Am Ende des Unterkapitels erfolgt dann die Interpretation hinsichtlich ihrer Beiträge in Bezug auf die formulierte Zielsetzung dieser Arbeit.

Es werden nachfolgend auch Ansätze vorgestellt, die nicht das in dieser Arbeit favorisierte Lösungsverfahren verwenden, deren Darstellung aber einerseits adaptierbare Aspekte zu Tage befördert und andererseits Rückschlüsse auf Anforderungen an die hier zu entwickelnde Bewertungsunterstützung erlauben.

Begründet liegt dies vor allem in der Tatsache, dass erste Ansätze in diesem Themenkomplex bereits Anfang der 80er Jahre entwickelt wurden[1], jedoch über den Zeitraum von 25 Jahren nur eine spärliche Weiterentwicklung stattgefunden hat. Die meisten Ansätze befassen sich fast ausschließlich mit der Standortplanung und -bewertung; die Standortstrukturplanung wird dabei eher als eine Applikation angesehen. Reine Ansätze zur Standortstrukturplanung und -bewertung existieren kaum.

4.2.1 Der Ansatz von Vos (1993)

Der Ansatz von VOS ist einer der ersten Standortstrukturplanungs- und Bewertungsansätze, der einen vollständigen Planungsprozess abbildet. Ziel ist es, eine Standortstruktur mit minimalen Standort- und Distributionskosten unter Berücksichtigung von Marktanfor-

[1] Hier sind insbesondere die Ansätze von LÜDER und KÜPPER (vgl. Lüder, K.; Küpper, W.: Unternehmerische Standortplanung und regionale Wirtschaftsförderung, 1983) und SCHIELE (vgl. Schiele, O.: Zur Bestimmung des Produktionsstandortes im In- oder Ausland, 1984) zu erwähnen, die Produkt/ Prozess-Standort-Zuordnungen auf der Basis einer Gegenüberstellung von umweltbedingten Chancen und Risiken zu Stärken und Schwächen von Standorten vornehmen und hieraus Standortstrukturänderungsstrategien ableiten.

derungen und der Präsenz von Wettbewerbern zu konzipieren.[1] Die Grundlage hierzu bildet ein mehrstufiger Produktions- und Distributionsprozess (Bild 4.3).

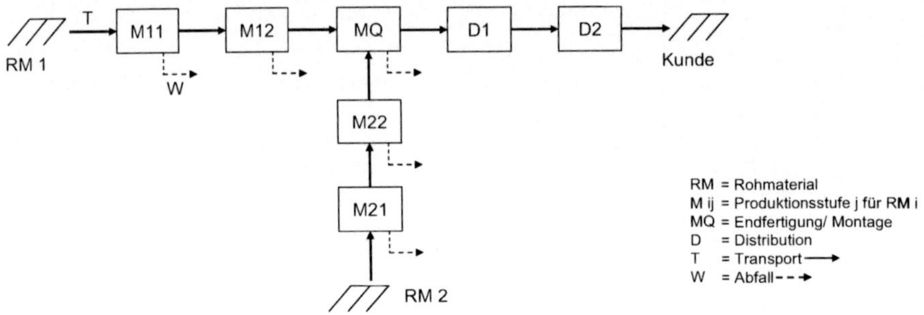

Bild 4.3: Mehrstufiger Produktions- und Distributionsprozess nach VOS[2]

Der Planungsablauf besteht aus den Phasen (Problem-) Analyse, Gestaltung und Auswahl (Bild 4.4).

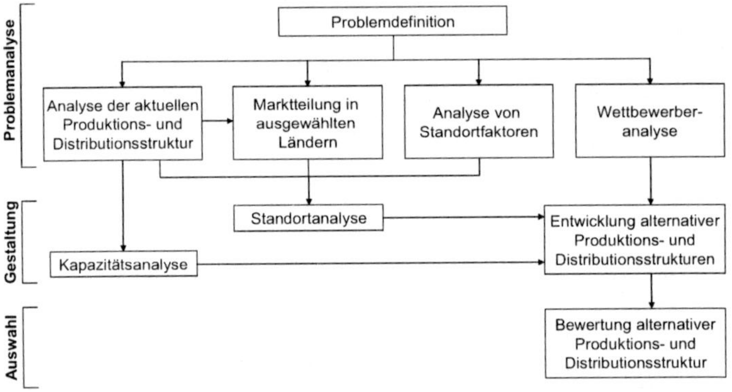

Bild 4.4: Planungsablauf nach VOS[3]

Zu Beginn der Analysephase erfolgt die Definition des Problems anhand vorgegebener Problemtypen (Errichtung einer Produktionsstätte, Kauf einer Betriebsstätte, Kapazitätserweiterung einer bestehenden Betriebsstätte, Verlagerungen). Hieran schließt sich eine umfassende Analyse der Ist-Situation an. Es werden die aktuellen Produktions- und Distributionsstrukturen, die eigene Stellung und die der Wettbewerber in den relevanten Märkten sowie die planungsrelevanten Bedingungen der Umwelt (Standortfaktoren) betrachtet.

Ziel der Gestaltungsphase ist es dann, zunächst unabhängig von der Wettbewerberanalyse, alternative Standort- und Distributionsstrukturen mit vorteilhafteren Kostenstrukturen

[1] Vgl. Vos, G. C. J. M.: International Manufacturing and Logistics, 1993.
[2] Vgl. Vos, G. C. J. M.: International Manufacturing and Logistics, 1993, S. 21.
[3] Vgl. Vos, G. C. J. M.: International Manufacturing and Logistics, 1993, S. 68.

zu entwickeln. Als Hilfsmittel zur Alternativengestaltung modelliert VOS die Zusammenhänge zwischen Kapazität, Standort und Kosten der Prozesskette (Bild 4.5).

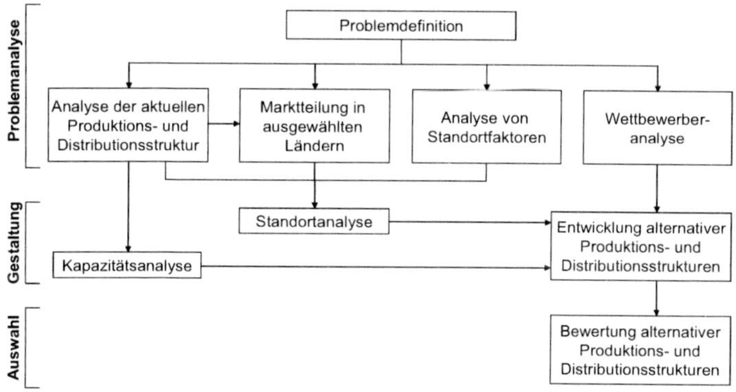

Bild 4.5: Modellierung der Zusammenhänge in der Prozesskette nach VOS[1]

Die Auswahl einer geeigneten Standortstruktur kann nach VOS schließlich über einen Kostenvergleich oder aber über die Betrachtung des Kapitalwerts erfolgen. Im Weiteren empfiehlt er, zusätzliche qualitative Faktoren wie z.B. soziale und politische Implikationen der Standortwahl mit in das Kalkül aufzunehmen.[2]

4.2.2 Der Ansatz von Klein (1993)

Neben der Konzeption eines Beschreibungsmodells für eine internationale Verbundproduktion[3] entwirft KLEIN eine Vorgehensweise, mittels derer sich die räumliche Struktur einer internationalen Verbundproduktion planen lässt. Die der Gestaltung zugrunde liegende Zielfunktion ist die Minimierung der standortbezogenen Stückkosten.[4]

Der Planungsablauf unterteilt sich in fünf Schritte (Bild 4.6):[5]

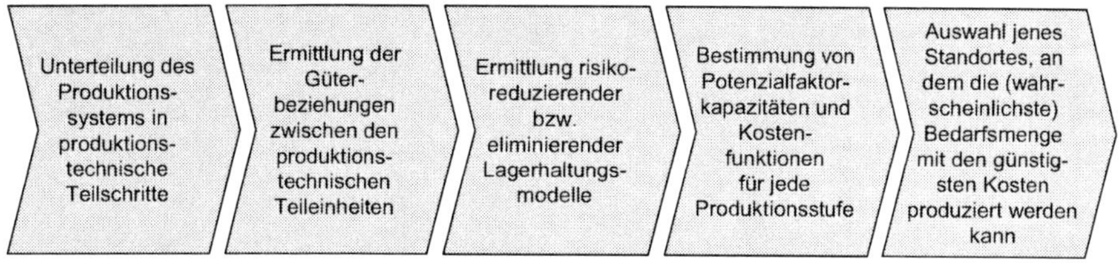

Bild 4.6: Planungs- und Bewertungsablauf nach KLEIN[6]

---

[1] Vgl. Vos, G. C. J. M.: International Manufacturing and Logistics, 1993, S. 33.
[2] Vgl. Vos, G. C. J. M.: International Manufacturing and Logistics, 1993, S. 77.
[3] Vgl. auch Kap. 5.3.
[4] Vgl. Klein, H. J.: Internationale Verbundproduktion, 1993, S. 175ff.
[5] Vgl. Klein, H. J.: Internationale Verbundproduktion, 1993, S. 180ff.
[6] Vgl. Klein, H. J.: Internationale Verbundproduktion, 1993, S. 202.

Ausgehend von einem Verbundproduktionssystem, bestehend aus mehreren hintereinander geschalteten (vertikal verflochtenen) Produktionsstufen, wird im ersten Schritt festgestellt, welche dieser Produktionsstufen (bzw. Standorte) in die Planung einzubeziehen sind. Hierzu wird deren generelle Verlagerungsfähigkeit geprüft. Mit Hilfe einer Produktionsstufen-Standort-Matrix lassen sich dann die für eine Produktionsstufe in Frage kommenden Standorte darstellen.

Im zweiten Schritt erfolgt die Darstellung der Prozesskette. Hierzu werden die Güterbeziehungen zwischen den jeweiligen Produktionsstufen (bzw. Standorten) sowie von und zu den vor- und nachgelagerten Bereichen bestimmt. Gleichzeitig erfolgt die Ermittlung der Faktorverbräuche (Bild 4.7).

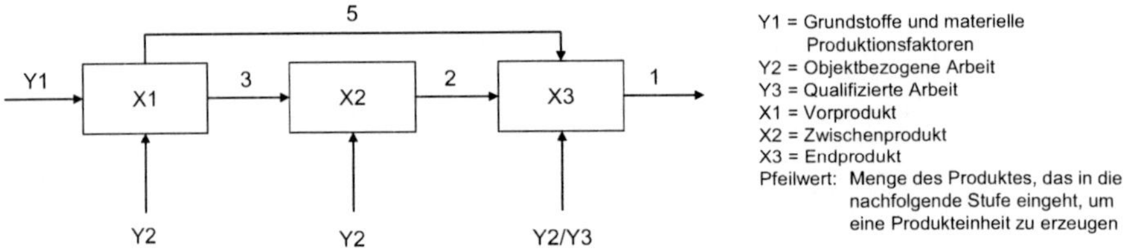

Bild 4.7: Input-Output-Modell für ein Verbundproduktionssystem nach KLEIN[1]

Aus dem Input-Output-Modell werden im dritten Schritt Verbrauchsfunktionen abgeleitet und die optimalen standortbezogenen Kapazitäten bestimmt. Unter Berücksichtigung der Einflussfaktoren politisches Risiko, Transportrisiko, Transportkosten und Lagerhaltungskosten werden darüber hinaus für jede Prozesskettenkombination die Soll-Lagerbestände je Produktionsstufe ermittelt.

Aufbauend hierauf werden im vorletzten Schritt Kostenfunktionen für jede Produktionsstufe aufgestellt. Ausgangsbasis bildet dabei die Vorproduktion, da die Kosten der jeweils vorgelagerten Stufe in die nachfolgende Stufe eingehen. Die Stückkosten am Verbrauchsstandort ergeben sich aus der Addition der Herstellungskosten in jedem Standort und den Transportkosten zwischen diesem und dem jeweiligen Verbrauchsstandort. So kann beispielsweise ein Standort mit niedrigen Verbräuchen an Elementarfaktoren aufgrund der Transportkosten der direkt in das Produkt eingehenden Vorprodukte im Vergleich zu einem vermeintlich teureren Standort auf Gesamtsystemebene das Nachsehen haben.

Mittels Iteration erfolgt im letzten Schritt die Annäherung an die Minimalkostenkombination der möglichen Standorte.

Darüber hinaus schlägt KLEIN vor, auf der Basis der so ermittelten standort- bzw. produktionsstufenbezogenen Kostenfunktionen eine Gesamtkostenfunktion für alle Produktionsstufen aufzustellen. In Analogie zur Minamalkostenkombination der Produktionsfakto-

[1] Vgl. Klein, H. J.: Internationale Verbundproduktion, 1993, S. 184.

ren könnten so Minimalkostenkombination der Produktionsstätten ermittelt werden. Unter zusätzlicher Berücksichtigung von Logistik- und Steuerungskosten auf Gesamtsystemebene ließen sich entsprechend alternative Standortkonfigurationen bewerten.[1] Wie der Aufbau einer solchen Gesamtkostenfunktion aussieht und in die Planung integriert werden kann bzw. auf welche Weise die Logistik- und Steuerungskosten integriert werden, wird von KLEIN jedoch nicht vorgestellt.

4.2.3 Der Ansatz von Hagedorn (1994)

Der Ansatz von HAGEDORN[2] stellt ein Teilplanungs- und Kontrollsystem, das in ein System der Unternehmensplanung und -kontrolle zu integrieren ist, dar. Den Kern dieses Systems bildet ein mathematisches Simulationsmodell. In diesem wird besonderes Gewicht auf die detaillierte Abbildung der durch eine Standortstrukturänderung betroffenen Bereiche eines Unternehmens sowie die im Übergang wirksam werdenden Einflüsse gelegt. Zur Erstellung und Anwendung des Simulationsmodells (im Weiteren auch Gesamtunternehmensmodell genannt) stellt HAGEDORN zusätzlich eine Vorgehensweise zur Verfügung.

Das Gesamtunternehmensmodell setzt sich aus zwei Teilmodellen zusammen – dem der Zentrale und dem zur Abbildung der Produktionsstandorte (Bild 4.8). Die Modelle bestehen in sich wiederum aus weiteren, die spezifische Planungskomplexität repräsentierenden Einzelmodulen (Bild 4.9).

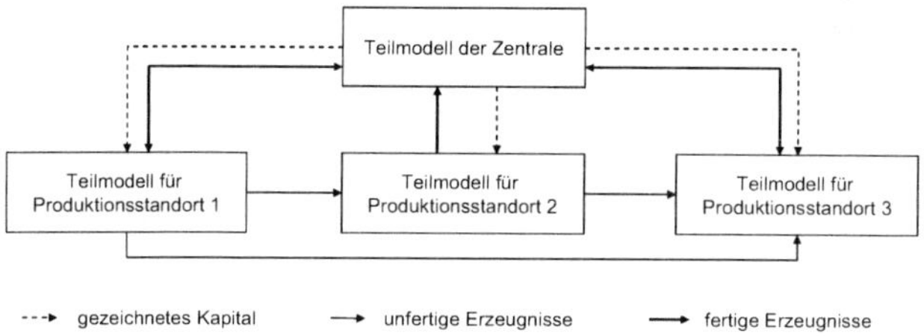

Bild 4.8: Struktur des Gesamtunternehmensmodells nach HAGEDORN[3]

Über die in Bild 4.8 dargestellten Beziehungen geht das Modell von folgenden problemspezifischen Merkmalen aus:

- Jeder Produktionsstandort ist eine rechtlich selbstständige Einheit eines internationalen Konzerns, deren Koordination durch eine Zentrale übernommen wird.
- Die Produktionsstandorte verfügen über keine Kapitalbeteiligungen; die Zentrale hält das gesamte gezeichnete Kapital.

[1] Vgl. Klein, H. J.: Internationale Verbundproduktion, 1993, S. 200f.
[2] Vgl. Hagedorn, A.: Modellgestützte Planung und Kontrolle von Produktionsstandorten, 1994.
[3] Vgl. Hagedorn, A.: Modellgestützte Planung und Kontrolle von Produktionsstandorten, 1994, S. 86.

- Grundlage des Modells ist ein mehrstufiger Produktionsprozess.
- Der Output der Produktionsstandorte wird ohne Einschränkung an andere Konzerngesellschaften veräußert, wobei Endprodukte immer an die Zentrale geliefert werden, die diese vertreibt.

Die Festlegung von Art und Menge der innerhalb der zukünftigen Perioden herzustellenden Produkte sowie die Festlegung der zu ihrer Herstellung erforderlichen Potenziale erfolgt in der Produktprogrammplanung des Teilmodells Zentrale sowie der Potenzialplanung des Teilmodells für Produktionsstandorte (Bild 4.9).[1]

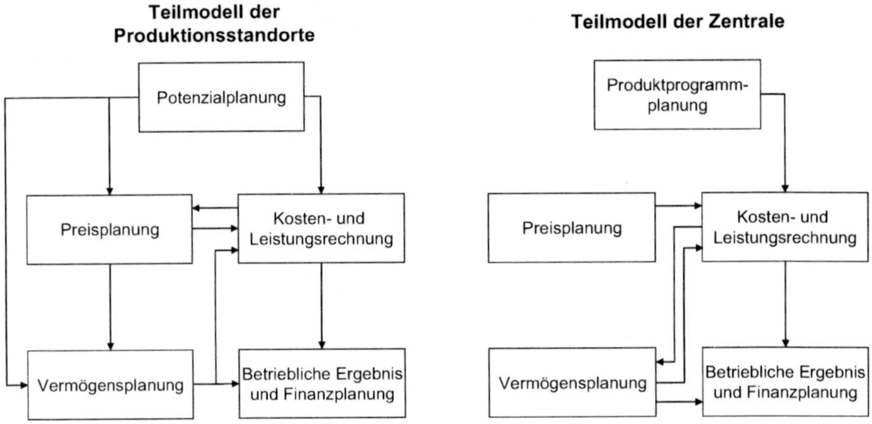

Bild 4.9: Teilmodelle im Gesamtunternehmensmodell nach HAGEDORN[2]

Die auf der Basis der festgelegten Gesamtkapazität im Teilmodul Potenzialplanung generierten Informationen bzgl. der Kapazität je Standort, Fertigungsstufe und Periode finden Eingang in die Kosten- und Leistungsplanung (z.B. Personalbedarf zur Ermittlung der Lohnkosten), in die Vermögensplanung (z.B. Anzahl an Maschinen zur Ermittlung der Abschreibungen) und in die Preisplanung (z.B. Personalbedarf für eine eventuell erforderliche Anhebung des Jahreslohns). Die Kosten- und Leistungsplanung sowie die aus dieser und der Vermögensplanung gespeiste betriebliche Ergebnis- und Finanzplanung dienen zur Zusammenfassung der Informationen aus den vorgelagerten Modulen.[3]

Analog gilt diese auch für das Teilmodell Produktionsstandorte.[4]

Das Modell ist in Entscheidungssituationen einsetzbar, die eine Betrachtung mehrerer Perioden, mehrerer Zielgrößen und mehrerer Umweltzustände erforderlich machen. So ermöglicht das Modell z.B. die Darstellung von Konsequenzen auf Ergebnisgrößen des

[1] Vgl. Hagedorn, A.: Modellgestützte Planung und Kontrolle von Produktionsstandorten, 1994, S. 128f.
[2] Hagedorn, A.: Modellgestützte Planung und Kontrolle von Produktionsstandorten, 1994, S. 128f.
[3] Vgl. Hagedorn, A.: Modellgestützte Planung und Kontrolle von Produktionsstandorten, 1994, S. 88f.
[4] Vgl. Hagedorn, A.: Modellgestützte Planung und Kontrolle von Produktionsstandorten, 1994, S. 128.

internen und externen Rechnungswesens sowie auf finanzwirtschaftliche Größen. Da zudem die Entscheidungsgrößen nicht einwertig, sondern durch mehrere Risikomesszahlen ausgedrückt werden, die über eine Risikoanalyse erzeugt werden, lassen sich auch Risikopräferenzen des Entscheidungsträgers bei der Entscheidungsfindung berücksichtigen. Im Rahmen von Nutzwertanalysen können zusätzlich die unterschiedlichen Ergebnisgrößen nach der Artenpräferenz des Entscheidungsträgers bewertet werden.

Einen Überblick über die eingangs erwähnte Vorgehensweise zum Aufbau und zur Anwendung des Simulationsmodells gibt Bild 4.10.

Problemformulierung		
Simulation	Risikoanalyse	Nutzwertanalyse
Problemformulierung		Bestimmung und Gewichtung der Zielgrößen
Formulierung des mathematischen Modells		
Simulation	Risikoanalyse	Nutzwertanalyse
Analyse der Datenerfordernisse; Formulierung der Modellvariablen und –relationen; Überprüfung der Realitätstreue	Auswahl der als unsicher erachteten Inputgrößen; Schätzung der Wahrscheinlichkeitsverteilungen; Berücksichtigung stochastischer Abhängigkeiten	
Deduktion von Informationen aus dem Modell		
Simulation	Risikoanalyse	Nutzwertanalyse
Implementierung des Modells; Erstellung des Simulationsversuchsplans	Ermittlung der Ergebnisverteilung	Messung der Zielerreichung
Analyse der Modellergebnisse		
Simulation	Risikoanalyse	Nutzwertanalyse
Analyse der Modellergebnisse	Analyse und Interpretation der Ergebnisverteilung	Transformation der Zielerreichung in Teilnutzen; Aggregation der Teilnutzen zum Gesamtnutzen; Auswahl der besten Alternative

Bild 4.10: Planungs- und Bewertungsablauf nach HAGEDORN[1]

4.2.4 Der Ansatz von Hinterhuber, Lauda, Matzler und Schatz (1994)

Im Fokus des Ansatzes von HINTERHUBER et al. stehen sowohl die Optimierung der Standortverteilung als auch die Wahl eines geographischen Standortes. Hierzu berücksichtigen sie neben der Zielgröße Kostenminimierung auch die mit einer Differenzierung verbundenen Vorteile, wodurch die eher qualitativ-gestalterische Ausrichtung des Ansatzes deutlich wird.[2]

Der Ablauf der Planung erfolgt in zwei Stufen: Zunächst wird die Wettbewerbsfähigkeit je Fertigungsstufe bestimmt, anschließend erfolgt die Bestimmung des Länderstandortes je Fertigungsstufe.

Zu Beginn der ersten Stufe werden über eine Analyse der Gewinnpotenziale und der Entwicklungsperspektiven in der Branche die relevanten Wettbewerbsfaktoren bestimmt und hieraus wiederum die kritischen Standortfaktoren abgeleitet. Dies sind z.B. die Be-

[1] Vgl. Hagedorn, A.: Modellgestützte Planung und Kontrolle von Produktionsstandorten, 1994, S. 83.
[2] Vgl. Hinterhuber, H.; Lauda, K.; Matzler, K.; Schatz, D.: Strategische Standortplanung, 1994.

triebskosten und die Branchenbedeutung im Land. Eine Bewertung der Wettbewerbsfähigkeit jeder Fertigungsstufe im Vergleich zum stärksten Wettbewerber auf einer Ordinalskala gibt schließlich Aufschluss über die Notwendigkeit einer detaillierten Standortplanung der jeweiligen Fertigungsstufe.

Die zweite Stufe, die Bestimmung des konkreten Länderstandortes, ist in drei Schritte untergliedert:

Als erstes wird mittels eines Checklisten-Verfahrens eine Vorauswahl der Länder getroffen. Hierzu werden die Länder in einem zweidimensionalen Koordinatensystem hinsichtlich ihrer Branchenattraktivität beurteilt. Die beiden Elemente der Checkliste bzw. Achsen der Matrix sind der zuvor identifizierte wichtigste Wettbewerbsfaktor und das Länderrisiko.[1] Werden zuvor festgelegte Schwellenwert überschritten, so führt dies zum Ausscheiden eines Standortes.

Die verkleinerte Alternativenmenge an Standorten wird im zweiten Schritt in ein Risiko-Attraktivitätsportfolio übertragen. Dieses Mal wird die Attraktivität eines Länderstandortes, die durch die bereits beschriebenen kritischen Standortfaktoren ermittelt werden kann, dem Länderrisiko gegenübergestellt.

Diejenigen Standorte, die eine hohe Attraktivität bei niedrigem Länderrisiko aufweisen, werden in der dritten Stufe im Rahmen einer Nutzwertanalyse final miteinander verglichen. Es folgt die Auswahl je Fertigungsstufe.

4.2.5 Der Ansatz von Kontny (1999)

Das Einsatzgebiet des Ansatzes von KONTNY ist die Standortstrukturplanung der 1. und 2. Ebene nach GÖTZE[2], d.h. die Konzeption und Gestaltung einer Standortstruktur mit anschließender Bewertung sowie der Bestimmung der Übergangsstrategie im Rahmen der Standortstrukturänderung. Dabei bildet das in den zuvor dargestellten Ansätzen stark vernachlässigte Feld der Standortstrukturänderung den bedeutenderen Objektbereich des Ansatzes.

Der Planungsprozess besteht entsprechend aus zwei hierarchischen Ebenen. Zunächst erfolgt die Konzeption und Auswahl der anzustrebenden Standortstruktur (hier Rahmenstrategie genannt). Aufbauend auf der hieraus ableitbaren Standortstrukturänderungsstrategie schließt sich die Bestimmung der Übergangsstrategie[3] an (Bild 4.11).[4]

---

[1] Vgl. Hinterhuber, H.; Lauda, K.; Matzler, K.; Schatz, D.; Strategische Standortplanung, 1994, S. 109.

[2] Vgl. Kap. 3.3.

[3] Unter der Übergangsstrategie wird die Spezifizierung der Standortänderungsstrategie hinsichtlich der Merkmale Abwicklung der Standortstrukturänderung und Beginn der Standortstrukturänderung verstanden. Vgl. Kontny, H.: Standortplanung für internationale Verbundproduktionssysteme, 1999, S. 149.

[4] Vgl. Kontny, H.: Standortplanung für internationale Verbundproduktionssysteme, 1999, S. 134ff.

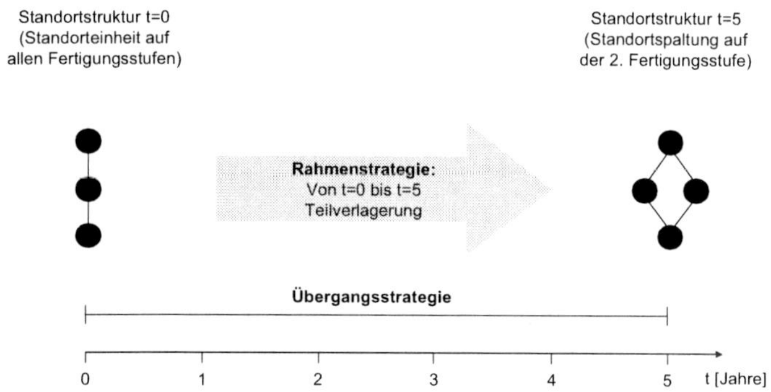

Bild 4.11: Bereiche der Standortstrukturplanung nach KONTNY[1]

Die Konzeption der Standortstruktur erfolgt zunächst auf der Ebene der Prozesse. Für jeden Prozess werden ein oder mehrere geeignete Länderstandorte ermittelt. Unter Berücksichtigung der Länderanforderungsprofile der einzelnen Prozesse lassen sich diese im Falle vergleichbarer Anforderungen zu physischen Standorten zusammenfassen und so geeignete Standortstrukturen aufbauen – die so genannten Rahmenstrategien. Zum Aufbau und zur Bewertung dieser wird analog zu den bereits vorgestellten Ansätzen die Portfolio-Technik verwendet. In Form einer Standortstrukturportfolio-Matrix wird der Fit zwischen Chancen und Risiken der Umwelt mit den standortstrukturbedingten Stärken und Schwächen eines Geschäftsfeldes analysiert und bewertet. Abschließend besteht die Möglichkeit, durch die Kombination der Portfolio-Methode mit einer Nutzwertanalyse weitere Kriterien zu verwenden und zu einer Maßzahl zusammenzufassen. Hierauf wird jedoch nicht näher eingegangen.[2]

Die Gestaltung des Übergangs zwischen Ausgangs- und Endstruktur, die Übergangsstrategie, erfolgt auf der Basis der Kostenentwicklung im Planungszeitraum. Hierbei werden einerseits die Entwicklung der Gesamtkosten der Standortstruktur je Periode als auch die Entwicklung der Stückkosten je Periode im Planungszeitraum betrachtet. Zur Ermittlung der Kostenverläufe wird ein mehrperiodisches (dynamisches) Simulationsmodell aufgebaut.[3]

Grundlage der Kostenbestimmung bildet das Modell einer internationalen Verbundproduktion aus dem Ansatz von VOS.[4] Dieses wird um die Gliederung in die Teilmodelle Zentrale und Produktionsstätten nach HAGEDORN[5] ergänzt, jedoch ohne die dort vorgenommenen begrenzenden Einschränkungen zu übernehmen. Neben Materialflüssen werden also auch Informationsflüsse zur Modellierung herangezogen (Bild 4.12).

---

[1] Vgl. Kontny, H.: Standortplanung für internationale Verbundproduktionssysteme, 1999, S. 135.
[2] Vgl. Kontny, H.: Standortplanung für internationale Verbundproduktionssysteme, 1999, S. 134.
[3] Vgl. Kontny, H.: Standortplanung für internationale Verbundproduktionssysteme, 1999, S. 150.
[4] Vgl. Kap. 4.2.1.
[5] Vgl. Kap. 4.2.3.

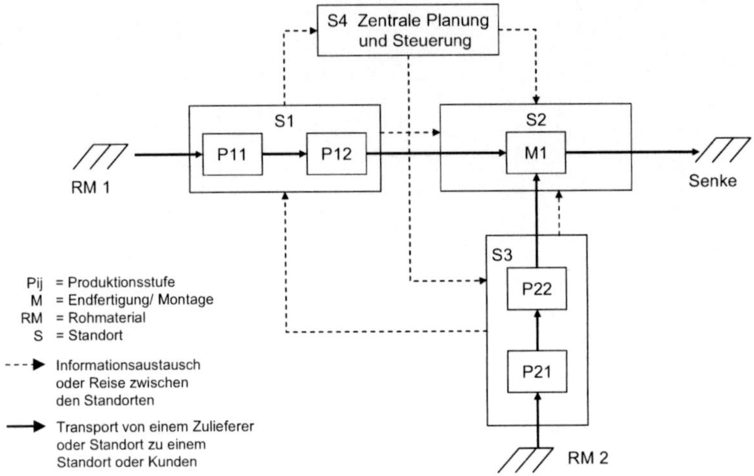

Bild 4.12: Modell der internationalen Verbundproduktion nach KONTNY[1]

Die ursprünglich für das von VOS genutzte Modell aufgestellte Kostenfunktion von VAN DE VEN und FLORUSSE[2] für die jährlichen integrierten Produktionssystemkosten in Abhängigkeit der Menge wird anlog modifiziert. Die bestehenden Kostenblöcken Material, Herstellung, Ausschuss und Transport werden wie folgt modifiziert/ ergänzt:[3]

- Ergänzung der Kostenfunktion um Koordinationskosten
- Ergänzung des konzeptionellen Modells um eine für die internationale Verbundproduktion notwendige Zentralinstanz
- Ausweitung des Modells auf mehrere Montageprozesse
- Berücksichtigung der Kosten für die Beseitigung von Ausschuss

Darüber hinaus erfolgt eine klare Trennung der Kostenarten in Standortkosten, Kosten der Zentrale und Netzwerkosten:

Unter Standortkosten werden die unmittelbar an die Produktion gebundenen Kosten für die Inputfaktoren Kapital, Energie sowie objektorientierter und dispositiver Arbeit verstanden.[4]

Ist die Zentrale außerhalb einer Produktionsstätte angesiedelt und werden somit die Steuerungs- und Koordinationsaktivitäten für das Verbundsystem nicht an den Standorten durchgeführt, dann sind hierfür gesonderte Kapital- und Arbeitskosten zu berechnen.

[1] I.A.a. Kontny, H.: Standortplanung für internationale Verbundproduktionssysteme, 1999, S. 153.

[2] Vgl. van de Ven, A. D. M.; Florusse, L.: Integrated Time-functions and Cos-functions as a Basis for Analysis of Complex Production Systems, 1991, S. 97ff in Kontny, H.: Standortplanung für internationale Verbundproduktionssysteme, 1999, S. 151f.

[3] Vgl. Kontny, H.: Standortplanung für internationale Verbundproduktionssysteme, 1999, S. 152.

[4] Vgl. Kontny, H.: Standortplanung für internationale Verbundproduktionssysteme, 1999, S. 153ff.

Zur Ermittlung dieser Kosten können wiederum die Standortkostenfunktionen herangezogen werden.[1]

Zu den Netzwerkkosten zählen schließlich alle Kosten, die durch Transfervorgänge zwischen den Standorten verursacht werden sowie dem Verbundproduktionssystem als Ganzes zugerechnet werden müssen.[2] Berücksichtigung hierbei finden folgende Kostengruppen:

- Kommunikationskosten
- Transportkosten
- Reisekosten
- Entgangene Erlöse

4.2.6 Der Ansatz von Meyer (2005)

MEYER stellt einen Ansatz zur Neugestaltung globaler, unternehmensübergreifender Produktionsnetzwerke dar.[3] Neben klassischen Instrumenten und Werkzeugen für die konzeptionell-gestalterische Phase bildet ein quantitatives Optimierungsmodell zur Gestaltung und Bewertung möglicher Standortstrukturalternativen den Kern des Ansatzes. Die Zielsetzung des Ansatzes ist dabei neben der eigentlichen Ermittlung einer kostenminimalen Standortstruktur auch die Schaffung quantitativer Transparenz über mögliche Zielkonflikte (z.B. Ertragswert vs. Risiko, Kosten vs. Lieferzeiten).

Den Rahmen hierzu bildet ein Vorgehensmodell zur Entwicklung und Umsetzung eines strategischen Standortstrukturkonzepts (Bild 4.13):

Den ersten Schritt der von MEYER vorgeschlagenen Vorgehensweise bildet die „cross-funktionale" Analyse und Bewertung der Rahmenbedingungen, unter denen sich die Neugestaltung der Standortstruktur vollzieht. Ziel ist es, die Dringlichkeit einer Restrukturierung der bestehenden Standortstruktur zu bestimmen. Hierzu werden unterschiedliche Analysemodule bereitgestellt, die neben einer grundlegenden Bewertung des Wettbewerbsumfelds auch zur Identifikation von Opportunitäten und Risiken für die betrachteten Geschäftsbereiche, Produkte und Betriebsstätten herangezogen werden.[4] Die Analysebereiche sind der Absatzmarkt, die eigenen Fähigkeiten, regionale Umsatz-zu-Kosten-Verhältnisse, Standortstrukturen von Wettbewerbern und die Preisentwicklung.[5]

[1] Vgl. Kontny, H.: Standortplanung für internationale Verbundproduktionssysteme, 1999, S. 161.
[2] Vgl. Kontny, H.: Standortplanung für internationale Verbundproduktionssysteme, 1999, S. 161ff.
[3] Vgl. Meyer, T.: Globale Produktionsnetzwerke, 2006.
[4] Vgl. Meyer, T.: Globale Produktionsnetzwerke, 2006, S. 100.
[5] Vgl. Meyer, T.: Globale Produktionsnetzwerke, 2006, S. 102ff.

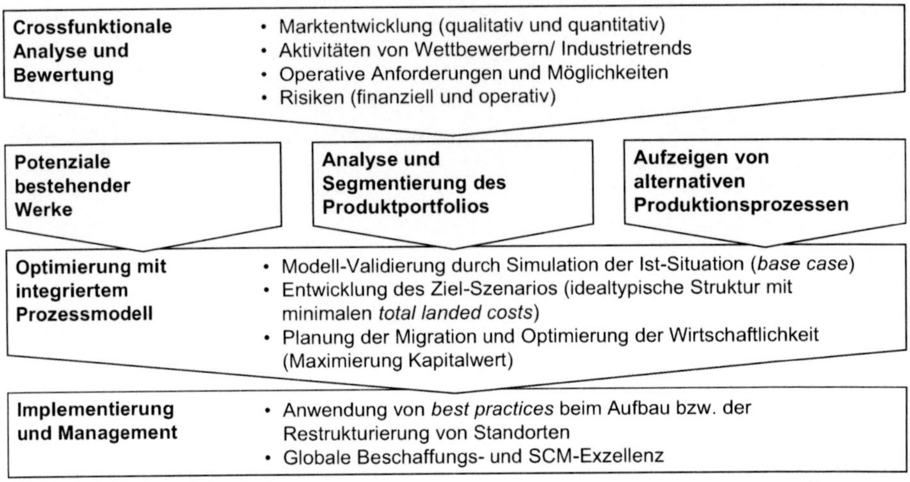

Bild 4.13: Vorgehen zur Standortstrukturplanung und -bewertung nach MEYER[1]

An diese erste Analyse schließt sich die Segmentierung des Produkt- und Prozessprogramms an. Die Segmentierung erfolgt auf der Basis von Produkt- und Prozessportfolios und wird anschließend in ein grobes Prozessmodell übersetzt. In diesem werden die Beziehungen zwischen den Fertigungsschritten beschrieben (Bild 4.14).[2] Es bildet gleichzeitig die Struktur für die wirtschaftliche Bewertung von Standortkonfigurationen ab.

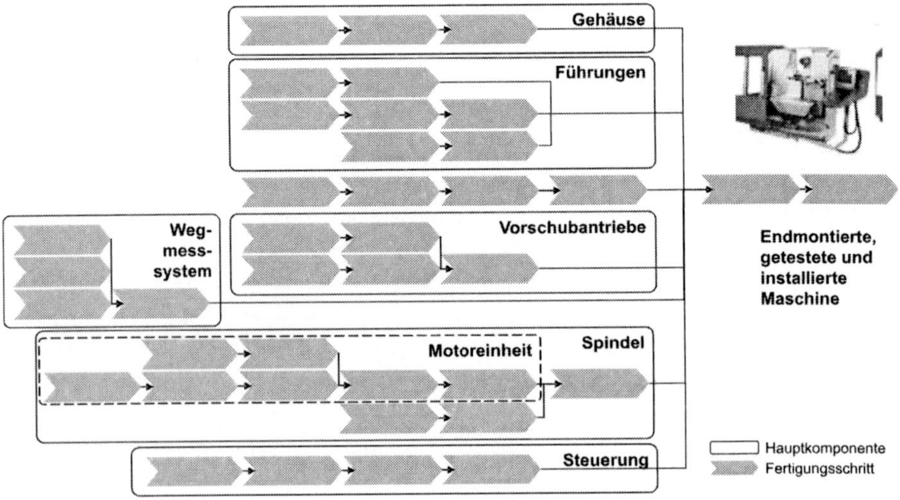

Bild 4.14: Beispiel eines Prozessmoduls als Basis für die quantitative Optimierung[3]

[1] Vgl. Meyer, T.: Globale Produktionsnetzwerke, 2006, S. 100.
[2] Vgl. Meyer, T.: Globale Produktionsnetzwerke, 2006, S. 110ff.
[3] Vgl. Meyer, T.: Globale Produktionsnetzwerke, 2006, S. 113.

Parallel zum Vorgehensschritt der Segmentierung schlägt MEYER vor, einerseits die bestehenden Werke auf Verbesserungspotenziale hin zu untersuchen. So kann bspw. die Steigerung der Produktivität an einem bestehenden Standort wirtschaftlicher als eine Verlagerung von Kapazitäten sein. Entsprechend kann eine solche Analyse zu einer Änderung des Funktionsumfangs, des Produktportfolios und letztendlich auch der Kapazität eines Standortes führen.[1] Andererseits können aufgrund unterschiedlicher Faktorkostenstrukturen der Einsatz alternativer Produktionstechnologien und entsprechender Produktvarianten weitere Vorteile bergen, gleichzeitig aber wiederum auch Rückschlüsse auf die angestrebte Standortstruktur haben.[2]

Den Kern des Vorgehensmodells bildet jedoch der Aufbau des quantitativen Optimierungsmodells zur Entwicklung der idealtypischen Standortstruktur anhand einer Kostenvergleichsrechnung. Hierzu wird zunächst das bereits abgeleitete grobe Prozessmodell auf der Ebene der Prozessschritte detailliert. Dabei beschreiben die einzelnen Prozessparameter die Produktion so, dass alle für die Standort(struktur)wahl relevanten Entscheidungskriterien wie z.B. die Marktentwicklung, die Faktor- und Logistikkosten sowie Steuern, Subventionen und Zölle auch tatsächlich abgebildet sind (Bild 4.15). Wichtige Parameter in diesem Zusammenhang sind die Zykluszeit, die Bedienzeit oder aber Transportvolumina und Investitionen.

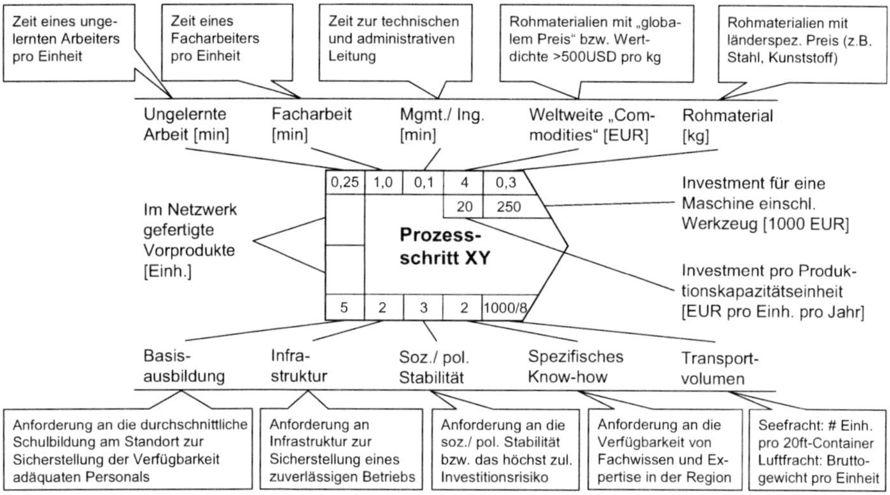

Bild 4.15: Modellierung des Produktionsprozesses nach MEYER[3]

[1] Vgl. Meyer, T.: Globale Produktionsnetzwerke, 2006, S. 101.
[2] Vgl. Meyer, T.: Globale Produktionsnetzwerke, 2006, S. 101.
[3] Vgl. Meyer, T.: Globale Produktionsnetzwerke, 2006, S. 115.

Um die Validität des Modells zu prüfen, schlägt MEYER eine Gegenüberstellung der durch das Modell berechneten Gesamtkosten der Produktion mit den tatsächlichen Kosten (base case) vor.

Die Entwicklung des Zielszenarios einer kostenminimalen Standortstruktur erfolgt dann mittels der Kostenvergleichsrechnung, in dem die „Total Landed Costs", d.h. die Kosten der Verfügbarkeit von Produkten beim Kunden, minimiert werden. Hierzu werden ausschließlich die operativen Aufwendungen in der Zielstruktur, d.h. im eingeschwungenen Zustand des Systems, betrachtet. Darüber hinaus weist das mathematische Modell folgende Charakteristika auf:

- Es liegt eine deterministische Ausgangsbasis vor. Die Parameterwerte sind gewiss.
- Es können sowohl mehrere Produkte als auch mehrere Ressourcen mit länderspezifischen Faktorpreisen und -produktivitäten abgebildet werden.
- Der Produktionsprozess kann aus mehreren Stufen bestehen.
- Pro Prozessschritt können mehrere Prozesstypen mit unterschiedlichen Inputfaktormengen, aber gleichen Vor- und Endprodukten definiert werden.
- Es können mehrere Transportmodi verwendet werden.[1]

Die Zielfunktion des Optimierungsmodells besteht aus den folgenden Kostenblöcken:

Fertigungskosten	Transportkosten	Fixkosten	Instandhaltung
Zoll	Kapitalkosten	Bestände	Sicherheitsbestände

Bild 4.16: Elemente der Zielfunktion des Optimierungsmodells nach MEYER[2]

Aufbauend auf den Ergebnissen der Optimierung lassen sich die Migration planen sowie die Optimierung der Wirtschaftlichkeit i.S.e. Maximierung des Kapitalwertes durchführen. Eine nähere Betrachtung dieses Schrittes erfolgt jedoch nicht.

Gleiches gilt auch für den letzten Schritt, der Implementierung der neu gestalteten Standortstruktur auf der Ebene einzelner Standorte sowie das Management dieser.

4.2.7 Zwischenfazit – Kritische Reflexion der Ansätze

Die vorgestellten Planungs- und Bewertungsansätze weisen ein sehr heterogenes Spektrum an eingesetzten Methoden und Verfahren auf – insbesondere im Bereich der Bewertung. Die Erklärung hierfür liegt einerseits im unterschiedlichen Einsatzzeitpunkt, d.h. wann die Bewertung im Planungsprozess erfolgt, und andererseits in den sehr divergie-

[1] Eine Besonderheit des Optimierungsmodells ist die kombinierte Transport- und Bestandsbetrachtung bei parallelem multimodalem Transport.

[2] Vgl. Meyer, T.: Globale Produktionsnetzwerke, 2006, S. 116.

renden Zielsetzungen, die mit den Ansätzen verfolgt werden. Letzteres hat wiederum einen signifikanten Einfluss auf die Wahl des der Bewertung zugrunde liegenden Modells der Realität. Während das im Rahmen dieser Arbeit zu verwendende Verfahren zur Entscheidungsvorbereitung und -unterstützung in Kap. 4.1.6 bereits bestimmt wurde, sollen im Folgenden die beschriebenen Ansätze hinsichtlich adaptierbarer Aspekte im Bereich der Modellbildung, des Aufbaus sowie der Kostenerfassung und -darstellung untersucht werden. Gleichzeitig sollen auf der Basis identifizierter Defizite Rückschlüsse auf Anforderungen an die im Rahmen dieser Arbeit zu entwickelnde Bewertungsunterstützung abgeleitet werden.

Der Bewertungsansatz von VOS basiert auf einem mehrstufigen Produktions- und Distributionsprozess, der jedoch ausschließlich eine verrichtungsorientierte Arbeitsteilung vorsieht. Arten- und Mengenteilung werden in seinem Modell nicht berücksichtigt. Darüber hinaus besteht keine Variationsmöglichkeit der Anzahl physischer Standorte im Modell. Hieraus wird deutlich, dass sich dieser Ansatz vornehmlich auf die Wahl einer geeigneten Wachstums- und Stabilisierungsstrategie konzentriert. Gestützt wird diese Annahme auch durch den von VOS genannten Einsatzzeitpunkt – nach Festlegung der Standortstrukturänderungsstrategie. Mit Blick auf die berücksichtigten Einflussfaktoren liegt das Hauptgewicht auf den Standortkosten. Bis auf Distributionskosten als eine der maßgeblichen Zielgrößen im System, werden Netzwerkkosten nicht berücksichtigt – obwohl VOS die Zusammenhänge zwischen Kapazität, Standort und Kosten in einem Grundmodell darstellt. Die Bewertung erfolgt schließlich anhand einer Kostenvergleichsrechnung, in dem die Alternative mit den vorteilhaftesten Kostenstrukturen ausgewählt wird.

Die Modellierung des mehrstufigen, über mehrere Standorte verteilten Produktionsprozesses ist zwar nicht umfassend genug, wie aber im Weiteren zu sehen sein wird, bildet dieses Modell die Basis für Erweiterungen. Obwohl sich VOS mehr auf die Wahl der physischen Standorte für eine bestehende Standortstruktur konzentriert, so erscheint seine Unterteilung in Standort- und Netzwerkkosten wesentlich auch für diese Arbeit. Kritisch zu vermerken ist jedoch, dass VOS keine Aussagen darüber trifft, wie die Wirkzusammenhänge aussehen bzw. die Kosten im Modell ermittelt werden können. Entsprechend bedingt lässt sich dieses Modell auch direkt in der Praxis einsetzten. Da zudem ausschließlich statische Größen Berücksichtigung finden, liefert dieser Ansatz für die vorliegende Arbeit keine weiteren relevanten Aspekte.

KLEIN stellt in seinem Ansatz einen vollständigen Planungs- und Bewertungsprozess zur Standortstrukturplanung vor. Ähnlich wie VOS geht er jedoch bei der Bewertung bereits von einer zuvor bestimmten Standortstruktur aus. Die Variation der Anzahl physischer Standorte erfolgt im Vorfeld der quantitativen Bewertung. Die eigentliche Bewertung konzentriert sich somit mehr auf die Wahl der Standorte, so dass mit Blick auf das Gesamtsystem eine Minimalkostenkombination aller Standorte entsteht.[1] Sein zugrunde gelegtes Modell ist analog zum Modell von VOS ausschließlich zur Abbildung einer verrichtungsorientierten Arbeitsteilung ausgelegt, einzig um die Berücksichtigung von Absatz- und Beschaffungsmärkten erweitert. Obwohl KLEIN auch das Thema der Netzwerkkosten adressiert, finden diese bis auf Transportkosten und die implizit in einer früheren (Gestaltungs-) Phase berücksichtigten standortspezifischen Bestände keine Berücksichtigung in der Bewertung. Wirkzusammenhänge werden ebenfalls nur am Rande erwähnt, jedoch weder dargestellt noch explizit mit berücksichtigt.

Das von KLEIN verwendete Modell stellt eine zweckmäßige Erweiterung des Modells von VOS um die um die Aspekte des Beschaffungs- und Absatzmarktes dar. Im Weiteren sind die von ihm aufgestellten Kostenfunktionen und damit die Definition und Zusammensetzung von zu berücksichtigenden Kostengrößen als Basis zur Erweiterung verwendbar. Insbesondere die Idee einer Gesamtkostenfunktion unter Berücksichtigung der Logistik- und Steuerungskosten kommt dem Ziel dieser Arbeit sehr nahe. Er unterstellt damit die Existenz von strukturabhängigen und strukturunabhängigen Kosten. Zu bemängeln in diesem Zusammenhang ist allerdings, dass hierzu keine weiteren Vorschläge zur Berücksichtung bzw. zur Umsetzung gegeben werden. Darüber hinaus lassen sich in der statischen Stückkostenrechnung dynamische Aspekte wie ein Produktionsanlauf nicht abbilden. Die Einsatzmöglichkeit in der Praxis ist damit zwar prinzipiell aufgrund der zur Verfügung gestellten Funktionen gegeben, jedoch aufgrund der nicht vollständig erfassten Kosten (-zusammenhänge) und des nur auf einen beschränkten Gestaltungsraum ausgerichteten Modells fraglich oder zumindest stark eingeschränkt.

Der Ansatz von HAGEDORN ist auf die Planung und Kontrolle einer Standortstrukturänderung, die ausschließlich durch neu zu verteilende Kapazitäten (Variation von Art und Menge) hervorgerufen werden, ausgerichtet. Hierzu werden die Standorte, die einen mehrstufigen Produktionsprozess repräsentieren, kostenmäßig in einem Simulationsmodell erfasst. Anhand der Aggregation der hieraus ableitbaren Finanzkennzahlen auf einer übergeordneten Ebene (Zentrale) findet schließlich die Bewertung statt. Dies impliziert zwar auch die Existenz von strukturbedingten Kosten im Sinne der von KLEIN angedeuteten Gesamtkostenfunktion, bei der Ermittlung bzw. Zusammenstellung der Kostenblöcke für die Standorte wird jedoch nicht explizit zwischen Standort- und Netzwerkkosten unterschieden. Auch wird keinerlei Unterstützung zu deren Ermittlung gegeben. Dem Anwender bleibt es selbst überlassen, diese in den vorgegebenen Kostenstrukturen richtig zu berücksichtigen.

[1] „Bei der Darstellung der kostentheoretischen Grundlagen stehen die Kostenstruktur und der Kostenverlauf im Mittelpunkt. Es wird ein Modell vorgestellt, das die isolierte Betrachtung potentieller Produktionsstandorte aus kostentheoretischer Sicht ermöglicht, indem jeder potentielle Standort auf seine Kostenstruktur hin untersucht wird. Im direkten Produktionsstättenvergleich können dann Aussagen über die kostenoptimale Standort- und Produktionsstruktur getätigt werden." Klein, H. J.: Internationale Verbundproduktion, 1993, S. 122.

Mit seinem Fokus auf die Wertschöpfungsverteilung in bestehenden Produktionsnetzwerken klammert HAGEDORN den Objektbereich dieser Arbeit, d.h. die Bewertung alternativer Standortstrukturen im Rahmen der Konzeptphase des Standortstrukturplanungsprozesses aus. Ausgehend von dieser Ausgangsbasis kann entsprechend mit einer deutlich besseren Datenverfügbarkeit und -qualität gerechnet werden, was den Einsatz eines Simulationsmodells eher rechtfertigt. Eine Übertragung auf die Problemstellung dieser Arbeit ist nicht möglich – nicht zuletzt auch aufgrund der bereits in Kap. 4.1.6 verdeutlichten schlechten Eignung eines Simulationsmodells für den Objektbereich dieser Arbeit. Hervorzuheben beim Ansatz von HAGEDORN sind allerdings die detailliert beschriebenen Schritte zum Aufbau des Simulationsmodells. Vor dem Hintergrund einer gewissen Ähnlichkeit im Aufbau von Szenariobasierter Wirtschaftlichkeitsbetrachtung und Simulationsmodellen können somit Elemente des Kostenmodells auch für die Zielsetzung dieser Arbeit geeignet sein.

Im Gegensatz zu den bisher analysierten Ansätzen berücksichtigt der Ansatz von HINTERHUBER et al. zwar implizit auch Kostenaspekte über die Analyse von Gewinnpotenzialen und den Vergleich mit dem Wettbewerb, ist jedoch in seiner Gesamtheit klar qualitativ ausgerichtet. Das verwendete Grundmodell zur Abbildung der Standortstruktur liefert zudem über die bereits im Ansatz von KLEIN getroffenen Aussagen keine weiteren Impulse. Der Nutzen für diese Arbeit ist daher als gering einzustufen.

Hingegen weist der Ansatz von KONTNY wieder ein deutlich höheres Unterstützungspotenzial bzgl. der Zielsetzung dieser Arbeit auf. Er umfasst neben der Standortstrukturplanung und -bewertung eine sehr detaillierte Bewertung der Übergangsstrategie von der Ausgangs- in die Endstruktur. Während die Gestaltung und Bewertung unterschiedlicher Standortstrukturalternativen unter Einsatz der Portfoliotechnik und Indexverfahren ausschließlich qualitativ erfolgt, kommt bei der Bewertung der Übergangsstrategie ein umfassendes (dynamisches) Simulationsmodell zum Tragen. Vor dem Hintergrund, dass KONTNY jedoch die Auswahl einer Standortänderungsstrategie (z.B. Kauf oder Aufbau eines neuen Standortes) auslässt, kann seine Bewertung mit der Bewertung einer der am Ende der Konzeptphase übrig bleibenden Standortstrukturalternativen gleichgesetzt werden. In die Bewertung fließen einerseits Stückkosten ein, andererseits werden aber auch die Gesamtkosten der Standortstruktur je Periode ermittelt. Im Gegensatz zu den bisherigen Ansätzen wird dabei ein deutlich größeres Gewicht auf die Netzwerkkosten gelegt. Das verwendete Modell zur Abbildung der Standortstruktur hingegen weist mit der Einführung einer Zentralinstanz und der expliziten Ausweisung von Informationsflüssen einen eher nur symbolischen Mehrwert gegenüber bestehenden Modellen auf.

Ein wesentlicher Schwachpunkt des Ansatzes von KONTNY in Bezug auf diese Arbeit ist die fehlende Rückkoppelung der Ergebnisse aus der quantitativen Bewertung in die Konzeptphase der Standortstrukturplanung. Wechselwirkungen zwischen Standortstruktur und monetären Größen werden bei der Alternativenentwicklung und -bewertung nicht berücksichtig. Zudem muss auch hier der Einsatz eines Simulationsmodells zur – in diesem Falle – Validierung und Feinabstimmung der ausgewählten Standortstrukturalternative vor dem Hintergrund der in Kap. 4.1.6 dargelegten Defizite als kritisch erachtet werden. Positiv mit Blick auf die Zielsetzung dieser Arbeit ist jedoch wiederum die Tatsache, dass auch hier der Analogieschluss zwischen Simulation und Szenariobasierter Wirtschaftlichkeitsbetrachtung zutrifft. So können die Art und die Zusammensetzung der verwendeten Kostenblöcke sowie die hierzu aufgestellten formelmäßigen Zusammenhänge vice versa genutzt werden. Allerdings sind die von KONTNY aufgestellten Kostenstrukturen weder vollständig noch werden Wechselwirkungen zwischen der Form der Standortstruktur und bestimmten Kostenblöcken wie den Logistik- und Bestandskosten berücksichtigt.

Eine noch genauere Aufnahme aller Einflussgrößen erfolgt schließlich im Ansatz von MEYER. Vor dem Hintergrund jedoch, dass er zur Bewertung ein (statisches) Optimierungsmodell aufbaut, können ohne vorherige Eingrenzung bzw. Strukturierung des Gestaltungs- und Lösungsraums eine Vielzahl möglicher Standortstrukturalternativen abgebildet bzw. generiert werden. Die Daten werden direkt auf der Prozessebene aufgenommen; die im Optimierungsmodell hinterlegten Algorithmen übernehmen „bottom-up" die Strukturierungsleistung mit der Zielsetzung einer kostenminimalen Standortstruktur.

Die im Ansatz von MEYER geforderten Datenumfänge und Datenqualitäten (z.B. Zykluszeit einzelner Prozesse) auf der Einzelprozessebene (im Gegensatz zur deutlich aggregierteren Form der Modulebene) sind in dem Planungsstadium, das diese Arbeit fokussiert, unmöglich zu erbringen. Es muss ferner kritisch hinterfragt werden, ob ein solcher Detaillierungsgrad überhaupt für die Zielsetzung einer Standortstrukturbewertung, d.h. des Nachweises einer der prinzipiellen Wirtschaftlichkeit und einer vergleichenden Bewertung favorisierter Alternativen, erforderlich ist. Hiermit einhergehend sind – analog zu Ansätzen mit Simulationsverfahren – die mit dem Einsatz eines Optimierungsverfahrens verbundenen Defizite zu nennen.[1] Darüber hinaus birgt auch die Tatsache, dass nur der eingeschwungene Zustand des Systems betrachtet wird, Nachteile in Bezug auf die Zielsetzung dieser Arbeit. Zwar ist die Darstellung und Ermittlung der Wirkzusammenhänge zwischen Struktur und Kostenverläufen im statischen Fall einfacher und auch zweckmäßig, jedoch darf dies nicht zu Lasten wichtiger Einflussfaktoren geschehen. So werden im Ansatz von MEYER die finanzielle Implikation der Migration von der bestehenden Standortstruktur zum Ziel-Netzwerk, wie z.B. Einmal-Aufwendungen bei der Verlagerung oder Anlaufverluste, nicht näher betrachtet. Somit liefert dieser Ansatz über eine ebenfalls bereitgestellte Kostenstrukturierung mit zugehörigen Kostenfunktionen keine weiteren rele-

[1] "Die Ermittlung der Prozessparameter für eine große Zahl von Fertigungsschritten durch die Skizzierung der Abläufe und verwendeten Betriebsmittel durch Experten in Workshops ist aufwendig." Meyer, T.: Globale Produktionsnetzwerke, 2006, S. 113. Vgl. auch Kap. 4.1.6.

vanten Aspekte, macht jedoch die Erfordernis eines modularen Aufbaus einer Bewertungsunterstützung deutlich, um verschiedene Betrachtungsebenen zu erfassen.

Einen Überblick dieser Gegenüberstellung aus den Ansätzen entnommener Vorgehenseisen zur Bewertung von Standortstrukturen gibt Bild 4.17.

Resümierend kann festgehalten werden, dass die eher qualitativ geprägte konzeptionell-gestalterische Phase der Standortstrukturplanung in ausreichendem Maße beherrscht wird. Indiz hierfür sind die zahlreichen detailliert beschriebenen Vorgehensweisen, wobei auch die praktische Anwendbarkeit aufgrund der Wahl der Instrumente gegeben ist. Jedoch wird häufig im Rahmen der Standortstrukturplanung ausschließlich auf diese Instrumente zurückgegriffen. Dies unterstreicht wiederum die mangelnde Verfügbarkeit praxistauglicher Verfahren zur systematischen quantitativen Bewertung. Mit Blick auf die Zielsetzung dieser Arbeit bieten die bestehenden Ansätze zur quantitativen Bewertung eine Basis zur Strukturierung der zu berücksichtigenden Kosten; insbesondere die Unterteilung in Standort- und Netzwerkkosten erscheint in Bezug auf die vorliegende Problemstellung als relevant. Die Analyse hat jedoch auch gezeigt, dass hier zum Teil noch Lücken bestehen. Zudem bestätigt sich, dass vor dem Hintergrund der praktischen Anwendbarkeit Simulations- und Optimierungsmodelle zu komplex für den Objektbereich dieser Arbeit (Planungsstadium, Anwendung in der Industrie) sind. Hinzu kommt, dass bei allen Ansätzen deutliche Defizite bei der Darstellung der Wirkzusammenhänge zwischen Struktur und Kosten zu verzeichnen sind – nicht zuletzt auch wegen unpräziser Modellierungen bzw. einer fehlenden Eingrenzung/ Strukturierung des Gestaltungs- und Lösungsraums.

Letzteres ist schließlich auch der Grund für das nachfolgende Unterkapitel, in dem bestehende Ansätze zur strategischen Standortstrukturplanung hinsichtlich ihrer Eignung zur Eingrenzung untersucht werden, bevor ein umfassender Anforderungskatalog an die im Rahmen dieser Arbeit zu entwickelnde Bewertungsunterstützung in Kap. 4.4 vorgestellt wird.

	Vos (1993)	Klein (1994)	Hagedorn (1994)	Hinterhuber et al. (1994)	Kontny (1999)	Meyer (2005)
Ausrichtung	Optimierung/ Restrukturierung eines bestehenden Produktions-netzwerkes	Optimierung einer bestehenden Standortstruktur durch die Wahl physischer Standorte	Planung und Kontrolle einer Standorstrukturänderung mittels Finanzkennzahlen	Qualitative Standortstrukturplanung (inkl. Standortwahl)	Einzel-Standortstrukturbewertung (i.S.d. Übergangsstrategie)	Gestaltung und Bewertung von Standorstrukturalternativen
Abbildung der Standorstruktur	mehrstufiger Produktions- und Distributionsprozess, jedoch ausschließlich verrichtungsorientierte Arbeitsteilung	3-stufiger, länderübergreifender Produktionsprozess inkl. Beschaffungs-/ Absatzmarkt, jedoch ausschl. verrichtungs-orientiert; zentrale Steuerung	mehrstufiger, nicht näher spezifizierter Produktions-prozess, verteilt über rechtlich selbständige Einheiten in einem zentral gesteuerten Konzern	mehrstufiger, länderübergreifender Produktionsprozess	mehrstufiger Produktionsprozess in Anlehnung an KLEIN, ergänzt um Informationsflüsse	mehrstufiger, länderübergreifender Produktionsprozess; keine Einschränkung des Gestaltungs- und Lösungsraums
Variations-möglichkeiten	Wertschöpfungsverteilung in bestehender Standortstruktur (konstante Anz. an Standorten)	Variation der Anzahl der physischen Standorte, wobei für jede Produktionsstufe nur eine "Weltmarktfabrik" existiert	Variation des Produktprogramms auf Konzernebene sowie dessen Zuteilung zu festgelegten Standorten	Variation der Anzahl der physischen Standorte, wobei für jede Produktionsstufe nur eine "Weltmarktfabrik" existiert	Bewertung einer feststehenden Standortstruktur; Variation der Standortstruktur erfolgt im Vorfeld qualitativ)	Variation der Standortstruktur hinsichtlich der Anzahl physischer Standorte und der Zuteilung von Wertschöpfungsumfängen
Berücksichtigte Größen	Standortkosten; Netzwerkkosten (ausschließlich Distributionskosten)	Standortkosten; Netzwerkkosten (ausschließlich Transportkosten, Lagerbestände werden vor der eigentlichen Kostenbewertung bestimmt)	Standortkosten; Netzwerkkosten (implizit über den Verkauf der Endprodukte an die Zentrale; eine explizite Ermittlung erfolgt nicht)	Wettbewerbsfähigkeit der Produktionsstufen, Länderrisiken und unternehmensspezfischen qualitativen Bewertungsgrößen	Standortkosten; Netzwerkkosten	Standortkosten; Netzwerkkosten
Abbildung der Wechselwirkun-gen zw. Struktur und Kosten	Grundmodell der Abhängigkeiten zwischen Kapazität, Standort und Kosten; keine explizite Darstellung	implizite Abbildung durch eine iterative Vorgehensweise zur Ermittlung der Minimalkosten-kombination aller Standorte	implizite Abbildung über den Vergleich finanzwirtschaftlicher Kennzahlen	k.A.	formelmäßige Darstellung ausgewählter Zusammenhänge	formelmäßige Darstellung ausgewählter Zusammenhänge
Kostenermittlung	k.A.	Kostenfuktionen für die Produktionsstufen	Kostenermittlung auf Standortebene auf Basis einer Kosten- und Leistungsplanung	k.A.	Kostenfunktionen für Standort- und Netzwerkkosten	Kostenfunktionen für Standort- und Netzwerkkosten
Integration qual. Kriterien (z.B. pol. Risiko)	empfohlen, jedoch nicht näher ausgeführt	erfolgt in einer früheren Phase zur Bestimmung der Kapazitäten je Produktionsstufe	parallel erfolgende Risikoanalyse auf der Basis von Risikomesszahlen	ausschließlich qualitative Bewertung	nur in der qualitativen Phase	implizit über Netzwerkkosten wie z.B. Sicherheitsbestände
Lösungs-verfahren	statische (szenariobasierte) Wirtschaftlichkeitsbetrachtung	statische (szenariobasierte) Wirtschaftlichkeitsbetrachtung	(dynamische) Simulation	Portfolio und Indexverfahren	(dynamische) Simulation	(statisches) Optimierungsmodell
Einsatzzeitpunkt	nach Festlegung der Standortstrukturänderungs-strategie	k.a.	nach Festlegung einer Standortstruktur	konzeptionell-gestalterische Phase des Planungsprozesses	nach Festlegung der Standortstruktur	k.A.
Zielfunktion	Kostenminimale Standort- und Distributionsstruktur	Minimierung der standortbezogenen Stückkosten	Ermittlung finanzwirtschaftliche Kennzahlen	Nutzwertmaximierung	Kostentransparenz (Kostenminimierung durch Variation der Prozessgrößen)	kostenminimale Standorstruktur
Handhabung/ Anwendung	zu generisch für einen direkten Einsatz	Kostenfunktionen lassen sich direkt anwenden, jedoch erfordert die Interation ein mehrfaches Aufstellen des Bewertungsmodells	aufwändig Implementierung, Simulationsmodell lässt sich bei hinreichender Datenverfügbarkeit aufbauen	Portfolio- und Indexverfahren sind dirket einsetzbar, jedoch für den einzelnen Anwendungsfall weiter zu spezifizieren	aufwändige Implementierung, Simulationsmodell lässt sich bei hinreichender Datenverfügbarkeit aufbauen	sehr aufwändige Implemen-tierung, Optimierungsmodell lässt sich bei hinreichender Datenverfügbarkeit aufbauen
Zeithorizont	eine Periode	eine Periode	mehrere Perioden	k.A.	mehrere Perioden	eine Periode
Bewertungs-grundlage/ Aufbau	Gesamtkostenmodell, jedoch ohne konkrete Angaben zum Aufbau	Gesamtkostenmodell, jedoch ohne konkrete Angaben zum Aufbau	Standortkostenmodelle zur Finanzkennzahlenermittlung auf Standortebene, Zusammen-fassung auf zentraler Ebene	Qualitative Schemata	Differenzierte Erhebung von Standort- und Netzwerkkosten, Aggregation im Simulationsmodell	Detaillierte Abbildung aller Prozesse mittels Kosten- und Leistungsdaten; Aggregation im Optimierungsmodell

Bild 4.17: Überblick der Ansätze zur Standortstrukturplanung und -bewertung[1]

[1] Eigene Darstellung.

4.3 Strategisch-konzeptionelle Gestaltungsansätze

Vor dem Hintergrund der Erfordernis eines klar definierten und eingegrenzten Gestaltungs- und Lösungsraums durch die Wahl des Bewertungsverfahrens und der diesbezüglich festgestellten Defizite bei bestehenden Ansätzen zur Standortstrukturbewertung, werden im Folgenden bestehende Ansätze zur strategischen Standortstrukturplanung auf ihre Eignung zur Eingrenzung des strategisch-konzeptionellen Gestaltungs- und Lösungsraums dieser Arbeit hin untersucht. Dabei wird der Hypothese gefolgt, dass nur eine begrenzte Anzahl generischer Positionen in Bezug auf die Formulierung von Präsenzstrategien und die Gestaltung von Präsenzstrukturen für die im Rahmen dieser Arbeit fokussierten Maschinenbauunternehmen existiert.

Im Hinblick auf ihren Geltungsbereich können Ansätze auf Unternehmensebene und Ansätze auf Niederlassungsebene unterschieden werden. Auf Unternehmensebene angesiedelte Ansätze beschreiben Alternativen für global agierende Unternehmen als solches und differenzieren nicht für einzelne Unternehmenseinheiten oder Standorte. Ziel der Ansätze auf Niederlassungsebene ist es, die möglichen Ausrichtungsalternativen (i.S.v. Rollen oder Funktionen) von Tochtergesellschaften bzw. Betriebsstätten im Unternehmensverbund entsprechend der Erwartungshaltung der Muttergesellschaften zu formulieren.[1]

Entsprechend sollen für letztere im nachfolgenden Unterkapitel eine für den Objektbereich der Arbeit zutreffende Auswahl existierender Ansätze in chronologischer Reihenfolge knapp vorgestellt und analysiert werden.[2] Der Fokus der Analyse liegt dabei auf den präskriptiven Modellen und Gestaltungsmerkmalen.

Eine detaillierte Beschreibung des derzeit umfassendsten Ansatzes zur strategischen Standortstrukturplanung, der „Global Footprint Typologie" nach HARRE, erfolgt in Kap. 4.3.2. Abschließend soll in Kap. 4.3.3 eine Präzisierung des dieser Arbeit zugrunde liegenden Gestaltungs- und Lösungsraums auf der Basis bestehender Ansätze vorgenommen werden.

4.3.1 Ausgewählte Ansätze im Überblick

Der erste zu erwähnende Ansatz stammt von SCHMENNER aus dem Jahre 1982. Er empfiehlt, dass Unternehmen ihre Niederlassungen gemäß einer umfassenden „multiplant strategy" ausrichten und überträgt den organisationalen Ansatz der Arbeitsteilung auf die Standortstrukturebene. Neben einer objektorientierten (product plant strategy) und einer verrichtungsorientierten Arbeitsteilung (process plant strategy) unterscheidet er weiterhin eine räumlich begründete Arbeitsteilung (market area plant strategy) als mögliche Standortstrukturformen. Hinzu kommt eine Mischform, die er als „general purpose plant

---

[1] Vgl. Jarillo, J. C.; Martinez, J. I.: Different roles for subsidiaries, 1990, S. 502ff; Harre, J.: Global Footprint Design, 2006, S. 106.

[2] Für einen umfassenden Überblick über bestehende Ansätze sowie eine detaillierte Beschreibung dieser sei auf die Arbeit von HARRE (Harre, J.: Global Footprint Design, 2006, S. 118ff) verwiesen.

strategy“ bezeichnet, bei der die Standorte speziell auf die Herstellung verschiedener Produkte mit sehr kurzen Lebenszyklen ausgerichtet sind.[1]

Mit Blick auf die Zielsetzung einer Einschränkung des Gestaltungs- und Lösungsraums erscheint die Definition von (Referenz-) Standortstrukturtypen prinzipiell gut geeignet. Jedoch sind die von SCHMENNER beschriebenen Typen aufgrund ihres unidirektionalen Charakters zu speziell und damit zu einschränkend. Die von den in dieser Arbeit fokussierten Maschinenbauunternehmen parallel verfolgten Internationalisierungsziele wie z.B. der Kostenreduzierung und der Markterschließung werden durch sie nur in Teilen abgedeckt. Das Prinzip der Arbeitsteilung (organisationale, räumliche) hingegen erscheint als Grundmuster zur Strukturierung gut geeignet.

Im Ansatz von WHITE und POYNTER aus dem Jahre 1984 werden weitgehend dieselben konstitutiven Merkmale wie bei SCHMENNER verwendet. Im Gegensatz zum Ansatz von SCHMENNER werden hier jedoch nicht Strategien für komplette Standortstrukturen definiert, sondern Strategien zur Positionierung einzelner Standorte. Es wird zwischen reinen Vertriebsstandorten ohne Produktion (Marketing Satellite), Marktstandorten (Miniature Replica), in denen für lokale Märkte mit teilweise lokalen Anpassungen produziert wird, reinen Produktstandorten für den globalen Markt (Product Specialist) und Mengenstandorten für den globalen Markt (Rationalized Manufacturer), bei denen die Realisierung von Skaleneffekten durch eine hohe Auslastung der Produktionsprozesse (durch z.T. verschiedene Produkte) im Vordergrund steht, differenziert.[2]

Die aus diesem Ansatz hervorgehende Verfolgung unterschiedlicher strategischer Stoßrichtungen innerhalb eines Produktionsverbundes entspricht dem multiplen Zielsystem der in dieser Arbeit fokussierten Unternehmen. Es wird jedoch nicht auf mögliche Leistungsbeziehungen zwischen Standorten, wie z.B. bei SCHMENNER's „process plant strategy“, eingegangen. Beziehungen zwischen den Standorten konzentrieren sich, bis auf die Lieferbeziehung zwischen „Rationalized Manufacturer“ und „Marketing Satellite“, auf unterstützende Bereiche wie Technologie- und Produktentwicklung, Marketing und administrative Tätigkeiten. Vor dem Hintergrund, dass die höhere Strukturierungsflexibilität mit einem Verzicht auf Grundstrukturmuster einhergeht, gehen von diesem Ansatz keine über den Ansatz von SCHMENNER hinausgehenden Impulse zur Eingrenzung des Gestaltungs- und Lösungsraums dieser Arbeit aus.

Die konstituierenden Merkmale im Ansatz von BARTLETT und GOSHAL aus dem Jahre 1986 sind die strategische Wichtigkeit des lokalen Marktes sowie die Fähigkeit der lokalen Niederlassungen. Mittels Binominalskalierung dieser zwei Merkmale definieren sie Rollen von Produktionsstandorten: Der „Strategic leader“ ist ein Standort in einem strategischen Markt, der aufgrund seiner Fähigkeiten als Partner der Zentrale in Bezug auf lo-

[1] Vgl. Schmenner, R. W.: Multiplant manufacturing strategies among the Fortune 500, 1982, S. 77f.
[2] Vgl. White, R. E.; Poynter, T. A.: Strategies for foreign-owned subsidiaries in Canada, 1984, S. 60ff.

kale Anpassung und Implementierung der Unternehmensstrategie. Der „Contributor"-Standort ist hingegen ein vom Markt eher entkoppelter Standort, der aber durch sein besonderes Fähigkeitsprofil einen strategischen Beitrag für das Gesamtunternehmen leistet. Unter der Rolle des „Implementer" werden schließlich Standorte zusammengefasst, bei denen nicht die Markt- und Technologiestellung sondern mehr die Effizienz im Vordergrund steht.[1]

Vom Grundsatz her entspricht auch dieser Ansatz dem multiplen Zielsystem der in dieser Arbeit fokussierten Unternehmen. Er ist jedoch deutlich generischer als die zuvor beschriebenen Ansätze und fokussiert mehr auf die Verteilung der Verantwortung im Produktionsnetzwerk denn auf die Leistungsverteilung und die Leistungsbeziehungen zwischen den Standorten. Für eine Eingrenzung des Gestaltungs- und Lösungsraums ist er weniger geeignet.

Ausgangspunkt im Ansatz von WEBER aus dem Jahre 1995 bilden die unterschiedlichen Umwelt- und Wettbewerbsbedingungen möglicher Standorte eines Produktionsnetzwerkes. Als konstituierende Merkmale unterscheidet er den Zugang zu Ressourcen, Technologien und Märkten und leitet hieraus folgende Standortrollen bzw. -funktionen ab: „Ressourcenorientierte Standorte" zeichnen sich vornehmlich durch einen günstigen Zugang zum Produktionsfaktor Arbeit aus. Aus WEBER's Sicht eignen sie sich gut zur Herstellung standardisierter Bauteile oder anspruchsloser Produkte, die dann an andere Standorte geliefert werden oder in den weltweiten Vertrieb gehen. „Marktorientierte Standorte" tragen die Verantwortung für ein spezifisches Produkt-Markt-Segement und sind in wichtigen oder geschützten Märkten eingesetzt. „Innovationsorientierte Standorte" folgen dem gleichen Prinzip wie „Ressourcenorientierte Standorte" – dem Zugang zu Produktionsfaktoren. In diesem Falle ist es der Zugang zu Know-how und Technologien. Zur Koordination der Standorte wird eine vierte Standortrolle, die der Leitstandorte, definiert. Dies sind häufig die Heimatstandorte des Unternehmens und entwicklungsbedingt vollwertige Produktionsstandorte mit der gesamten Bandbreite betrieblicher Aktivitäten (Bild 4.18).[2]

---

[1] Vgl. Bartlett, C. A.; Ghoshal, S.: Tap your subsidiaries for global reach, 1986, S. 90f.

[2] Vgl. Weber, J.: Modulare Organisationsstrukturen internationaler Unternehmensnetzwerke, 1995, S. 173f.

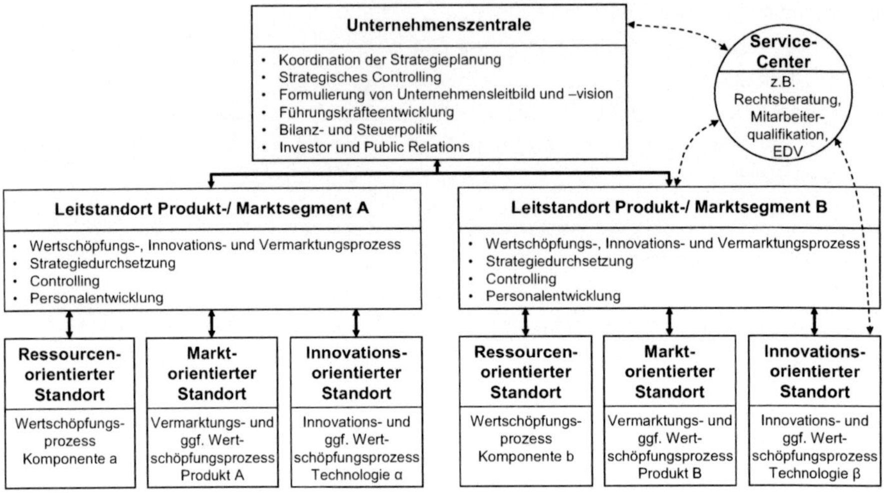

Bild 4.18: Standortsystem nach WEBER[1]

Somit stellt auch WEBER in seinem Ansatz Rollen von Produktionsstandorten zur Verfügung, mittels derer multiple strategische Stoßrichtungen innerhalb eines Produktionsnetzwerkes verfolgt werden können. Gleichzeitig lässt er Leistungsbeziehungen zwischen den (unterschiedlichen) Standorten zu, so dass eine hohe Strukturierungsflexibilität gewährleistet ist. Bei der Wahl der Leistungsbeziehungen und damit auch der Leistungszuordnung nutzt er den Zugang zu Ressourcen bzw. Technologien, um die verrichtungs- und objektorientierte Arbeitsteilung SCHMENNER's zu determinieren. So gibt es Ressourcenstandorte[2] sowohl auf der Produkt-/ Objektebene im Sinne von Standorten für einfache und anspruchsvolle Produkte als auch auf der Prozess-/ Verrichtungsebene im Sinne von Standorten für einfache und anspruchsvolle Prozesse. Parallel bzw. überlagert hierzu wird zudem der räumlichen Arbeitsteilung vor dem Hintergrund des Marktzugangs Rechnung getragen. Die dargestellte Systematik zur Leistungszuordnung und Gestaltung der Leistungsbeziehungen stellt damit die in den zuvor beschriebenen Ansätzen fehlenden flexibleren Grundstrukturen für eine mögliche Eingrenzung des Gestaltungs- und Lösungsraums dar.

Der Ansatz von FERDOWS aus dem Jahre 1997 ähnelt dem Ansatz von WEBER sehr. Er greift auch das Verhältnis der Standorte zur umgebenden Umwelt als konstituierendes Merkmal auf und nutzt sogar die gleiche Nomenklatur (Bild 4.19). Seine Zielsetzung liegt jedoch auch nicht in der eigentlichen Differenzierung von Rollen, sondern vielmehr in der Formulierung von Entwicklungspfaden für die jeweiligen Standorte. Hierzu führt er zusätz-

[1] Vgl. Weber, J.: Modulare Organisationsstrukturen internationaler Unternehmensnetzwerke, 1995, S. 216.

[2] Unter diesem Begriff sind sowohl die „Ressourcenorientierten Standorte" als auch die „Innovationsorientierten Standorte" zusammengefasst.

lich zu den bestehenden konstituierenden Merkmalen die Kompetenz der jeweiligen Produktionsstätte ein.[1]

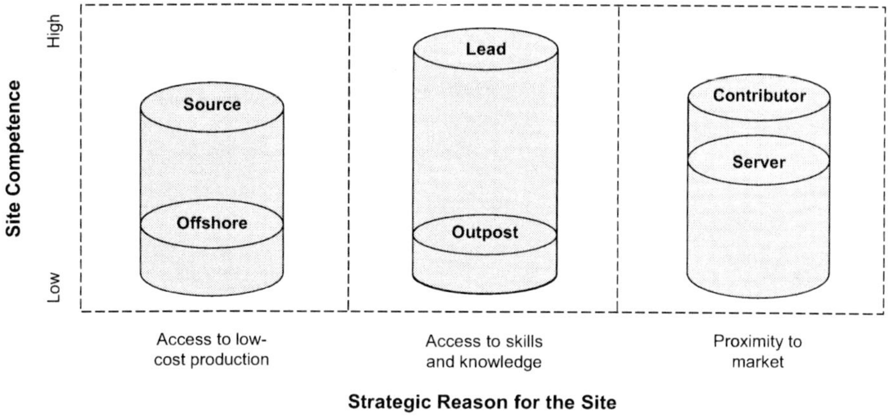

Bild 4.19: Standortrollen und Entwicklungspfade nach FERDOWS[2]

Vor dem Hintergrund, dass in dieser Arbeit Standortstrukturen im eingeschwungenen Zustand verglichen werden sollen, liefert der Ansatz von FERDOWS keine über den Ansatz von WEBER hinaus gehenden relevanten Eingrenzungsmöglichkeiten des Gestaltungs- und Lösungsraums.

Der aktuellste Ansatz ist der von HARRE aus dem Jahre 2006. Hierbei handelt es sich wieder um einen Ansatz auf der Standortstrukturebene. HARRE unterstellt, dass es primär externe Umwelteinflüsse sind, die auf die Effektivität einer Standortstruktur Einfluss haben.[3] Entsprechend nutzt er die Ausprägungen der jeweiligen Beschaffungs- und Absatzmärkte eines Unternehmens als konstituierende Merkmale für mögliche Standortstrukturtypen. Die Ausprägungen sind dabei die räumliche und die sachliche Marktdifferenzierung.[4] Der „Kongruenz-Effizienz-Hypothese“[5], dass die erforderliche Komplexität der Standortstruktur durch die Komplexität der Beschaffungs- und Absatzmärkte bestimmt wird, folgend, leitet er so 16 verschiedene Standortstrukturtypen ab. Diese lassen sich wiederum hinsichtlich der Komplexitätsentsprechung von Absatz- und Beschaffungsmarkt in die Gruppen „Äquivalenztypen“ (4), „Konflikttypen“ (4) und „Mischformen“

---

[1] Vgl. Ferdows, K.: Making the most of foreign factories, 1997, S. 77f.

[2] Eigene Darstellung. I.A.a. Ferdows, K.: Making the most of foreign factories, 1997, S. 77.

[3] Vgl. Harre, J.: Strategische Standortstrukturplanung, 2006, S. 178ff.

[4] Vgl. Kap. 4.3.2.

[5] NOHRIA und GHOSHAL (vgl. Nohria, N.; Ghoshal, S.: The Differentiated Network, 1997 ,S. 173ff) zeigen anhand einer empirischen Untersuchung, dass ein signifikanter Zusammenhang zwischen Erfolg von Unternehmen und ihrer Fähigkeit zur organisatorischen Anpassung an Umweltkonstellationen besteht. Unternehmen die ihre Organisationsstrukturen an die Komplexität der Umweltbedingungen anpassen, sind signifikant erfolgreicher. Vgl. auch Kap. 3.2.1.1 und Kap. 4.3.1.

(8) unterteilen. Die sowohl in Theorie als auch empirisch nachgewiesenen zweckmäßigsten Gruppen (Äquivalenztypen und Konflikttypen) beschreibt er näher.[1]

HARRE nutzt damit ebenfalls die von WEBER bereits implizit eingeführten zusätzlichen Merkmale des Beschaffungs- und Absatzmarktzugangs zur Determinierung der organisationalen und räumlichen Arbeitsteilung. Durch die zusätzliche Beschreibung der Komplexität von Beschaffungs- und Absatzmärkten durch jeweils eine sachliche und räumliche Marktdifferenzierung gelingt es ihm, mittels der „Kongruenz-Effizienz-Hypothese" die geforderten Grundmuster zur Strukturierung zu beschreiben und hieraus Referenzstandortstrukturen abzuleiten. Die Möglichkeit einer Eingrenzung von Gestaltungs- und Lösungsräumen ist somit klar gegeben.

Mit Blick auf die Analyseschwerpunkte sind in Bild 4.20 die wesentlichen Aspekte der Ansätze zusammengefasst gegenübergestellt. Unter dem Begriff „Fokus" ist dabei die Zielsetzung bzw. der Objektbereich der jeweiligen Ansätze aufgeführt, unter den „Stellgrößen" die dem jeweiligen Modell zugrunde liegenden Gestaltungsparameter.

[1] Vgl. Harre, J.: Strategische Standortstrukturplanung, 2006, S. 197ff.

Ansatz	Fokus	Stellgrößen	Klassifizierung	Beschreibung
Schmenner (1982)	Standortstruktur-Typen für Produktionsnetzwerke	Organisationale und räumliche Arbeitsteilung	Product Plant Strategy	Objektorientierte Arbeitsteilung
			Process Plant Straegy	Verrichtungsorientierte Arbeitsteilung
			Market Area Plant Strategy	Räumliche Arbeitsteilung
			General Purpose Plant Strategy	Mischform
White & Poynter (1984)	Rollendefinition für Standorte im Produktionsnetzwerk	Marktreichweite, Kostenminimierung	Miniature Replica	Produktion und teilweise Applikationsentwicklung jeweils vor Ort
			Marketing Satellite	Vertriebsstandorte (Marketing und Service)
			Rationalized Manufacturer	Globale Zentralisierung der Produktion zur Nutzung von Skaleneffekten oder Faktorkostenpotenzialen
			Product Specialist	Entwicklung, Produktion, Vermarktung jeweils einer Produktlinie für den globalen Markt
			Strategic Independent	Vollständige Eigenverantwortung, autarke 100%-Beteiligung
Bartlett & Ghoshal (1986)	Rollendefinition für Standorte im Produktionsnetzwerk mit Gewicht auf Verantwortungsumfängen	Kompetenz, Marktbedeutung	Strategic Leader	Kompetente Niederlassung in einem wichtigen Markt mit entsprechend hoher Verantwortung, agiert als Partner der Zentrale
			Contributor	Kompetente Niederlassung in einem unwichtigen Markt, leistet aber einen strategischen Beitrag
			Implementor	Niederalassung in einem unwichtigen Markt mit beschränkten Fähigkeiten; effizienzorientiert, um die lokale Marktposition zu sichern
Weber (1995)	Rollendefinition für Standorte im Produktionsnetzwerk und Leistungsverteilung i.S.e. Produktionsfaktorzuordnung	Ressourcen- bzw. Technologiezugang, Marktzugang, räumliche und organisationale Arbeitsteilung	Ressourcenorientierter Standort	Standort dient als Zugang zu Ressourcen und Faktorkostenvorteilen
			Marktorientierter Standort	Standort dient als Zugang zu wichtigen Absatzmärkten
			Innovationsorientierter Standort	Standort dient dem Zugang zu Know-how und Technologien
			Leitstandort	Koordinierende Instanz im Standortverbund; i.d.R. Stammsitz des Unternehmens mit Produktion und Entwicklung
Ferdows (1997)	(Rollendefinition für Standorte im Produktionsnetzwerk und Leistungsverteilung i.S.e. Produktionsfaktorzuordnung); Zeitliche Entwicklung der Standorte	(Ressourcen- bzw. Technologiezugang, Marktzugang, räumliche und organisationale Arbeitsteilungn); Kompetenz	Offshore Factories	Verlängerte Werkbank, Nutzung von Faktorkostenvorteilen
			Source Factories	Offshore Factory mit weitreichenderer Verantwortung für Produkte und Prozessketten
			Server Factories	Standort dient als Zugang zu wichtigen Absatzmärkten
			Contributor Factories	Server Factory mit weitreichenderer Verantwortung für Produkte und Prozessketten
			Outpost Factories	Standort dient dem Zugang zu Know-how und Technologien
			Lead Factories	Outpost Factory mit weitreichenderer Verantwortung für Produkte und Prozessketten mit Führungsaufgaben im Produktionsnetz
Harre (2006)	Referenzstandortstrukturen für Produktionsnetzwerke	räumliche und sachliche Differenzierung von Beschaffungs- und Absatzmarkt; organisationale und mengenmäßige Arbeitsteilung	Zentralwerk-Struktur	Globale zentralisiert-redundante Standortstruktur
			Transplant-Struktur	Dezentralisiert-redundant
			Produktwerke-Struktur	Zentralisiert-komplementär
			Local-for-local-Struktur	Dezentralisiert-komplementär
			Technologiewerke-Struktur	Beschaffungsmarktseitig dezentralisiert-komplementär, absatzmarktseitig zentralisiert-redundant
			CKD/ SKD-Struktur	Beschaffungsmarktseitig zentralisiert-komplementär, absatzmarktseitige dezentralisiert-redundant
			Komponentenwerke-Struktur	Beschaffungsmarktseitig dezentralisiert-redundant, absatzmarktseitig zentralisiert-komplementär
			Satellitenwerke-Struktur	Beschaffungsmarktseitig zentralisiert-redundant, absatzmarktseitige dezentralisiert-komplementär

Bild 4.20: Repräsentative normative Ansätze auf Standortebene[1]

Werden die in den einzelnen Ansätzen beschriebenen Rollen von Produktionsstandorten nach dem von ihnen abgedeckten Produkt- und Produktionsprogramm (Wertschöpfungsbreite), ihrer Wertschöpfungstiefe sowie ihrer Position in der Wertschöpfungskette in ei-

[1] Eigene Darstellung.

nem Portfolio aufgetragen, so lassen sich über alle Ansätze hinweg generelle Grundmuster bzw. Zielstrukturen identifizieren (Bild 4.21).

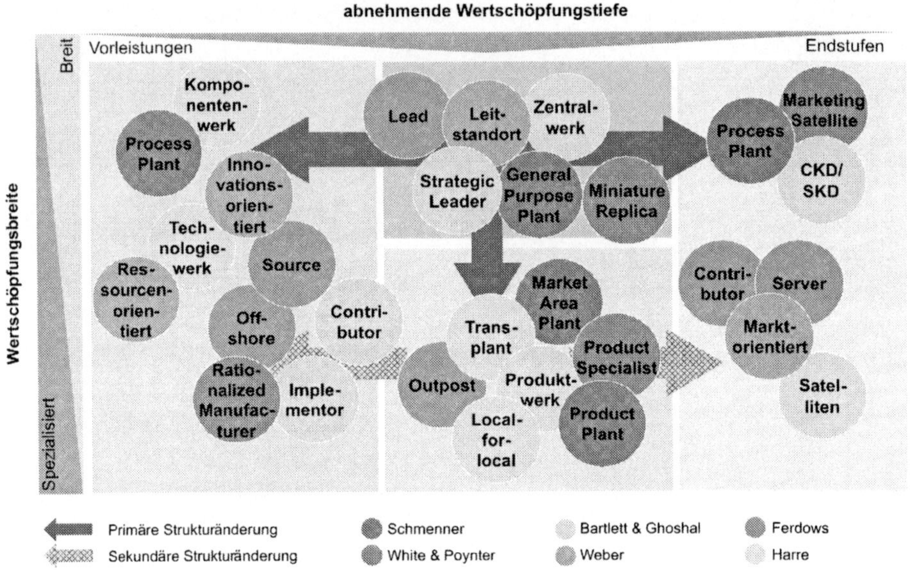

Bild 4.21: Grundmuster der Standortstrukturplanung[1]

Analog zur hierarchischen Führungs- und Organisationsstruktur der in dieser Arbeit fokussierten Unternehmen gehen auch die Modelle von einer zentralen Koordinationsinstanz aus. Hieraus erwächst zumeist eine Rolle, die diesen „Führungsanspruch" verkörpert. Entwicklungsbedingt sind dies vornehmlich die Heimatstandorte, von denen sich die Netzwerkstruktur ausgebildet hat. Sie zeichnen sich durch ihre hohe Wertschöpfungstiefe bei einem breit angelegten Produktprogramm aus. Mit ihnen als Kristallisationspunkt lassen sich verschiedene Entwicklungsrichtungen bzw. Grundmuster einer Zielstruktur identifizieren: Ausgehend von einer Konzentration aller Aktivitäten kann einerseits eine verrichtungsorientierte Teilung entlang der Wertschöpfungskette als auch eine objektorientierte Teilung des Produktprogramms festgestellt werden. Dem überlagert sind der Zugang zu Ressourcen (Beschaffungsmärkten) und Absatzmärkten.

Jedoch lassen diese Grundmuster noch keine Schlüsse auf die Leistungsverteilung und Leistungsverflechtung im Produktionsnetzwerk zu – einem jedoch für die Bewertung unterschiedlicher Standortstrukturalternativen wesentlichen Aspekt. Diese fehlenden Informationen werden einzig im Ansatz von HARRE umfassend bereitgestellt, in dem er unter Berücksichtigung der Leistungsverteilung und Leistungsverflechtung die dargestellten Grundmuster zu Referenztypen verdichtet. Sein Ansatz erscheint somit am besten geeig-

[1] Eigene Darstellung.

net, den Gestaltungs- und Lösungsraum dieser Arbeit einzugrenzen, in dem für die Maschinenbauunternehmen geeignete Referenzstrukturtypen identifiziert werden.

Im folgenden Unterkapitel wird daher der Ansatz von HARRE detailliert vorgestellt.

4.3.2 Die „Global Footprint Typologie" nach Harre (2006)

HARRE geht in seinem Ansatz zunächst davon aus, dass es primär externe Umwelteinflüsse sind, die auf die Effektivität einer Standortstruktur Einfluss haben. Die Begründung hierfür sieht er darin, dass auch die Haupttreiber zum Aufbau internationaler Produktionssysteme, die zunehmende Integration der Weltwirtschaft, die internationale Arbeitsteilung sowie die Ausrichtung auf Strategische Erfolgspositionen, eindeutig unternehmensexternen Ursprungs sind. So postuliert er der „Kongruenz-Effizienz-Hypothese" folgend, dass die erforderliche Komplexität der Standortstruktur durch die Komplexität der Beschaffungs- und Absatzmärkte bestimmt wird.[1]

Die Komplexität von Beschaffungs- und Absatzmärkten stellt HARRE anhand der Merkmale „räumliche Marktdifferenzierung" und „sachliche Marktdifferenzierung" dar:[2]

Die räumliche Marktdifferenzierung beschreibt das Vorhandensein räumlich abgegrenzter Märkte und damit die Existenz künstlicher und/ oder natürlicher Transferbeschränkungen. Liegen keine Transferbeschränkungen und damit eine geringe Komplexität vor, spricht er von einem global unbeschränkten, im anderen Extrem von einem lokal beschränkten Markt. Typische absatzmarktseitige Transferbeschränkungen sind z.B. Zölle, Local-Content-Anforderungen oder auch Transportwege. Beschaffungsmarktseitig sind vor allem schwer transferierbare Faktoren wie die Verfügbarkeit qualifizierter Arbeitskräfte oder Technologien.

Die sachliche Marktdifferenzierung beschreibt die Heterogenität der nachgefragten bzw. erforderlichen (Vor-) Produkte, also die Breite und Spezifität der Konsumentenpräferenzen und Unternehmensanforderungen. Die Extremalausprägungen der Absatz- und Beschaffungsmärkte sind dabei standardisiert-homogen (geringe Komplexität) oder spezifisch-heterogen (hohe Komplexität).

[1] Vgl. Harre, J.: Strategische Standortstrukturplanung, 2006, S. 178ff.
[2] Vgl. Harre, J.: Strategische Standortstrukturplanung, 2006, S. 191ff.

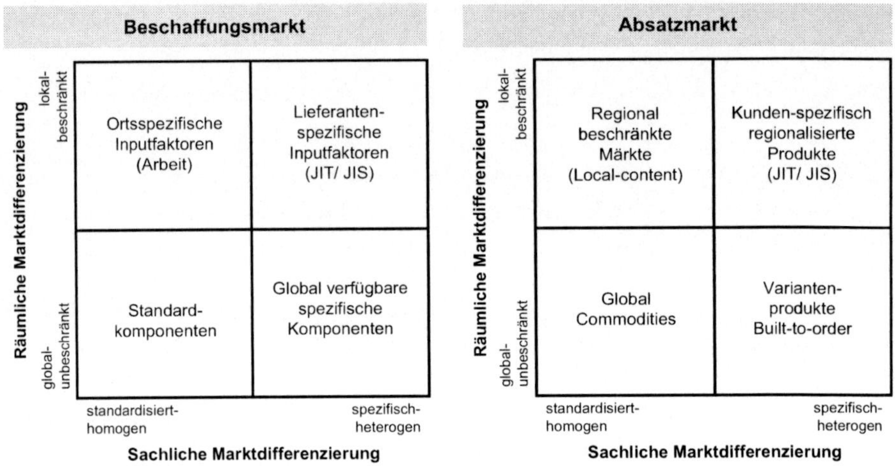

Bild 4.22: Modellierung von Absatz- und Beschaffungsmarkt nach HARRE[1]

Entsprechend der Modellierung der Umweltsphäre (Beschaffungs- und Absatzmarkt) mittels zweier Dimensionen wird auch auf der Unternehmensseite die Standortstruktur zweidimensional durch die Merkmale „Standortverteilung“ und „Standortvarietät“ abgebildet:[2]

Die Standortverteilung beschreibt die Zahl und die räumliche Verteilung der einzelnen Standorte eines internationalen Produktionssystems. Die geringste Komplexität liegt bei einer vollständigen Integration (zentralisierte Struktur) vor, die höchste bei maximaler Streuung (dezentralisierte Struktur).

Die Standortvarietät beschreibt die Differenzierung der einzelnen Standorte eines internationalen Produktionssystems. Bei Ähnlichkeit der Standorte in Bezug auf ihre Leistungsbereiche (Produkte und/ oder Prozesse) liegt die geringste Komplexität vor, die Struktur ist redundant. Die höchste Komplexität entsteht bei maximaler Differenzierung. HARRE spricht in diesem Falle von einer komplementären Standortstruktur.

[1] I.A.a. Harre, J.: Strategische Standortstrukturplanung, 2006, S. 193, 195.

[2] Vgl. Harre, J.: Strategische Standortstrukturplanung, 2006, S. 189f.

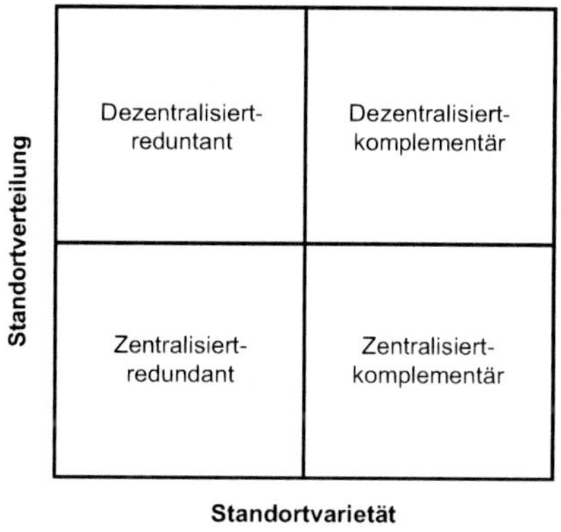

Bild 4.23: Modellierung der Standortstruktur nach HARRE[1]

Für sich genommen ist eine Erhöhung der Komplexität der Standortstruktur immer mit Ineffizienzen verbunden und ist entsprechend zu vermeiden. Aufgrund der Quasi-Abhängigkeit der Standortstruktur von den Umweltbedingungen kann aber eine hohe unternehmensexterne Komplexität eine hohe unternehmensinterne Komplexität erfordern, um die notwendige Effektivität des Produktionssystems sicherzustellen.

Diesem Gedanken folgend, lassen sich die durch die Beschaffungs- und Absatzmarktseitigen Merkmalsdimensionen aufgespannten Typologien kombinieren und insgesamt 16 Umweltsphären mit ihren entsprechenden Standortstrukturtypen unterscheiden. Hinsichtlich der Komplexitätsentsprechung von Absatz- und Beschaffungsmarkt lassen sich diese in die folgenden drei Gruppen unterteilen:[2]

Äquivalenztypen – Beschaffungs- und Absatzmarkt weisen sowohl in räumlicher, als auch in sachlicher Hinsicht gleichgerichtete Komplexitäten auf.

Konflikttypen – Beschaffungs- und Absatzmarkt weisen sowohl in räumlicher, als auch in sachlicher Hinsicht gegensätzliche Komplexitäten auf.

Mischformen – Beschaffungs- und Absatzmarkt weisen entweder in räumlicher oder in sachlicher Hinsicht gegensätzliche Komplexitäten auf. HARRE geht auf diese Typen nicht näher ein und empfiehlt, die jeweiligen Strukturtypen entweder durch Priorisierung oder Fusion auf Äquivalenz- bzw. Konflikttypen zurückzuführen.

Im Folgenden werden die unter den Gruppen Äquivalenztypen und Konflikttypen zusammengefassten Referenzstandortstrukturen detailliert vorgestellt.

[1] I.A.a. Harre, J.: Strategische Standortstrukturplanung, 2006, S. 190.
[2] Vgl. Harre, J.: Strategische Standortstrukturplanung, 2006, S. 205.

Äquivalenztypen

Zentralwerk-Struktur

Die räumliche Differenzierung von Beschaffungs- und Absatzmarkt ist global unbeschränkt, die sachliche homogen-standardisiert. Es handelt sich demnach um stückzahlintensive Global Commodities, für deren Herstellung im Wesentlichen Standardkomponenten verwendet werden. Die Zentralwerk-Struktur weist daher eine globale zentralisiert-redundante Standortstruktur auf, deren Betriebsstätten in der Literatur auch als Weltmarktfabriken bezeichnet werden. Standortstrukturen mit global verantwortlichen Zentralwerken sind bspw. in der Konsumgüterindustrie, in der Unterhaltungselektronik oder der Halbleiterproduktion anzutreffen.

Transplant-Struktur

Die räumliche Differenzierung von Beschaffungs- und Absatzmarkt ist lokal beschränkt, die sachliche homogen-standardisiert. Transferbeschränkungen erfordern in diesem Fall eine Dezentralisierung der Produktion. Da es sich aber um global-standardisierte Produkte handelt, wird eine größtmögliche Ähnlichkeit (Redundanz) der Produktionsprozesse angestrebt, um standortübergreifende Lerneffekte zu erzielen. Die Transplant-Struktur ist daher dezentralisiert-redundant; ihre Betriebsstätten gleichen einander und werden in der Literatur auch als Transplants bezeichnet. Transplant-Strukturen entstehen häufig aufgrund von Local-Content-Anforderungen, z.B. Produktionswerke japanischer Automobilhersteller in den USA.

Produktwerke-Struktur

Die räumliche Differenzierung von Beschaffungs- und Absatzmarkt ist global unbeschränkt, die sachliche heterogen-spezifisch. Es handelt sich also um kundenspezifische Absatzmärkte und Beschaffungsmärkte mit spezifischen Anforderungen an die Inputfaktoren, die aber jeweils global unbeschränkt sind. Die Produktwerke-Struktur ist daher zentralisiert-komplementär; in der Literatur spricht man auch von produktseitiger Standortteilung. Produktwerke-Strukturen finden sich sowohl in der Einzel- und Kleinserie, als auch in der Serienfertigung.

Local-for-local-Struktur

Die räumliche Differenzierung von Beschaffungs- und Absatzmarkt ist lokal beschränkt, die sachliche heterogen-spezifisch. Lokale Kundenkreise werden aus einer an die lokalen Gegebenheiten angepassten Produktion mit auf sie zugeschnittenen Produkten versorgt, die dafür auf lokale Inputfaktoren zurückgreift. Die Standortstruktur ist dezentralisiert-komplementär. Local-for-local-Strukuren finden sich sowohl in der Konsum- als auch in der Investitionsgüterindustrie in abgeschotteten Regionen mit spezifischen Anforderungen und Gegebenheiten (z.B. China).

Einen Überblick über die beschriebenen Äquivalenztypen gibt Bild 4.24:

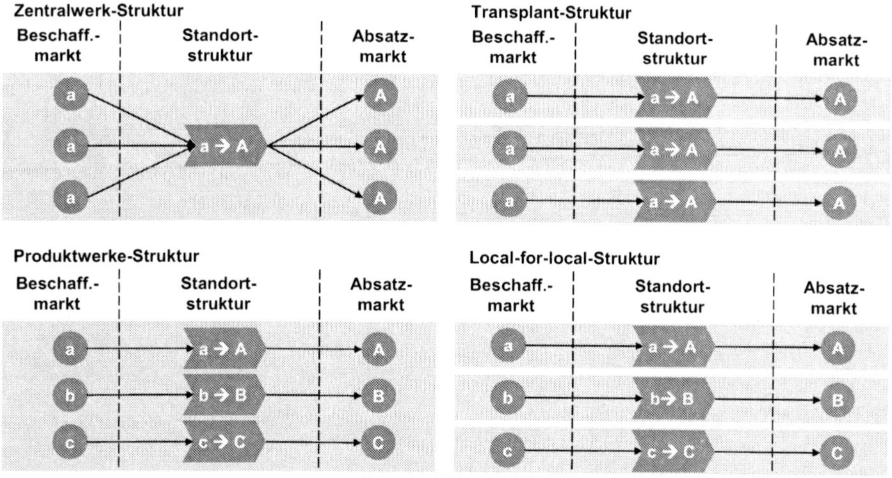

Bild 4.24: Referenzstandortstrukturen nach HARRE: Äquivalenztypen[1]

Konflikttypen

Im Falle der Konflikttypen empfiehlt HARRE eine vertikale Aufteilung des Wertschöpfungsprozesses auf zwei Standorte, die in ihrer Komplexität jeweils dem Beschaffungs- bzw. Absatzmarkt entsprechen.

Technologiewerke-Struktur

Die räumliche Differenzierung des Beschaffungsmarktes ist lokal beschränkt, die sachliche heterogen-spezifisch. Die räumliche Differenzierung des Absatzmarktes ist global unbeschränkt, die sachliche homogen-standardisiert. Die Standortstruktur gliedert sich also in beschaffungsmarktseitige dezentralisiert-komplementäre Standorte mit spezifischen Vorleistungen, die auf ein lokal differenziertes Faktorangebot zurückgreifen, und absatzmarktseitige zentralisiert-redundante Standorte, die einen global-homogenen Kundenkreis mit standardisierten Endprodukten versorgen. Technologiewerke-Strukturen sind bspw. in der Hausgeräte- sowie der Automobilindustrie anzutreffen.

CKD/ SKD-Struktur

Die räumliche Differenzierung des Beschaffungsmarktes ist global unbeschränkt, die sachliche heterogen-spezifisch. Die räumliche Differenzierung des Absatzmarktes ist lokal beschränkt, die sachliche homogen-standardisiert. Die Standortstruktur gliedert sich also in beschaffungsmarktseitige zentralisiert-komplementäre Standorte mit standardisierten Vorleistungen, die dafür jedoch auf ein lokal differenziertes Faktorangebot zurückgreifen, und absatzmarktseitige dezentralisiert-redundante Standorte, die jeweils lokal beschränkte Kundenkreise mit standardisierten Endprodukten versorgen.

[1] I.A.a. Harre, J.: Strategische Standortstrukturplanung, 2006, S. 207ff.

CKD/ SKD-Strukturen sind bspw. in der Automobilindustrie oder auch bei Investitionsgüterherstellern insbesondere in Schwellen- und/ oder Wachstumsländern anzutreffen.

Komponentenwerke-Struktur

Die räumliche Differenzierung des Beschaffungsmarktes ist lokal beschränkt, die sachliche homogen-standardisiert. Die räumliche Differenzierung des Absatzmarktes ist global unbeschränkt, die sachliche heterogen-spezifisch. Die Standortstruktur gliedert sich also in beschaffungsmarktseitige dezentralisiert-redundante Standorte mit standardisierten Vorleistungen, die auf ein lokal differenziertes Faktorangebot zurückgreifen, und absatzmarktseitige zentralisiert-komplementäre Standorte, die global-homogene Kundenkreise mit spezifischen Endprodukten versorgen. Komponentenwerke-Strukturen sind bspw. im Maschinen- und Anlagenbau oder der Automobilindustrie anzutreffen.

Satellitenwerke-Struktur

Die räumliche Differenzierung des Beschaffungsmarktes ist global unbeschränkt, die sachliche homogen-standardisiert. Die räumliche Differenzierung des Absatzmarktes ist lokal beschränkt, die sachliche heterogen-spezifisch. Die Standortstruktur gliedert sich also in beschaffungsmarktseitige zentralisiert-redundante Standorte mit standardisierten Vorleistungen, und absatzmarktseitige dezentralisiert-komplementäre Standorte, die jeweils lokal beschränkte Kundenkreise mit spezifischen Endprodukten versorgen. Satellitenwerke-Strukturen sind bspw. in der Automobilzulieferindustrie sowie bei Werkzeugmaschinenherstellern anzutreffen.

Einen Überblick über die beschriebenen Äquivalenztypen gibt Bild 4.25:

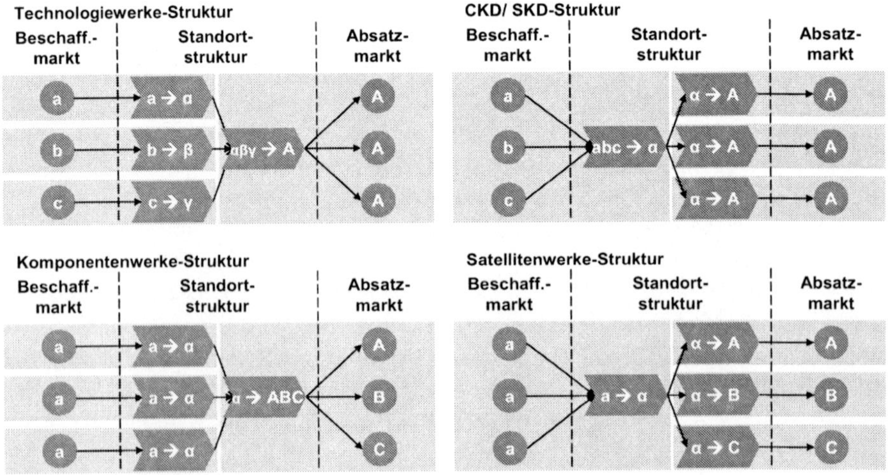

Bild 4.25: Referenzstandortstrukturen nach HARRE: Konflikttypen[1]

[1] I.A.a. Harre, J.: Strategische Standortstrukturplanung, 2006, S. 215ff.

4.3.3 Zwischenfazit – Präzisierung des Gestaltungs- und Lösungsraums

Die Analyse der bestehenden Ansätze zur Standortstrukturbewertung hat deutliche Defizite bei der Darstellung der Wirkzusammenhänge zwischen Struktur und Kosten ergeben. Einer der Hauptgründe hierfür ist eine unpräzise Modellierung bzw. die fehlende Eingrenzung/ Strukturierung des Gestaltungs- und Lösungsraums in den Ansätzen.

Entsprechend wurden zusätzlich relevante Ansätze der strategischen Standortstrukturplanung identifiziert und im Rahmen dieses Unterkapitels hinsichtlich ihrer Eignung zur Eingrenzung des strategisch-konzeptionellen Gestaltungs- und Lösungsraums untersucht.

Obwohl die überwiegende Anzahl dieser Ansätze generelle Grundmuster zur Rollenverteilung in Produktionsnetzwerken liefert und damit grobe Gestaltungsrichtungen vorgibt, lassen diese Grundmuster aber noch keine Schlüsse auf die Leistungsverteilung und Leistungsverflechtung im Produktionsnetz zu – einem für die Bewertung unterschiedlicher Standortalternativen wesentlichen Aspekt.

Vor diesem Hintergrund wurde schließlich der Ansatz von HARRE detailliert vorgestellt. Er vereint nicht nur die Grundmuster der bestehenden Ansätze, sondern spannt in Anlehnung an die „Kongruenz-Effizienz-Hypothese" von NOHRIA und GOSHAL mit seinen zwei Modellen zur Darstellung der Komplexität von Beschaffungs- und Absatzmärkten einen Gestaltungsraum auf, der auch für die im Rahmen dieser Arbeit fokussierte Maschinenbaubranche zweckmäßig ist.

So können mit Blick auf die im Rahmen dieser Arbeit fokussierte Maschinenbaubranche Annahmen hinsichtlich der Komplexität von Beschaffungs- und Absatzmärkten getroffen werden, auf deren Basis eine Eingrenzung des Gestaltungs- und Lösungsraums für Standortstrukturkonzepte auch hinsichtlich der Leistungsverteilung und Leistungsverflechtung erfolgen kann (Bild 4.26).

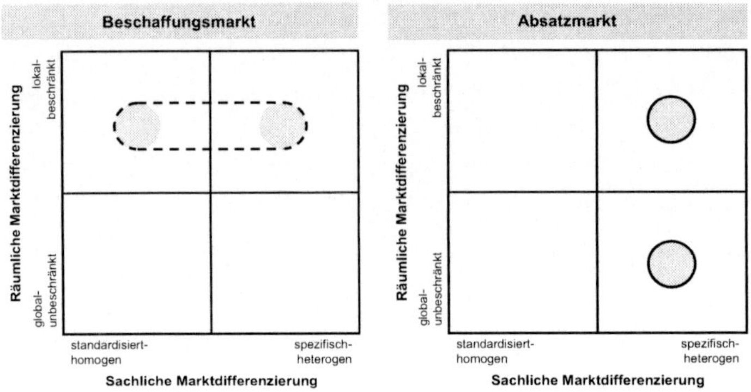

Bild 4.26: Beschaffungs- und absatzmarktseitige Komplexität im Maschinenbau[1]

Beschaffungsmarktseitig sehen sich die Unternehmen der Maschinenbaubranche mit folgenden Herausforderungen konfrontiert: Ihr heterogenes Anforderungsspektrums bzgl. bestimmter Leistungen zur Produkterstellung zwingt sie zur internationalen Arbeitsteilung. Damit verbunden ist die „Beschaffung" des Produktionsfaktors Arbeit einerseits unter dem Gesichtspunkt minimal aufzuwendender Lohnkosten für lohnintensive Standardbauteile zu verfolgen, andererseits aber auch unter Know-how-Gesichtspunkten für anspruchsvolle Fertigungs- und Montageprozesse. Da der Produktionsfaktor Arbeit zunächst einmal als produkt- und prozessneutral angesehen werden kann, handelt es sich in diesem Falle um einen standardisiert-homogenen Markt. Gleichzeitig sind die Märkte für die betrachteten Ausprägungen des Produktionsfaktors Arbeit räumlich voneinander getrennt und unterliegen natürlichen Transferbeschränkungen. Es handelt sich somit auch um lokalbeschränkte Beschaffungsmärkte.

Parallel hierzu – und damit im Dissens zum Ansatz von HARRE – kann es gleichzeitig aber auch vorkommen, dass die lokale Beschränkung des Beschaffungsmarktes sachlich begründet ist. Dies tritt bspw. dann auf, wenn bestimmte Leistungen (z.B. spezielle Oberflächenbeschichtungen) ausschließlich in Abstimmung mit lokalen Zulieferern erfolgen können. Die sachliche Marktdifferenzierung ist in diesem Falle spezifisch-heterogen, die räumliche weiterhin lokal-beschränkt.

Absatzmarktseitig hingegen zeichnet sich das Produktspektrum durch seine kundengruppenspezifischen Produktvarianten bzw. durch „built-to-order"-Produkte aus. Die sachliche Marktdifferenzierung kann damit als heterogen-spezifisch angesehen werden. Bzgl. der räumlichen Marktdifferenzierung können zwei Zustände eintreten: Global-unbeschränkte Absatzmärkte ohne künstliche oder natürliche Transferbeschränkungen oder lokalbeschränkte Absatzmärkte. Bei letzteren handelt es sich vornehmlich um die Wachstumsmärkte in Asien mit ihren Kontingentierungen, Zöllen und Local-content-

[1] I.A.a. Harre, J.: Strategische Standortstrukturplanung, 2006, S. 193, 195.

Anforderungen oder aber Märkte, in denen die Kunden lokal gefertigten Produkten den Vorzug geben.

4.4 Anforderungen an eine Bewertungsunterstützung

Der Zielsetzung dieser Arbeit entsprechend soll die zu entwickelnde Bewertungsunterstützung bereits in einem frühen Planungsstadium quantitative Aussagen hinsichtlich der Vorteilhaftigkeit verschiedener, aufgrund vornehmlich qualitativer Kriterien in die engere Wahl genommener Standortstrukturalternativen geben. Diese Randbedingung determiniert maßgeblich die Form und Ausgestaltung der Bewertungsunterstützung:

Aufgrund des verhältnismäßig frühen Einsatzzeitpunktes ist die bestehende Datengrundlage vom Umfang und Detaillierungsgrad her noch nicht sehr ausgebildet bzw. muss erst noch generiert werden. Es liegen zwar konkrete Angaben über die Verteilung der Wertschöpfung und damit über Kapazitäten, eingesetzte Technologien, das Produktionsprogramm und über die sich hieraus auf der Basis von Erfahrungswerten ableitenden Annahmen zum Kapital-, Material- und Arbeitseinsatz vor, eine weitere Detaillierung auf der Prozessebene ist weder möglich noch zweckmäßig. Die konkrete Planung von Maschinen und Prozessen und damit auch die Erzeugung realer Arbeitspläne erfolgt zu einem späteren Zeitpunkt – i.d.R. nach Auswahl des physischen Standorts im Rahmen der Fabrik- und Produktionssystemplanung. Somit liegt die Art des hier zu verwendenden Lösungsverfahrens genau im Spannungsfeld zwischen datenintensiven Simulations- und Optimierungsverfahren auf der einen und qualitativen Verfahren wie den Indexverfahren auf der anderen Seite.

Weitere Forderungen in Bezug auf das einzusetzende Lösungsverfahren stellen die einfache praktische Handhabung und die so genannte „Managementtauglichkeit“ dar. Begründet liegt dies nicht nur in den fehlenden Finanzmitteln im mittelständisch geprägten Maschinebau, sondern vor allem auch in unzureichenden personellen Kapazitäten und mangelnden methodischen und analytischen Fähigkeiten zum Aufbau und zur Implementierung komplexer Lösungsverfahren wie der Simulation. Zudem steht bei diesen Unternehmen aufgrund dieser eher selten (ähnlich) auftretenden Planungsherausforderung der Initialaufwand dieser Verfahren in keinem Verhältnis zum Nutzen. Dieser Umstand impliziert auch, dass die Planungs- und Bewertungsaufgabe mittels herkömmlicher, in der unternehmerischen Praxis eingesetzter Software wie z.B. Microsoft Excel zu bewältigen sein muss.

Neben des Einsatzes bekannter und im Unternehmen beherrschter Programme ist es mit Blick auf die Akzeptanz der Ergebnisse in den Entscheidungsgremien zudem außerordentlich wichtig, Transparenz hinsichtlich Aufbau und Struktur des Bewertungsschemas sowie der darin berücksichtigten Wechselwirkungen zwischen Struktur und Kostenverläufen zu schaffen. Es muss deutlich und nachvollziehbar sein, welches die relevanten Stellgrößen sind und welche Auswirkungen Variationen auf den Zielwert haben.

Die Generierung eines adäquaten Zielwertes ist in Hinblick auf die Akzeptanz und den Nutzen der Bewertungsunterstützung ebenfalls nicht zu unterschätzen. Mit Blick auf das genuine Ziel aller Aktivitäten im Rahmen der Standortstrukturplanung, der Unternehmenswertsteigerung, spielen gerade die zeitliche Entwicklung von Ein- und Auszahlungen und die damit verbundenen Aufwendungen für Kapital und Zinsen eine richtungweisende Rolle. Besonders die standortstrukturspezifisch induzierten finanziellen Implikationen durch die Migration von der bestehenden Standortstruktur zur Zielstruktur, wie z.B. Einmal-Aufwendungen bei der Verlagerung oder Anlaufverluste, können ausschlaggebend für den Erfolg oder Misserfolg eines Projektes sein. Entsprechend muss dem Zielwert eine möglichst große Isomorphie zwischen Modell und Realität und damit vor allem auch die zeitliche Entwicklung zugrunde liegen. Empirischen Aussagen zur Relevanz einzelner Zielwerte folgend[1] sowie dem Konzept der Unternehmenswertsteigerung folgend[2] sollen auch im Rahmen dieser Arbeit die auf einer gleichen Datengrundlage zu ermittelnden Zielwerte Kapitalwert und Amortisation verwendet werden. Darüber hinaus kann durch die Wahl dieser Form der Wirtschaftlichkeitsbewertung auch der Forderung nach Abbildung qualitativer Einflüsse wie z.B. des politischen Risikos in Form von Zuschlagsfaktoren oder aber über die Kapitalkosten Rechnung getragen werden.

Die Erfassung der Zahlungsströme und insbesondere der darin berücksichtigten anfallenden Kosten ist – gerade auch vor dem Hintergrund der eingangs erwähnten Datenlage – die größte Herausforderung in Hinblick auf eine vernünftige Bewertung alternativer Standortstrukturkonzepte. Es gilt einerseits, die wesentlichen Daten zu erfassen („so wenig wie möglich, so viel wie nötig“), andererseits die strukturspezifischen Ausprägungen bestimmter Kosten durch eine geeignete Heuristik adäquat abzubilden. Den angesprochenen dynamischen Aspekten ist dabei aufgrund der noch sehr hohen Unsicherheiten in Bezug auf Zukunftswerte eher über das Gesamtsystem beeinflussende Faktoren „top down“ denn „bottom up“ aus den Prozessen zu entsprechen.

Die vorhandene Unschärfe berücksichtigend, liegt der Fokus der Bewertungsunterstützung mehr auf der Bestimmung einer relativen Vorteilhaftigkeit verschiedener Standortstrukturalternativen zueinander denn auf der absoluten Vorteilhaftigkeit der Standortstrukturänderung. Letztere wird und muss auch weiterhin – der mit jeder Planung verbundenen Unsicherheit gerecht werdend – über Schwellwerte bzw. Mindesterwartungswerte bei der Zielerreichung Berücksichtigung finden.

Mit Blick auf die Anwendung der Bewertungsunterstützung auf mehrere Standortstrukturalternativen sind der modulare Aufbau und damit die Wiederverwendung bestimmter

[1] Vgl. Kap. 4.1.6.
[2] Vgl. Kap. 3.1.1.

Bausteine essenziell. Es gilt, strukturneutrale von strukturrelevanten Größen zu trennen, um so den Anpassungsaufwand für modifizierte Standortalternativen möglichst gering zu halten. Dies birgt zudem das Potenzial zur Durchführung eines in den bestehenden Ansätzen kaum verwirklichten iterativen Anpassungsprozesses der Standortstruktur durch mehrmaliges Durchlaufen sowohl der Gestaltungs- als auch der Bewertungsphase. Voraussetzung hierfür ist jedoch wiederum auch, dass der Handlungs- und Lösungsraum ausreichend eingegrenzt ist.

5 Konzeption einer Bewertungsunterstützung

In diesem Kapitel wird ein sowohl der Zielsetzung dieser Arbeit als auch den in Kap. 4.4 aufgeführten Anforderungen entsprechendes Konzept einer Bewertungsunterstützung vorgestellt. In einem ersten Teil werden hierzu zunächst die grundlegenden Zusammenhänge und Wirkmechanismen, die hinter der Beeinflussung der Kostenstruktur durch Veränderung der Wertschöpfungsstruktur stehen, verdeutlicht und hinsichtlich der Zielsetzung dieser Arbeit strukturiert. Zur adäquaten Abbildung und Nutzung dieser Zusammenhänge im Rahmen der Bewertungsunterstützung wird ferner der Anwendungsbereich konkretisiert und modelliert. Im zweiten Teil dieses Kapitels wird der Aufbau der Bewertungsunterstützung vorgestellt sowie dessen Elemente grob umschrieben. Eine detaillierte Ausgestaltung erfolgt schließlich in Kap. 6.

5.1 (Kosten-) Effekte durch Veränderung der Wertschöpfung

Das in dieser Arbeit adressierte Problem der Auswahl einer kostenoptimalen Standortstruktur kann – wenn auch nicht immer auf direktem Wege – auf das übergeordnete Ziel der Optimierung bestehender Kostenstrukturen zurückgeführt werden. So lassen sich die Kostenstrukturen einerseits durch Veränderungen in bestehenden Systemgrenzen (Erhöhung der Umsatzrendite bei konstantem Umsatz) oder andererseits eben auch durch Erweiterung dieser (Erhöhung der Grenzmarge durch Umsatzwachstum) beeinflussen. Obwohl mittelfristig das eine oft nur in Verbindung mit dem anderen realisierbar ist, kommt auf lange Sicht der Optimierung der Kostenstrukturen in bestehenden Systemgrenzen die zentrale Bedeutung zu.

Die Ansätze hierzu sind vielfältig. Grob lassen sich zwei Grundrichtungen unterscheiden: Direkte Maßnahmen am Produkt oder Prozess sowie indirekte Maßnahmen durch Veränderung der Wertschöpfungsstrukturen.

In der Einzel- und Kleinseriencharakter aufweisenden Maschinenbaubranche sind die potenzialstärksten direkten Maßnahmen die Optimierung bestehender Produktionsprozesse, gefolgt von der Einführung leistungsorientierter Vergütungssysteme und Anpassungen des Produktdesigns. Im Mittel lassen sich durch diese jedoch nur geringe Kosteneinsparungen von drei bis fünf Prozent erzielen.[1]

Ein weitaus größeres Potenzial bergen dagegen die indirekten Maßnahmen durch Veränderung der Wertschöpfungsstrukturen. Im Mittelpunkt dieser Maßnahmen stand während der letzten 15 Jahre das Thema Outsourcing.[2] Ziel hierbei war es, über das Verhältnis von Eigenfertigung zu Fremdbezug Einfluss auf die Kostenstrukturen zu nehmen. Durch die Vergabe von Leistungsumfängen (Produkte, Teilprozessketten, etc.) an exter-

[1] Vgl. Schuh, G.; Linnhoff, M.: Zukunftsperspektive Deutschland, 2006, S. 19f.

[2] Vgl. Schmitt, R.; Klenter, G.: Sourcing-Trends Maschinenbau 2005, 2005, S. 5.

ne Lieferanten sollten bestehende Fixkostenblöcke abgebaut bzw. i.S.e. bedarfsorientierten Kostenentstehung proportionalisiert werden.[1]

Mit dem höheren Einsparpotenzial sind jedoch auch deutlich höhere Risiken verbunden. Im Gegensatz zu den direkten Maßnahmen lässt sich die Reduzierung der eigenen Wertschöpfung nicht beliebig oft wiederholen; eine Rückabwicklung ist zudem nur unter erheblichen finanziellen Einbußen zu realisieren. Hinzu kommt, dass bei vielen Maschinenbauunternehmen mit einer hohen Wertschöpfungstiefe und Eigenfertigungsquote die Besetzung Strategischer Erfolgspositionen verbunden ist. Wertschöpfungstiefe und Eigenfertigungsquote haben direkten Einfluss auf die „Produktionsflexibilität" hinsichtlich der Umsetzung von Kundenanforderungen und Änderungen im laufenden Produktentstehungsprozess. Aber auch andere Strategische Erfolgspositionen wie Qualität und Image können negativ beeinflusst werden, wenn z.B. aufgrund eines zu starken Absenkens der Wertschöpfungstiefe die Rückkoppelungen aus der Produktion in die Konstruktion und Entwicklung ausbleiben. Darüber hinaus bildet die eigene Wertschöpfung auch die Basis für die Entwicklung neuer Fähigkeiten, die insbesondere zur Erschließung zukunftsträchtiger Technologien erforderlich sind – Voraussetzung für neue Kernkompetenzen und Wettbewerbsvorteile im Markt.[2]

Dem vermeintlich hohen Einsparpotenzial durch Outsourcing sind entsprechend Grenzen gesetzt. Bild 5.1 soll den Handlungsspielraum dieser Maßnahmen nochmals verdeutlichen.

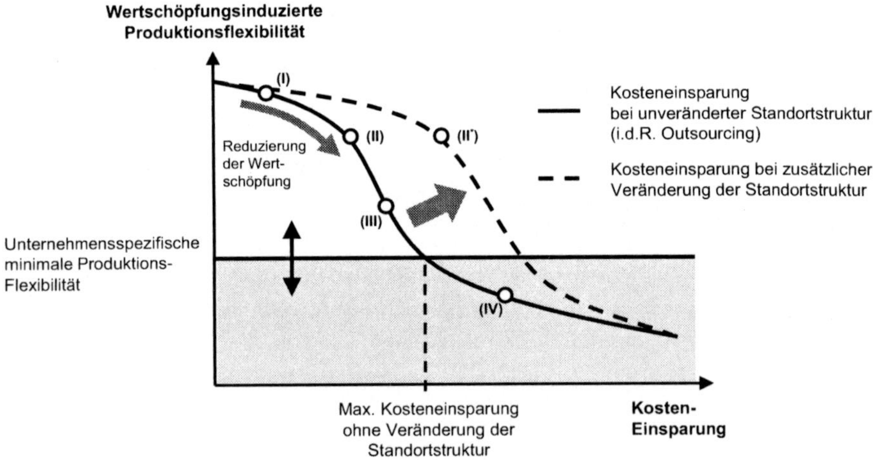

Bild 5.1: (Kosten-) Effekte durch Veränderung der Wertschöpfungsstruktur[3]

[1] Vgl. Perlitz, M.: Internationales Management, 2004, S. 345f.

[2] Vgl. o.V.: Wertschöpfung hat Wert, 2006, S. 6.

[3] Eigene Darstellung.

Grob kann der Verlauf des mit Outsourcing verbundenen Verlustes an Produktionsflexibilität und der realisierbaren Kosteneinsparungen wie folgt erklärt werden:

Bis zu einem gewissen Maß (I → II) birgt die Reduzierung der Wertschöpfung deutliche Kostenvorteile bei nur geringem Verlust der oben beschriebenen wertschöpfungsinduzierten Produktionsflexibilität. Dies ist der Fall, wenn strategisch unwichtige Produktionsprozesse (z.B. Vorfertigungsschritte) oder aber auch über das strategisch erforderliche Maß hinaus vorgehaltene Kapazitäten ausgelagert werden. Hier kann an möglichen Skaleneffekten bei Zulieferern partizipiert und Fixkostenblöcke proportionalisiert werden.[1]

Bei einer weiteren Reduzierung der Wertschöpfungstiefe (II → III), z.B. durch die Aufgabe kompletter Prozessschritte, stehen dagegen die Einspareffekte in keinem Verhältnis mehr zum Verlust an Produktionsflexibilität. Der verhältnismäßig geringe Kostenvorteil begründet sich in den stark steigenden Koordinationskosten – insbesondere im Falle von unvorhergesehenen Änderungsanforderungen im laufenden Produktentstehungsprozess durch Kunden oder die Konstruktion. Der direkte Einfluss auf die Prozesse ist nicht mehr gegeben.[2] Mit Blick auf das zur Sicherung der Strategischen Erfolgspositionen erforderliche Mindestmaß an Produktionsflexibilität droht zudem eine Unterschreitung.

Durch eine weitere Verringerung der Wertschöpfungstiefe (III → IV), üblicherweise in Form einer Komplettvergabe von Baugruppen oder Modulen an Zulieferer, lässt sich zwar das Saldo aus Einsparungen und Koordinationskosten wieder deutlich steigern[3], hinsichtlich der vorzuhaltenden Produktionsflexibilität steigt jedoch die Gefahr einer Unterschreiten des Mindestmaßes beträchtlich. Hinzu kommt, dass Zulieferern jetzt die Möglichkeit zur Vorwärtsintegration eingeräumt wird.[4] Ist der Verlust an eigener Wertschöpfung zu groß, kann dieser auch als „Hollowing-out Effekt“ bezeichneten Vorwärtsintegration nur noch wenig entgegengesetzt werden.[5]

Mit Blick auf den stetig steigenden (globalen) Wettbewerbsdruck in der Maschinenbaubranche[6] stößt die Kombination aus vertretbarer Reduzierung der Wertschöpfung und direkten Maßnahmen an ihre Grenzen. Die Unternehmen geraten in ein Dilemma. Ohne weitere Kostenreduzierung droht der Verlust von Marktanteilen. Bei einem weiteren Verzicht auf wertschöpfungsinduzierte Produktionsflexibilität hingegen lassen sich zwar die

---

[1] Vgl. Pfaffmann, E.: Outsourcing, 2005, S. 7ff.

[2] Vgl. Perlitz, M.: Internationales Management, 2004, S. 346.

[3] Durch die Umwandlung der Baugruppen und Module von Eigenfertigungs- in Kaufteile reduziert sich einerseits wieder die Anzahl der Schnittstellen, andererseits kann die Abwicklung in bereits bestehenden administrativen Strukturen vorgenommen werden.

[4] Dieses Phänomen kann derzeit in der Automobilbranche beobachtet werden. Nach Reduzierung der eigenen Wertschöpfungstiefe auf teilweise unter 20% fangen die Unternehmen nun wieder an, z.B. im Elektronikbereich, eigene Kompetenz aufzubauen. Vgl. auch Wildemann, H.: Produktion hat goldenen Boden, 2005, S. 20.

[5] Vgl. Krcal, H.-C.: Koordination durch „Wertschöpfungspartnerschaftlichkeit“ im Netzwerk Kompetenzzentrum, 2001, S. 12f.

[6] Vgl. Kap. 2.2.2.

erforderlichen Einsparungen kurzfristig erzielen, langfristig droht jedoch auch in diesem Falle eine Minderung der Wettbewerbsfähigkeit aufgrund verwässernder Strategischer Erfolgspositionen.

Basis für einen Ausweg bietet der aktuelle Konzentrations- und Konsolidierungsprozess in der Branche. Die damit verbundenen Erweiterungen unternehmensinterner Wertschöpfungsumfänge ermöglichen den Unternehmen, Teilungen entlang der im Strukturmodell von HAGEDORN aufgespannten Wertschöpfungsdimensionen vorzunehmen.[1] Die so erzeugbaren Veränderungen der Wertschöpfungsstrukturen werden unter dem Oberbegriff „Offshoring" zusammengefasst. Dabei bildet die Verteilung der bestehenden Wertschöpfungsumfänge auf unterschiedliche Standorte und somit die Standortstruktur den Stellhebel zur Kostenreduzierung. Die Kosteneinsparungen resultieren vor allem aus der Ausnutzung komparativer Standortvorteile und der damit verbundenen internationalen Arbeitsteilung.[2]

Bezogen auf die in Bild 5.1 dargestellte Kurve bedeutet dies, dass diese durch die Wahl einer kostenoptimalen Standortstruktur nach rechts verschoben werden kann. Dies wiederum eröffnet den erforderlichen zusätzlichen Spielraum (II → II*) zur Optimierung der Kostenstrukturen der Unternehmen, ohne direkten negativen Einfluss auf die wertschöpfungsinduzierte Produktionsflexibilität.[3]

Die Aufrechterhaltung der wertschöpfungsinduzierten Produktionsflexibilität verursacht jedoch nicht zu unterschätzende Kosten. Ein Gesamtvorteil entsteht nur, wenn die durch die internationale Arbeitsteilung erzielbaren Kostenvorteile größer sind als diese. Den Verlauf dieser gegenläufigen Kostenfunktionen stellt Bild 5.2 dar.

Unter der Annahme, dass die bestehende Komplexität der Standortstruktur den vorherrschenden Umweltbedingungen (z.B. globale Lohnkostenunterschiede, Unterschiede in der Verfügbarkeit von Know-how) nicht gerecht wird, kann sich eine Erhöhung der Standortkomplexität im Sinne der „Kongruenz-Effizienz-Hypothese" von NOHRIA und GHOSHAL[4] positiv auf die direkten Produktionskosten[5] auswirken. Ist Kongruenz zwischen den beiden Systemkomplexitäten geschaffen, lassen sich mit einer weiteren Erhöhung der Komplexität der Standortstruktur keine zusätzlichen Einsparungen erzielen. Es existiert eine natürliche Untergrenze, an die sich die direkten Produktionskosten asymptotisch annähern.

---

[1] Vgl. Kap. 3.3.

[2] Vgl. Schneck, O. (Hrsg.): Lexikon der Betriebswirtschaft, 2003, S. 753f.

[3] Vgl. Nackmayr, J.; Spur, G.: Globalisierte Wertschöpfungsstrukturen als Antwort auf den weltweiten Wandel, 2005, S. 22ff.

[4] Vgl. Kap. 4.3.1.

[5] Hierzu zählen alle Kosten, die in direkter Verbindung mit der Produktentstehung anfallen. Dies sind z.B. Materialaufwendungen (Vorprodukte, Betriebsstoffe und Verbrauchswerkzeuge, etc.) und Personalaufwendungen, die in den (Hilfs-) Kostenstellen von Fertigung/ Montage anfallen. Die Umlage indirekt anfallender Kosten, z.B. in den Kostenstellen der Bereiche Beschaffung, Vertrieb und Verwaltung, ist hierbei ausgeschlossen.

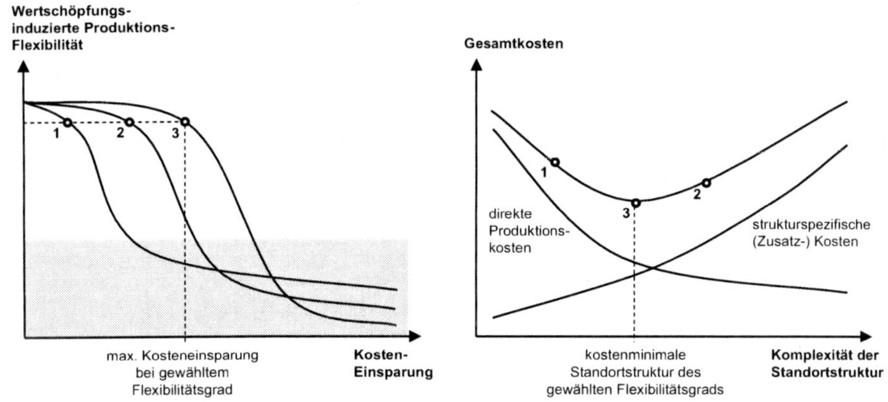

Bild 5.2: Optimale Standortstruktur für gegebene Flexibilität[1]

Jedoch ist mit einer zunehmenden Komplexität der Standortstruktur auch immer eine Zunahme der so genannten Komplexitätskosten verbunden. Dies sind Kosten, die zum Unterhalt bzw. Betrieb des Produktionsnetzwerks anfallen. Der Anstieg dieser Kosten ist dabei stark von der erforderlichen (wertschöpfungsinduzierten) Produktionsflexibilität abhängig. Je höher hier die Anforderungen gewählt werden, desto stärker wirkt sich ein Anstieg der standortstrukturspezifischen Komplexität auf die damit verbundenen (Zusatz-) Kosten aus.

Entsprechend gibt es – in Abhängigkeit des gewählten Grads an (wertschöpfungsinduzierter) Produktionsflexibilität – einen gesamtkostenminimalen Komplexitätsgrad der Standortstruktur. Aufgrund der gegenläufigen Verläufe von direkten Produktionskosten und standortspezifischen (Zusatz-) Kosten fällt dieser nicht zwangsläufig mit dem durch die Umwelt determinierten Komplexitätsgrad und damit der Minimalkostenkombination aller direkten Produktionskosten zusammen.

Die beschriebenen kostenseitigen Zusammenhänge können nun auch herangezogen werden, um verschiedene Standortstrukturalternativen für ein bestimmtes Set an Rahmenbedingungen vergleichend zu bewerten. Hierzu sollen im folgenden Kapitel die Einflussgrößen auf die beiden gegenläufigen Kostenverläufe konkretisiert werden.

5.2 Einflüsse der Standortstruktur auf die Produktionskosten

Die Einflussgrößen auf die im vorangegangenen Kapitel beschriebenen Kostenverläufe sind vielfältiger Natur. Ihren gemeinsamen Ursprung haben sie jedoch alle in der Teilung der Wertschöpfungsumfänge entlang der im Strukturmodell von HAGEDORN aufgespannten Wertschöpfungsdimensionen sowie in der sich hieraus ergebenden Verände-

[1] Eigene Darstellung.

rung der Komplexität der Standortstruktur. Während sie in Hinblick auf den Verlauf der direkten Produktionskosten indirekt als Befähiger wirkt, verursacht sie auf der anderen Seite die aufgezeigten standortstrukturspezifischen (Zusatz-) Kosten.

Die Komplexität der Standortstruktur lässt sich aus der systemtheoretischen Perspektive[1] durch die Merkmale Varietät und Konnektivität der Systemelemente definieren. Die Varietät beschreibt in diesem Zusammenhang die Anzahl und Vielfalt der Systemelemente, die Konnektivität die Form der Beziehungen zwischen den Elementen.[2]

Varietät	Vielfalt und Anzahl der Produktionsstandorte	
	(Auf-) Teilung der Wertschöpfung	Partitionierung
Konnektivität	Form der Beziehungen	
	Waren-/ Informationstranfers zw. beschaffungs- und absatzmarktseitigen Anspruchsgruppen	Inter-Standort-Beziehungen

Bild 5.3: Varietät und Konnektivität als komplexitätsbestimmende Elemente im Netz[3]

Die Varietät der Produktionsstandorte wird durch die (Auf-) Teilung der Wertschöpfungsumfänge hervorgerufen. Sie wächst zum einen mit der sich hieraus ergebenden Anzahl der Produktionsstandorte (Mächtigkeit des Produktionsnetzwerkes), zum anderen wird sie von der standortübergreifenden Vielfalt der Leistungserstellungsbereiche, -prozesse und -potenziale bestimmt und verhält sich reziprok zu deren Ähnlichkeit (standortübergreifende Standardisierung). So bedingt bspw. eine geringe Standardisierung eine hohe Spezifität der jeweiligen Leistungserstellungssysteme in Bezug auf das Leistungsprogramm und beschränkt deren Leistungsspektrum.

Die Konnektivität und damit die Anzahl der möglichen Beziehungen im Produktionsnetz steigen ebenfalls mit der Anzahl der Produktionsstandorte. Die Summe der Beziehungen setzt sich dabei einerseits aus der Summe möglicher standortübergreifender Weisungs- und Informationsflüsse zusammen; andererseits finden aber auch die möglichen Waren und Informationstransfers zwischen beschaffungs- und absatzmarktseitigen Anspruchsgruppen und den Standorten Berücksichtigung, wobei hierbei ausschließlich die absolute Anzahl der Anspruchsgruppen determinierend wirkt. Sind die Anspruchsgruppen über mehrere Umweltsphären verteilt, so lässt sich sogar mit zunehmender Anzahl an Aus-

[1] In Abgrenzung zu den auf das Verhalten der Personen abstellenden kybernetischen und soziologischen Ansätzen der Systemtheorie handelt es sich bei den hier betrachteten Produktionssystemen nicht um soziale, sondern um sozio-technische Systeme. Der Fokus der Betrachtung liegt weniger auf den Menschen denn mehr auf der sachtechnischen Ebene. Vgl. Ropohl, G.: Eine Systemtheorie der Technik, 1999, S. 75ff. Für einen umfassenden Überblick über die Grundlagen der Systemtheorie sei auf ULRICH (Ulrich, H.: Systemorientiertes Management, 2001, S. 44) verwiesen.

[2] Vgl. Harre, J.: Global Footprint Design, 2006, S. 187.

[3] Eigene Darstellung.

landsstandorten die Zahl der grenzüberschreitenden Transferbeziehungen zwischen den Umweltsphären bis zu einer gewissen Standortzahl minimieren.[1] Darüber hinaus steigt sie aber ebenfalls an. Die Zahl möglicher Inter-Standort-Beziehungen wächst dagegen nahezu quadratisch mit der Zahl der Standorte und ist entsprechend deutlich dominanter.[2]

Aber auch eine geringe Standardisierung der Standorte wirkt sich auf die Konnektivität aus. Je geringer die Standardisierung bzw. je höher die Varietät, desto individueller fällt die Ausgestaltung der standortübergreifenden Informationsflüsse aus. Die Vielfalt der erforderlichen Beziehungsarten nimmt zu. Die Varietät hat damit einen direkten Einfluss auf die Konnektivität des Produktionsnetzwerkes.

Mit Blick auf die direkten Produktionskosten ist es der Anstieg der Varietät im Sinne einer an den Umweltsphären und beschaffungsmarktseitigen Gegebenheiten orientierten Leistungsverteilung, der sich positiv auf die Kostenstruktur auswirkt. Grund sind die im Maschinenbau vorzufindenden räumlich abgegrenzten Beschaffungsmärkte und damit die Existenz eines räumlich-differenzierten Verfügbarkeits- und/ oder Kostengefälles bei nicht oder schwer transferierbaren, jedoch in größerem Umfang benötigten Inputfaktoren.[3] Zu den relevanten Produktionsfaktoren zählen insbesondere die Faktoren Arbeit und Information. Der Faktor Arbeit umfasst dabei die Verfügbarkeit und die Kosten für die verschiedenen erforderlichen Qualifikationsniveaus der Arbeitskräfte, zum Faktor Information gehören der Preis und die Verfügbarkeit benötigter Technologien und Betriebsmittel. Analog kann dieses räumlich-differenzierte Verfügbarkeits- und/ oder Kostengefälle auch auf die Produktebene, d.h. die Inputgüter bezogen werden.

Neben den beschaffungsmarktseitigen Vorteilen können sich aber auch standortspezifische Gegebenheiten vorteilhaft auswirken. Hierzu zählen z.B. Steuervorteile, Subventionen oder aber auch Länderrisiken in Hinblick auf stabile Rahmenbedingungen zum wirtschaftlichen Handeln. Gleichzeitig muss aber auch mit Blick auf eine quantitative Bewertung berücksichtigt werden, dass die Verteilung bzw. der Aufbau globaler Standorte immer auch mit einem Veränderungsprozess verbunden ist. Dieser Übergang von der aktuellen in eine zukünftige Standortstruktur – der so genannte „Ramp-up“ – kann erhebliche negative Implikationen mit sich führen, die die erhofften Kostenvorteile (über-) kompensieren.[4]

Eine klar negative Korrelation hingegen weist der Verlauf der strukturspezifischen (Zusatz-) Kosten bei einem Anstieg von Varietät und Konnektivität auf. Hierüber kann auch nicht die Tatsache hinwegtäuschen, dass im Falle einer Streuung von (i.d.R. absatz-

[1] Vgl. Kap. 3.2.1.1.
[2] Sofern von einer Beziehungsart, einer Art von Anspruchsgruppe und einer Umweltsphäre ohne weitere Restriktionen ausgegangen werden kann.
[3] Vgl. Kap. 4.3.3.
[4] Vgl. Schuh, G. et al.: Serienanlauf in branchenübergreifenden Netzwerken, 2002, S. 656.

marktseitigen) Anspruchsgruppen über mehrere Umweltsphären hinweg die Anzahl der grenzüberschreitenden Transferbeziehungen zwischen den Umweltsphären bis zu einer gewissen Anzahl an Standorten zunächst abnimmt. Dieser Effekt kann lediglich die Auswirkungen der zunehmenden Inter-Standort-Beziehungen in einem sehr eingeschränkten Gestaltungsintervall abschwächen.

So führt der mit dem Anstieg der Varietät (Anzahl der Standorte) einhergehende Anstieg der Konnektivität (Leistungsverflechtung) aufgrund der damit verbundenen größeren Menge an Waren- und Informationsflüssen zu steigenden strukturspezifischen (Zusatz-) Kosten. Gleichzeitig entstehen Kosten durch die bloße Anzahl der zu unterhaltenden Standorte. Heruntergebrochen auf Kostenarten lassen sich die strukturspezifischen (Zusatz-) Kosten in den Kostenblöcken Koordination, Bestände, Logistik und Verwaltung/ Administration zusammenfassen. In Kombination mit einer weiteren zu berücksichtigenden Größe, der Standortverteilung[1], sind ein weiterer fundamentaler Kostenblock die entstehenden Transportkosten, die zudem wiederum Auswirkungen auf die Bestände haben.

Eine Übersicht über die genannten Wirkzusammenhänge zwischen Kostenstruktur und Standortstrukturkomplexität gibt Bild 5.4.

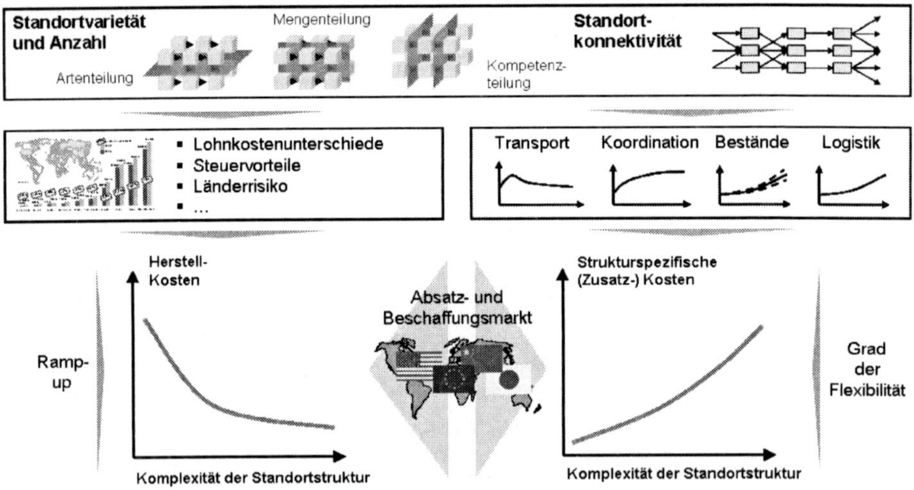

Bild 5.4: Einflüsse der Standortstruktur auf die Kostenstrukturen[2]

[1] Die Standortverteilung beschreibt die räumliche Verteilung der Standorte eines globalen Produktionsnetzwerkes. Es sind zwei gegensätzliche Stoßrichtungen denkbar: Einerseits die räumliche Zentralisation der Produktionsstätten an einem oder wenigen Standorten. Hiermit verbunden ist eine weitestgehende Integration aller am Leistungserstellungsprozess beteiligten Leistungsbereiche. Andererseits die räumliche Dezentralisierung der Produktionsstätten über mehrere internationale Standorte und die sich ergebende Desintegration von Leistungsbereichen. Vgl. hierzu auch Harre, J.: Global Footprint Design, 2006, S. 189.

[2] Eigene Darstellung.

Für die nähere Analyse und Konkretisierung der Kostenverläufe im Rahmen der zu entwickelnden Bewertungsunterstützung soll im nachfolgenden Unterkapitel der hierzu notwendigerweise stark eingegrenzte Lösungsraum festgelegt werden bzw. die in Hinblick auf die Kostenerfassung wichtigen Aspekte hervorgehoben werden.

5.3 Definition des Betrachtungs- und Anwendungsbereichs

Die im Rahmen dieser Arbeit zu entwickelnde Bewertungsunterstützung zur Identifikation und Auswahl den Unternehmenswert maximierender Standortstrukturkonzepte soll mittels des praxisorientierten Lösungsverfahrens der (dynamischen) Szenariobasierten Wirtschaftlichkeitsbetrachtung erfolgen.[1] Für einen effektiven und möglichst effizienten Einsatz dieses Instruments ist es jedoch zwingend erforderlich, den Gestaltungs- und Lösungsraum einzugrenzen und klar zu präzisieren. Nur so kann gewährleistet werden, dass sich die Wechselwirkungen und Abhängigkeiten zwischen Standortstrukturkonzept und den im vorangegangen Unterkapitel vorgestellten Kostenverläufen adäquat in Szenarien abbilden lassen.

Mit Blick auf die Transaktionsinhalte der betrachteten Netzwerke wurde bereits in Kap. 3.2.2 eine Eingrenzung auf ausschließlich die Produktion betreffende Aktivitäten[2] innerhalb der Grenzen eines Unternehmens vorgenommen. Dieser Prämisse folgend stellt das in Kap. 3.2.3 beschriebene Produktionsnetzwerk das Supersystem des Betrachtungsraums dar. In Anlehnung an die Wertkette von PORTER besteht dieses jedoch neben dem eigentlich im Fokus stehenden Produktionssystem auch aus weiteren unterstützenden Systemen wie dem Finanz,- Marketing- oder Vertriebssystem.[3] Da deren Freiheitsgrade bzgl. Gestalt und Leistungsumfang jedoch nicht zwingend an die Standortstruktur gebunden sind und sie im System Unternehmen daher auch eine eher autonome Stellung einnehmen, können sie im Rahmen dieser Arbeit weitestgehend ausgeklammert werden.

Wie zudem bereits implizit in den analysierten Ansätzen zur Standortstrukturplanung und -bewertung unterstellt, können Produktionsnetze als dezentralisierte Produktionssysteme verschiedene Grundstrukturformen hinsichtlich der Verteilung und Verflechtung der Leistungsumfänge einnehmen. Dem Objektbereich dieser Arbeit kommt dabei die von KLEIN entworfene Grundstruktur der Internationalen Verbundproduktion am nahesten.[4]

Die Internationale Verbundproduktion nach KLEIN umfasst einen geographisch dezentralisierten mehrstufigen Produktionsprozess, dessen Produktionsstufen in einer vertikalen Abhängigkeit zueinander stehen und durch einen grenzüberschreitenden Ressourcen-

[1] Vgl. Kap. 4.1.6.
[2] Hierbei liegt das erweiterte Verständnis der Produktion vor. Vgl. auch Kap. 3.2.2.
[3] Vgl. Porter, M. E.: Wettbewerbsvorteile, 1992, S. 62.
[4] Vgl. Kap. 4.2.2.

transfer für Vor-, Zwischen- und Endprodukte gekennzeichnet sind.[1] Während sich die international dezentralisierte Produktion im einfachsten Fall als Konglomerat weitestgehend voneinander unabhängiger nationaler Produktionen darstellt, impliziert die internationale Verbundproduktion eine Verbundenheit der dezentralisierten Leistungserstellungsprozesse (Bild 5.5).[2] Diese Verbundenheit kann durch eine Vielzahl von Größen begründet sein. Beispiele sind u.a. die gemeinsame Inanspruchnahme von Inputgütern und Produktionsfaktoren, vertikale Leistungsbeziehungen zwischen aufeinanderfolgenden dezentralisierten Produktionsstufen oder eine zentrale Lenkung von Höhe und Zusammensetzung der Ausbringung.

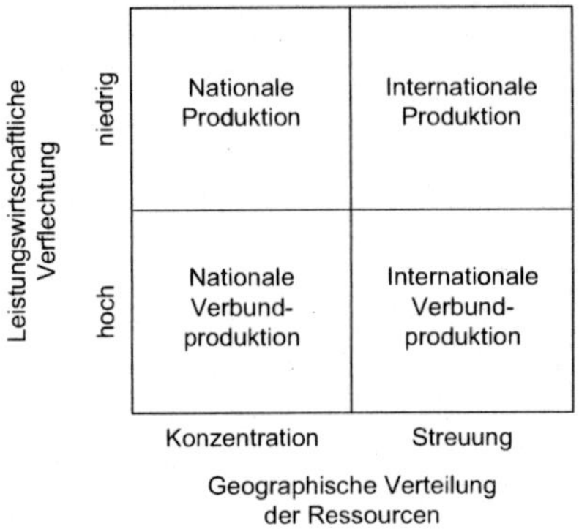

Bild 5.5: Definition der internationalen Verbundproduktion[3]

In engem Zusammenhang mit dieser Verbundenheit steht damit der Aspekt der Arbeitsteiligkeit. Hierbei konzentrieren bzw. spezialisieren sich die dezentralisierten Produktionseinheiten auf die Erbringung bestimmter Teilleistungen. Dies kann auf verschiedene Weise erfolgen – horizontal in Bezug auf spezifische Produktarten, vertikal in Bezug auf spezifische Verrichtungen bzw. Produktionsstufen oder aber lateral hierzu in Bezug auf Mengen.[4] In der Literatur und auch von KLEIN selbst wird unter dem Begriff der Internationalen Verbundproduktion jedoch ausschließlich die vertikale Spezialisierung verstanden.[5] Die damit einhergehende Einschränkung auf vertikale Leistungsverflechtungen ist jedoch für den Betrachtungsraum dieser Arbeit als zu eng anzusehen. Entsprechend muss im vorliegenden Fall das Konzept der Internationalen Verbundproduktion dahingehend erweitert werden, als dass jede Art von Beziehungen, die aus einer Teilung entlang der im Strukturmodell von HAGEDORN aufgespannten Wertschöpfungsdimensionen ent-

[1] Vgl. Klein, H. J.: Internationale Verbundproduktion, 1993, S. 9f.
[2] Vgl. Klein, H. J.: Internationale Verbundproduktion, 1993, S. 8.
[3] I.A.a. Kontny, H.: Standortplanung für internationale Verbundproduktionssysteme, 1998, S. 82; Harre, J.: Global Footprint Design, 2006, S. 40.
[4] Vgl. Kontny, H.: Standortplanung für internationale Verbundproduktionssysteme, 1998, S. 44f.
[5] Vgl. Kap. 4.2.

stehen können, zwischen den dezentralisierten Teilsystemen zur Anwendung kommen können.

In Bild 5.6 ist das sich hieraus ableitende generelle Modell einer dezentralisierten Produktion dargestellt. Es umfasst neben den von KLEIN bereits berücksichtigten Warenströmen zwischen den Produktionsstufen zusätzlich eine zentrale Planung und Steuerung und die sich hieraus ergebenden Informationsflüsse.[1] Letztere sind gerade in Hinblick auf horizontale oder laterale Leistungsverflechtungen relevante Interaktionen.

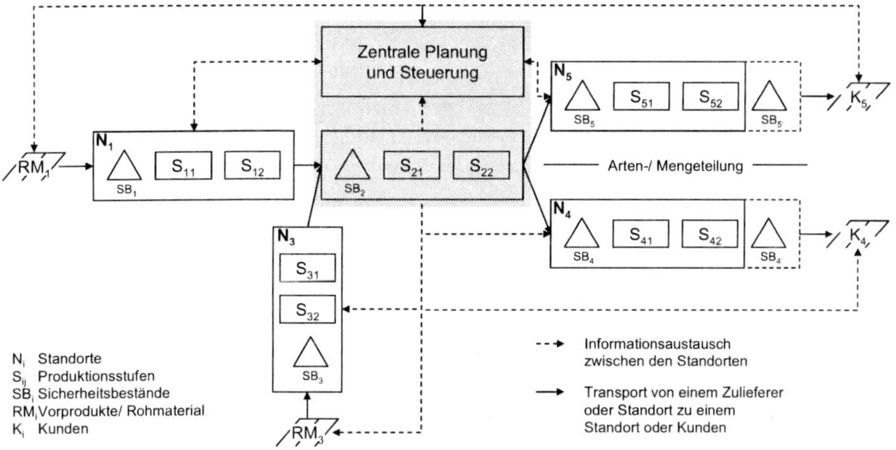

Bild 5.6: Geographisch dezentralisierter mehrstufiger Produktionsprozess[2]

Einer Modellierung eines international dezentralisierten Produktionssystems nach dem Grad der räumlichen Aggregation der Leistungsumfänge ist nun aber immer auch das Problem inhärent, dass in einem Mehrprodukt-Unternehmen mehrere dieser idealtypischen Produktionskonzepte nebeneinander vorliegen können.[3] Da sich der Komplexitätsgrad einer modelltheoretischen Betrachtung in so einem Fall enorm erhöht – eine simultane Betrachtung mehrerer Produktionssysteme ist erforderlich – werden hier folgende vereinfachende Prämissen zugrunde gelegt:

Im Rahmen der modelltheoretischen Betrachtung wird ein Quasi-Ein-Produkt-Unternehmen unterstellt. Das Produktprogramm ist hierzu in Form von in Bezug auf den Herstellungsprozess sehr ähnlichen Referenzprodukten zusammengefasst. Anlog gilt dies auch für das Produktionsprogramm. Es ist so aufgebaut, dass es sowohl die erfor-

[1] Erweiterungen des Modells von KLEIN (vgl. Kap. 4.2.2) i.A.a. die Ansätze von HAGEDORN (vgl. Kap. 4.2.3) und KONTNY (vgl. Kap. 4.2.5).

[2] Eigene Darstellung.

[3] Vgl. Klein, H. J.: Internationale Verbundproduktion, 1993, S. 24.

derlichen Kapazitäten[1] als auch den realen Bedarf an Produktionsfaktoren widerspiegelt. Im Fall einer horizontalen bzw. lateralen Aufspaltung des Produktionsprozesses, z.B. zur Bedienung verschiedener Absatzmärkte mit spezifischen Applikationen, bedeutet dies in Hinblick auf das Referenzproduktionsprogramm eine Quasi-Mengenteilung. Die Prozesse und Endprodukte sind ähnlich. Diese Prämisse ist dabei mit dem Konzept der Fertigungssegmente vergleichbar, bei denen jene produktorientierten Organisationseinheiten der Produktion zusammengefasst werden, die mehrere Stufen der logistischen Kette eines Produktes umfassen.[2] Real existierende Mehrprodukt-Unternehmen stellen somit nur die Aggregation mehrerer dieser Modell-Produktionssysteme dar.

Hieraus leitet sich nun auch die Forderung nach klaren Schnittsstellen in der vertikalen Unterteilung der Prozesskette ab. Teilt sich der Prozess mengen- oder artenmäßig auf, so tut er dies für alle nachfolgenden Stränge immer an der gleichen Stelle.

Die so in den jeweiligen Standorten zusammengefassten Produktionsstufen bilden wiederum in sich geschlossene Produktionseinheiten. Diese, im Weiteren als Produktionsmodule bezeichneten Einheiten, sind damit technologisch und wirtschaftlich völlig eigenständig und damit beliebig kombinierbar. Ihre Größe ist so gewählt, dass im Falle einer Kapazitätserweiterung (z.B. durch das Zusammenlegen mehrerer paralleler Module) keine signifikanten Skaleneffekte mehr zu erzielen sind. Auch lokale Anpassungen und damit Variationsmöglichkeiten der Modulgestaltung z.B. bzgl. des Automatisierungsgrades stehen nicht im Fokus dieser Arbeit. Anpassungen dieser Art lassen sich jedoch zu einem späteren Zeitpunkt in die Bewertungsunterstützung integrieren.

In Hinblick auf die Steuerung des Verbundproduktionssystems sind prinzipiell die zwei klassischen Verfahren Push- und Pull-Steuerung möglich.[3] Während beim Pull-Prinzip lediglich der die letzten Produktionsmodule im Herstellungsprozess beinhaltende Standort von einer Zentralinstanz gesteuert wird, sind beim Push-Prinzip alle Produktionsmodule bzw. Standorte in der Wertschöpfungskette mit der Zentralinstanz verbunden. Untersuchungen der beiden Verfahren in Hinblick auf ihre Einsatzpotenziale für geographisch dezentralisierte Produktionssysteme haben allerdings ergeben, dass mit Push-Verfahren bessere Ergebnisse erzielt werden.[4]

Im Maschinenbau ist die typische Auftragsabwicklung auf der obersten Ebene, d.h. an der Schnittstelle zwischen Unternehmen und Kunden, klar „pull-gesteuert“. Die Auftrags-

[1] Der tatsächliche Kapazitätsbedarf kann z.B. aufgrund einer großen Variantenvielfalt und damit hoher Rüstzeitanteile deutlich höher ausfallen.

[2] Konzept der „Fabrik in der Fabrik“. Vgl. Wildemann, H.: Fertigungsorganisation, 1989, S. 31f.

[3] Beim Pull-Prinzip erfolgt die Produktion der Vorstufe auf Basis des Verbrauchs der nachfolgenden Stufe, die für die Generierung des Auftragsimpulses zur Reproduktion zuständig ist. Beim Push-Prinzip werden dagegen anhand der geplanten Vorlaufzeiten die Zeitpunkte des Eintreffens der Auftragsimpulse berechnet und demgemäß die Fertigung gesteuert. Vgl. hierzu auch Lackes, R.: Just in Time Produktion, 1995, S. 16; Jahnke, H.: Planung und Steuerung der Produktion, 1999, S. 17f.

[4] Vgl. Kontny, H.: Standortplanung für internationale Verbundproduktionssysteme, 1998, S. 16.

abwicklung erfolgt kundeninduzierte i.S.e. „built-to-order"-Produktion. In der eigentlichen Abwicklung des Auftrags innerhalb der Unternehmensgrenzen kommt dagegen vornehmlich das Push-Prinzip zum Tragen. Von einer zentralen Instanz werden der Fertigstellungstermin und die sich hieraus ergebenden Anforderungen an die einzelnen Produktionsbereiche (Produktionsmodule) definiert. Dabei fällt diese zentrale Steuerung nicht zwingend mit der letzten Produktionsstufe (i.d.R. die Endmontage) zusammen. Vielmehr ist sie dort angesiedelt, wo die Informationsflüsse aus Vertrieb, Konstruktion und Finanzwesen zusammenlaufen. Erforderlich wird eine solche zentrale Steuerung nicht zuletzt auch durch die im Maschinenbau häufig auftretenden Änderungen der Produktionsplanungsprämissen, ausgelöst durch Terminverschiebungen oder Änderungen am Produkt im laufenden Planungszyklus.

Mit Blick auf die generelle Vorteilhaftigkeit des Push-Prinzips für geographisch-dezentrale Produktionssysteme und unter Berücksichtigung der branchenspezifischen Situation im Maschinenbau kann damit auch für den Objektbereich dieser Arbeit das Push-Prinzip zugrunde gelegt werden. Es existieren entsprechend Informationsflüsse sowohl zwischen allen Standorten und der Zentrale sowie entlang der Warenflüsse zwischen den Standorten.

Hiermit eng verbunden sind die verfolgten Logistikstrategien. In Anlehnung an das Wertkettenmodell von PORTER muss zwischen den Bereichen Eingangs- und Ausgangslogistik unterschieden werden.[1]

Die Eingangslogistik umfasst alle Tätigkeiten im Zusammenhang mit dem Empfang, der Lagerung und der weiteren innerbetrieblichen Distribution der beschafften Rohstoffe und Halbzeuge.[2] Hierbei kann zwischen den beiden Extremausprägungen „Vorratsbeschaffung" und „Produktionssynchrone Beschaffung" unterschieden werden.[3] Während die „Produktsynchrone Beschaffung", auch „Just-in-Time (JIT)"-Beschaffung genannt, eine Synchronisierung der inner- und zwischenbetrieblichen Abläufe unterstellt und damit eine konsequente Ausrichtung am Pull-Prinzip erfordert, kommt im vorliegenden Fall eher die auf Versorgungssicherheit denn auf die Reduzierung von Beständen ausgerichtete Vorratsbeschaffung zum Zuge.

Unter der Ausgangslogistik werden alle Aktivitäten in Zusammenhang mit der Sammlung, Lagerung und physischen Distribution der Produkte zu den Abnehmern zusammengefasst.[4] Die Ausgangs- oder auch Distributionslogistik ist dabei ein wesentlicher Bestandteil der Wettbewerbsstrategie eines Unternehmens und bestimmt unmittelbar den Kun-

[1] Vgl. Porter, M. E.: Wettbewerbsvorteile, 1992, S. 62.

[2] Vgl. Porter, M. E.: Wettbewerbsvorteile, 1992, S. 66.

[3] Der Fokus bei der Differenzierung unterschiedlicher Versorgungskonzepte richtet sich im Rahmen dieser Arbeit auf A- und B-Zukaufteile, d.h. Zukaufteile mit einem hohen Verbrauchswert. Aufgrund der geringen Kapitalbindung werden C-Zukaufteile i.d.R. auf Vorrat beschafft. Vgl. Wildemann, H. et al.: Logistikstrategien, 1996, S. 15/12.

[4] Vgl. Porter, M. E.: Wettbewerbsvorteile, 1992, S. 67.

dennutzen.[1] Entsprechend müssen die Produktionsstandorte in der Lage sein, die von ihnen geforderten Logistikkonzepte zu erfüllen. Analog zur Eingangslogistik lassen sich auch bei der Ausgangslogistik zwei gegenläufige Leitbilder unterscheiden: Just-in-Case (JIC) und Just-in-Time (JIT).

Vor dem Hintergrund der im Maschinenbau zu unterstellenden „built-to-order"-Produktion ist im vorliegenden Fall eine Mischform anzufinden. Auf der einen Seite ist im Maschinenbau die typische Auftragsabwicklung auf der obersten Ebene, d.h. an der Schnittstelle zwischen Unternehmen und Kunden, klar „pull-gesteuert" und entspricht damit dem Just-in-Time-Prinzip – jedoch mit einer anderen Motivation denn der Reduzierung von Vorrats- und Umlaufbeständen beim Kunden und mehr dem termingerechten Einsatz eines neuen Investitionsgutes. Die nachfrageinduzierte Selbststeuerung der Produktion nach dem Holprinzip findet damit nur auf einer sehr theoretischen Weise statt.[2] Dagegen kann aber auch nicht von einer reinen Just-in-Case-Strategie gesprochen werden, da die damit verbundene konsequente Trennung von ausführenden und dispositiven Tätigkeiten nicht vorliegt – hingegen das dieser Strategie zugrunde liegende Push-Prinzip, bei dem auf der Grundlage geplanter Termine, Mengen und Kapazitäten die Produktionsaufträge von einer zentralen Planungs- und Steuerungsinstanz in die Produktion geschoben werden, anzutreffen ist.[3]

Es gibt entsprechend an den Endstufen keine bzw. zu vernachlässigende Bestände im Versandlager. Bei den vorgelagerten Stufen ist hingegen – insbesondere mit Blick auf Wiederholteile – von bestimmten Beständen sowohl in der Eingangs- als auch in der Ausgangslogistik auszugehen. Die Umfänge sind dabei stark unternehmensspezifisch.

Durch die Definition von Produktionsmodulen und den hieraus ableitbaren Variationsmöglichkeiten hinsichtlich der zu wählenden Anzahl an Standorten und den diesen zugeordneten Leistungsbereichen und Leistungsprogrammen sind zwar bereits elementare charakteristische Gestaltungsparameter einer Standortstruktur adressiert[4] und ein Gestaltungs- und Lösungsraum bestimmt, jedoch noch mit deutlich zu vielen Freiheitsgraden. Die erforderliche weitere Eingrenzung des Gestaltungs- und Lösungsraums kann anhand der möglichen Leistungsverflechtungen zwischen den Standorten erfolgen.

Entsprechend der in Kap. 4.3.3 für den Objektbereich dieser Arbeit getroffenen Aussagen hinsichtlich der Komplexität von Beschaffungs- und Absatzmärkten, sind bestimmte Grundmuster der Leistungsverflechtung vorgegeben – was wiederum auch weitere Einschränkungen bzgl. der Leistungsverteilung impliziert (Bild 5.7).

[1] Vgl. Wildemann, H. et al.: Logistikstrategien, 1996, S. 15/69.
[2] Vgl. Wildemann, H. et al.: Logistikstrategien, 1996, S. 15/10.
[3] Vgl. Wildemann, H. et al.: Logistikstrategien, 1996, S. 15/9.
[4] Vgl. Kap. 3.2.3.

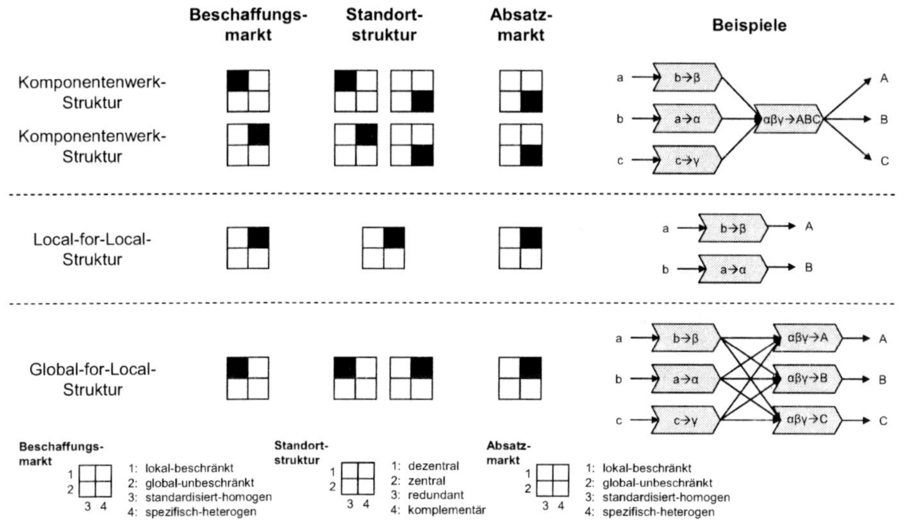

Bild 5.7: Referenz-Standortstrukturen für die Maschinenbaubranche[1]

Beschaffungsmarktseitig treten zwei mögliche Konstellationen auf, die jedoch beide die gleichen Auswirkungen auf die Standortstruktur haben. Sowohl für Inputfaktoren (z.B. Arbeit und Information) als auch für bestimmte Leistungen (z.B. spezielle Oberflächenbeschichtungen) kann von der Existenz eines räumlich-differenzierten Verfügbarkeits- und/ oder Kostengefälles ausgegangen werden. Es handelt sich also um lokal-beschränkte Beschaffungsmärkte. Der vermeintliche Unterschied resultiert nun aus der sachlichen Marktdifferenzierung. Da die Inputfaktoren Arbeit und Information zunächst einmal als produkt- und prozessneutral angesehen werden können, handelt es sich in diesem Falle um einen standardisiert-homogenen Beschaffungsmarkt. Mit Blick auf die Beschaffung bestimmter Leistungen oder Komponenten, die ausschließlich in Abstimmung mit lokalen Zulieferern erfolgen können, ist die sachliche Marktdifferenzierung hingegen spezifisch-heterogen.

Für beide Fälle führt dies in Hinblick auf die Standortstruktur zu einer komplementären Teilung (nach Arten oder Kompetenzen) der Produktionsstufen am Anfang des Produktentstehungsprozesses.

Auch absatzmarktseitig sind zwei Konstellationen möglich. Diese haben jedoch unterschiedliche Auswirkungen auf die Standortstruktur. Während die sachliche Marktdifferenzierung grundsätzlich als heterogen-spezifisch angenommen werden kann[2], treten bzgl. der räumlichen Marktdifferenzierung zwei Zustände auf: Global-unbeschränkte Absatz-

[1] Eigene Darstellung. I.A.a. Harre, J.: Strategische Standortstrukturplanung, 2006, S. 207ff.

[2] Es wird davon ausgegangen, dass sich das Produktspektrum vornehmlich aus kundengruppenspezifischen Produktvarianten bzw. „built-to-order"-Produkten zusammensetzt.

märkte ohne künstliche oder natürliche Transferbeschränkungen oder aber lokal-beschränkte Absatzmärkte.

Im Falle lokal-beschränkter Absatzmärkte führt dies in Hinblick auf die Standortstruktur analog zu den lokal-beschränkten Beschaffungsmärkten zu einer Teilung der Produktionsstufen am Ende des Produktentstehungsprozesses. Der zuvor getroffenen Annahmen von sehr ähnlichen Referenz-Produkten folgend, die sich maximal durch absatzmarktspezifische Applikationen unterscheiden, ist diese Teilung eher mengenmäßig zu deuten, d.h. es handelt sich um quasi-redundante Standorte.

Bei global-unbeschränkten Absatzmärkten hingegen muss keine Teilung der Produktionsstufen am Ende des Produktentstehungsprozesses erfolgen. Hier ist eine Konzentration der Aktivitäten am zweckmäßigsten. Mögliche Dezentralisierungsmuster in der Standortstruktur werden in diesem Falle ausschließlich durch die Komplexität des Beschaffungsmarktes vorgegeben.

Unter Berücksichtigung der aktuellen Situation der betrachteten Unternehmen[1] und der Herausforderung, die Standortstruktur an die veränderten beschaffungs- und absatzmarktseitigen Rahmenbedingungen anzupassen, muss auch der Migrationsprozess berücksichtigt werden (Bild 5.8). Hier bilden die Zentralwerkstruktur und die Global-for-Local-Struktur die Extremausprägungen möglicher Standortstrukturen. In den durch diese beiden Konstellationen aufgespannten Lösungsraum lassen sich alle weiteren Standortstrukturalternativen einordnen. Übergangsweise (hin zu einer Global-for-Local-Struktur) ist damit neben der Komponentenwerk-Struktur auch die Satellitenwerk-Struktur in Betracht zu ziehen. Ausgangspunkt des Veränderungsprozesses bildet schließlich oftmals die Zentralwerkstruktur, der damit die Rolle einer Bewertungsreferenz zukommt.

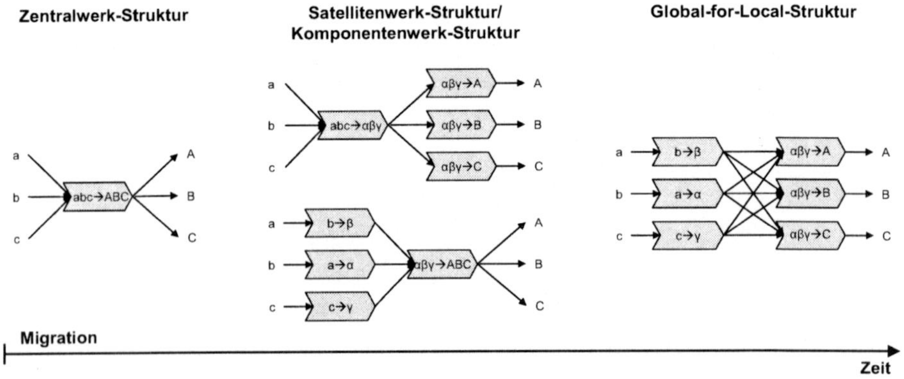

Bild 5.8: Migrationspfade in der Standortstruktur[2]

[1] Vgl. Kap. 2.2.

[2] Eigene Darstellung.

Der sich durch die vorliegende Komplexität der Beschaffungs- und Absatzmärkten ergebende eingeschränkte Alternativenraum für die in dieser Arbeit betrachteten Standortstrukturen lässt folgende Freiheitsgrade zu:

Alle Standortstrukturen weisen aufgrund der beschaffungsmarktseitigen Gegebenheiten eine komplementäre Standorteilung i.S.e. Arten- oder Kompetenzteilung am Anfang des Produktentstehungsprozesses auf. Die Anzahl der Standorte kann dabei zwischen einem Standort (Zentralwerk-Struktur bzw. Satellitenwerk-Struktur) und mehreren Standorten (Komponentenwerk-Struktur, Local-for-Local-Struktur, Global-for-Local-Struktur) variieren.

Mit Blick auf die Endstufen des Produktentstehungsprozesses und damit an den Gegebenheiten des Absatzmarktes orientiert tritt hier aufgrund der erfolgten Abstraktion des Produktspektrums ausschließlich eine (quasi-) redundante Standortteilung i.S.e. Mengenteilung auf. Dabei kann auch hier die Anzahl der Standorte ebenfalls zwischen einem (Zentralwerkstruktur, Komponentenwerkstruktur) und mehreren Standorten (Local-for-Local-Struktur, Global-for-Local-Struktur) variieren.

5.4 Aufbau der Bewertungsunterstützung

Der Zielsetzung dieser Arbeit folgend soll im Rahmen dieses Unterkapitels der Aufbau einer Bewertungsunterstützung für den zuvor konkretisierten Objektbereich der internationalen Verbundproduktion vorgestellt werden. Der Aufbau orientiert sich dabei einerseits an den sich aus der praktischen und theoretischen Problemstellung ergebenden Anforderungen.[1] Andererseits soll die Bewertungsunterstützung auch einen Beitrag dazu leisten, das im Rahmen dieses Kapitels vorgestellte, sich aus den gegenläufigen Kostenfunktionen für direkte Produktionskosten und strukturspezifische (Zusatz-) Kosten ergebende Entscheidungsproblem hinsichtlich der Wahl des richtigen Grads an Standortstrukturkomplexität, zu strukturieren. In Hinblick auf den damit verbundenen Aufbau einer transparenten Entscheidungsbasis gilt den Ursache-Wirkungs-Beziehungen durch Veränderungen der Standortstruktur im Kontext dieser Bewertungsunterstützung ein besonderes Augenmerk.

Das gestaltungsleitende Motiv vor dem Hintergrund des Einsatzes in und der Anwendung durch die mittelständisch geprägten Unternehmen des Maschinenbaus ist dabei ein selbsterklärender, stringenter und sequenziell-modularer Aufbau des Bewertungsmodells. Entsprechend sind die Schnittstellen zwischen verschiedenen Modulen und die Aggregationsregeln der damit verbundenen Kosten bzw. Zahlungsströme klar zu definieren. Dies gilt insbesondere mit Blick auf eine mehrfache Anwendung oder aber Rückkoppelungen in die Gestaltungsphase. Gleichzeitig sind im Sinne einer effizienten Nutzung des stark heterogenen Datenspektrums (Datenqualität- und umfang) die existierenden, eher struk-

[1] Vgl. Kap. 4.4.

turneutralen Daten „bottom-up“ zu einer soliden Basis zu verdichten, während sich für die zumeist unbekannten, strukturspezifischen Größen „top-down“ auf die Problemstellung angepasste Heuristiken heranziehen lassen. Mittels dieser können entsprechende Kostenverläufe generiert bzw. Beeinflussungen der entscheidungswirksamen Zielgrößen dargestellt werden.

5.4.1 Ausgangssituation

Ausgangspunkt und damit auch Anwendungsfokus der Bewertungsunterstützung sind grobe, aus den strategischen Vorgaben der Unternehmensleitung abgeleitete Standortstrukturkonzepte. Diese sind i.d.R. definiert durch eine diskrete Anzahl an Standorten und deren strategische Ausrichtungen bzw. Rollen (z.B. Kostenreduzierung, Markterschließung) unter Annahme bestimmter umweltspezifischer Randbedingungen (z.B. Zugang zu Beschaffungsmärkten und Absatzmärkten) sowie die sich hieraus ableitenden Leistungsumfänge und -verflechtungen. Während oftmals bereits sehr konkrete Aussagen bzgl. der Art der an den einzelnen Standorten herzustellenden (Teil-) Produkte sowie deren Wertschöpfungstiefe bestehen, sind die Aussagen über die Wertschöpfungsintensität bzw. Eigenfertigungsquote oftmals nur grob umrissen. Da die vorzuhaltenden Kapazitäten jedoch von grundlegender Bedeutung für die wirtschaftliche Betrachtung alternativer Szenarien sind, setzt das im Rahmen dieser Arbeit zu entwickelnde Konzept hier an.

5.4.2 Betrachtungsebenen

In Anlehnung an die systemtheoretische Definition eines Produktionsnetzwerks[1] und vor dem Hintergrund der Tatsache, dass die durch die Komplexität der Standortstruktur beeinflussten gegenläufigen Kostenfunktionen für direkte Produktionskosten und strukturspezifische Kosten in verschiedenen Teilsystemen ihren Ursprung haben, ist zur verursachungsgerechten Erfassung von Kosten und Zahlungen der Betrachtungsbereich des Produktionsnetzwerks in verschiedene Ebenen zu unterteilen. Mittels eines hierauf aufbauenden Beschreibungsmodells lassen sich insbesondere die vornehmlich durch die Wahl der Standortstrukturform hervorgerufenen Kosten von strukturunabhängigen, ggf. durch die Wahl des physischen Standortes abhängigen Kosten und Einflüssen auf Zahlungen trennen. Entsprechend und in Analogie zum in Kap. 5.3 skizzierten Modell der internationalen Verbundproduktion soll im vorliegenden Fall zwischen der Modulebene, der Standortebene und der Netzwerkebene unterschieden werden (Bild 5.9).

[1] Vgl. Patzak, G.: Systemtechnik, 1982, S. 39; Eversheim, W.: Flexible Produktionssysteme, 1992, S. 2058.

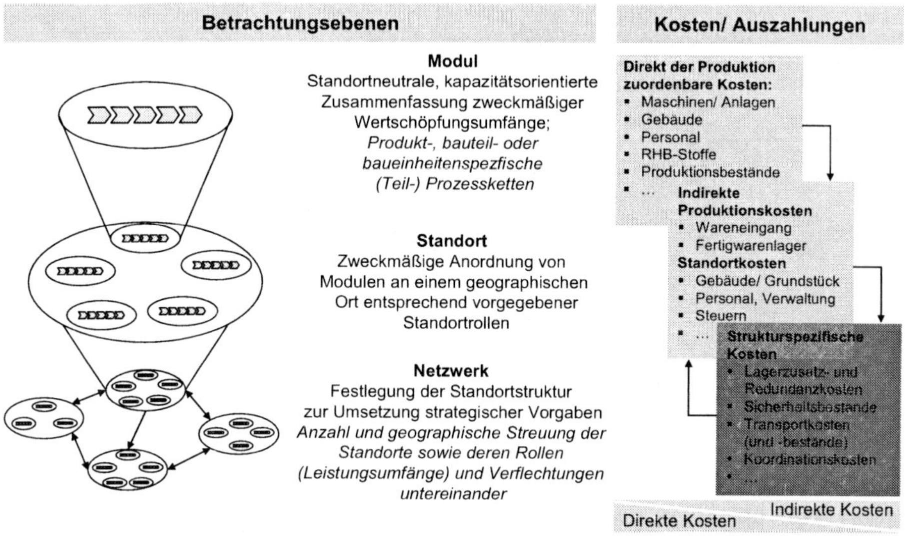

Bild 5.9: Kostenseitige Betrachtungsebenen in einem Produktionsnetzwerk[1]

Auf der Modulebene sind standort- und strukturneutral aus technologischer und bedarfsorientierter Sicht Wertschöpfungsumfänge in Produktionsmodulen zusammengefasst. Dies können produkt-, bauteil- oder baueinheitenspezifische Prozessketten oder aber auch Teilprozessketten dieser sein. Klassische Beispiele sind die Vorverzahnung in der Zahnradfertigung (Drehen und Wälzfräsen vor der Wärmebehandlung) oder aber jede Form der Vor- und Endmontage. Die sich hieraus und damit ausschließlich bedarfsorientiert ableitbaren zahlungswirksamen Größen sind alle direkt der Produktion zuordenbar, wobei einige dieser (z.B. Kosten für Personal und Gebäude) wiederum von der Wahl des physischen Standortes abhängen.

Auf der Standortebene wird der eigentlichen strategischen Ausrichtung des Produktionsnetzwerks Rechnung getragen. Entsprechend vorgegebener Rollen sind Leistungsumfänge in Form zusammengefasster Produktionsmodule Standorten zugeteilt. Die sich hieraus ergebenden Standortkosten wie z.B. Kosten für die Standortleitung, -verwaltung aber auch für die Bereitstellung einer Warenannahme und eines Fertigwarenlagers nehmen dabei eine Zwitterstellung ein. Einerseits sind sie kapazitätsinduziert, z.B. hängt die Anzahl der Mitarbeiter in der Personalabteilung von der Anzahl der vornehmlich in den Produktionsmodulen beschäftigten Mitarbeitern ab, andererseits sind bestimmte Kosten wie z.B. die Lagerhaltungskosten bereits Bestandteil der strukturspezifischen Kosten, da sie entsprechend der gewählten Standortstruktur modifiziert werden müssen bzw. redundant anfallen.

[1] Eigene Darstellung.

Auf der Netzwerkebene wird der Fokus schließlich auf die Standortstruktur gelegt. Gestaltungsmerkmale hierbei sind neben der eigentlichen Anzahl der Standorte und deren geographischer Verteilung vor allem die Leistungsverflechtungen zwischen diesen. Hiermit implizit wiederum verbunden sind die strukturspezifischen Kosten. Zu diesen indirekten Kosten der Produktentstehung zählen u.a. die Transport- und Koordinationskosten. Zahlungswirksam und damit ebenfalls im Rahmen einer Wirtschaftlichkeitsbetrachtung zu berücksichtigende Größen sind aber auch Sicherheitsbestände sowie die im Transport gebundenen Zwischenprodukte.

Eine eindeutige Zuordnung aller Kosten bzw. zahlungswirksamen Größen zu bestimmten Betrachtungsebenen ist jedoch nicht immer möglich. In diesen Fällen ist entweder die Ebene mit dem höheren Aggregationsniveau zu wählen oder aber im Einzelfall[1] eine doppelte Betrachtung vorzunehmen. Eine detaillierte Vorstellung des Beschreibungsmodells erfolgt in Kap. 6.1.

Den Kern der Bewertungsunterstützung und damit auch die maßgebliche Herausforderung in dieser Arbeit bildet im Weiteren die Ermittlung dieser Größen.

5.4.3 Relevante Einflussgrößen und Wirkzusammenhänge

In Anlehnung an die Modelltheorie folgt auf das Beschreibungsmodell das Erklärungsmodell.[2] In dessen Rahmen gilt es, die den zuvor ermittelten Kosten und zahlungswirksamen Größen zugrunde liegenden Wirkzusammenhänge zu identifizieren und damit die Voraussetzung zur Quantifizierung im Anwendungsfall zu schaffen.

Die Herausforderung hierbei ist, im Sinne des Modulgedankens möglichst viele erforderliche Daten, die gleichen Einflussfaktoren unterliegen, zu Blöcken zusammenzufassen. Hierzu muss analysiert werden, welche Bewertungsgrößen sich direkt generieren lassen und welche auf der Basis von Heuristiken bestimmt werden müssen. Gleichzeitig sind die relevanten Einflussfaktoren zu spezifizieren und – soweit erforderlich – situationsspezifisch zu generieren.

Mit Blick auf die praktische Anwendbarkeit sollen hierzu als Basis Referenzgrößen für einen bekannten Standort (i.d.R. des Heimatstandortes) herangezogen werden.

5.4.3.1 Modulebene

Die Modulebene bildet die eigentliche Basis der Bewertungsunterstützung. Hier erfolgt die Wertschöpfung – Keimzelle für das Gros aller zu berücksichtigen Kosten und zahlungswirksamen Größen; denn die auf dieser Ebene mengenmäßig erfassten Input- und Outputgüter wirken sich nicht nur auf den Zahlungsstrom aus, sondern werden durch

[1] Im Falle einer Beeinflussung durch verschiedene, auf unterschiedlichen Ebenen zu verortende Faktoren.

[2] Vgl. Patzak, G.: Systemtechnik, 1982, S. 313ff.

standort- und strukturspezifische Einflussfaktoren modifiziert oder dienen als Basis zur Ermittlung der strukturspezifischen Bewertungsgrößen.

Ausgangspunkt zur Bestimmung der relevanten Größen auf der Modulebene bilden die strategischen Vorgaben für den Wertschöpfungsumfang der auf die Standorte des Produktionsnetzwerkes zu verteilenden Produktionsmodule. Hierbei sind in einem ersten Schritt die Wertschöpfungsintensität bzw. Eigenfertigungsquote für die durch das Produktspektrum (Wertschöpfungsbreite) und die Produktionsprozesse (Wertschöpfungstiefe) vordefinierten Produktionsmodule zu konkretisieren. Dies geschieht in Hinblick auf die mengenmäßige Erfassung der die direkten Kosten beeinflussenden In- und Outputgüter (Kapazitäten) (Bild 5.10).

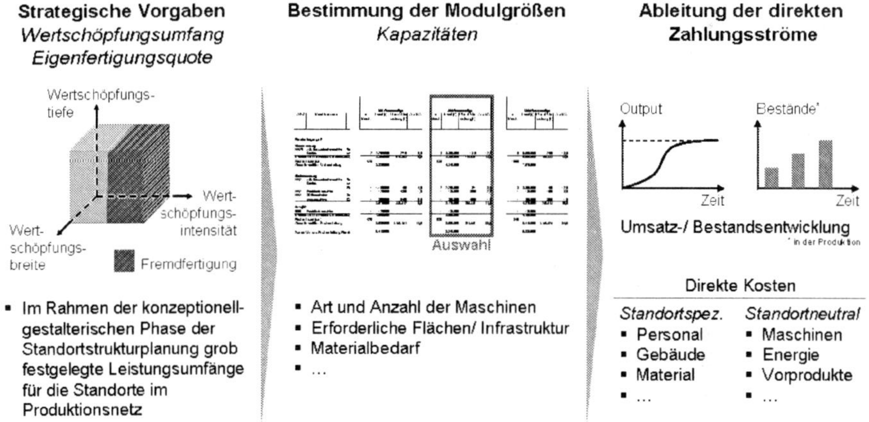

Bild 5.10: Wirkzusammenhänge und Einflussgrößen auf Modulebene[1]

In strategisch vorgegebenen Unter- und Obergrenzen für die Eigenfertigungsquote orientiert sich die Auslegung der Modulgrößen an der Zielsetzung einer maximalen Nutzung (Auslastung) des investierten Kapitals, wobei dieses wiederum so minimal wie möglich ausfallen sollte.[2] Ergebnis sind die Anzahl und Auslastung der im Modul zusammengefassten Betriebsmittel und damit wiederum Eingangsgrößen für die Bestimmung der zu tätigenden Investitionen für Maschinen, Gebäude und Infrastruktur, der aufzubauenden produktionsbedingten Bestände, der Input- und Outputgrößen Material und Personal[3] sowie des erzielbaren Umsatzes.[4] Die hieraus ableitbaren Kosten und Zahlungen sind

[1] Eigene Darstellung.

[2] Vgl. Kap. 6.2.1.1.

[3] I.A.a. den Produktionsbegriff i.e.S. sind hierbei auch diejenigen Entitäten berücksichtigt, die in unmittelbarer Verbindung mit dem Leistungserstellungsprozess stehen; dazu zählen u.a. die Arbeitsvorbereitung, Kontrollaufgaben sowie direkte Führungsfunktionen.

[4] Die Bestimmung des mit einem Produktionsmodul zu erzielenden Umsatzes erfolgt im Rahmen dieser Arbeit in Anlehnung an Marktpreise für die jeweiligen (Zwischen-) Erzeugnisse. Dies ist insofern plausibel, als dass eine Eigenfertigungsquote von unter 100% unterstellt wird. Die Möglichkeit einer Variation der somit festgelegten internen Verrechnungspreise mit dem Ziel einer Steuerlastreduzierung für das gesamte

dabei in zwei Kategorien zu unterteilen: standortneutrale und standortspezifische. Während erstere ausschließlich von der gewählten Technologie und Kapazität abhängen, sind letztere zusätzlich noch von Standortgegebenheiten abhängig und müssen entsprechend bei der Festlegung des geographischen Standortes auf der Standortebene angepasst werden. Beispiele hierfür sind die Personal- und Gebäudekosten.

Ebenfalls ihren Ursprung in der Technologie habend, jedoch auch final von der Wahl des physischen Standortes beeinflusst, sind die Auswirkungen der Migration von der aktuellen in die zukünftige Standortstruktur auf die zuvor beschriebenen Größen. Mittels eines den Produktionsanlauf simulierenden Faktors, dem so genannten Ramp-up-Faktor, soll diesem Umstand einerseits modulspezifisch (z.B. abhängig von der gewählten Technologie) als auch standortspezifisch (z.B. abhängig von der Verfügbarkeit qualifizierten Personals) Rechnung getragen werden. Aus der Zusammenführung verschiedener Module auf der Standortebene ergeben sich schließlich der oder in Ausnahmen auch die aggregierten, auf die Zahlungsreihen anzuwendenden Ramp-up-Faktoren. Ihre Ausprägung orientiert sich am schwächsten Glied in der Kette.

5.4.3.2 Standortebene

Die Standortebene bildet den Rahmen für die Zusammenfassung verschiedener Module an einem physischen Standort. Neben der Aggregation der Modul-Zahlungsreihen und der Anwendung des nun, vor dem Hintergrund eines konkreten Standortes bestimmbaren Ramp-up-Faktors auf diese Zahlungsreihe, gilt es hier, diejenigen Kosten und Zahlungsgrößen zu erfassen, die sich indirekt aus dem Betrieb eines Standortes ergeben. Hierzu zählen indirekte Flächen, die für den Betrieb erforderlichen indirekten Aufwendungen für Verwaltungsfunktionen wie Personalwesen, Zentrale EDV und Rechnungswesen sowie die zugehörigen Investitionen. Begründet in der Natur der Sache sind diese Größen sehr unternehmensspezifisch und entsprechend individuell zu ermitteln. Der Fokus liegt jedoch eindeutig auf den im jeweiligen Anwendungsfall kapazitätsproportionalen Größen.[1] Hierzu zählen auch – obwohl Bestandteil der strukturspezifischen (Zusatz-) Kosten – die in den Bereichen Wareneingang und Versand anfallenden Investitionen und laufenden Kosten; denn die Bestimmung dieser Größen hängt maßgeblich von den durch den Standort vorgegebenen Größen Umschlagsvolumen und Umschlagshäufigkeit ab, weniger jedoch von der Standortstruktur selbst. Die in Abhängigkeit der geographischen Streuung der Standorte, ihrer Leistungsverflechtung sowie der angestrebten Versorgungssicherheit ggf. anzupassende Größe der Lager erfolgt hingegen auf der Netzwerkebene. Dort sind auch die durch das redundante Vorhalten mehrerer Lager (Standorte)

Produktionsnetz soll nicht näher betrachtet werden. Eine Erweiterung des Bewertungsmodells um diesen Aspekt ist jedoch prinzipiell möglich.

[1] Es wird davon ausgegangen, dass eine kritische Mindestgröße in jedem Fall überschritten ist, so dass eine freie Skalierbarkeit vorherrscht.

im Produktionsnetzwerk entstehenden strukturspezifischen Kosten sowie mögliche Opportunitätskosten aufgrund entgangener Synergien auszuweisen.

Die so ermittelten weiteren zahlungswirksamen Größen werden in die bereits aus den Modulen ermittelte Zahlungsreihe integriert. Auf die einzelnen Zahlungsarten der Zahlungsreihe sind dann – soweit hiervon abhängig – die standortspezifischen Einflüsse anzuwenden. Über Zuschlags- oder Reduzierungsfaktoren werden so Personal- und Materialkosten aber auch die Investitionskosten für Gebäude und Grundstück standortspezifisch angepasst. In Kombination mit den lokalen Steuer- und Abschreibungsmodalitäten sowie unter Berücksichtigung des politischen Länderisikos, der sich in den Kapitalkosten (kalkulatorischer Zinssatz) niederschlägt, lassen sich auf dieser Basis für die einzelnen Standorte erste Wirtschaftlichkeitsbetrachtungen durchführen (Bild 5.11).

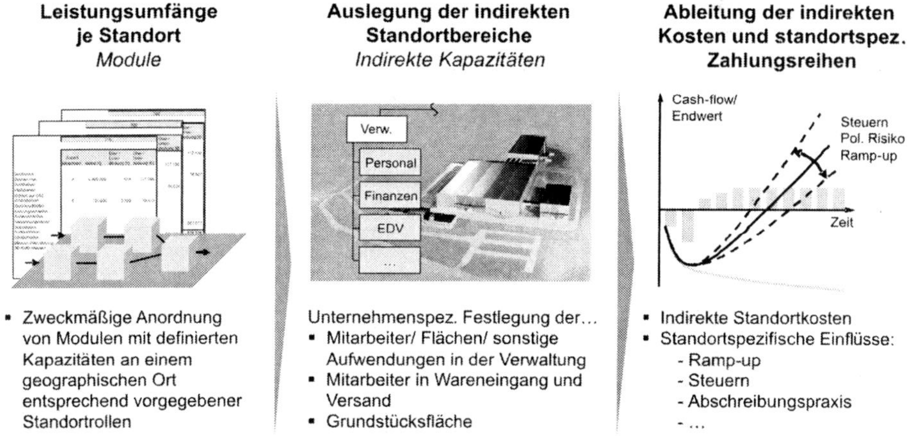

Bild 5.11: Wirkzusammenhänge und Einflussgrößen auf Standortebene[1]

Eine erste Aussage bzgl. der Vorteilhaftigkeit eines Standortes kann getroffen werden; denn die bis dato aufgenommenen Größen repräsentieren die in Kap. 5.2 vorgestellte, mit einem Anstieg der Standortkomplexität verbundene erwartete Reduzierung der direkten Produktionskosten. Entspricht die Summe der Standortzielwerte (i.S.e. aggregierten Gesamtwertes) nicht dem auf Unternehmensebene angesetzten Zielwert, kann ein Szenario bereits zu diesem Zeitpunkt verworfen werden. Auf der Netzwerkebene sind keine Einzahlungen mehr zu erwarten.

5.4.3.3 Netzwerkebene

Ausgangspunkt der Kostenermittlung auf der Netzwerkebene ist der durch die Komplexität von Beschaffungs- und Absatzmärkten aufgespannte Lösungs- und Gestaltungsraum

[1] Eigene Darstellung.

zur Standortstruktur.[1] Die zu bestimmenden Bewertungsgrößen repräsentieren die in Kap. 5.2 dargestellten, mit steigender Standortkomplexität progressiv ansteigenden strukturspezifischen (Zusatz-) Kosten. Die Determinanten dieser Größen ergeben sich aus den strukturspezifischen Gestaltungsmerkmalen. Entsprechend hängen die Ausprägung dieser Determinanten (Kostenverlauf) und damit letztendlich auch die Quantifizierung der Kosten für die jeweils zu analysierenden Szenarien von der gewählten Standortstruktur ab. Zur Bestimmung der Ursache-Wirkungs-Zusammenhänge zwischen der Standortstruktur und den Kostenverläufen sollen Heuristiken angewandt werden, mittels derer die komplexen Zusammenhänge mit Hilfe einfacher Regeln und unter Nutzung nur weniger elementarer Informationen (entsprechend des zugrunde liegenden Planungsstadiums) abgebildet werden können. Unter Verwendung dieser auf übersichtliche Formen reduzierten Zusammenhänge lassen sich unter Nutzung von Basisdaten der Standortebene (z.B. Transportvolumina, Werte von Material und Vorprodukten) für unterschiedliche Standortstrukturalternativen die strukturspezifischen Kostenblöcke quantifizieren. Der Fokus der Betrachtung liegt dabei auf Wirkzusammenhängen zwischen der gewählten Standortstruktur und den hierdurch beeinflussten Kosten für Transport, Lagerhaltung, Information und Kommunikation sowie Bestandsveränderungen im Gesamtsystem (Bild 5.12).

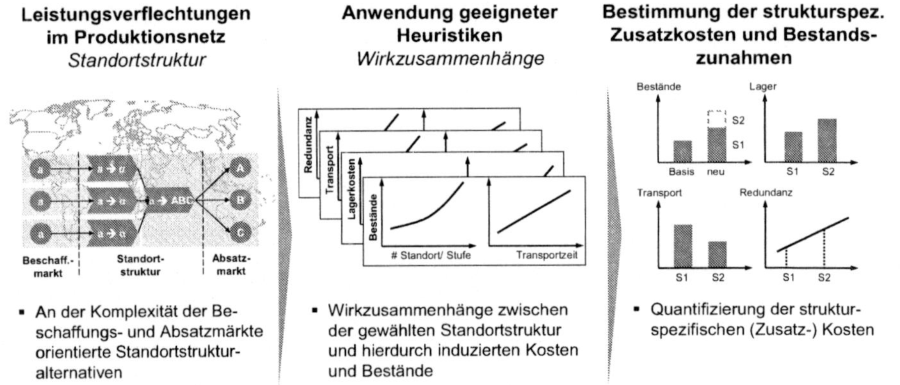

Bild 5.12: Wirkzusammenhänge und Einflussgrößen auf Netzwerkebene[2]

5.4.4 Aufbau der Entscheidungsgrundlage

Um die in den jeweiligen Erklärungsmodellen gewonnen Informationen zu einer Entscheidungsgrundlage bzgl. der Auswahl einer bestmöglichen Standortstrukturalternative zu verdichten, sind sie in Form eines so genannten Entscheidungsmodells zu integrieren und abzubilden. Ziel hierbei ist es, einen einheitlichen und objektiven Maßstab für den Vergleich alternativer Standortstrukturen zu schaffen. Dabei muss dem zu erzeugenden

[1] Vgl. Kap. 4.3.3 und 5.3.

[2] Eigene Darstellung.

Zielwert eine möglichst große Isomorphie zwischen Modell und Realität (hier insbesondere die Berücksichtigung der zeitlichen Entwicklung von Ein- und Auszahlungen) zugrunde liegen. Im vorliegenden Fall soll dieser Forderung durch eine konsequente Orientierung am Konzept der Unternehmenswertsteigerung nachgekommen werden. Alle relevanten Größen sind auf die Bewertungsgrundlage dieses Verfahrens, den freien Cash flow, zu beziehen.[1]

Neben der Berechnung der sich hieraus ermittelbaren ganzheitlichen Zielwerte Kapitalwert und/ oder Amortisationsdauer[2] ist das Entscheidungsproblem aber auch dahingehend zu strukturieren, als dass die genaue Position auf den gegenläufigen, in Kap. 5.1 und 5.2 dargestellten Kostenfunktionen ersichtlich wird. Im Falle nahezu gleicher Ausprägungen der Zielgrößen unterschiedlicher Szenarien ist es mit Blick auf zukünftige Gestaltungsoptionen entscheidend, ob mit einer weiteren Erhöhung der Standortstrukturkomplexität ein weiteres Absinken oder bereits ein Anstieg der Gesamtkostenkurve verbunden ist. Entsprechend sind die berücksichtigten Ausprägungen der Bewertungsgrößen auch gesondert nach Art und Entstehungsebene aufzuschlüsseln. Sowohl Investitionen und Bestandsaufbau als auch die verschiedenen Kostenblöcke sind in standortstrukturneutrale und standortstrukturspezifische Größen zu untergliedern und darzustellen.

Eine schematische Darstellung des Entscheidungsmodells zeigt Bild 5.13.

[1] Vgl. Kap. 3.1.1.

[2] Vgl. Kap. 4.1.6.

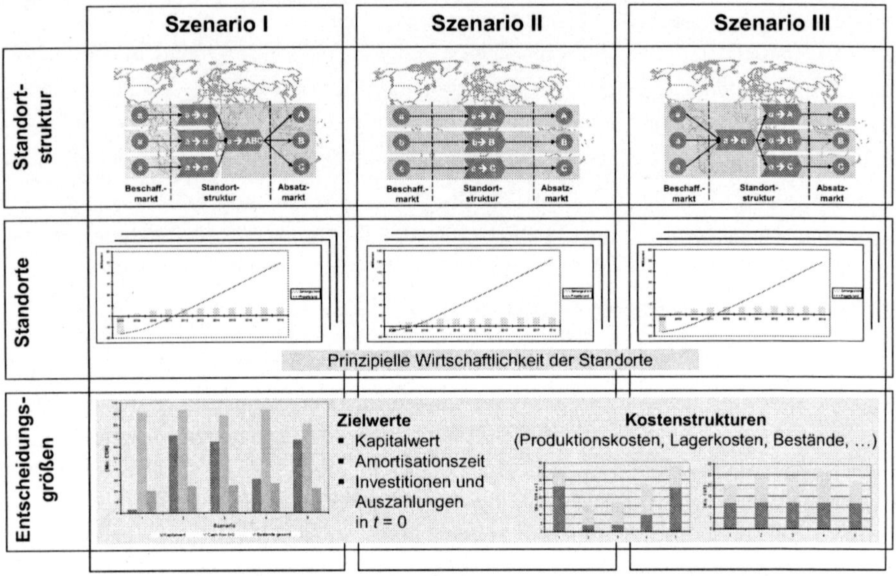

Bild 5.13: Entscheidungsmatrix zur Auswahl einer Standortstrukturalternative[1]

Die quantitative Bewertung kann im Weiteren wiederum mit der qualitativen Bewertung der alternativen Standortstrukturen abgeglichen werden, um über zu bildenden Trade-off-Paare zu einer finalen Entscheidung zu kommen. Darüber hinaus bietet die modulare Gestalt in Kombination mit einer klar strukturierten, transparenten Kostenentstehung die Grundlage, via Sensitivitätsanalysen wiederum Rückschlüsse auf bzw. Zielwerte für noch nicht festgelegte Gestaltungsparameter (konkrete geographische Standorte, eingesetzte Technologien, etc.) abzuleiten.

Mit der detaillierten Ausgestaltung der beschriebenen Modelle sowie deren Zusammenfassung im vorliegenden Erklärungsmodell beschäftigen sich die weiteren Ausführungen der Arbeit in Kap. 6. Die eigentliche praktische Umsetzung und damit das aus modelltheoretischer Sichtweise noch offen gebliebene Gestaltungsmodell wird im Rahmen des Fallbeispiels in Kap. 1 betrachtet.

[1] Eigene Darstellung.

6 Konkretisierung der Bewertungsunterstützung

6.1 Erfassung der relevanten Kosten und Zahlungen

6.1.1 Zielwerte und Erfassungsschema

Vor dem Hintergrund der geforderten konsequenten Orientierung am Konzept der Unternehmenswertsteigerung bildet der freie Cash flow der Standortstrukturszenarien die Bewertungsgrundlage des zu entwickelnden Modells.[1] Die Zielgrößen, die sich aus dieser Betrachtung ableiten lassen, sind damit der dynamischen Investitionsrechnung zuzurechnen. Grob kann zwischen den Ausgabegrößen Kapitalwert, Annuitäten, Endwert und Amortisationszeit unterschieden werden, wobei diese Größen für eine gegebene zeitliche Entwicklung der Ein- und Auszahlungen in einem definierten Betrachtungszeitraum frei austauschbar sind.[2] Wird jedoch berücksichtigt, dass die in den Szenarien zusammengefassten Standorte auf einen langfristigen Betrieb ausgerichtet sind und damit prinzipiell auch unendliche Zahlungsreihen angenommen werden können, ist der Endwert im vorliegenden Falle als Zielgröße ungeeignet.[3]

Mit Blick auf die zur Bewertung erforderlichen Zahlungsgrößen muss zudem zwischen der klassischen und der modifizierten Kapitalwertmethode unterschieden werden.[4] Letztere zeichnet sich dadurch aus, dass lediglich Auszahlungen betrachtet werden. Produktion und Absatz sind voneinander entkoppelt. Diese, sich durch ein geringeres erforderliches Datenvolumen auszeichnende und damit vom Aufwand her niedrigere Herangehensweise, ist jedoch starken Einschränkungen unterworfen. Auf der Basis der modifizierten Kapitalwertmethode lassen sich Szenarien ausschließlich relativ zueinander bewerten. Gleichzeitig schlagen sich durch den Verzicht auf die Berücksichtigung von Einzahlungen mögliche standort- und damit auch strukturspezifische Umsatzentwicklungen, verursacht durch die Migration von der aktuellen in die zukünftige Standortstruktur, nicht in der Bewertung nieder. Obwohl bei den im Rahmen dieser Arbeit zu bewertenden Szenarien von einem konstanten Absatz- und Umsatzvolumen in den jeweiligen eingeschwungenen Zuständen ausgegangen werden kann, können diese, zu frühen Zeitpunkten anfallenden Unterschiede auf der Einnahmenseite, einen erheblichen Effekt auf die Vorteilhaftigkeit eines Szenarios haben. Nicht zuletzt aber auch wegen der ebenfalls an die Einnahmenseite gekoppelten Einflüsse durch länderspezifische Steuer- und Abschreibungsmodalitäten ist dieses Verfahren für den vorliegenden Fall gänzlich ungeeignet. Entsprechend beschränkt sich diese Arbeit auf die Anwendung der herkömmlichen

[1] Vgl. Kap. 3.1.1.

[2] Vgl. Kruschwitz, L.: Investitionsrechnung, 2005, S. 46; Perridon, L.; Steiner, M.: Finanzwirtschaft der Unternehmung, 2007, S. 28.

[3] Die Berücksichtigung weit in der Zukunft liegender Zahlungen kann über die Bildung unendlicher Zahlungsreihen auf der Basis der eingeschwungenen Systeme erfolgen.

[4] Vgl. Meyer, T.: Globale Produktionsnetzwerke, 2005, S. 63.

Verfahren der dynamischen Investitionsrechnung – im Speziellen auf die Kapitalwertmethode und die dynamische Amortisationsrechnung.[1]

Die im Bewertungskalkül zu berücksichtigenden Größen je Periode umfassen damit neben den Investitionen, den Zahlungen für Bestandsveränderungen und den laufenden Kosten auch die Umsätze, die sich wiederum auf Bestände und die laufenden Kosten auswirken.

Dem im vorangegangenen Kapitel vorgestellten Ebenengedanken folgend, gilt es im Weiteren, diese Größen, ihre Determinanten und damit insbesondere auch deren maßgebliche Verursachung zu identifizieren und zu verorten. Mit Blick auf das zu entwerfende Erklärungsmodell ist es zudem das Ziel, möglichst viele erforderliche Daten, die gleichen Einflussfaktoren unterliegen, zu Blöcken zusammenzufassen. Grundvoraussetzung ist die einheitliche Erfassung aller Größen im Sinne des freien Cash flows und damit die Vermeidung von Redundanzen und Verzerrungen, basierend auf buchhalterischen Maßnahmen und kalkulatorischen Größen. Es muss weiterhin sichergestellt sein, dass im Sinne der Vollständigkeit alle relevanten Größen erfasst werden.[2] Dabei sind die Zahlungsgrößen nicht nur nach ihrer Art (z.B. Investitionen oder Personalkosten), sondern auch hinsichtlich ihrer Verursachung (z.B. Produktion oder Logistik) aufzugliedern.

Um dem Anspruch auf Vollständigkeit der zahlungswirksamen Größen zu genügen, sind neben den zu tätigenden Investitionen und aufzubauenden Beständen vor allem die auszahlungswirksamen Größen in geeigneter Form zu erfassen. Als Rahmen hierzu bietet sich das betriebliche Rechnungswesen (Gewinn- und Verlustrechnung) an. Die Abgrenzungsposten der Gewinn- und Verlustrechnung bieten eine umfassende Struktur, auf deren Basis alle weiteren Informationen zur Erzeugung der freien Cash flows abgefragt werden können.[3]

Um die Kosten- und Zahlungsstruktur hinsichtlich der Entstehung der jeweiligen zahlungswirksamen Größen näher zu beleuchten, bietet sich eine Differenzierung nach Unternehmensbereichen an. Die im betrieblichen Rechnungswesen angewendete Klassifizierung nach Kostenstellen kommt dieser Zielsetzung am nächsten. Sie ist auf die Darstellung von Leistungsbeziehungen innerhalb eines Unternehmens ausgelegt und dient zur Wirtschaftlichkeitsanalyse an den Stellen, an denen die Kosten zu verantworten und zu beeinflussen sind.[4] Eine hinreichende Detaillierung für die Zwecke dieser Arbeit erfüllt

[1] Die Kapitalwertmethode ermittelt den Barwert einer bevorstehenden Investition durch Diskontierung der Ein- und Auszahlungen auf den aktuellen Zeitpunkt. Eine Investition ist umso vorteilhafter, je größer der Kapitalwert ist. Mittels der dynamischen Amortisationsrechnung lässt sich der Zeitraum bestimmen, in dem das investierte Kapital aus den Einzahlungsüberschüssen wiedergewonnen wird. Eine Investition ist umso vorteilhafter, je geringer die Amortisationszeit ist. Vgl. Perridon, L.; Steiner, M.: Finanzwirtschaft der Unternehmung, 2007, S. 45; Götze, U.: Investitionsrechnung, 2006, S. 71, 107f.

[2] Vgl. Copeland, T.: Unternehmenswert, 1998, S. 54

[3] Vgl. Ballwieser, W.: Unternehmensbewertung, 2004, S. 29 sowie Anhang 10.5.

[4] Vgl. Haberstock, L.: Kostenrechnung I, 2005, S.104f.

der Kostenstellenplan nach Funktionsbereichen des BDI[1], in dem grob zwischen den Kostenstellen Beschaffung, Fertigung, Entwicklung, Verwaltung, Vertrieb und Kostenstellen des allgemeinen Bereichs unterschieden wird.[2]

Die Zusammenführung beider Klassifikationen in einer Matrix bietet schließlich einen geeigneten Rahmen zur strukturierten Erfassung und Verortung aller relevanter zahlungswirksamer Größen (Bild 6.1). Diese Matrix soll im Weiteren die Grundlage für das aus den Ebenen Modul, Standort und Netzwerk bestehende Beschreibungsmodell bilden.[3]

Ausgabenzuordnung / Kosten/ Zahlungsgrößen	Beschaffung			Fertigung (Hilfsstellen)						Verwaltung			Vertrieb	KST des allg. Bereichs			
	Einkauf	Warenann./ -prüfung	Mat.lagerung/ -ausgabe	Vorbereitung/ Steuerung	Betriebsbüro	Zwischenlager	Werkzeuglager	Qualitätssicherung	Fertigung/ Montage	Unternehmensleitung	Personalverwaltung	Finanz-/ Rechn.wesen	Fertigwarenlager	Grundstücke/ Gebäude	Energieversorgung	Transport	Instandhaltung
Bestände			N			M			M				N			N	
Investitionen																	
Technische Anlagen	(S)	S	S	M			M	M	M	(S)	(S)	(S)	S		(M)	M	
Grundstücke und Gebäude	S	S	S			M				S	S	S	S	S	S		S
Materialaufwand																	
Aufwendungen für RHB u. bezogene Waren																	
Rohstoffe/ Fertigungsmaterial									M								
Vorprodukte/ Fremdbauteile									M								
Hilfsstoffe									M								
Betriebsstoffe/ Verbrauchswerkzeuge								M	M								
Verpackung													(M)				
Energie	S	S	S			M											
Reparaturmaterial																	
Sonstiges Material (Putz-, Pflegematerial, Berufskleidung, ...)		(S)	(S)			M											
Aufwendungen f. bezogene Leistungen																	
Frachten u. Fremdlager									N								
Personalaufwand																	
Löhne (incl. sozialen Abgaben)		S	S			M	M	M	M	N			S			M	M
Gehälter (incl. sozialen Abgaben)	S	S	S	M	M			M	M		S	S	S				
Abschreibung																	
Abschreibung auf Grundstücke und Gebäude									S								
Abschreibung auf technische Anlagen und Maschinen									S								
Abschreibung auf andere Anlagen, Betriebs- u. Geschäftsausstattung									S								
Sonstige Aufwendungen																	
Sonstige Personalaufwendungen																	
Aufwendungen f...																	

Ebenenspezifische Kostenverursachung

Bild 6.1: Matrix zur Erfassung der relevanten zahlungswirksamen Größen[4]

[1] Vgl. o.V.: Empfehlungen zur Kosten- und Leistungsrechnung, 1988. Vgl. auch Anhang 10.5.

[2] Entsprechend der in Kap. 4.3.3 erfolgten Eingrenzung des Objektbereichs werden Zahlungen, die in den Bereichen Forschung und Entwicklung sowie Kundendienst anfallen, nicht betrachtet.

[3] Das betriebliche Rechnungswesen lässt eine Interpretationsfreiheit bei der Zuordnung von Aufwendungen zu den jeweiligen Abgrenzungsposten zu. Im Rahmen dieser Arbeit wird eine repräsentative Auswahl bzw. Zuordnung vorgenommen, die eine möglichst vollständige Abdeckung der relevanten Bewertungsgrößen ermöglicht und somit den Grundsätzen ordnungsgemäßer Buchführung (GoB) entspricht. Die Rahmengrundsätze (Richtigkeit und Willkürfreiheit, Klarheit, Vollständigkeit, usw.) sind beachtet. Vgl. Leffson, U.: Die Grundsätze ordnungsgemäßer Buchführung, 1987; HGB § 239 Abs. 2, § 243 Abs. 2, § 246 Abs. 1, § 252 Abs. 1, § 265.

[4] Eigene Darstellung. Quellen: Abgrenzungsposten der GuV, vgl. Korth, H.-M.: Industriekontenrahmen, 1990; o.V.: Tiefgliederung zum Industriekontenrahmen (IKR), 1990; Klassifizierung nach Kostenstellen, vgl. o.V.: Empfehlungen zur Kosten- und Leistungsrechnung, 1988.

6.1.2 Relevante Größen auf der Modulebene

Auf Modulebene sind diejenigen Kosten und Zahlungen zu verorten, die ihren Ursprung ausschließlich in den wertschöpfenden Tätigkeiten des jeweils zu betrachtenden Produktionsmoduls haben. Adressiert wird das in Kap. 5.2 aufgezeigte Verhalten der direkten Produktionskosten in Abhängigkeit der gewählten Standortstrukturkomplexität. Mit Blick auf die damit einhergehende Annahme der Beeinflussung dieser Größen durch die Wahl des Standortes i.S.d. „Kongruenz-Effizienz-Hypothese" sind sie in standortneutrale und standortspezifische Größen zu untergliedern.

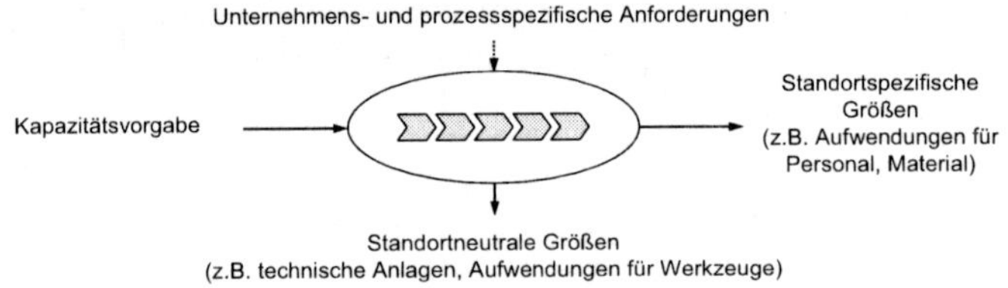

Bild 6.2: Ein- und Ausgangsinformationen auf Modulebene[1]

Neben den aus der Zusammensetzung der Produktionsmodule resultierenden Anforderungen begründen sich sowohl die standortneutralen als auch die standortspezifischen Größen aus der vorzuhaltenden Kapazität und der entsprechenden Auslastung. In Anlehnung an die in Kap. 6.1.1 vorgestellte Matrix lassen sich die Größen in Bestände, Investitionen, Materialaufwendungen und Personalaufwendungen unterteilen. Da neben den genannten Kosten und Auszahlungen aber auch die Einzahlungen (Umsätze) ihren Ursprung in den wertschöpfenden Tätigkeiten der Produktionsmodule haben, sind auch sie hier zu erfassen. Die zu ihrer Generierung erforderlichen Verrechnungspreise orientieren sich an Marktpreisen.

6.1.2.1 Umsatz

Der Umsatz je Modul ist ausschließlich an dessen Wertschöpfung gekoppelt. Er ist unter der getroffenen Annahme eines konstanten Umsatzes für alle zu bewertenden Szenarien standortneutral. Dies gilt jedoch nur für den eingeschwungenen Zustand. So können innerhalb der Migrationsphase die Umsätze verschiedener Szenarien aufgrund unterschiedlicher Einflüsse variieren. Entsprechend sind die Umsatzzahlen auf der Standortebene durch einen modul- und standortabhängigen Ramp-up-Faktor anzupassen, was nicht zuletzt auch wieder Auswirkungen auf die Höhe der Bestände sowie die Materialkosten hat.

[1] Eigene Darstellung.

6.1.2.2 Bestände

Die auf Modulebene zu erfassenden (aufzubauenden) Bestände leiten sich ausschließlich aus der zur Aufrechterhaltung des Produktionsbetriebs erforderlichen Umfänge an Rohstoffen, Vorprodukten und Fremdbauteilen ab. Dies sind diejenigen Bestände, die sich im Prozess bzw. in einem Prozessschritt vor- und nachgelagerten Zwischenpuffern befinden. Bestände im Wareneingang oder Versand sind hingegen stark von der durch die Standortstruktur beeinflussten Beschaffungs- und Versandsituation sowie den damit eng verbundenen Determinanten Verfügungssicherheit und Servicegrad abhängig. Sie werden auf der Netzwerkebene adressiert.

In Anlehnung an die Unterteilung des Abgrenzungspostens für Material in der Gewinn- und Verlustrechnung sind sowohl die Bestände an Rohstoffen als auch die an Vorprodukten und Fremdbauteilen standortspezifisch, wobei der Einfluss des Standortes auf die jeweiligen Bestandsarten stark variieren kann.

6.1.2.3 Investitionen

Grundsätzlich kann bei Investitionen zwischen Investitionen in technische Anlagen, Gebäude und Grundstücke unterschieden werden. Da Größe, Lage und Zuschnitt des Grundstücks jedoch stark von der Anzahl der an einem Standort zusammengefassten Module sowie deren Spezifität abhängen, sind die mit dem Erwerb eines Grundstücks verbundenen Zahlungen auf der Standortebene zu berücksichtigen. Anders hingegen verhält es sich bei den technischen Anlagen und Gebäuden. Technische Anlagen hängen ausschließlich von der Spezifität und Kapazität der jeweiligen Module ab und können diesen direkt zugeordnet werden. Hierunter fallen die Investitionen in direkt dem Produktionsprozess zuzuordnende Maschinen und Anlagen (Fertigung/ Montage) sowie die in den unterstützenden Bereichen[1] (Vorbereitung/ Steuerung, Werkzeuglager, Qualitätssicherung und Transport) erforderlichen Ausstattungen und Hilfsmittel. Zu letzteren zählen u.a. Messmittel, IT- und Transportsysteme. Analog gilt dies auch für Investitionen in Gebäude. Sie ergeben sich aus den modulspezifischen Anforderungen an Flächen und Infrastruktur und können auch für die unterstützenden Bereiche direkt den Modulen zugeordnet werden. Dies ist insofern möglich, als dass von einer freien Skalierbarkeit (Module weisen eine gewisse Mindestgröße auf)[2] ausgegangen werden kann. Darüber hinaus ist das bei der Zusammenfassung von Modulen durch mögliche Synergieeffekt in den unterstützenden Bereichen entstehende Delta zur aufsummierten Größe vernachlässigbar – nicht zuletzt auch vor dem Hintergrund des im vorliegenden Planungsstadium noch sehr groben Detaillierungsgrads.

---

[1] Die im Rahmen dieser Arbeit adressierten und berücksichtigten unterstützenden Bereiche stellen eine repräsentative Auswahl dar. Abweichungen in der betrieblichen Praxis sind möglich, ändern jedoch nicht die Grundintention.

[2] Vgl. Kap. 5.4.3.2.

Während die Investitionen in technische Anlagen als standortneutral angesehen werden können, hängen die Investitionen in Gebäude stark von der Wahl des Standortes ab. Dabei muss jedoch nicht detaillierter zwischen Gebäudegrundkörper, Infrastruktur (z.B. Klimaanlage, Krananlagen, Fundamente), Energieversorgung und Planungsaufwendungen unterschieden werden. Analog zur Kostenabschätzung in der Bauplanung kann mit modulspezifischen Quadratmeter-Richtpreisen und deren standortspezifischen Ausprägungen kalkuliert werden.

6.1.2.4 Materialaufwand

Die im Rahmen der Bewertung verschiedener Standortstrukturszenarien zu berücksichtigenden Materialkosten haben ihren Ursprung fast ausschließlich auf der Modulebene. Entsprechend der Unterteilung der Materialaufwendungen nach der Gewinn- und Verlustrechnung hängen die je Periode anfallenden Kosten für Rohstoffe, Vorprodukte und Fremdbauteile direkt vom Modulumsatz sowie der im Modul anfallenden Wertschöpfung ab. Die sich aus dem Modulumsatz ableitenden Auslastungen der einzelnen, im Modul zusammengefassten Produktions- und Unterstützungsprozesse bilden wiederum die Basis zur Ermittlung der Aufwendungen für Hilfsstoffe, Betriebsstoffe, Werkzeuge, Energie und Reparaturmaterialien, wobei Energieaufwendungen auch auf anderen Ebenen ihren Ursprung haben. Gleiches gilt zwar auch für Hilfs- und Betriebsstoffe, sie fallen jedoch außerhalb der Produktion kaum ins Gewicht und können daher dort vernachlässigt werden.

Die Aufwendungen für Verpackung, die auch den Materialaufwendungen zuzurechnen sind, hängen ebenfalls ausschließlich von der Spezifität der in den jeweiligen Modulen hergestellten Produkte bzw. Teile ab, sind aber erst nach Kenntnis über die Zusammensetzung der Module auf der Standortebene zu aktivieren. Einzig die zum Unter-Abgrenzungsposten „Aufwendungen für bezogene Leistungen" zählenden Frachtkosten haben ihren Ursprung nicht auf der Standortebene, sondern auf der Netzwerkebene.

Mit Blick auf die standortspezifische Beeinflussung der genannten Größen können die Aufwendungen für Werkzeuge und Reparaturmaterial als standortneutral angesehen werden. Die restlichen Aufwendungen sind ähnlich wie die Bestände zu behandeln – der Einfluss der Standorte auf die jeweiligen Materialarten kann erheblich variieren.

6.1.2.5 Personalaufwand

Das Gros der Personalkosten kann ebenfalls den direkten Produktionskosten und damit der Modulebene zugerechnet werden. Hierzu zählen neben den in der eigentlichen Produktion (Fertigung/ Montage) anfallenden Personalkosten auch diejenigen, die in den unterstützenden Bereichen (inkl. Transport und Instandhaltung) je nach Spezifität und Kapazität der Produktionsmodule anfallen.

Die Personalkosten sind standortspezifisch. In Abhängigkeit des am Standort herrschenden Lohn- und Produktivitätsgefüges sind sie auf der Standortebene entsprechend anzupassen.

6.1.2.6 Zusammenfassung

Einen Überblick über die auf Modulebene anfallenden Kosten und Zahlungen gibt die folgende Matrix:

Ausgabenzuordnung / Kosten/ Zahlungsgrößen	Beschaffung			Fertigung						Verwaltung			Vertrieb	KST des allg. Bereichs			
				Hilfsstellen													
	Einkauf	Warenann./ -prüfung	Mat.lagerung/ -ausgabe	Vorbereitung/ Steuerung	Betriebsbüro	Zwischenlager	Werkzeuglager	Qualitätssicherung	Fertigung/ Montage	Unternehmensleitung	Personalverwaltung	Finanz-/ Rechn.wesen	Fertigwarenlager	Grundstücke/ Gebäude	Energieversorgung	Transport	Instandhaltung
Bestände						M			M								
Investitionen																	
Technische Anlagen				M			M	M	M						(M)	M	
Grundstücke und Gebäude						M											
Materialaufwand																	
Aufwendungen für RHB u. bezogene Waren																	
Rohstoffe/ Fertigungsmaterial									M								
Vorprodukte/ Fremdbauteile									M								
Hilfsstoffe									M								
Betriebsstoffe/ Verbrauchswerkzeuge								M	M								
Verpackung													(M)				
Energie						M											
Reparaturmaterial								M	M								
Sonstiges Material (Putz-, Pflegematerial, Berufskleidung, ...)						M											
Aufwendungen f. bezogene Leistungen																	
Frachten u. Fremdlager																	
Personalaufwand																	
Löhne (incl. sozialen Abgaben)						M	M	M	M							M	M
Gehälter (incl. sozialen Abgaben)				M	M			M	M								
Abschreibung																	
Abschreibung auf Grundstücke und Gebäude																	
Abschreibung auf technische Anlagen und Maschinen																	
Abschreibung auf andere Anlagen, Betriebs- u. Geschäftsausstattung																	
Sonstige Aufwendungen																	
Sonstige Personalaufwendungen																	
Aufwendungen für Personaleinstellung																	
Aufwendungen für Fort- u. Weiterbildung																	
Aufwendungen für die Inanspruchnahme von Rechten und Diensten																	
Beratung, Rechtschutz																	
Aufwendungen für Kommunikation																	
Büromaterial u. Drucksachen																	
Post (Porto, Telefon, Telefax)																	
Sonstige Kommunikationsmittel																	
Reisekosten																	
Betriebliche Steuern																	
Steuern (Grundsteuer, Kfz-Steuer, ...)																	
Zölle																	
Zinsen u. ähnliche Aufwendungen																	
Steuern vom Einkommen u. vom Ertrag (Gewerbeertragssteuer, ...)																	

Bild 6.3: Bewertungsgrößen und deren Verortung auf Modulebene[1]

Einzelne Bestandteile der im Weiteren auf der Standort- und Netzwerkebene betrachteten Kosten und Zahlungen könnten sehr wohl auch den Modulen direkt zugeordnet wer-

[1] Eigene Darstellung.

den. Um jedoch eine doppelte Betrachtung einzelner Bewertungsgrößen zu vermeiden, wird in diesen Fällen die nächst höhere Aggregationsebene gewählt. Dies gilt sowohl für die Informations- und Kommunikationskosten (Teile der Hard- und Software sind ausschließlich kapazitätsproportional) als auch im Besonderen für die in der betrieblichen Praxis den direkten Produktionskosten zugeordneten Kosten für die Bereiche Wareneingang, Lager und Versand (Materialgemeinkosten).

6.1.3 Relevante Größen auf der Standortebene

Entsprechend ihrer Zwitterstellung bildet die Standortebene mehr den Rahmen zur Aggregation der Modulgrößen und Anpassung der standortspezifischen Größen denn der Verortung von Kosten und Zahlungen. Gleichwohl lassen sich einige Bewertungsgrößen ausschließlich auf eben dieser aggregierten Basis herleiten. Hierzu zählen einerseits die signifikant auf das in Kap. 5.2 aufgezeigte Verhalten der direkten Produktionskosten Einfluss nehmenden Steuerzahlungen sowie die diese beeinflussenden Abschreibungen. Andererseits sind auch all diejenigen Größen zu erfassen, die sich aus dem Betrieb eines Standortes ergeben. Ihre Ausprägungen hängen primär von der am Standort gebündelten Gesamtkapazität ab. Da die den Standorten zugeteilten Gesamtkapazitäten gleichzeitig aber auch ein Maß für die Varietät der Produktionsstandorte sind, werden nicht nur die direkten Produktionskosten beeinflusst, sondern in Teilen auch strukturspezifische Zusatzkosten hervorgerufen. Vornehmlich mit Blick auf die in den Bereichen der Lagerhaltung anfallenden Kosten und Zahlungen ist bei zunehmender Standortkomplexität mit Redundanzkosten sowie mit Opportunitätskosten[1] aufgrund nicht realisierbarer Synergieeffekte zu rechnen. Eine entsprechende separate Ausweisung dieser Kostenblöcke ist vor dem Hintergrund des angestrebten Entscheidungsmodells zweckmäßig (Bild 6.4).

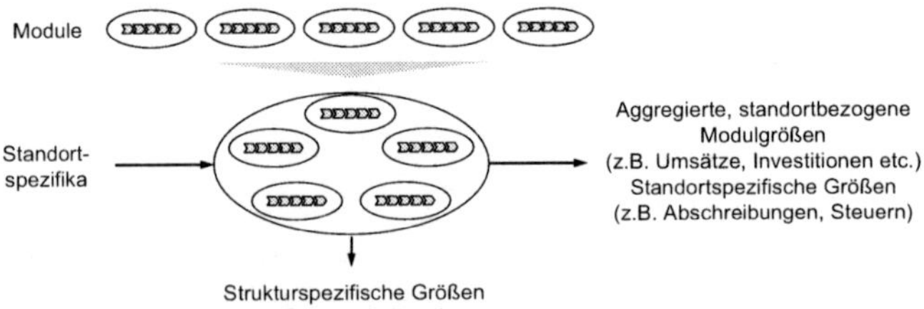

Bild 6.4: Ein- und Ausgangsinformationen auf Standortebene[2]

In Anlehnung an die in Kap. 6.1.1 vorgestellte Matrix lassen sich somit die auf der Standortebene zu berücksichtigenden Größen den Kategorien Investitionen, Materialaufwand,

[1] Opportunitätskosten sind entgangene Erlöse, die dadurch entstehen, dass vorhandene Möglichkeiten (Opportunitäten) zur Nutzung von Ressourcen nicht wahrgenommen werden. Vgl. Behrens, C.-U.; Kirspel, M.: Grundlagen der Volkswirtschaftslehre, 2003, S. 41.

[2] Eigene Darstellung.

Personalaufwand, Abschreibungen und Steuern (sonstige betriebliche Aufwendungen) zuordnen.

6.1.3.1 Investitionen

Während auf der Modulebene der Fokus auf Investitionen liegt, die direkt dem Produktionsprozess zugeordnet werden können, liegt er auf der Standortebene auf Investitionen in den zum Betrieb eines Standortes erforderlichen indirekten Bereichen. Entsprechend handelt es sich weniger um technische Anlagen denn mehr um Büroflächen und Gebäude. Adressierte Bereiche sind neben der Verwaltung (Unternehmensleitung, Personalverwaltung, Finanz- und Rechnungswesen) die Bereiche Einkauf und Instandhaltung.

Da diese Größen ab einer gewissen Standortmindestgröße nahezu frei skalierbar und damit vornehmlich kapazitätsproportional[1] sind, nehmen die Bereiche Wareneingang und Versand entsprechend der geschilderten möglichen Opportunitätskosten eine Sonderstellung ein. Dabei sind es weniger die durch die geographische Streuung und Leistungsverflechtung hervorgerufenen höheren Sicherheitsbestände, die sich negativ auswirken, denn mehr die mit einer Aufteilung der Wertschöpfung verbundene Schaffung von Redundanzen auf Netzwerkebene. Auf den einzelnen Standort bezogen führt dies zu einer Änderung des Verhältnisses der Produktionsfaktoren Arbeit und Kapital zueinander.

Mit Blick auf die Beeinflussung der unterschiedlichen Investitionen können technische Anlagen weiterhin als standortneutral angesehen werden; Gebäude und Grundstück hingegen als standortspezifisch. Darüber hinaus muss ebenfalls zwischen standortstrukturneutralen und standortstrukturspezifischen Kosten und Zahlung unterschieden werden.

6.1.3.2 Materialaufwand

Beim Materialaufwand sind einzig die Energiekosten für die auf der Standortebene betrachteten Bereiche von Bedeutung. Alle weiteren, unter dem Abgrenzungsposten Materialaufwand aufgeführten Kosten, sind im Vergleich zu den bereits auf Modulebene erfassten Materialaufwendungen sehr gering und haben keinen signifikanten Einfluss auf die Zahlungsreihe eines Standortes. Durch Redundanzen hervorgerufene Unterschiede dieser Größen haben einen noch geringeren Effekt und sind in der Konsequenz ebenfalls zu vernachlässigen.

6.1.3.3 Personalaufwand

Der auf Standortebene zusätzlich zu erfassende Personalaufwand verhält sich analog zu den Investitionen. Das in den indirekten Bereichen Verwaltung, Einkauf und Instandhaltung eingesetzte Personal hängt von der am Standort vorgehaltenen Kapazität ab. In den

[1] Proportionalitäten können auf der Anzahl der Beschäftigten, dem Umsatz oder der Varietät der verbauten Teile basieren.

zur Logistik zählenden Bereichen Wareneingang und Versand ist hingegen das Verhältnis von Personal zu eingesetztem Kapital abhängig von der gewählten Standortstruktur. Auch hier haben mögliche, durch die Wahl bestimmter Standortstrukturen hervorgerufene höhere Sicherheitsbestände keine Auswirkungen auf die Personalstruktur. Die Anzahl der Mitarbeiter in diesen Bereichen hängt ausschließlich von der eingesetzten Technik sowie der Umschlagshäufigkeit und dem Umschlagsvolumen ab.

Die Personalaufwendungen sind in erster Linie standortspezifisch. Außer in den zur Logistik zählenden Bereichen Wareneingang, Lagerhaltung und Versand sind sie zudem standortstrukturneutral.

6.1.3.4 Abschreibungen

Obwohl nicht direkt zahlungswirksam, sind die Abschreibungen für die Ermittlung des freien Cash flows mit Blick auf die Höhe der zu entrichtenden Ertragssteuer relevant. Berechnungsgrundlagen bilden sowohl die Summe des Anlagevermögens in Maschinen als auch das in den Baumaßnahmen gebundene standortspezifische Kapital. Letzteres und die Tatsache, dass die Berechnung der Abschreibungen selbst je nach gewähltem Standort variieren kann, ist Grund für die Verortung der Abschreibungen auf der Standortebene. Der Umfang der durch Abschreibungen verursachten Zahlungen entspricht dem auf diesen Wert zu entrichtenden Steuerzahlungen.

6.1.3.5 Steuern (sonstige betriebliche Aufwendungen)

Zu den unter dem Abgrenzungsposten für sonstige Aufwendungen aufgeführten Steuerzahlungen zählen in erster Linie die zu entrichtenden ertragsabhängigen Steuern.[1] Da zu ihrer Ermittlung sowohl Informationen über die an einem Standort anfallenden Zahlungen als auch über die Höhe der jährlichen Abschreibungen je Periode vorliegen müssen, der Steuersatz selbst zudem standortspezifisch ist, ist die Ermittlung dieser Größe auf der Standortebene angesiedelt.

Neben den ertragsabhängigen Steuern existieren noch eine Reihe weiterer betrieblicher Steuern. Sie sind je nach Standort individuell festgelegt und unterliegen keinem bestimmten Berechnungsschema, orientieren sich i.d.R. aber am Vermögen. Zu diesen auszuweisenden ertragsunabhängigen Steuern zählen u.a. die Grundsteuer, die Vermögenssteuer, die Gewerbekapitalsteuer und die Kfz-Steuer.[2] Ihre Ermittlung muss entsprechend für jeden Standort separat erfolgen.

Im Weiteren zählen zu den betrieblichen Steuern aber auch Zölle. Hierbei handelt es sich um Ausfuhrzölle, die nicht dem Abnehmer in Form von Preisen (Materialkosten) weiterge-

---

[1] Vgl. Korth, H.-M.: Industriekontenrahmen, 1990, S. 215; Biener, H.; Berneke, W.: Bilanzrichtlinien-Gesetz, 1986, S. 216.

[2] Vgl. Korth, H.-M.: Industriekontenrahmen, 1990, S. 216.

reicht werden können. Da unternehmensintern diese Zölle den Materialkosten der jeweils nachfolgenden Stufe zugeschlagen werden, können Zahlungen dieser Form nur an Standorten mit Endstufen auftreten. Entsprechend sind sie gesondert auf der Netzwerkebene zu betrachten.

6.1.3.6 Kapitalkosten

Die Hervorhebung der Position Zinsen und ähnliche Aufwendungen soll schließlich auf die mit unterschiedlichen Standorten verbundenen variierenden politischen und finanziellen Risiken hinweisen.

6.1.3.7 Zusammenfassung

Einen Überblick über die auf Standortebene anfallenden Kosten und Zahlungen gibt die folgende Matrix:

Kosten/ Zahlungsgrößen \ Ausgabenzuordnung	Beschaffung			Fertigung						Verwaltung			Vertrieb	KST des allg. Bereichs			
				Hilfsstellen													
	Einkauf	Warenann./ -prüfung	Mat.lagerung/ -ausgabe	Vorbereitung/ Steuerung	Betriebsbüro	Zwischenlager	Werkzeuglager	Qualitätssicherung	Fertigung/ Montage	Unternehmensleitung	Personalverwaltung	Finanz-/ Rechn.wesen	Fertigwarenlager	Grundstücke/ Gebäude	Energieversorgung	Transport	Instandhaltung
Bestände																	
Investitionen																	
Technische Anlagen	(S)	S	S							(S)	(S)	(S)	S				
Grundstücke und Gebäude	S	S	S							S	S	S	S	S	(S)		S
Materialaufwand																	
Aufwendungen für RHB u. bezogene Waren																	
Rohstoffe/ Fertigungsmaterial																	
Vorprodukte/ Fremdbauteile																	
Hilfsstoffe																	
Betriebsstoffe/ Verbrauchswerkzeuge																	
Verpackung																	
Energie	S	S	S							S	S	S	S				S
Reparaturmaterial																	
Sonstiges Material (Putz-, Pflegematerial, Berufskleidung, ...)		(S)	(S)										(S)				
Aufwendungen f. bezogene Leistungen																	
Frachten u. Fremdlager																	
Personalaufwand																	
Löhne (incl. sozialen Abgaben)		S	S										S				
Gehälter (incl. sozialen Abgaben)	S	S	S							S	S	S	S				
Abschreibung																	
Abschreibung auf Grundstücke und Gebäude									S								
Abschreibung auf technische Anlagen und Maschinen									S								
Abschreibung auf andere Anlagen, Betriebs- u. Geschäftsausstattung									(S)								
Sonstige Aufwendungen																	
Sonstige Personalaufwendungen																	
Aufwendungen für Personaleinstellung																	
Aufwendungen für Fort- u. Weiterbildung																	
Aufwendungen für die Inanspruchnahme von Rechten und Diensten																	
Beratung, Rechtschutz																	
Aufwendungen für Kommunikation																	
Büromaterial u. Drucksachen									(S)								
Post (Porto, Telefon, Telefax)																	
Sonstige Kommunikationsmittel																	
Reisekosten																	
Betriebliche Steuern																	
Steuern (Grundsteuer, Kfz-Steuer, ...)									S								
Zölle																	
Zinsen u. ähnliche Aufwendungen									S								
Steuern vom Einkommen u. vom Ertrag (Gewerbeertragssteuer, ...)									S								

Bild 6.5: Bewertungsgrößen und deren Verortung auf Standortebene[1]

Obwohl die bereits auf dieser Ebene angezogenen strukturspezifischen Größen formal auf der Netzwerkebene verortet werden müssten, sind die standortspezifischen Einflüsse (insbesondere die Anzahl der am Standort zusammengefassten Module und damit die Kapazität eines Standortes) zu groß, als dass eine Gesamtbetrachtung aller Standorte bzgl. der hier angezogenen Logistikkosten vorteilhaft wäre. Vielmehr erscheint es zweckmäßig, die strukturspezifischen Kosten unter Berücksichtigung der ihnen zugrunde liegenden Ursache-Wirkungs-Beziehungen im Einzelfall zu bestimmen und später zu einer Netzwerkgröße zu aggregieren.

[1] Eigene Darstellung.

Anders hingegen soll im Umgang mit den zu den sonstigen Aufwendungen zählenden Kosten für Information (Beschaffung und Verarbeitung von Daten/ Information) und Kommunikation (Übertragung der Informationen) verfahren werden. Trotz eines nicht unerheblichen Anteils direkt den Produktionsmodulen bzw. Standorten zuordenbaren Kostenblöcken sind sie zur Vermeidung von Doppelbetrachtungen auf der höchsten Ebene anzusiedeln – nicht zuletzt auch vor dem Hintergrund, dass diese Kosten transferierbar sind und man sie entsprechend dort anfallen lassen kann, wo die Bedingungen hierzu am günstigsten sind.

6.1.4 Relevante Größen auf der Netzwerkebene

Auf der Netzwerkebene sind diejenigen Kosten und Zahlungen zu verorten, deren Ausprägung maßgeblich durch die Form der Standortstruktur, d.h. der Anzahl der Standorte, deren geographische Verteilung und deren Leistungsverflechtungen untereinander, beeinflusst werden (Bild 6.6). Adressiert wird ausschließlich das in Kap. 5.2 aufgezeigte Verhalten der strukturspezifischen Kosten in Abhängigkeit der gewählten Standortstrukturkomplexität. Entsprechend bilden diese Kosten neben den bereits auf Standortebene verorteten Opportunitätskosten den maßgeblichen Gegenpol zu den mit steigender Standortstrukturkomplexität sinkenden direkten Produktionskosten.

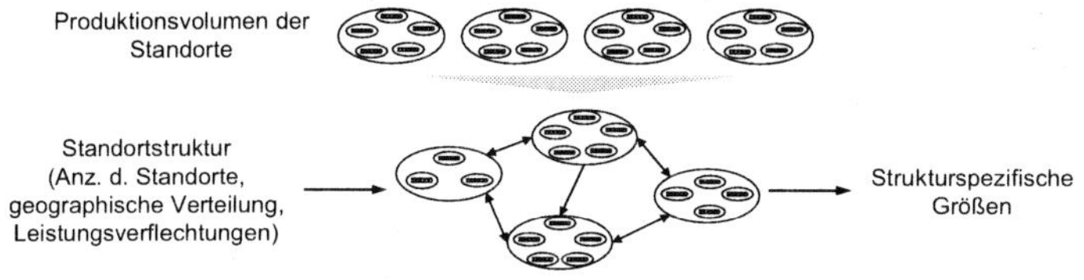

Bild 6.6: Ein- und Ausgangsinformationen auf Netzwerkebene[1]

In Anlehnung an die in Kap. 6.1.1 vorgestellte Matrix sind von den genannten strukturspezifischen Einflüssen die Aufwendungen für Frachten (Transportkosten), die im Transport gebundenen Bestände sowie die durch die Struktur erforderlichen Sicherheitsbestände der einzelnen Standorte betroffen. Hinzu kommen die Aufwendungen für die Beschaffung und Verarbeitung von Daten/ Informationen und deren Übertragung (Kommunikation).

6.1.4.1 Bestände

Bei den strukturinduzierten Beständen der Netzwerkebene handelt es sich im Gegensatz zu den auf Modulebene betrachteten Beständen um zusätzlich zum eigentlichen Produktionsbetrieb in Rohstoffen, Halbzeugen und Fertigprodukten gebundenes Kapital. Zwar

[1] Eigene Darstellung.

gibt es auch hier einen strukturneutralen Part – entsprechend der im Rahmen dieser Arbeit unterstellten, auf Versorgungssicherheit ausgerichteten und dem Push-Prinzip folgenden Strategien für Eingangs- und Ausgangslogistik (vgl. Kap. 5.3) – eine separate Ausweisung dieses birgt jedoch mit Blick auf die angestrebte relative Bewertung verschiedener Standortstrukturszenarien keinen Mehrwert.

Die strukturinduzierten Bestände ergeben sich einerseits aus der geographischen Streuung der Standorte, andererseits aus deren Leistungsverflechtungen. Mit der geographischen Streuung der Produktionsstandorte geht ein erhöhtes Lieferrisiko einher, welches durch das Vorhalten von Sicherheitsbeständen minimiert werden muss. Gleichzeitig binden die durch die verstreute Wertschöpfungskette erforderlichen Transporte Kapital. Letztlich führen aber auch insbesondere mengenmäßige Teilungen von Abschnitten der Wertschöpfungskette zu Zusatzbeständen i.S.v. Opportunitätskosten, da an jedem Standort ein gewisses Maß an Flexibilität, z.B. hinsichtlich Nachfrageschwankungen, vorgehalten werden muss.

Grundlage der Berechnung bilden die auf der Standortebene für die jeweiligen Standorte angepassten Produktionsbestände. Entsprechend beinhalten auch die hier ermittelten Bestände eine standortspezifische Komponente.

6.1.4.2 Transportkosten (Aufwendungen für Frachten)

Die im Produktionsnetzwerk entstehenden Aufwendungen für Frachten sind ähnlich wie die Einfuhrzölle auch dem Abgrenzungsposten Materialaufwand zugeordnet. Während die Einfuhrzölle jedoch als standortspezifische Einflussfaktoren auf die Materialkosten gewertet werden können und damit den direkten Produktionskosten zuzuordnen sind, sind die Transportkosten klar strukturspezifischer Natur. Zu den Transportkosten zählen insbesondere aufgrund der Leistungsverflechtung entstehende Transporte innerhalb des Standortverbunds.

Vor dem Hintergrund des globalen Marktes für Logistik- und Transportleistungen orientiert sich die Berechnung an weltweit einheitlichen Marktpreisen.

6.1.4.3 Sonstige Aufwendungen (insb. für Information und Kommunikation)

Ebenfalls signifikante und nicht zu vernachlässigende Kosten im Zusammenhang mit dem Betrieb von Produktionsnetzwerken sind unter dem Abgrenzungsposten „Sonstige Aufwendungen“ zu verorten.

Hierzu zählen zum einen die stark von der gewählten Standortstruktur abhängigen Aufwendungen für Personaleinstellung und Fort- und Weiterbildung. Da diese jedoch auch sehr stark von der Unternehmenstätigkeit, d.h. der herzustellenden Produkte und der Wertschöpfung, abhängen, lassen sich diese Kosten nicht in Form allgemeingültiger Gesetzmäßigkeiten fassen. Sie sind unternehmensspezifisch abzuschätzen.

Anders verhält es sich hingegen bei den Aufwendungen für die Informationsbeschaffung und -verarbeitung sowie der Kommunikation, d.h. der Übertragung eben dieser Informationen. Obwohl zur Informationsbeschaffung streng genommen auch Investitionen in Hard- und Software erforderlich sind, sollen im Rahmen dieser Arbeit diese Kosten ausschließlich unter der Abgrenzungsposition „Aufwendungen für Kommunikation" zusammengefasst werden. Dies entspricht zudem dem allgemeinen Trend, nach dem Hard- und Software nicht angeschafft, sondern über Leasing und Lizenzzahlungen verrechnet werden.

6.1.4.4 Zusammenfassung

Neben der im nächsten Kapitel erfolgenden Konkretisierung der den beschriebenen Größen zugrunde liegenden Wirkzusammenhänge ist die Vollständigkeit der zu berücksichtigenden Kosten und Zahlungen für eine adäquate Bewertung unterschiedlicher Standortstrukturszenarien die zentrale Anforderung. Gerade mit Blick auf den Einsatz der Bewertungsunterstützung in einem frühen Planungsstadium kommt es im Zweifel mehr darauf an, die Unterschiede bestimmter Bewertungsgrößen für die zu bewertenden Szenarien relativ zueinander herauszustellen, denn im Falle schwer fassbarerer Bewertungsgrößen eine Scheingenauigkeit herbeizuführen. In der Konsequenz bedeutet dies, dass auch wenn bestimmte Größen nicht über Einflussfaktoren und deren Determinanten bestimmt werden können, doch die bloße Annahme von Schätzwerten bereits einen deutlichen Objektivitätsgewinn bringt.

Einen Überblick über die auf Netzwerkebene anfallenden Kosten und Zahlungen gibt die folgende Matrix (Bild 6.7). Gleichzeitig sind in dieser Matrix auch die auf den anderen Ebenen verorteten Kosten und Zahlungen hinterlegt, um die Vollständigkeit des Beschreibungsmodells zu prüfen.

Ausgabenzuordnung / Kosten/ Zahlungsgrößen	Beschaffung			Fertigung						Verwaltung			Vertrieb	KST des allg. Bereichs			
				Hilfsstellen													
	Einkauf	Warenann./ -prüfung	Mat.lagerung/ -ausgabe	Vorbereitung/ Steuerung	Betriebsbüro	Zwischenlager	Werkzeuglager	Qualitätssicherung	Fertigung/ Montage	Unternehmensleitung	Personalverwaltung	Finanz-/ Rechn.wesen	Fertigwarenlager	Grundstücke/ Gebäude	Energieversorgung	Transport	Instandhaltung
Bestände			N			M			M				N			N	
Investitionen																	
Technische Anlagen	(S)	S	S	M			M	M	M	(S)	(S)	(S)	S		(M)	M	
Grundstücke und Gebäude	S	S	S			M				S	S	S	S	S	(S)		S
Materialaufwand																	
Aufwendungen für RHB u. bezogene Waren																	
Rohstoffe/ Fertigungsmaterial									M								
Vorprodukte/ Fremdbauteile									M								
Hilfsstoffe									M								
Betriebsstoffe/ Verbrauchswerkzeuge								M	M								
Verpackung													(M)				
Energie	S	S	S			M				S	S	S	S				S
Reparaturmaterial								M	M								
Sonstiges Material (Putz-, Pflegematerial, Berufskleidung, ...)		(S)	(S)			M							(S)				
Aufwendungen f. bezogene Leistungen																	
Frachten u. Fremdlager									N								
Personalaufwand																	
Löhne (incl. sozialen Abgaben)		S	S			M	M	M	M				S			M	M
Gehälter (incl. sozialen Abgaben)	S	S	S	M	M			M	M	S	S	S	S				
Abschreibung																	
Abschreibung auf Grundstücke und Gebäude									S								
Abschreibung auf technische Anlagen und Maschinen									S								
Abschreibung auf andere Anlagen, Betriebs- u. Geschäftsausstattung									(S)								
Sonstige Aufwendungen																	
Sonstige Personalaufwendungen																	
Aufwendungen für Personaleinstellung									N								
Aufwendungen für Fort- u. Weiterbildung									N								
Aufwendungen für die Inanspruchnahme von Rechten und Diensten																	
Beratung, Rechtschutz									N								
Aufwendungen für Kommunikation																	
Büromaterial u. Drucksachen									(S)								
Post (Porto, Telefon, Telefax)									N								
Sonstige Kommunikationsmittel									N								
Reisekosten									N								
Betriebliche Steuern																	
Steuern (Grundsteuer, Kfz-Steuer, ...)									S								
Zölle									N								
Zinsen u. ähnliche Aufwendungen									S								
Steuern vom Einkommen u. vom Ertrag (Gewerbeertragssteuer, ...)									S								

Bild 6.7: Bewertungsgrößen und deren Verortung auf Netzwerkebene[1]

6.2 Quantifizierung und Wirkzusammenhänge der Einflussgrößen

6.2.1 Modulebene

Die Grundlage zur Bestimmung der in Kap. 6.1.2 identifizierten relevanten Größen auf Modulebene bilden die Kapazitäten der jeweiligen Produktionsmodule sowie die sich hieraus ableitenden Input- und Outputgüter. Auf der Basis dieser Informationen lässt sich eine Referenzzahlungsreihe ermitteln, die je nach gewähltem Standort durch Modifikation der standortspezifischen Größen angepasst werden kann.

[1] Eigene Darstellung.

Den Ausgangspunkt für die Kapazitätsermittlung eines Produktionsmoduls bilden ein bestimmtes Produkt- und Teilespektrum abdeckende und durch die hierzu notwendigen Prozessschritte vordefinierte Grundmodule. Dabei sind die Kapazitäten in bestimmten, strategisch motivierten Unter- und Obergrenzen noch frei wählbar. Entsprechend sind diese in einem ersten Schritt zu konkretisieren, um alle weiteren Größen ableiten zu können.

Gleichfalls hat auch der noch zur Modulebene zu rechnende Ramp-up-Faktor, der die Migration von der aktuellen in die zukünftige Standortstruktur im Zahlungsstrom abbildet, seinen Ursprung in der Spezifität der jeweiligen Module. Analog zu den oben genannten standortstrukturspezifischen zahlungswirksamen Größen muss auch er je nach gewähltem Standort angepasst werden. Darüber hinaus sind bei der Zusammenführung der Module zu einem Standort die jeweiligen Ramp-up-Faktoren aufeinander abzustimmen.

Im folgenden Unterkapitel sollen sowohl die den modulspezifischen Bewertungsgrößen zugrunde liegenden Determinanten und Wirkzusammenhänge als auch eine Anleitung zu deren Quantifizierung bei gegebenen strategischen Randbedingungen aufgezeigt werden. Im darauf folgenden Unterkapitel werden die Determinanten des Ramp-up-Faktors und die auf sie wirkenden Einflussgrößen bestimmt.

6.2.1.1 Bestimmung der strukturneutralen Datenbasis

Ursprung aller auf Modulebene zu berücksichtigenden Größen sind die Kapazität und Auslastung eines Produktionsmoduls, welche sich aus der Lösung des Optimierungsproblems einer maximalen Auslastung der erforderlichen Betriebsmittel bei minimalem Invest ergeben. Randbedingungen hierbei sind die in der strategisch-gestalterischen Phase der Standortstrukturplanung vorgegebenen Unter- und Obergrenzen für die Eigenfertigungsquote.

Das Optimierungsproblem ergibt sich aus der Tatsache, dass die erforderlichen, in einem Modul zusammengefassten Prozessschritte i.d.R. nicht synchron skalierbar sind. Die maximale Kapazität eines Moduls wird damit immer durch den sich einstellenden Engpass-Prozess bestimmt. In der Konsequenz existieren bei den anderen Prozessen Unterdeckungen, d.h. ungenutzte Kapazitäten i.S.e. schlechten Auslastung. Die Auslastung der Prozesse kann durch eine Erhöhung der Modulkapazität und damit eine Erweiterung der Kombinationsmöglichkeiten gesteigert werden. Im Umkehrschluss führt dies jedoch zwangsläufig auch zu höheren Investitionen.

Während sich die Auslastung aus der Makro-Perspektive heraus betrachtet mit steigender Gesamtkapazität ihrem Maximalwert asymptotisch annähert, ist der Verlauf in bestimmten Kapazitätsintervallen keineswegs immer stetig und steigend. Für den vorliegenden Fall bedeutet dies, dass in gegebenen Kapazitätsgrenzen eine Erweiterung der Kapazität nicht zwangsläufig auch zu einer signifikanten Steigerung der Auslastung der vorhandenen Betriebsmittel führt, wohl aber immer zu einem Anstieg des Investitionsvolumens (Bild 6.8).

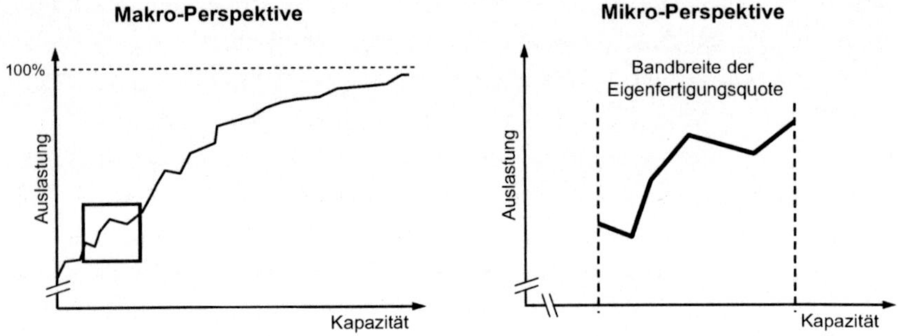

Bild 6.8: Verhalten der Auslastung zur Kapazität in Produktionsmodulen[1]

Zur Konkretisierung der Modulkapazität sind die in den vorgegebenen Grenzen möglichen Kapazitätsausprägungen zunächst zu ermitteln. Hierzu eignet sich eine Orientierung an der Untergrenze und der sich aus dieser ergebenden Kombination aus Maschinen und Betriebsmitteln. Durch Erweiterung der Engpassmaschinen lassen sich die Skalierungsschritte des Moduls bis zur Kapazitätsobergrenze ermitteln.

Für die so generierten Modulalternativen können die erforderlichen Investitionsvolumina den mit ihnen erzielbaren Auslastungen gegenübergestellt werden. Als Maß für die Auslastung eines Moduls wird dabei das ungenutzte Investitionskapital herangezogen. Es entspricht dem Anteil des Investitionsvolumens, der aufgrund einer Unterdeckung der Maschinenkapazität nicht genutzt wird. Das Optimum in gegebenen Grenzen ist genau dann erreicht, wenn durch eine weitere Kapazitätserhöhung keine signifikante Reduzierung des ungenutzten Investitionskapitals verbunden ist (Bild 6.9).

[1] Eigene Darstellung.

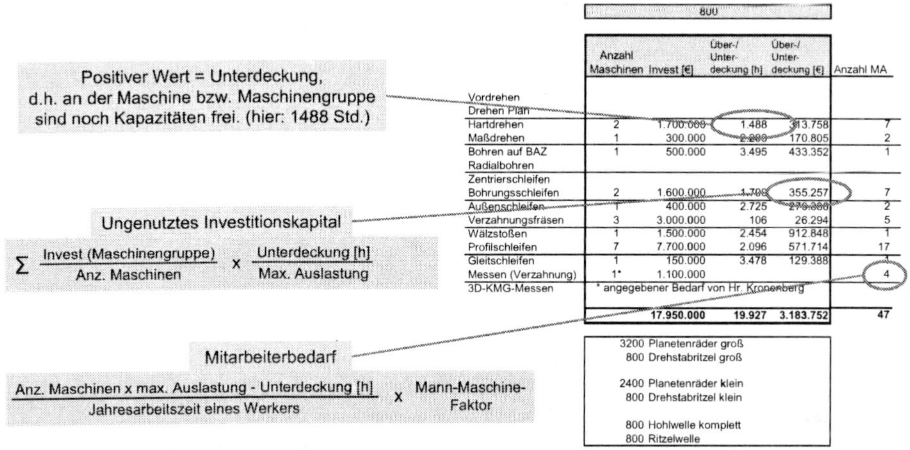

Bild 6.9: Bestimmung der In- und Outputgüter eines Produktionsmoduls[1]

Für die so festgelegten Modulgrößen lassen sich im Weiteren die in Kap. 6.1.2 definierten Modulgrößen direkt oder indirekt ableiten:

Umsatz

Der Umsatz ergibt sich aus der gewählten Kapazität des Moduls. Soweit es sich bei den Modulen nicht um Endstufen handelt, orientiert sich der Umsatz an Marktpreisen. Die Umsatzzahlungen fallen ab Periode t = 1 an, sind jedoch noch auf der Standortebene durch den Ramp-up-Faktor[2] im Migrationszeitraum anzupassen.

Bestände

Die in den Modulen gebundenen Rohmaterialien, Vorprodukte und Fremdbauteile sind auf der Basis des zugrunde gelegten Referenzprodukt- und -produktionsprogramms zu ermitteln. Die Ermittlung erfolgt dabei auf der Basis der angenommenen, standortspezifischen Materialkosten. Entsprechend muss eine Anpassung auf der Standortebene erfolgen. Die so festgestellten Bestände sind auszahlungswirksame Größen in Periode t = 0. Sie sind entsprechend analog zu den Investitionen in Maschinen und Anlagen zu bewerten. Der beim Durchlaufen der Prozessschritte eines Moduls zu verzeichnende Wertzuwachs ist zum vorliegenden Planungszeitpunkt vernachlässigbar. Auch soll davon ausgegangen werden, dass sich die Migration nicht in den Produktionsbeständen niederschlägt.

Investitionen

Die Investitionen in Maschinen und Anlagen ergeben sich direkt aus der für das Modul gewählten Kapazität (Bild 6.9). Hierbei sind sowohl die in den direkten Fertigungsberei-

[1] Eigene Darstellung. Beispielhafte Darstellung eines Moduls zur Zahnradbearbeitung.

[2] Vgl. Kap.6.2.1.2.

chen anfallenden Investitionen als auch – falls nicht schon im Rahmen der Modulauslegung erfolgt – die in den unterstützenden Bereichen (Fertigungshilfsstellen und Transport) erforderlichen Investitionen zu berücksichtigen. Die genannten Investitionen sind standortneutral und können ohne weitere Anpassung in Periode $t = 0$ als Auszahlung verbucht werden.

Die erforderlichen Investitionen in Gebäude und Infrastruktur ergeben sich einerseits aus den modulspezifischen Anforderungen, andererseits aus der erforderlichen Fläche. Während die modulspezifischen Anforderungen sich im Quadratmeterpreis niederschlagen und somit eine standortspezifische Komponente darstellen, bilden die Flächen eine standortneutrale Größe. Sie lassen sich über die so genannte Bottom-Up-Rechnung ermitteln: Ausgehend von der Maschinengrundfläche und der sich hieraus direkt abzuleitenden Maschinenarbeitsplatzfläche[1] werden die den unterstützenden Produktionsbereichen zuzurechnenden Flächen über Zuschlagsfaktoren errechnet.[2] In der einschlägigen Fachliteratur[3] werden für unterschiedliche Anwendungsfälle Faktoren für Transportflächen sowie für Flächen der die Produktion unterstützenden Bereiche Produktionsplanung- und Steuerung, Leitung und Qualitätswesen zur Verfügung gestellt (Bild 6.10). Entsprechend einer von SCHMIGALLA aufgestellten Heuristik liegt dabei das Optimum der produktionsflächenabhängigen Gesamtkosten bei einer in etwa 7- bis 8-fachen größeren Fläche in Bezug auf die Summe der Maschinengrundflächen (Bild 6.10).

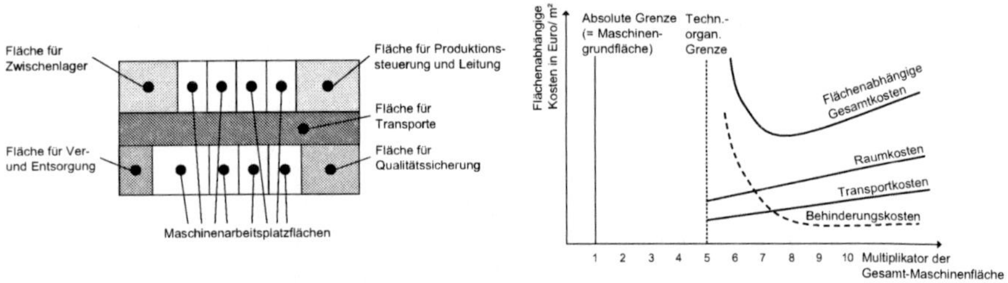

Bild 6.10: Ermittlung der Modulflächen[4]

Analog zur oben genannten Bottom-Up-Rechnung lassen sich in Abhängigkeit von Prozess und Mitarbeiteranzahl die durch den Betrieb eines Moduls erforderlichen Sozial- und Sanitärräume bestimmen. Hier greifen allgemeingültige Standards wie z.B. die Arbeitsstättenrichtlinien.[5]

[1] Diese setzt sich aus der Fläche für Späne und Abfall, der Fläche für Reparatur und Wartung, der Bedienfläche, der Bereitstellflächen für Material bzw. Werkstücke und Vorrichtungen, Werkzeuge und Prüfmittel sowie der Maschinengrundfläche zusammen. Vgl. Grundig, C.-G.: Fabrikplanung, 2000, S. 84.

[2] Vgl. Schmigalla, H.: Fabrikplanung, 1995, S. 236.

[3] Vgl. u.a. Aggteleky, B.: Fabrikplanung, 1987; Grundig, C.-G.: Fabrikplanung, 2000; Eversheim, W.; Schuh, G. (Hrsg.): Betriebshütte, 1996.

[4] Vgl. Grundig, C.-G.: Fabrikplanung, 2000, S. 84ff; Schmigalla, H.: Fabrikplanung, 1995, S. 237.

[5] Vgl. o.V.: Arbeitsstättenverordnung, 2007.

Die Verrechnung der sich aus dem Produkt aus Flächen und Quadratmeterpreisen ergebende Investitionen erfolgt wie bei den Maschinen und Anlagen, wobei hier der Quadratmeterpreis auf der Standortebene angepasst werden muss.

Materialaufwand

Bei der Erfassung des Materialaufwands muss zwischen den Aufwendungen für Rohmaterial, Vorprodukte und Fremdbauteile und den für den Betrieb erforderlichen Hilfs- und Betriebsstoffen, Verbrauchswerkzeugen, Reparaturmaterialien und sonstigen Materialien (z.B. Putz- und Pflegematerial, Berufsbekleidung) sowie Energie unterschieden werden. Während sich erstgenannte Materialaufwendungen aus dem Umsatz des Moduls und den Stücklistenpositionen der herzustellenden Produkte generieren lassen, sind für die Ermittlung der zuletzt genannten Materialaufwendungen die Auslastungen der jeweiligen, im Modul zusammengefassten Prozessschritte relevant. Hierzu können Richtwerte und Verrechnungsschlüssel aus dem betrieblichen Rechnungswesen herangezogen werden.

Der Materialaufwand ist auf Modulebene zunächst für einen zuvor für alle Module festgelegten Referenzstandort zu quantifizieren. Die Anpassung der standortspezifischen Komponenten erfolgt auf der Standortebene. Die Verrechnung erfolgt pro Periode, so dass auch der in den ersten Perioden anlaufbedingt geringere Materialbedarf berücksichtigt werden kann.

Personalaufwand

Der Personalaufwand ergibt sich ebenfalls direkt aus der Modulauslegung. In Abhängigkeit der Auslastungen der Prozessschritte sowie deren spezifischem Personalbedarf (im Bild 6.9 durch den Mann-Maschine-Faktor dargestellt) lassen sich sowohl die direkten als auch die indirekten Mitarbeiter eines Moduls bestimmen.

Die Verrechnung erfolgt analog zu den Materialkosten, wobei hier der Einfluss des Ramp-up-Faktors nicht zu berücksichtigen ist. Die Einflüsse der Migration drücken sich ausschließlich im Output bei konstantem Ressourceneinsatz nieder.

Zusammenfassung

Auf der Basis der ermittelten Werte kann folgende Zahlungsreihe für jedes Modul gebildet werden:

Außenverzahnung

Input

von		Basiswerte [EUR]	Basiswerte [kg]
Eigenfertigun(	Außenverzahnung	0	
	Härterei	16.160.892	2.066.400
	Planetenträger		
	Hohlräder		
	Montage1		
	Montage2		
	Leer4		
	Leer3		
	Leer2		
	Leer1		
Rohmaterial		10.966.	
Fremd-/ Vorbearbeitung		2.309.	
Zukauf			
Personal p.a.		2.549.	
Gebäude und Grundstücke		3.055.	
Technische Anlagen und Maschinen		17.950.	
andere Anlagen, Betriebs- u. Geschäftsa			
Betriebskosten		1.100.	

Output

nach		Basiswerte [EUR]	Basiswerte [kg]
Eigenbedarf	Außenverzahnung	0	
	Härterei	13.276.212	2.066.400
	Planetenträger	0	
	Hohlräder	0	
	Montage1	21.777.687	1.446.480
	Montage2	9.333.294	619.920
	Leer4		
	Leer3		
	Leer2		
	Leer1		
Markt Europa		0	0
Markt China		0	0
Markt USA		0	0

Bild 6.11: Modulgrößen[1]

6.2.1.2 Berücksichtigung der Migrationseinflüsse

Während im vorangegangenen Unterkapitel die Bestimmung des modulspezifischen Umsatzes im Vordergrund stand und damit die Grundlage für den mit den unterschiedlichen, zu untersuchenden Standortstrukturszenarien erzielbaren Gesamtumsatz geschaffen wurde, soll dieses Unterkapitel nun Aufschluss über mögliche Umsatzunterschiede in der Migrationsphase geben. Diese Unterschiede haben ihren Ursprung in der technologischen Ausprägung der einzelnen Module sowie der Wahl des Standortes und der damit verbundenen jeweiligen Situation (z.B. geographische Lage und Modulzusammensetzung des Standortes). Der Einfluss der Migrationsphase auf den Umsatz und damit auf die auf der Standortebene zu generierenden Zahlungsreihen erfolgt mittels so genannter modulspezifischer Ramp-up-Faktoren, die sich zu einem standortbezogenen Ramp-up-Faktor verdichten lassen.

Die in den folgenden Unterpunkten vorgestellte Ermittlung solcher Ramp-up-Faktoren basiert auf Einschätzungen der mit dem Produktionsanlauf verbundenen Risiken sowie der Quantifizierung der damit verbundenen Auswirkungen auf die Produktivität der Module bzw. den gesamten Standort. Dabei muss jedoch berücksichtigt werden, dass es sich aufgrund des noch sehr frühen Planungsstadiums lediglich um eine grobe Abschätzung handelt. In Hinblick auf die Aussagefähigkeit im Rahmen dieser Bewertungsunterstützung erscheint diese Vorgehensweise jedoch als ausreichend, zumal mehr die relative Bewertung der Szenarien zueinander denn die absolute Abschätzung des Ausfallrisikos in der Migrationsphase untersucht werden soll. Letztere kann lediglich transparenter dargestellt werden; eine finale Sicherheit muss jedoch in jedem Falle berücksichtigt werden.

Einteilung der Risikoarten

Die Grundlage der Risikoanalyse bildet eine möglichst umfassende Auflistung aller relevanten Risikopotenziale. Dabei kann zum einen auf den hier vorgestellten generischen

[1] Eigene Darstellung. Beispielhafte Darstellung der zahlungswirksamen Modulgrößen einer Zahnradbearbeitung.

Katalog zurückgegriffen werden, zum anderen sollte jedoch stets auch eine Anpassung und Ergänzung gemäß den tatsächlichen Umständen erfolgen.

Um die Komplexität des Gesamtproblems zu reduzieren und die Migration zweckmäßig zu modellieren, werden die möglichen Risiken zunächst für die Bereiche Beschaffung und Produktion getrennt betrachtet. Je nach Produktionsaufgabe kann es darüber hinaus zweckmäßig sein, diese Bereiche weiter zu untergliedern.

Beschaffungsrisiko

Trotz der im Vergleich zur Automobilbranche deutlich höheren Wertschöpfungstiefe im Maschinenbau kommt dem Bereich der Beschaffung aufgrund der Nutzung globaler Beschaffungsmärkte oder aber in neuen Märkten aufzubauenden Zulieferern eine entscheidende und überaus kritische Rolle zu. Die mit diesen Herausforderungen verbundenen Risiken lassen sich grob in die folgenden zwei Kategorien unterteilen:

Lieferantenrisiko

Neben einem allgemeinen Lieferantenrisiko, das vor allem die Liefertermintreue und den Qualitätsgrad von Zulieferbetrieben berücksichtigt, lassen sich für einzelne Teilbereiche des Lieferantenmanagements spezielle Risiken ermitteln:

Rohmaterial, Vorbearbeitung: Gerade in konjunkturstarken Zeiten mit hohen Rohstoffpreisen ist eine zuverlässige Versorgung mit (vorbearbeiteten) Rohmaterialien von großer Bedeutung. Bei einem Produktionsanlauf können sich Probleme ergeben, wenn Lieferanten höhere Bedarfe nicht erfüllen können oder diese nicht rechtzeitig angemeldet werden.

Komponenten (nur Fremdbezug): Bei Komponenten, die komplett extern bezogen werden, können fehlende Erfahrungen mit lokalen Märkten und Zulieferern zu unvorhergesehenen Lieferengpässen führen.

Komponenten (teilweise Fremdbezug): Bei Komponenten, die sowohl intern als auch extern gefertigt werden, besteht die Gefahr, dass Lieferanten aufgrund des Wettbewerbs mit internen Fertigungskapazitäten ihre Kooperationsbereitschaft reduzieren und im Zweifelsfall anderen Aufträgen den Vorzug geben.

Transportrisiko

Auch beim Transportrisiko kann neben einer allgemeinen Komponente zwischen weiteren speziellen Kategorien differenziert werden:

Verlust, Beschädigung: Mit der Erhöhung der Anzahl der Transporte, der Länge der Transportwege und der Anzahl der Umschlagvorgänge erhöht sich auch das Risiko der Beschädigung oder gar des Verlustes von Zulieferteilen. Probleme mit mangelhafter Infrastruktur und/ oder schwierige klimatische Bedingungen können dieses Risiko vor allem zu Beginn verschärfen.

Verzögerungen: Auch dieses Risiko von Verzögerungen steigt mit der Länge und Anzahl von Transportwegen und Umschlagvorgängen.

Behördliche Einflussnahmen: Hierunter lassen sich unkalkulierte Wartezeiten bei der Zollabfertigung sowie Probleme mit lokalen Behörden zusammenfassen.

Produktionsrisiko

Obwohl die Beschaffung in Einzelfällen eine entscheidende Rolle spielen kann, wird der Ramp-up in den meisten Fällen eher von produktionsseitigen Problemen dominiert. Der Einfluss von Mengeneffekten, Leistungsgraden und der sich ergebenden Lernkurven auf die Produktivität eines Produktionssystems ist dabei stark variabel. Einen Überblick über häufig auftretende Einflüsse beim Auf- bzw. Umbau von Standortstrukturen soll im Folgenden gegeben werden:

Verspätung beim Hallenbau: Obwohl aufgrund verschiedener Unwägbarkeiten i.d.R. schon in der Planungsphase zeitliche Puffer vorgesehen sind, muss angesichts der weit reichenden Konsequenzen auch die Möglichkeit einer unplanmäßigen Verzögerung Berücksichtigung finden.

Verspätungen bei Maschinenlieferungen: Während das anfängliche Fehlen von Maschinen oftmals gut durch andere Standorte, Lieferanten oder Lohnfertiger kompensiert werden kann, kann es beim Fehlen von Schlüsselmaschinen zu erheblichen Beeinträchtigungen der Produktion kommen. Gerade bei einem sehr heterogenen Maschinenpark sind daher Einzelbetrachtungen auf Maschinenebene zwingend erforderlich.

Verfügbarkeit qualifizierter Mitarbeiter: Da mittelständische Unternehmen an einem neuen Standort nicht unmittelbar als attraktive Arbeitgeber erkannt werden, kann die Suche nach qualifizierten und erfahrenen Mitarbeitern zu ungeplanten Verzögerungen führen. Auch hier empfiehlt sich eine differenzierte Risikoabschätzung, z.B. für Führungskräfte und Facharbeiter.

Quantifizierung der Risiken

In Hinblick auf die Bestimmung der Ramp-up-Faktoren sind die vorgestellten generischen Risikoarten hinsichtlich ihrer Auswirkungen und Eintrittswahrscheinlichkeiten zu quantifizieren. Dazu werden zunächst alle Risikoarten ordinal skaliert und die jeweiligen Beeinträchtigungen des möglichen Gesamtproduktionsvolumens abgeschätzt.

Ferner ist die zeitliche Auflösung der Risikoanalyse festzulegen, d.h. der betrachtete Zeitraum des Produktionsanlaufs muss in diskrete Perioden unterteilt werden. Eine zweckmäßige Unterteilung in Hinblick auf die Verfügbarkeit von Daten sowie die Aussagekraft im Zeitverlauf sind Quartale. Für jedes Quartal sind somit den Einzelrisiken Eintrittswahrscheinlichkeiten zuzuordnen (Bild 6.12).

Risiken	Wahrscheinlichkeit	Auswirkungen auf das Jahr 2009			
		Q1	Q2	Q3	Q4
Bau verspätet					
– 1-3 Monate	10%	0%			
– > 3 Monate	5%	30%	0%		
Prüfstand verspätet					
– 1-3 Monate	10%	20%	0%		
– > 3 Monate	5%	50%	0%		
Lackieranlage					
– 1-3 Monate	10%	0%			
– > 3 Monate	0%				
Mitarbeiter nicht verfügbar					
– Personal schwierig (-25%)	40%	30%	20%	10%	
– Personal dramatisch (-50%)	20%	50%	30%	20%	10%
Zukaufteile nicht ausreichend verfügbar Einkauf	40%	60%	50%	50%	50%
Verspäteter Produktionsbeginn in der Fertigung	40%	60%			

Legende: Q1 .. Q4: Quartale 2009

Bild 6.12: Auflistung und Quantifizierung beispielhafter Risikofaktoren[1]

Berechnung der Ramp-up Faktoren

Um diese Einzelrisiken zusammenzufassen und ihre Gesamtauswirkung zu bestimmen, genügt es im Weiteren jedoch nicht, isoliert die Eintrittswahrscheinlichkeiten mit den zugehörigen Auswirkungen zu multiplizieren bzw. das Summenprodukt zu bilden. Mögliche Überschneidungen bei Produktionsausfällen blieben unberücksichtigt. Entsprechend müssen vielmehr alle Produktionsausfälle im Kontext des Gesamtrisikos betrachtet werden. Hierzu sind die einzelnen Risiken entsprechend des Umfangs ihrer Auswirkungen absteigend zu ordnen und als Verzweigungen eines Entscheidungsbaums zu durchlaufen (Bild 6.13). Damit wird erreicht, dass für jedes Einzelrisiko zusätzlich die Wahrscheinlichkeit ermittelt wird, die angibt, ob das jeweilige Risiko überhaupt – angesichts anderer, schwerwiegenderer Probleme – Auswirkungen auf das Produktionssystem hat. Die Addition dieser Auswirkungen an allen Verzweigungen des Entscheidungsbaums liefert dann den zu erwartenden Produktionsausfall aufgrund der prognostizierten Risiken und damit den Ramp-up Faktor des Systems.

[1] Eigene Darstellung. Beispielhafte Darstellung der Risikofaktoren für den Aufbau eines Montagestandortes.

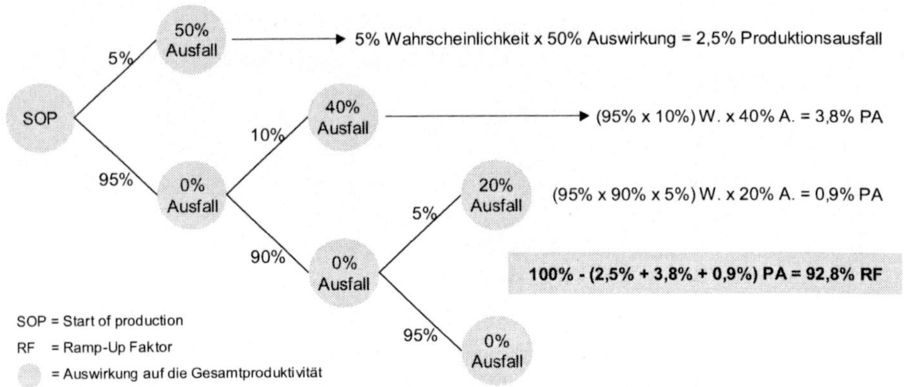

Bild 6.13: Entscheidungsbaum bei der Berechnung des Ramp-up Faktors[1]

Um mittels der so erzeugten Faktoren Aussagen bzgl. des Gesamtsystemverhaltens zu erhalten, müssen die zunächst nur für die Teilsysteme (z.B. Montage) ermittelten Faktoren noch zu einem Gesamtfaktor (auf Standortebene) zusammengefasst werden. Dies kann entweder durch eine Engpass-Abschätzung erfolgen, in der der jeweils unproduktivste Teilbereich als Engpass die Gesamtproduktivität bestimmt, oder durch eine Kumulation aller Risiken, bei der die Bereichsgrenzen aufgehoben werden und die Betrachtung direkt für das Gesamtsystem erfolgt. Die letztgenannte Methode führt dabei zu den pessimistischeren Aussagen, da nur unzureichend dem Umstand Rechnung getragen wird, dass Verzögerungen durch Puffer an Teilbereichs-Schnittstellen teilweise kompensiert werden können. Umgekehrt berücksichtigt die Engpass-Abschätzung nur noch Produktionsausfälle, die durch jeweils einen Bereich verantwortet werden. Sie vernachlässigt somit mögliche Probleme, die durch das ungünstige Zusammenwirken von Risikofaktoren unterschiedlicher Teilbereiche entstehen können. Da jedoch während eines Produktionsanlaufs viele Probleme parallel auftreten und zudem die meisten Produktionsmittel ohnehin nicht voll ausgelastet sind – wodurch sich Flexibilitätsreserven ergeben – erscheint eine Engpass-Orientierung zweckmäßig.

Der Ramp-up Faktor des Gesamtsystems stellt damit eine Kennzahl dar, in der Produktivitätsrisiken aggregiert und quantifiziert werden und erlaubt so eine Prognose über die Produktivitätsentwicklung während des Produktionsanlaufes (Bild 6.14).

[1] Eigene Darstellung. Beispielhafte Berechnung eines Ramp-up-Faktors.

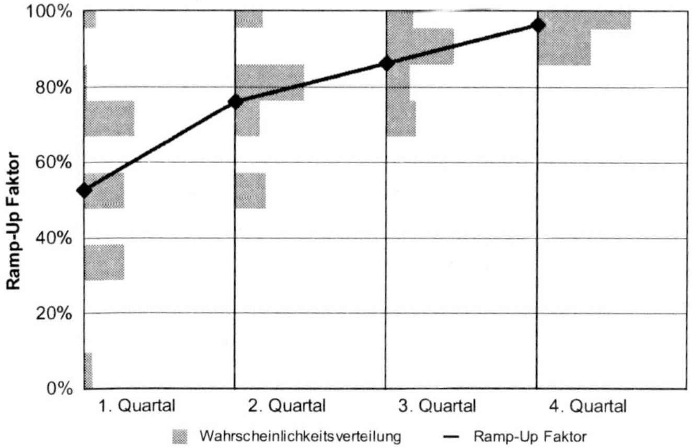

Bild 6.14: Erwartungswert und Wahrscheinlichkeitsfunktion in der Migrationsphase[1]

6.2.2 Standortebene

Zur Bestimmung der auf der Standortebene zu adressierenden Größen muss zwischen folgenden Betrachtungsbereichen differenziert werden:

Zunächst sind auf der Standortebene analog zur Modulebene die direkt aus der Kapazität eines Standortes abzuleitenden Größen zu bestimmen. Hierbei handelt es sich um Kosten und Zahlungen, die sich aus dem Betrieb eines Standortes ergeben. Unter Berücksichtigung der getroffenen Annahme einer freien Skalierbarkeit sind diese Größen damit zwar auch zu einem Großteil standortspezifisch, jedoch mit Blick auf eine als konstant angenommene Gesamtkapazität im Produktionsnetzwerk strukturneutral. Adressierte Bereiche sind der Einkauf, die Verwaltung, die Instandhaltung und das Grundstück.

Im Weiteren sind auch diejenigen Größen hier zu bestimmen, die sich vornehmlich aus der Existenz eines Standortes heraus begründen, jedoch auch eine strukturspezifische Komponente beinhalten und deren Aggregation auf Netzwerkebene deutliche Unterschiede aufgrund von Redundanzen ausmachen können. Hierzu zählen vor allem die Bereiche Wareneingang und Versand sowie die zugehörige Lagerhaltung.

Der letzte zu berücksichtigende Aspekt sind die auf der Standortebene zu erfassenden Einflüsse auf die bereits auf Modulebene erfassten Zahlungen. Diese gilt es zu quantifizieren und auf die um die Standortgrößen erweiterten aggregierten Modulzahlungsreihen anzuwenden. Hierunter fallen neben Abschreibungen und Steuern die standortspezifische Anpassung von Investitionen in Grundstücke und Gebäude, Material- und Personalaufwendungen sowie die Berücksichtigung des (finanziell-) politischen Risikos.

[1] Eigene Darstellung.

6.2.2.1 Bestimmung der kapazitätsproportionalen Größen

Zu den kapazitätsproportionalen Zahlung und Kosten auf Standortebene zählen solche, die in den Bereichen Grundstück/ Gebäude sowie in der Verwaltung anfallen:

Grundstück

Die Berücksichtigung des Grundstücks erfolgt ausschließlich über die durch dieses hervorgerufenen Investitionen. Grundlage für Analysen und Berechnungen zur Größe eines Grundstücks bildet eine Flächengliederung, in der die Aufgliederungssystematik von Gesamtflächen in funktionsbezogene Teilflächen definiert ist.[1] Nach VDI 3644 lässt sich die Grundstücksfläche in unbebaute und bebaute Flächen gliedern.[2] Zu den Erstgenannten zählen u.a. Parkplätze, Grün- und Freiflächen. Die Bedarfe können mit Hilfe der Betriebsgröße und der Anzahl der Mitarbeiter ermittelt werden. Obwohl bei der Auslegung des Grundstücks im Falle einer Standortteilung auch mit Opportunitätskosten zu rechnen ist – eine Verdoppelung der Produktionsflächen bedeutet nicht automatisch auch eine Verdoppelung der Grundstücksfläche – dominieren die kapazitätsproportionalen Elemente. Entsprechend können diese Opportunitätskosten hier vernachlässigt werden. Als standortspezifische Größe sind die für das Grundstück zu erbringenden Investitionen analog zu den Gebäuden auf der Modulebene im Weiteren noch an die Standortgegebenheiten anzupassen.

Verwaltung

Noch klarer als beim Grundstück gestaltet sich die Bestimmung der dem Bereich der Verwaltung zuzuordnenden zahlungswirksamen Größen. Unter Berücksichtigung der Annahme einer bestimmten Mindestgröße kann auch hier von einer freien Skalierbarkeit ausgegangen werden. Es handelt sich dabei vorwiegend um Investitionen in Gebäude und Personalaufwendungen. Die ebenfalls anfallenden, zu den Materialaufwendungen zählenden Energiekosten in diesem Bereich fallen hingegen im Verhältnis zur Produktion i.d.R. so gering aus, dass ihre Berücksichtigung nicht zwingend erforderlich ist.

Ausgangspunkt der Ermittlung der genannten Größen ist die erforderliche Anzahl an Mitarbeitern in diesen Bereichen. Neben verschiedenen unternehmensspezifischen Einflussgrößen wie z.B. der beschaffungsmarktseitigen Situation im Einkauf, ist von einer grundsätzlichen Proportionalität zur Mitarbeiterzahl in den an einem Standort betriebenen Modulen auszugehen. Hierdurch wird das Arbeitsvolumen, bestehend aus Aufgaben wie der Personalbeschaffung, -auswahl, -entwicklung oder der Lohnabrechnung, definiert. Analog gilt dies auch für die vorzuhaltende Personalstärke im EDV-Sektor. Sie wird im Wesentlichen aus der Anzahl der zu betreibenden Computer bestimmt. Die Investitionen

---

[1] Vgl. Grundig, C.-G.: Fabrikplanung, 2000, S. 84.

[2] Vgl. o.V.: VDI-Richtlinie 3644, 1991.

in Gebäude der Verwaltung sind im Weiteren hieraus analog zur Modulebene anhand von Richtwerten zu ermitteln.[1]

6.2.2.2 Bestimmung der standortinduzierten Größen

Die auf der Standortebene zu bestimmenden standortinduzierten Größen bergen im aggregierten Zustand auf der Netzwerkebene einen signifikanten Anteil an den strukturspezifischen Zusatzkosten. Im Fokus steht hierbei die Lagerhaltung. Sie umfasst die Funktionen der Einlagerung des Lagerguts, seiner Verwaltung, seiner Handhabung und seines Transports innerhalb des Lagers sowie die Auslagerung.[2] Es handelt sich entsprechend um die zahlungswirksamen Größen in den Bereichen Warenannahme, Lagerung sowie das dem Vertrieb zuzuordnende Fertigwarenlager.

Doch trotz ihres erheblichen Anteils an den strukturspezifischen Kosten im aggregierten Zustand und der damit verbundenen Beeinflussung durch die Form der Standortstruktur ist die Bestimmung der Basisdaten der Standortebene zuzuordnen. Dies liegt insbesondere daran, dass die Determinanten zur Festlegung des Lagersystems und damit auch die mit dessen Implementierung verbunden Investitionen und laufenden Aufwendungen für Material (Energie) und Personal überwiegend strukturneutralen Charakters sind. So sind die ein Lagersystem maßgeblich definierenden Beschreibungsmerkmale Lagertyp (z.B. Hochregallager) und Bedientechnik (von manuell bis automatisch) vornehmlich von den strukturunabhängigen Determinanten Güterart und Umschlagshäufigkeit beeinflusst. Auch die Logistikstrategie der im Rahmen dieser Arbeit fokussierten Unternehmen kann über die gesamte von ihnen abgedeckte Wertschöpfungskette als nahezu konstant und damit strukturneutral angesehen werden (Bild 6.11).[3] Entsprechend spielen die durch die in der Standortstruktur zusammengefassten Größen ‚geographische Streuung der Standorte' und ‚Leistungsverflechtung' bei der Bestimmung keine signifikante Rolle. Investitionen und Personalaufwendungen ändern sich nicht in Abhängigkeit der vor- oder nachgelagerten Standortstruktur.

---

[1] Vgl. Kap. 6.2.1.1.

[2] Vgl. Schulte, C. (Hrsg.): Lexikon der Logistik, 1999, S. 226ff; Gudehus, T.: Logistik 1, 2000, S. 270ff.

[3] Die Logistikstrategie kann in bestimmten Branchen entlang der eigenen Wertschöpfungskette variieren. In der Automobilbranche wird bspw. an einem Endmontagestandort eine Just-in-Time Belieferung des Kunden erforderlich, während dieser von Standorten mit einer auftragsneutralen Vorproduktion auftragsbezogen beliefert wird.

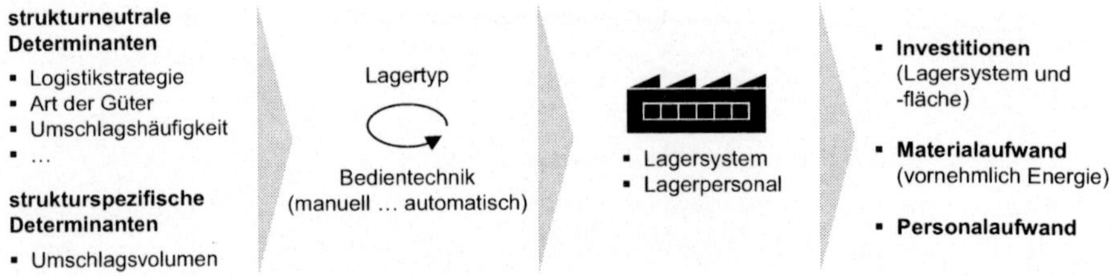

Bild 6.15: Bestimmung der Lagersysteme auf Standortebene[1]

Diejenige Determinante, die am deutlichsten durch die Standortstruktur beeinflusst wird und zudem einen nicht zu vernachlässigenden Effekt auf die Form des Lagersystems hat, ist das Umschlagsvolumen. Bestimmt wird dieses durch die arten- oder mengenmäßige Aufteilung der Wertschöpfung auf mehrere Standorte. Der Einfluss der vertikalen Aufteilung der Wertschöpfung entlang des Produktentstehungsprozesses ist hingegen verglichen mit den hierdurch verursachten Redundanzkosten auf Netzwerkebene im Rahmen dieser ersten groben Bewertung nicht von zentraler Bedeutung. Es kann von einem annähernd gleich bleibenden Mengenstrom ausgegangen werden. Und auch die durch die Standortstruktur maßgeblich beeinflussten, an einem Standort vorzuhaltenden Sicherheitsbestände haben auf die Wahl des Lagersystems keinen Einfluss. Einzig die zusätzlichen Flächen gilt es auf der Netzwerkebene zu bestimmen und zu quantifizieren, während Investitionen in die Lagertechnik (z.B. Bediensystem) und Personalaufwand nicht berührt werden.

Die eigentliche Auswahl des Lagersystems und damit auch die Bestimmung der zahlungswirksamen Größen können im Weiteren anhand in der Praxis bewährter Methoden erfolgen. Sie sollen hier aufgrund der zahlreichen unternehmens- bzw. produktspezifischen Faktoren nicht näher ausgeführt werden. Die genannten, durch das Vorhalten mehrerer Standorte erzeugten strukturspezifischen Zusatzkosten, werden hingegen auf der Netzwerkebene aus den aggregierten Werten der Standortgrößen herausgerechnet und separat ausgewiesen.

6.2.2.3 Bestimmung der standortspezifischen Einflüsse

Die Hauptaufgabe der Standortebene besteht darin, die standortspezifischen Einflüsse auf die aggregierten und um die in Kap. 6.2.2.1 und 6.2.2.2 beschriebenen standortspezifischen Größen ergänzten Modul-Zahlungsreihen anzuwenden. Hieraus kann entsprechend der standortbezogene Cash flow abgeleitet werden.

Abschreibungen

Die Höhe der Abschreibungswerte ergibt sich sowohl aus den der Berechnung zugrunde liegenden Basiswerten als auch aus der Dauer und Form der Abschreibung. Alle drei

[1] Eigene Darstellung. I.A.a. Jünemann, R.: Logistiksysteme, 1996, S. 16/88ff.

Komponenten können je nach Wahl des Standortes variieren und wirken sich entsprechend unterschiedlich steuer- und damit zahlungsmindernd aus. Es ist dabei im vorliegenden Planungsstadium ausreichend, zwischen Abschreibungen auf Grundstücke und Gebäude und solchen auf Investitionen zu unterscheiden. Abschreibungen auf geringwertige Güter, wie z.B. Betriebs- und Geschäftsausstattungen, können aufgrund ihres geringen Einflusses auf den Cash flow vernachlässigt werden.

Steuern

Differenziert nach ertrags-, vermögens- und sonstigen Steuerzahlungen können diese analog zu den o.g. Abschreibungen standortspezifisch variieren. Sie sind einer der maßgeblichen Einflüsse auf die Vorteilhaftigkeit eines Standortes und bilden damit einen wichtigen Stellhebel zur Optimierung der Standortstruktur. Obwohl sie nicht direkt auf die Produktionskosten Einfluss haben, so können Ersparnisse bei Steuerzahlungen jedoch mit nicht anfallenden direkten Produktionskosten gleichgesetzt werden.

Kapitalkosten

Die im Bewertungskalkül verwendeten Kapitalkosten eignen sich zur Abbildung der politischen bzw. finanziellen Stabilität eines Standortes und sind entsprechend ebenfalls auf die Bestimmung der Zielwerte anzuwenden. Ein Ansatz zur Bestimmung der Kapitalkosten ist der WACC-Ansatz (Weighted Average Cost of Capital). Der WACC beruht auf der Idee, die Kosten für Eigen- und Fremdkapital separat zu bestimmen und entsprechend dem Anteil am Gesamtkapital zu gewichten.[1]

Die Berücksichtigung der Kapitalkosten ist insofern wichtig, als dass sie vermeintliche Standortvorteile durch z.B. geringere Steuern aufheben können bzw. aber auch ein höheres Investitionsvolumen rechtfertigen.

6.2.2.4 Zusammenfassung

Auf der Basis der ermittelten Werte kann folgende Zahlungsreihe für jeden Standort gebildet werden:

[1] Vgl. Schneck, O.: Lexikon der Betriebswirtschaftslehre, 2003, S. 1057.

Standorte	Steuersatz p.a	Kalkulatorisch	Haben-Zinsen	Soll-Zinsen	Kapitalwertbe	Faktoren Rohmaterialk	Fremd-/ Vorb	Zukauf	Betriebskoste	Personalkoste	Investition Ge	Abschreibungszeitraum [Jahre] Gebäude und	Technische A	andere Anlag
Bochum	36,0%	15,0%	2,0%	4,0%	10	1	1	1	1	1	1	30	9	15
Klipphausen	36,0%	15,0%	2,0%	4,0%	10	1	1	1	1	0,8	0,75	30	9	15
China	25,0%	15,0%	2,0%	4,0%	10	0,8	0,8	1,1	0,7	0,5	1	20	10	15
USA	30,0%	15,0%	2,0%	4,0%	10	1	1	1	0,8	0,9	0,9	20	10	15

Jahr	2008	2009	2010	2011	2012	2013	2014	2015	2016	2017
Ramp-Up-Faktor		0,5	0,8	1	1	1	1	1	1	1
Periode	0	1	2	3	4	5	6	7	8	9
Investitionen in Gebäude und Grundstücke	-7.485.000	0	0	0	0	0	0	0	0	0
Investitionen in Technische Anlagen und M	-34.675.000	0	0	0	0	0	0	0	0	0
Investitionen in andere Anlagen, Betriebs-	0	0	0	0	0	0	0	0	0	0
Zahlungsstrom	-729.487	14.132.187	25.865.659	33.687.974	33.687.974	33.687.974	33.687.974	33.687.974	33.687.974	33.687.974
Umsatz	0	48.226.448	77.162.316	96.452.895	96.452.895	96.452.895	96.452.895	96.452.895	96.452.895	96.452.895
Komponenen (Eigenfertigung)	0	0	0	0	0	0	0	0	0	0
Rohmaterial	0	-11.237.949	-17.980.718	-22.475.898	-22.475.898	-22.475.898	-22.475.898	-22.475.898	-22.475.898	-22.475.898
Fremdbearberitung	0	-6.909.561	-11.055.298	-13.819.123	-13.819.123	-13.819.123	-13.819.123	-13.819.123	-13.819.123	-13.819.123
Kaufteile	0	-8.776.878	-14.043.004	-17.553.755	-17.553.755	-17.553.755	-17.553.755	-17.553.755	-17.553.755	-17.553.755
Betriebskosten	-187.127	-1.746.273	-2.794.036	-3.492.545	-3.492.545	-3.492.545	-3.492.545	-3.492.545	-3.492.545	-3.492.545
Lohnkosten	-542.360	-5.423.600	-5.423.600	-5.423.600	-5.423.600	-5.423.600	-5.423.600	-5.423.600	-5.423.600	-5.423.600
Bestandsveränderung	-6.360.390									
AfA-Beträge	4.102.278	4.102.278	4.102.278	4.102.278	4.102.278	4.102.278	4.102.278	4.102.278	4.102.278	249.500
steuerl. Bemessungsgrundlage	-4.831.765	10.029.909	21.763.381	29.585.696	29.585.696	29.585.696	29.585.696	29.585.696	29.585.696	33.438.474
Steuern	-1.739.435	3.610.767	7.834.817	10.650.851	10.650.851	10.650.851	10.650.851	10.650.851	10.650.851	12.037.851
Zahlungsstrom nach Steuern	-47.510.441	10.521.420	18.030.842	23.037.123	23.037.123	23.037.123	23.037.123	23.037.123	23.037.123	21.650.123
Zahlungsstrom diskontiert	-47.510.441	9.149.061	13.633.907	15.147.283	13.171.550	11.453.522	9.959.584	8.660.508	7.530.877	6.154.316
Kapitalwert (kumuliert)	-47.510.441	-38.361.381	-24.727.474	-9.580.191	3.591.359	15.044.881	25.004.465	33.664.973	41.195.849	47.350.166
Kapitalwert (10 Jahre)	**52.701.745**									
Kapitalwertrate	1,25									
Zinsen		-1.900.418	-1.555.578	-896.567	-10.945	455.051	924.895	1.404.135	1.892.960	2.391.562
Projektstand	-47.510.441	-38.889.439	-22.414.175	-273.619	22.752.560	46.244.735	70.206.753	94.648.011	119.578.095	143.619.780
Zahlungsstrom	-47.510.441	8.621.002	16.475.264	22.140.556	23.026.179	23.492.175	23.962.018	24.441.258	24.930.084	24.041.685
Amortisation	**3,01**									
	0,00	0,00	0,00	3,01	0,00	0,00	0,00	0,00	0,00	0,00

Bild 6.16: Zusammenfassung der Größen auf Standortebene[1]

6.2.3 Netzwerkebene

Die in Kap. 6.1.4 auf der Netzwerkebene verorteten bzw. dort zu aggregierenden Zahlungen und Kosten lassen sich grob in die drei der Logistik zuordenbaren Bereiche Bestände, Lagerhaltung und zwischenbetrieblicher Transport untergliedern. Parallel hierzu sind die Informations- und Koordinationsaufwendungen zu berücksichtigen.

Diese Gliederung der Logistik orientiert sich an den von BAUMGARTEN empirisch ermittelten Kern-Logistikkosten.[2] Obwohl diese, unter funktionalen Gesichtspunkten vollzogene Gliederung, konträr zu der immer stärker in den Fokus betrieblichen Denkens geratenden funktionsübergreifenden Betrachtung der Logistik als Prozesskette bzw. abteilungsübergreifende Querschnittsaufgabe steht, birgt sie den deutlichen Vorteil einer klaren Struktur und eindeutigen Abgrenzung. Nicht zu vernachlässigen in diesem Zusammenhang ist auch die Konformität mit dem betrieblichen Rechnungswesen. Die bereichsübergreifende Verzahnung der logistischen Prozesse wird im vorliegenden Modell jedoch nicht völlig außen vor gelassen, sondern findet implizit durch die Berücksichtigung aller betrieblichen Wertaktivitäten (primäre und unterstützende Aktivitäten) Einzug in das Bewertungskalkül.[3]

Die vollzogene Reduzierung des Betrachtungsraums auf wesentliche Determinanten folgt der heuristischen Ausrichtung dieser Bewertungsunterstützung und erscheint mit Blick auf den Anwendungsbereich als ausreichend. Entsprechend werden auch die zahlrei-

[1] Eigene Darstellung.

[2] Vgl. Baumgarten, H.; Bott, A.; Hagen, T.: Logistik und Kosten, 1997, S. 24.

[3] Vgl. Kap. 6.1.1.

chen, bei der Optimierung der Logistikprozesse auf der taktischen und operativen Planungsebene zu berücksichtigenden wechselseitigen Einflüsse der verschiedenen logistischen Funktionen nicht im Detail betrachtet, sondern ausschließlich die Hauptwirkzusammenhänge zwischen den den o.g. Bereichen zuzuordnenden Größen und Zahlungen analysiert. Eine Betrachtung der Netzwerklogistik als mehrdimensionales Optimierungsproblem wäre hier nicht zielführend.

Unter Berücksichtigung der Hauptwirkungszusammenhänge und den sich hieraus ergebenden gegenseitigen Beeinflussungen der in diesem Kapitel näher zu beleuchtenden strukturspezifischen Größen soll folgende Kapitel-Gliederung gewählt werden (Bild 6.17): Zunächst werden die von Beständen und Lagerhaltung kaum beeinflussten Wechselwirkungen zwischen Standortstruktur und Transportaufwendungen analysiert.[1] Da es im Weiteren vornehmlich die Bestände sowie die Standortstruktur selbst sind, die Einfluss auf die Lagerhaltungsgrößen haben, sind die Bestände vor der Lagerhaltung zu betrachten. Das Kapitel endet schließlich mit einer Analyse der Aufwendungen für Information und Kommunikation.

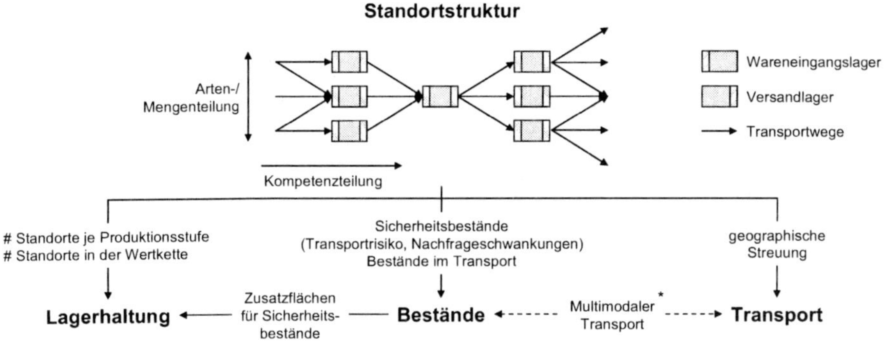

Bild 6.17: Wechselwirkungen zwischen den Logistik-Netzwerkgrößen[2]

6.2.3.1 Strukturspezifische Einflüsse auf die Transportaufwendungen

Die unter dem Oberbegriff Transportaufwendungen zu berücksichtigenden Zahlungen setzen sich i.d.R. aus den reinen Transportkosten, den Kapitalbindungskosten des Transports, den Transportfixkosten sowie Sonderkosten des Transports zusammen.[3] Da-

[1] Die adäquate Wahl des Transportmodus, z.B. zwischen See- und Luftfracht, hat zwar auch Einfluss auf die Höhe der erforderlichen Sicherheitsbestände und die im Transport gebundenen Bestände, ist jedoch eher ein typisches Optimierungsproblem auf der taktischen und/ oder operativen Ebene. Hinzu kommt, dass dieses Optimierungsproblem vornehmlich bei einer hohen Wertdichte pro Mengeneinheit (> 50 €/kg) auftritt, was im Maschinenbau nicht dem Regelfall entspricht. Vgl. hierzu auch Meyer, T.: Globale Produktionsnetzwerke, 2006, S. 155ff.

[2] Eigene Darstellung.

[3] Vgl. Klaus, P.; Krieger, W.: Gabler Lexikon Logistik, 2004, S. 543f; Weber, J.: Logistikkostenrechnung, 2002, S. 208ff.

bei werden die reinen Transportkosten durch die Transportstrecke, das Transportgewicht und -volumen, das Transportmittel bzw. den Transportmodus, die Transportgeschwindigkeit, die Auslastung der Transportmittel und die Qualität und Belastung der Infrastruktur unmittelbar beeinflusst. Die Kapitalbindungskosten des Transports sind ein Maß für die im Transport gebundenen Teile und Produkte. Sie werden jedoch im Rahmen dieser Arbeit nicht zu den Transportkosten gezählt. Vor dem Hintergrund der Erfassung aller Größen im Sinne des freien Cash flows sind jegliche kalkulatorische Größen in ihre pagatorischen Bestandteile zu zerlegen. Entsprechend findet diese Kostenart ihre Berücksichtigung in Form von zusätzlich aufzubauenden Transportbeständen.[1] Die Transportfixkosten und die Sonderkosten des Transports sind wiederum direkt ermittelbar. Sie umfassen bestimmte Einmalzahlungen wie z.B. Verzollungsgebühren und sind entsprechend strecken- und standortspezifisch.

Die im Vergleich zur vermeintlichen Minimalkostensituation einer 1-Standort-Lösung bei gewählten Standortstrukturszenarien anfallenden, aus den o.g. Bestandteilen zusammengesetzten Transportkosten sind vornehmlich durch die Anzahl der vertikal auf mehrere Standorte verteilten Produktionsstufen determiniert. Eine mengen- oder artenmäßige Aufteilung der jeweiligen Produktionsstufen auf mehrere Standorte hat hingegen unter der Annahme ausgelasteter Transporte keine zusätzlichen negativen Effekte. Hierbei anfallende Opportunitätskosten aufgrund nicht realisierbarer Skaleneffekte hängen stark von der Feinplanung der Logistik auf taktischer und operativer Ebene ab. Anders verhält es sich hingegen bei den überwiegend mengen- und volumenunabhängigen Transportfixkosten und Sonderkosten. Bei ihnen spielt auch die bloße Anzahl der Standorte eine direkte Rolle.[2]

Neben den eigentlichen im Produktionsverbund anfallenden Transportkosten ist die Belieferung der ersten Produktionsstufen differenziert zu betrachten. So kann bspw. die Verlagerung bestimmter Wertschöpfungsumfänge in einen aus Sicht des Produktionsfaktors Arbeit interessanten Beschaffungsmarkt steigende Transportkosten auf der Zuliefererseite nach sich ziehen. Analog gilt dies auch für Transporte über die Endstufen zum Kunden. Je nach geographischer Verteilung dieser kann das Transportaufkommen um bis zu 100% variieren. Eine entsprechend gesonderte Betrachtung für jedes Standortstrukturszenario ist daher empfehlenswert (Bild 6.18).

---

[1] Vgl. Kap. 6.2.3.2.

[2] Vgl. Franz, P.: Transportkosten, 1998, S. 409ff.

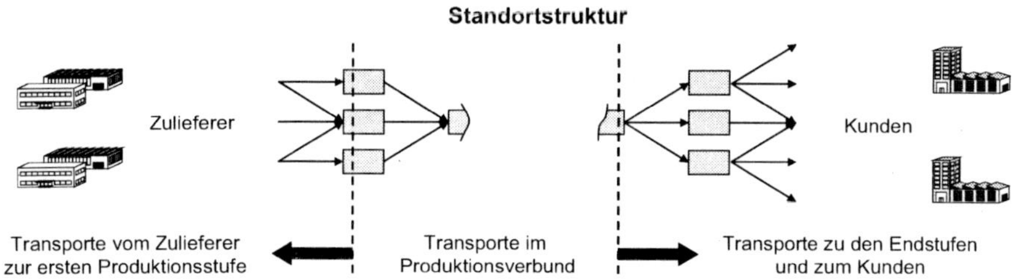

Bild 6.18: Betrachtungsbereiche des Transports[1]

Nachfolgend werden die bei der Ermittlung der Transportkosten zu berücksichtigenden Einflussfaktoren in einen formelmäßigen Zusammenhang gebracht sowie die diesem zugrunde liegenden Randbedingungen erläutert. Hieran schließt sich eine qualitative Analyse der streckeninduzierten Transportaufwendungen zu den Endstufen und von diesen zum Kunden an. Ziel dabei ist es, den Einfluss der Standortstruktur auf diesen Kostenblock darzustellen.

Allgemeine Einflussfaktoren auf die Transportkosten (Beispiel: 1. Fertigungsstufe)

Die genannten Einflüsse lassen sich in der nachfolgenden Formel zusammenfassen. Mit einem gesonderten Term wird dabei auch dem Aspekt der Transportkosten von den Lieferanten zu den Standorten der ersten Produktionsstufe Rechnung getragen:

$$TK_{1,ges} = \sum_{l=1}^{l=L} \sum_{m=1}^{m=N} \sum_{t=1}^{t=T} \left(L_{l,m,t} \cdot M_{1,l,m,t} \cdot tk_t + K_{G,l,m,t} \right) + \sum_{n=1}^{n=N} \sum_{m=1}^{m=N} \sum_{t=1}^{t=T} \left(L_{n,m,t} \cdot M_{1,n,m,t} \cdot tk_t + K_{G,n,m,t} \right) + \sum_{n=1}^{n=N} TKF_{1,n} + \ldots$$

mit

$TK_{1,ges}$	gesamte Transportkosten für die 1. Fertigungsstufe
N	Anzahl der Produktionsstandorte
L	Anzahl der Lieferanten
T	Anzahl der Transportmodi (Die Anzahl der Transportmodi zwischen zwei Standorten n und m entspricht der Anzahl der Transportstrecken mit konstanten Transportbedingungen zwischen zwei Standorten n und m.)
$L_{n,m,t}$ ($L_{l,m,t}$)	Länge der Transportstrecke zwischen dem Produktionsstandort n (dem Lieferanten l) und dem Produktionsstandort m im Transportmodus t (Die Länge der Transportstrecke im Transportmodus t ist nicht notwendigerweise mit der Entfernung zwischen den Produktionsstandorten n und m identisch, wenn z.B. zwischen Schiffs- und LKW-Transport gewechselt werden muss.)
$M_{1,n,m,t}$ ($M_{1,l,m,t}$)	Transportmenge/ -volumen, die in einer Periode von den Lieferanten l zu den Produktionsstandorten n der 1. Fertigungsstufe und von

[1] Eigene Darstellung.

	diesen zu den Produktionsstandorten m der 2. Fertigungsstufe transportiert wird
tk_t	Transportkostensatz im Transportmodus t unter normalen Bedingungen
$K_{G,n,m}$ ($K_{G,l,m}$)	Kosten für den Grenzübergang zwischen dem Produktionsstandort n (dem Lieferanten l) und dem Produktionsstandort m im Transportmodus t
$TKF_{1,n}$	Fixkosten des Transports für die 1. Fertigungsstufe am Produktionsstandort n

Bei der dargestellten Formel handelt es sich um eine vereinfachte, ausschließlich die signifikanten Einflussgrößen berücksichtigende Darstellung der anfallenden Transportkosten. So finden bspw. Unterschiede bei der Infrastrukturqualität bzw. deren Belastung keine Berücksichtigung. Es werden konstante Bedingungen unterstellt. Da davon auszugehen ist, dass kein unternehmenseigener Fuhrpark unterhalten wird, sind auch die Kosten für Planung, Kontrolle und Steuerung des Transports nicht gesondert aufgeführt, sondern dem Transportkostensatz zugeschlagen. Gleiches gilt auch für beim Wechsel des Transportmittels anfallende Kosten. Im Weiteren sind auch mögliche degressive Abhängigkeiten zwischen den anfallenden Kosten und der Transportstrecke, dem Transportgewicht und dem Transportvolumen zu vernachlässigen. In grober Näherung kann eine lineare Abhängigkeit zwischen diesen Größen unterstellt werden.[1] Hinzu kommt, dass durch die Wahl des Transportmediums (z.B. Schiffstransport bei sehr großen Mengen und Gewichten) Skaleneffekte bereits durch die Wahl des Transportmediums berücksichtigt sind.

Einen Sonderfall stellt der Einfluss der Auslastung der Transportmittel dar. Während für alle Transporte im Produktionsverbund von einer konstanten Auslastung ausgegangen werden kann, unterliegt die Auslastung der Transporte von den Endstufen zum Kunden dem Einfluss des zu gewährleistenden Servicegrads.

Transportstreckeninduzierte Kosten für die Endstufen

Die Ursache für die differenzierte Betrachtung der mit den Endstufen verbundenen Transportaufwendungen ist der an dieser Stelle zu gewährleistende Servicegrad gegenüber den Kunden. Der Servicegrad entspricht dabei dem Quotienten aus den Kundenanfragen einer Periode, die aus dem verfügbaren Lagerbestand vollständig und fristgerecht bearbeitet werden können, und allen Kundenanfragen der Periode.[2] Für das Zusammenspiel von Transport und Standortstruktur ergibt sich hieraus folgendes Optimierungsproblem: Je länger die Transportstrecken werden, desto schwieriger wird es, einen hohen Service-

[1] Ein in der Literatur ebenfalls häufig angenommener degressiver Verlauf der Transportkosten in Abhängigkeit der Transportstrecke und -menge (vgl. Klaus, P.; Krieger, W.: Gabler Lexikon Logistik, 2004, S. 543; Merath, F.: Logistik in Produktionsverbundsystemen, 1999, S. 48ff) bildet die Realität detaillierter ab, führt im vorliegenden Betrachtungsstadium jedoch zu einer unverhältnismäßig hohen Komplexität.

[2] Vgl. Bichler, K.; Schröter, N.: Praxisorientierte Logistik, 2004, S. 38; Stich, V.; Bruckner, A.: Industrielle Logistik, 2002, S. 225; Gudehus, T.: Logistik I, 2000, S. 72.

grad zu gewährleisten, da das Transportrisiko mit der Länge der Transportstrecke steigt. Lieferzeit und Servicegrad korrelieren entsprechend. Kurze Lieferzeiten bedingen jedoch wiederum kurze Transportstrecken von der Endstufe zum Kunden. In der Konsequenz bedeutet dies, eine hinreichend große Anzahl geographisch zweckmäßig verteilter Endstufenstandorte vorzuhalten. Dies führt jedoch wiederum dazu, dass die Summe der Transportstrecken gegenüber der Versorgung von einem Endstufen-Standort und damit auch die transportinduzierten Kosten steigen (Bild 6.19).

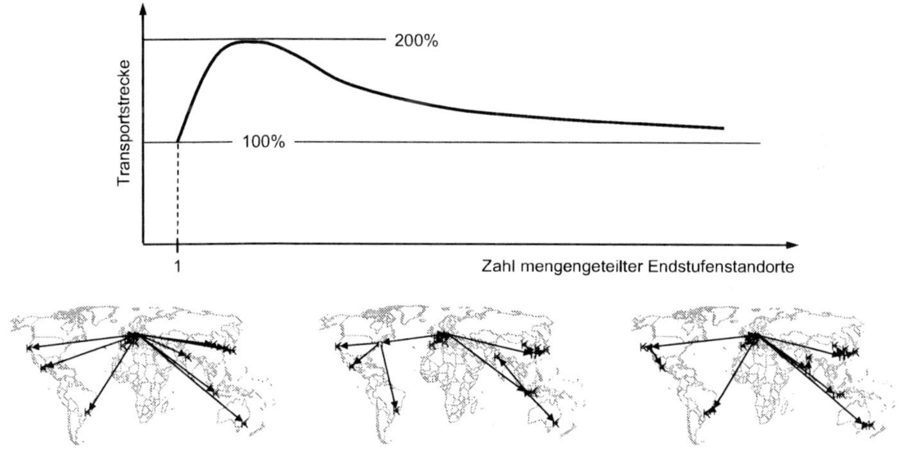

Bild 6.19: Zusammenhang zwischen Transportstrecken und Anzahl der Endstufen[1]

Darüber hinaus kann der zu gewährleistende Servicegrad auch dazu führen, dass Transporte nicht mehr in dem Maße, wie es innerhalb des Produktionsverbundes unterstellt wird, gebündelt und mit einer konstanten Auslastung versehen werden. Entsprechend kann es erforderlich sein, auch diese Größe ($\alpha_{A,n,k,t}$) mit in das Kalkül aufzunehmen:[2]

$$TK_{S,ges} = \sum_{n=1}^{n=N}\sum_{m=1}^{m=N}\sum_{t=1}^{t=T}\left(L_{n,m,t} \cdot M_{S,n,m,t} \cdot tk_t + K_{G,n,m,t}\right) + \sum_{n=1}^{n=N}\sum_{k=1}^{k=K}\sum_{t=1}^{t=T}\left(\alpha_{A,n,k,t} \cdot L_{n,k,t} \cdot M_{S,n,k,t} \cdot tk_t + K_{G,n,k,t}\right) + \sum_{n=1}^{n=N} TKF_{S,n}$$

Obwohl im Rahmen dieser Arbeit nicht das vorgestellte Optimierungsproblem gelöst werden soll, so lassen sich die Sonderstellung dieses Betrachtungsbereiches und die verschiedenen, zusätzlich zu berücksichtigenden Einflussgrößen anschaulich verdeutlichen. In der Ausgangssituation, in der die in dieser Arbeit konzipierte Bewertungsunterstützung zum Einsatz kommt, sind die Überlegungen zum Servicegrad auf der strategisch-gestalterischen Ebene in die Gestaltung der unterschiedlichen Standortstrukturszenarien eingeflossen.

[1] Eigene Darstellung. Bei einer der geographischen Verteilung der Kunden entsprechenden Verteilung der Endstufen-Standorte kann das Maximum der Transportstrecken nicht größer als 200% der 1-Endstufen-Standort-Lösung werden.

[2] Zur Bedeutung der verwendeten Größen vgl. Formel auf S. 189.

6.2.3.2 Strukturspezifische Einflüsse auf die Bestände

Bei der Analyse der strukturbedingten Einflussgrößen auf die Höhe der im Produktionsnetzwerk vorzuhaltenden Bestände ist zwischen verschiedenen, voneinander unabhängigen Einflüssen zu unterscheiden. Direkt von der Standortstruktur abhängig sind die Sicherheitsbestände an den jeweiligen Standorten, die aufgrund der geographischen Streuung und der entsprechenden Transportrisiken hervorgerufen werden. Ebenfalls direkt von der Standortstruktur beeinflusst sind diejenigen Sicherheitsbestände, die aufgrund von auszugleichenden Nachfrageschwankungen vorzuhalten sind. Indirekt von der Standortstruktur abhängig sind zudem die im Transport gebundenen Bestände, die auch auf dieser Ebene zu quantifizieren sind.

Einfluss der geographischen Streuung

Bei der Analyse der durch die geographische Streuung der Standorte hervorgerufenen Bestände stehen diejenigen Bestände im Fokus, die an den den ersten Produktionsstufen (Standort 1) nachgelagerten Standorten im Produktionsverbund entstehen. Zwar sind auch am Standort der ersten Produktionsstufen Sicherheitsbestände aufgrund geographisch verteilter Zulieferer vorzuhalten, doch sind dieses Bestände zu unternehmensspezifisch, als dass im Rahmen dieser Arbeit hierzu valide Aussagen getroffen werden können. Einflussgrößen wie das Abnahmevolumen, die Beschaffenheit der Bauteile oder die Marktsituation dominieren bei deren Auslegung. Die geographische Verteilung spielt hingegen eine eher untergeordnete Rolle. Für die nachfolgenden Produktionsstandorte im unternehmenseigenen Produktionsnetzwerk sind hingegen immer Mehrbestände aufgrund der vorliegenden Standortstruktur im Vergleich zum vermeintlichen Bestandsoptimum einer 1-Standort-Lösung zu verzeichnen. Unter Berücksichtigung der im Fokus dieser Arbeit stehenden Unternehmen des Maschinenbaus sowie der von ihnen prinzipiell einzunehmenden Standortstrukturen ist die maßgebliche Determinante zur Bestimmung der Bestände die vertikale Teilung der Wertschöpfungskette. Findet hingegen eine Arten- oder Mengenteilung statt, ist aufgrund der nicht vorhandenen Lieferverflechtungen zwischen den Standorten auch keine Auswirkungen auf die vorzuhaltenden Bestände zu erwarten (Bild 6.20).

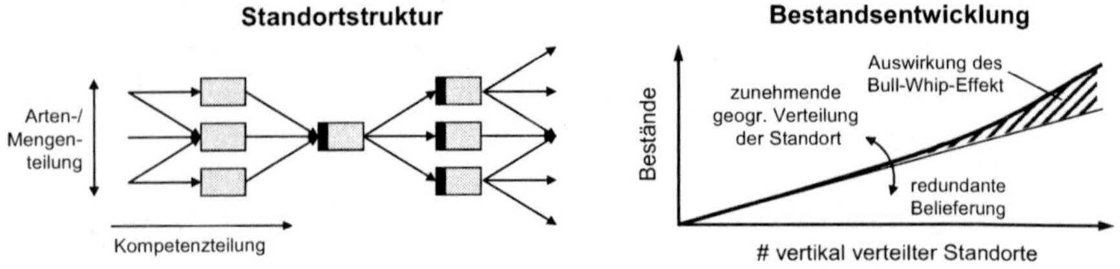

Bild 6.20: Einfluss der geographischen Streuung auf die Netz-Bestände[1]

[1] Eigene Darstellung.

Für jeden Standort in der Wertkette lassen sich so entsprechend gegebener Randbedingungen wie z.B. der gewählten Anlieferungsfrequenz, des Produktionsvolumens und des erforderlichen Servicegrads vorzuhaltende Bestände in Abhängigkeit der zu überbrückenden geographischen Teilung bestimmen. Mit steigender Anzahl vertikal verteilter Standorte steigen entsprechend die im Netz vorzuhaltenden Bestände. Zusätzlich überlagert wird diese Bestandsentwicklung durch den Bullwhip-Effekt bzw. dem so genannten „Law of Industrial Dynamics". Hiernach werden mit steigender Anzahl vertikal verteilter Standorte Änderungen im Bestellverhalten am Anfang der Wertkette überbewertet und führen zu überproportional hohen Beständen. In Hinblick auf die im Maschinenbau verfolgte Built-to-Order-Strategie tritt dieser Effekt jedoch vornehmlich nur bei der Versorgung mit Standardkomponenten auf; der Einfluss ist im Vergleich zu Serienfertigern eher gering.[1]

Der Zusammenhang zwischen räumlicher Trennung und vorzuhaltenden Beständen kann durch die Störanfälligkeit des Transportprozesses beschrieben werden. Insbesondere für internationale Transporte ist eine deutliche Korrelation zwischen einem Anstieg der Störanfälligkeit bei zunehmender Entfernung zu verzeichnen. Ein Grund hierfür sind die oft unkalkulierbaren Wartezeiten bei Grenzüberschreitungen. Aber auch die Qualität der Infrastruktur sowie deren Belastung haben eine unmittelbare Auswirkung auf die Transportsicherheit und damit wiederum auf die Störanfälligkeit des Prozesses.[2]

In Abhängigkeit der jeweils vorliegenden Belieferungsstruktur lassen sich die Wahrscheinlichkeiten von Transportstörungen berechnen:

Bei einer ausschließlich vertikal geteilten Standortstruktur, d.h. alle Produktionsstandorte werden nacheinander durchlaufen, es besteht jeweils nur eine Verbindung zwischen aufeinander folgenden Produktionsstandorten, berechnet sich die Wahrscheinlichkeit einer Transportstörung wie folgt:

$$p_{ges}^{st} = 1 - \prod_{j=1}^{j=n} (1 - p_j^{st})$$

mit

$p_j^{st} = \frac{f_j^{st} \cdot t_{\text{j,durchschn.}}^{st}}{\text{T}}$ Wahrscheinlichkeit einer Störung auf der Transportstrecke j

f_j^{st} Häufigkeit einer Störung auf der Transportstrecke j

[1] Zur Quantifizierung des Bullwhip-Effekts vgl. Alicke, K.: Planung und Betrieb von Logistiknetzwerken, 2005, S. 118ff.

[2] Vgl. Merath, F.: Logistik in Produktionsverbundsystemen, 1999, S. 92 und 118f. Für detaillierte Ausführungen zu diesem Thema sowie Berechnungsbeispiele vgl. Ihde, G. B.: Transport, Verkehr, Logistik, 1991; Klemm, H.; Mikut, M.: Lagerhaltungsmodelle, 1972; Fratzl, H.: Ein- und mehrstufige Lagerhaltung, 1992; Rao, K.; Grenoble, W. L.: Modelling the Effects of Traffic Congestion and JIT, 1991.

$t^{st}_{j,durchschn.}$ durchschnittliche Störungsdauer auf der Transportstrecke j

T Beobachtungszeitraum

n Anzahl der seriellen Transportstrecken

Ist hingegen die vorgelagerte Produktionsstufe mengengeteilt und damit die Transportstrecken redundant ausgelegt, reduziert sich die Wahrscheinlichkeit einer Transportstörung mit der Anzahl der alternativen Transportstrecken multiplikativ:

$$p^{st}_{ges} = \prod_{k=1}^{k=m} p^{st}_{k}$$

mit

p^{st}_{k} Wahrscheinlichkeit einer Störung auf der Transportstrecke k

m Anzahl der parallel geschalteten (redundanten) Transportstrecken

Die durch das Risiko einer Transportstörung erforderlich werdenden Sicherheitsbestände können durch geeignete Prognoseverfahren wie z.B. Trendmodelle oder Saisonmodelle abgeschätzt werden. Dies gilt jedoch nur, wenn die Abweichungen der Transportzeiten vorhersagbare Komponenten aufweisen. Verhalten sich die Abweichungen der Transportzeit von der mittleren Transportzeit, die durch Transportstörungen hervorgerufen wird, entsprechend einer Normalverteilung, lässt sich der Zusammenhang zwischen durchschnittlicher Transportzeit t, Standardabweichung σ und Lieferbereitschaftsgrad (Servicegrad) β entsprechend Bild 6.21 darstellen.

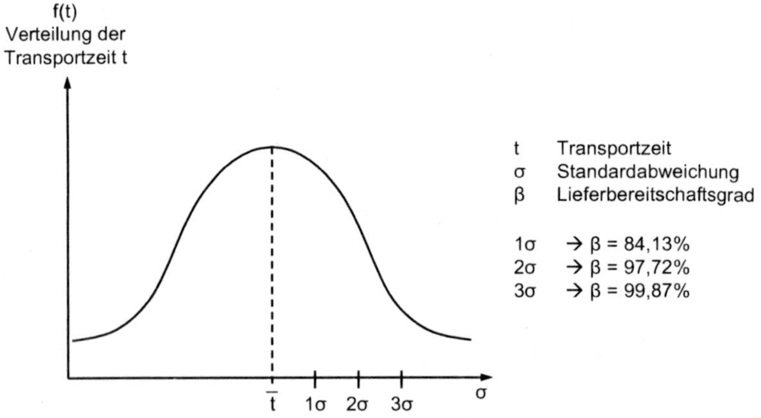

Bild 6.21: Lieferbereitschaftsgrad bei Normalverteilung[1]

Ausgehend von normal verteilten Transportzeiten lassen sich die erforderlichen Sicherheitsbestände SB wie folgt berechnen:[1]

[1] Eigene Darstellung. I.A.a. Merath, F.: Logistik in Produktionsverbundsystemen, 1999, S. 137.

$$SB = e_\beta \cdot B \cdot \sigma_t$$

mit:

e_β Sicherheitsfaktor, der sich aus dem Servicegrad ergibt (Bild 6.21)

B Bestellmenge

σ_t Standardabweichung der Transportzeiten

Aus Bild 6.21 und der obigen Formel für den Sicherheitsbestand SB folgt, dass sich bei einer längeren Transportstrecke und damit einer Erhöhung der durchschnittlichen Transportzeit die gesamte Verteilungskurve nach rechts verschiebt, und damit der Sicherheitsbestand SB linear mit der durchschnittlichen Transportzeit ansteigt. Eine Vergrößerung der Standardabweichung führt ebenfalls zu einem größeren Sicherheitsbestand, der in diesem Fall aufgrund der Stauchung der Kurve der Normalverteilung überproportional ansteigt. Kleine Sicherheitsbestände, wie sie in der Just-In-Time-Fertigung angestrebt werden, lassen sich deshalb nur bei relativ kurzen Transportzeiten und dementsprechend räumlicher Nähe des Lieferanten realisieren.[2]

Einfluss von Größeneffekten

Der Einfluss von Größeneffekten auf die Höhe der im Produktionsnetzwerk vorzuhaltenden Bestände basiert vornehmlich auf einer arten- und/ oder mengenmäßigen Standorteilungen. Mit steigender Anzahl an Standorten pro Produktionsstufe lassen sich Transportunsicherheiten und Nachfrageschwankungen schlechter ausgleichen. Die über alle Standorte einer Stufe kumulierten Sicherheitsbestände liegen damit deutlich über den Sicherheitsbeständen einer 1-Standort-Lösung (Bild 6.22).[3]

[1] Vgl. hierzu auch Nyhuis, P.; Wiendahl, H.-P.: Logistische Kennlinien, 2003, S. 124ff.
[2] Vgl. hierzu auch Merath, F.: Logistik in Produktionsverbundsystemen, 1999, S. 137.
[3] Vgl. Schulte, C. (Hrsg.): Lexikon der Logistik, 1999, S. 79.

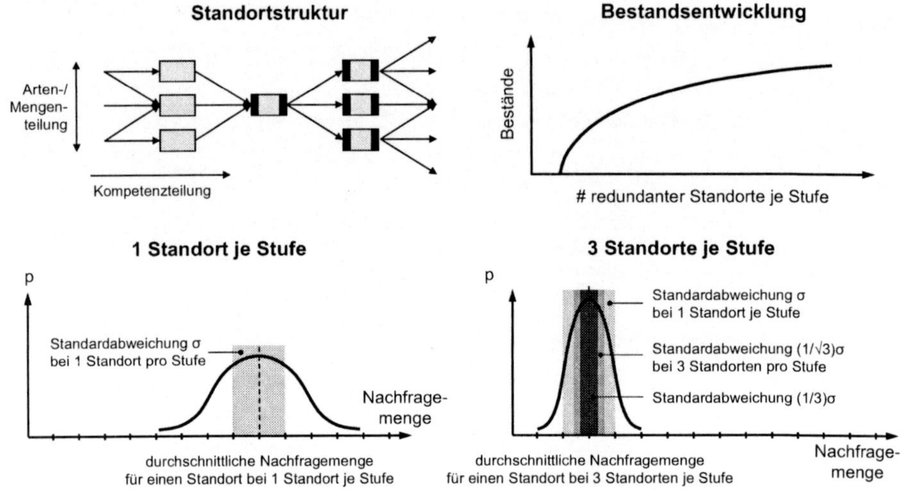

Bild 6.22: Einfluss von Größeneffekten auf die Sicherheitsbestände[1]

Die Ursache dieses Phänomens liegt in der Summenbildung der Einflussvariablen. Wird bspw. von normal verteilten Nachfrageschwankungen (keine Trends oder saisonalen Schwankungen) und/ oder Lieferverzögerungen ausgegangen, so addieren sich die Mittelwerte und Varianzen der einzelnen Verteilungen. Die Standardabweichung der Summe der Normalverteilungen steigt jedoch nicht linear, sondern entsprechend einer Wurzelfunktion an. Im Umkehrschluss bedeutet dies, dass bei einer Teilung eines Lagers (Standorts) in n kleinere Lager (Standorte), die Standardabweichung nicht 1/n, sondern lediglich $1/\sqrt{n}$ beträgt. Eine lineare Abhängigkeit von Standardabweichung und Sicherheitsbestand unterstellt führt dies zu einer $\sqrt{n}$-fachen Erhöhung der Sicherheitsbestände im Vergleich zur 1-Standort-Lösung:

$$SB_{ges} = \sum_{s=1}^{s=S} \sum_{i=1}^{i=N_s} e_{\beta,s,i} \cdot B_{s,i} \cdot \frac{1}{\sqrt{N_s}} \sigma_{t,i}$$

mit

SB_{ges}	kumulierte Sicherheitsbestände über alle Fertigungsstufen s
S	Anzahl der Fertigungsstufen s
N_s	Anzahl der Standorte i auf der Fertigungsstufe s
$e_{\beta,s,i}$	Sicherheitsfaktor für den Sicherheitsbestand entsprechend dem gewählten Servicegrad β am Standort i der Fertigungsstufe s
$B_{s,i}$	Bestellmenge oder Produktionsvolumen am Standort i der Fertigungsstufe s
$\sigma_{t,s}$	Standardabweichung der Transportzeiten oder Nachfragemengen

[1] Eigene Darstellung.

auf der Fertigungsstufe s (Auf einer Fertigungsstufe sind die Standardabweichungen für alle Standorte i dieser Fertigungsstufe identisch.)

Im Falle einer 4-Standorte-Lösung für eine Endstufe bedeutet dies eine Verdoppelung der Sicherheitsbestände aufgrund fehlender stochastischer Ausgleichseffekte.

Bestände im Transport

Die im Transport gebundenen Bestände repräsentieren im Rahmen dieser Bewertungsunterstützung die zu den Transportkosten zählenden Kapitalbindungskosten. Analog zu diesen sind damit auch die im Transport gebundenen Bestände ausschließlich vom Transportvolumen bzw. von dessen Wert und der durchschnittlichen Transportdauer abhängig. Eine zunehmende räumliche Entfernung zwischen den einzelnen Produktionsstufen führt damit zu längeren Transportzeiten und damit zu höheren Beständen[1]. Die Initalursache ist dabei die vertikale Standortteilung, wobei die sich hieraus ergebenden Transportstrecken je nach Stufenstruktur stark variieren können (Bild 6.23).

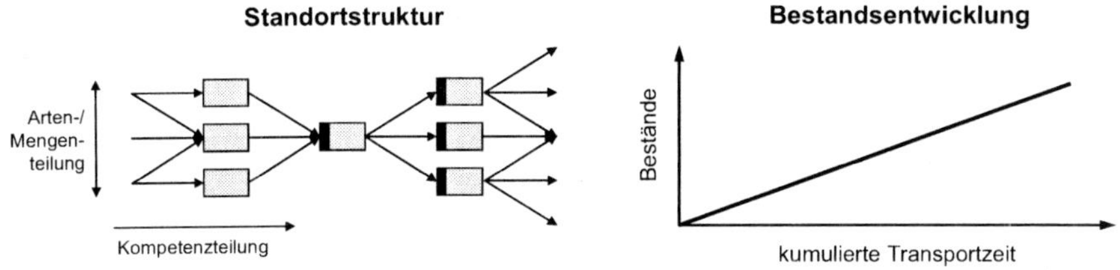

Bild 6.23: Bestände im Transport[2]

Formelmäßig lässt sich dieser Zusammenhang wie folgt darstellen:

$$BK_{1,S,T} = \sum_{s=1}^{s=S} \sum_{n=1}^{n=N} \sum_{m=1}^{m=N} \sum_{t=1}^{t=T} M_{s,n,m,t} \cdot W_s \cdot z_k \cdot \frac{L_{n,m,t} \cdot v_t}{365}$$

mit

$BK_{1,S,T}$	Bestandskosten durch Kapitalbindung der im Transport gebundenen Bestände für die Fertigungsstufen 1 bis S
S	Anzahl der Fertigungsstufen
N	Anzahl der Produktionsstandorte
T	Anzahl der verschiedenen Transportmodi
$M_{s,n,m,t}$	Transportmenge (Gewicht oder Volumen), die nach der Fertigungsstufe s zwischen dem Produktionsstandort n und dem Produktionsstandort m im Transportmodus t befördert wird
W_s	Wert des Produktes nach der Fertigungsstufe s

[1] Vgl. Merath, F.: Logistik in Produktionsverbundsystemen, 1999, S. 118.

[2] Eigene Darstellung.

z_k kalkulatorischer Zinssatz

$L_{n,m,t}$ Länge einer Transportstrecke im Transportmodus t zwischen den Produktionsstandorten n und m

v_t Geschwindigkeit eines Transportmittels im Transportmodus t

Die oben genannten Abhängigkeiten von der Standortstruktur werden durch den formelmäßigen Zusammenhang nochmals verdeutlicht. Während im Falle einer Konzentration aller Fertigungsstufen ($M_{s,n,m,t}$ wird zu $M_{s,n,n,t}$ und $L_{n,m,t}$ zu $L_{n,n,t}$; die Transportmenge $M_{s,n,n,t}$ wird über die Transportstrecke $L_{n,n,t}$ befördert, mit $L_{n,n,t} = 0$) keine Bestände im Transport anfallen, so führt die vertikale Standorteilung zu einer Transportstrecke $L_{n,m,t} \neq 0$, die darüber hinaus je nach Häufigkeit der Teilung n-fach in den Bestandwert eingeht. Eine Arten- oder Mengenteilung hingegen führt lediglich zu einer Teilung von $M_{s,n,m,t}$. Das Produkt $\sum_{n=1}^{n=N}\sum_{m=1}^{m=N} M_{s,n,m,t} \cdot L_{n,m,t}$ kann dabei im Falle gleich bleibender mittlerer Entfernungen zwischen den Produktionsstandorten der Fertigungsstufe s zum nachfolgenden bzw. zu den nachfolgenden Standorten konstant bleiben.

Obwohl auch der Einfluss von Transportstörungen zu längeren Transportzeiten führen kann und mit steigender geographischer Streuung der Standorte hier mit einem entsprechenden Anstieg zu rechnen ist,[1] kann der damit verbundene progressive Anstieg der Bestände vernachlässigt werden.

6.2.3.3 Strukturspezifische Einflüsse auf die Lagerhaltung

Während die Quantifizierung der durch die Lagerhaltung im Produktionsnetzwerk verursachten strukturspezifischen Zahlungen zu einem Großteil durch Aggregation der auf der Standortebene ermittelten Zahlungen erfolgen kann, dient die Betrachtung dieser Größen auf der Netzwerkebene vor allem dem Ziel, einerseits die durch die ermittelten Bestände verursachten zusätzlichen Zahlungen in diesem Bereich zu berücksichtigen, andererseits aber auch, um die aus produktionstechnischer Sicht erforderlichen Kosten und Zahlungen im Bereich der Lagerhaltung von denjenigen zu trennen, die auf die Ausprägung der Standortstruktur zurückzuführen sind. Dies ist insofern erforderlich, als dass im Rahmen des sich anschließenden Entscheidungsmodells neben dem Vergleich von Zielwerten auch der Grad der Komplexität und damit die Steigung der Gesamtkostenfunktion für die Auswahl eines Szenarios herangezogen werden soll.

Hierbei sind drei maßgebliche Effekte zu berücksichtigen:

Die zusätzlich an einem Standort aufgrund geographischer Streuung oder fehlender stochastischer Ausgleicheffekte vorzuhaltenden Bestände wirken sich auf die Lagerflächen des Standortes aus. Nicht beeinflusst hierdurch sind hingegen die am Standort implementierten Lagersysteme (z.B. Lagerbediensystem) oder das vorzuhaltende Personal.

[1] Vgl. Unterpunkt ‚Einfluss der geographischen Streuung' in Kap. 6.2.3.2.

Der Einfluss konzentriert sich somit auf die Investitionszahlungen; die Aufwendungen je Periode können unter der Vernachlässigung der marginal ansteigenden Aufwendungen für Material (Energie und sonst. Material) als konstant angesehen werden.

Der zweite Effekt beruht maßgeblich auf der mengen- und/ oder artenmäßigen Standorteilung und der damit einhergehenden Aufteilung bzw. Verkleinerung des Umschlagsvolumens und damit auch der Lagereinheiten. Hierdurch bedingt werden die bereits in Kap. 6.1.3 beschriebenen Opportunitätskosten in Form nicht genutzter Skaleneffekte. Durch das Nichterreichen kritischer Größen sind z.B. automatisierte Lösungen nicht wirtschaftlich, was in Summe zu höheren Belastungen führt.

Beide genannten Einflüsse, die Vergrößerung der Lagerflächen und die nicht genutzten Skaleneffekte, erhöhen sich zudem multiplikativ, wenn es neben der arten- und mengenmäßigen Standorteilung auch noch zu einer vertikalen Aufteilung der Wertschöpfungskette kommt. In diesem Falle steigen die Lagerkosten und -zahlungen nahezu proportional mit der Anzahl der Standorte (Bild 6.24).

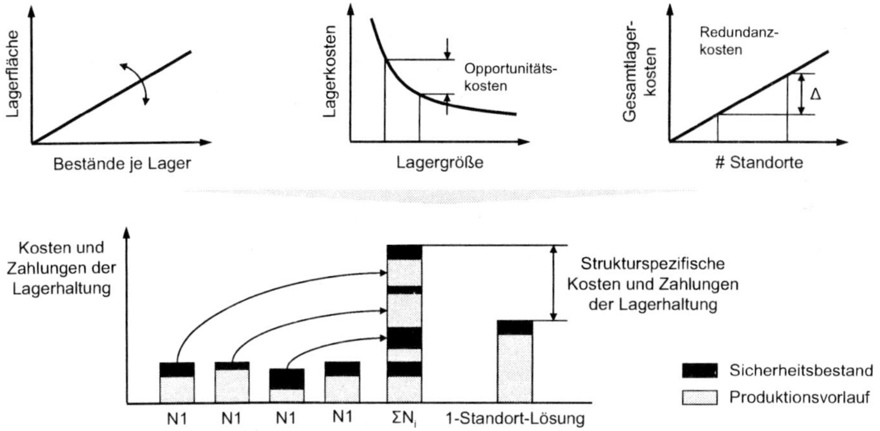

Bild 6.24: Einflüsse der Standortstruktur auf die Lagerhaltung[1]

Vor dem Hintergrund, dass all diese Einflüsse ausschließlich strukturspezifischer Natur sind und sich aus den standortspezifisch bereits angepassten Größen aggregieren bzw. mittels dieser ergänzen lassen, ist eine gesonderte Ausweisung der einzelnen Effekte nicht erforderlich. Die Bestimmung kann daher im Vergleich zu einer gewählten Referenzlösung mit minimalen strukturspezifischen Zusatzkosten und -zahlungen erfolgen. Dies ist im Regelfall die 1-Standort-Lösung,[2] kann aber auch – je nach Ausgangssituation – meh-

[1] Eigene Darstellung.

[2] Vgl. Kröber, J.: Gestaltung europaweiter Distributionsnetzwerke, Frankfurt, 2006, S. 3.

rere Standorte umfassen. Die Ermittlung der sich hierbei ergebenden Größen kann analog zu den in Kap. 6.2.2.2 aufgeführten Verfahren erfolgen.

6.2.3.4 Strukturspezifische Einflüsse auf die IuK-Aufwendungen

Die Aufwendungen für Information und Kommunikation werden i.d.R. unter dem Oberbegriff der IuK-Kosten zusammengefasst. Die Information wird dabei im Sinne der Betriebswirtschaftslehre als zweckbezogenes Wissen verstanden, wobei Wissen nur dann zu einer Information wird, wenn beim Empfänger ein Erkenntnisgewinn zu verzeichnen ist.[1] Dabei werden formalisiert dargestellte Informationen, um deren Übertragung und Verarbeitung zu ermöglichen, als Daten bezeichnet. Diese Einteilung ist unabhängig davon, ob die Daten von Mensch oder Maschine verarbeitet werden.[2]

Kommt es zu einer Informationsübertragung zwischen den Elementen eines Systems oder eines Systems und seiner Umwelt, wird von einer Kommunikation gesprochen. Eine Kommunikation verläuft derartig, dass die zu übertragende Information codiert, anschließend übertragen und beim Empfänger wieder decodiert wird.[3] Sowohl Sender als auch Empfänger können durch einen Menschen oder eine Maschine verkörpert werden.[4]

Die für einen effizienten Informationsaustausch zwischen räumlich und zeitlich getrennten Personen bzw. Arbeitsgruppen erforderliche technische Infrastruktur sowie entsprechende Standards werden durch das so genannte Informations- und Kommunikationssystem (IKS) bereitgestellt.[5] Grundlage des betrieblichen IKS ist dabei ein Netzwerk, das den Verbund von räumlich getrennten Computern bezeichnet, die zum Zweck der Datenübertragung zusammengeschlossen sind. Das Netzwerk wird dabei durch die organisatorische, geographische und informationstechnische Verteilung der Hardware, Kommunikationseinrichtungen und des IT-Personals charakterisiert.

Zur Unterstützung der geographisch dezentralisierten Leistungserstellung in einer internationalen Verbundproduktion im Maßstab der in dieser Arbeit betrachteten Unternehmen sind insbesondere die Netzwerktypen Wide Area Network (WAN) und das Virtual Private Network (VPN) umsetzbar.

Weitverkehrsnetzwerke (WAN) verbinden über einen geographisch großen Raum verteilte Datenendgeräte miteinander. Dabei kann zwischen öffentlichen und privaten Netzen unterschieden werden. Öffentliche Weitverkehrsnetze werden i.d.R. von einer nationalen Netzwerk-Gesellschaft betrieben und besitzen die Fähigkeit, unterschiedliche Datenübertragungsstandards zu unterstützen. Unternehmen wickeln ihre komplette, nach außen gerichtete Kommunikation über diese öffentlichen Netze ab. Werden Standorte eines Un-

[1] Vgl. Stahlknecht, P.; Hasenkamp, U.: Einführung in die Wirtschaftsinformatik, 2005, S. 9.
[2] Vgl. Stahlknecht, P.; Hasenkamp, U.: Einführung in die Wirtschaftsinformatik, 2005, S. 10.
[3] Vgl. Shannon, C. E.; Weaver, W.: The mathematical theory of communication, 1949.
[4] Vgl. Dichtel, E. (Hrsg.): Vahlens großes Wirtschaftslexikon, 1993, S. 1142.
[5] Vgl. Alpar, P. et al.: Unternehmensorientierte Wirtschaftsinformatik, 1998, S. 29.

ternehmens hingegen exklusiv (privat) durch angemietete Leitungen miteinander verbunden, liegt ein privates Weitverkehrsnetz vor. Entscheidend für den Aufbau eines privaten Weitverkehrsnetzes ist die Wirtschaftlichkeitsbetrachtung. Im Vergleich zu der volumen- und zeitabhängigen Berechnung in öffentlichen Weitverkehrsnetzen erfolgt die Abrechnung auf Tagesbasis. Entsprechend sind private Weitverkehrsnetze erst ab einem bestimmten Kommunikations- und Datenverkehrsvolumen zwischen den verteilten Standorten rentabel.

Als Alternative zu den Weitverkehrsnetzen können Unternehmen aber auch das Internet nutzen. Hierbei werden die lokalen Netzwerke weltweit durch virtuelle private Netzwerke (VPN) miteinander verbunden. Die lokalen Netzwerke werden dabei über leistungsfähige Verbindungen an ortsansässige Internet Service Provider (ISP) angeschlossen, die die Nutzung des Internet als Hochgeschwindigkeits-Backbone zulassen. Des Weiteren bieten VPN auch die Möglichkeit, Lieferanten, Kunden und Mitarbeiter im Außendienst an das Firmennetzwerk anzubinden.[1]

Für die im Rahmen dieser Arbeit betrachteten mittelgroßen Unternehmen ist inzwischen die VPN-Technologie soweit fortgeschritten, als dass sich (private) Weitverkehrsnetze kaum noch rechnen. Schätzungen gehen derzeit davon aus, dass bei einem Wechsel der Technologien zwischen 25 und 45 Prozent der Kosten eingespart werden können.[2]

Erfassung der Informations- und Kommunikationsaufwendungen

Zur Erfassung der Informations- und Kommunikationsaufwendungen kann auf die oben genannten Definitionen zurückgegriffen werden. So werden alle Aufwendungen, die in Zusammenhang mit der Beschaffung, Speicherung und Verarbeitung von Informationen aufgebracht werden müssen, als Informationskosten bezeichnet.[3] Analog umfassen die Kommunikationskosten alle Aufwendungen, die für die Codierung, Übertragung und Decodierung aufgebracht werden müssen.

Um die komplexen Kosten eines IKS zu erfassen, entwickelte die Gartner Group in den 80er Jahren ein Konzept unter dem Titel „Total Cost of Ownership“ (TCO), welches die vollständige Erfassung aller mit einem IKS in Zusammenhang stehenden Kosten vorsieht.[4] Innerhalb des Konzeptes werden folgende vier Basisfaktoren berücksichtigt:[5]

- Wahrnehmung der ursprünglichen Aufgaben einer EDV Abteilung durch Endanwender
- Vermögen an Infrastrukturbestandteilen (Hard- und Software, Übertragungswege)
- Technischer Support (z.B. Systemadministration)
- IT-bezogene Verwaltung (z.B. Organisation von Schulungsmaßnahmen)

---

[1] Vgl. Stahlknecht, P.; Hasenkamp, U.: Einführung in die Wirtschaftsinformatik, 2005, S. 108f.

[2] Vgl. Hill, J.: Unter Kostendruck zum modernen Netz, 2003.

[3] Vgl. Hadeler, T.; Sellien, R. (Hrsg.): Gabler Wirtschaftslexikon, 2003, S. 1477.

[4] Vgl. Emigh, J.: Total Cost of Ownership, 1999, S. 52.

[5] Vgl. Riepl, L.: TCO versus ROI, S. 8.

Darüber hinaus werden die Kosten eines IKS in direkte und indirekte Kosten unterteilt. Als direkte Kosten werden diejenigen Aufwendungen bezeichnet, die der jeweiligen unternehmenseigenen oder aber externen EDV-Abteilung durch die Bereitstellung ihrer Leistung gegenüber dem Unternehmen entstehen. Demgegenüber stehen indirekte Kosten, die den Wertverzehr adressieren, der durch Effizienzeinbußen entsteht, wie z.B. unproduktive Arbeitszeit während eines Systemausfalls. Während letztere stark von den individuellen Gegebenheiten abhängen, zeichnen sich die direkten Kosten durch relativ genaue Bestimmbarkeit aus.[1] Entsprechend liegt der Fokus der weiteren Ausführungen auch auf diesen Kosten. Indirekte Kosten gilt es weiterhin durch die Wahl von Sicherheitsfaktoren abzuschätzen.

In Anlehnung an die vier oben genannten Basisfaktoren sollen im Weiteren die mit dem Unterhalt einer Verbundproduktion anfallenden direkten IuK-Kosten bestimmt und hinsichtlich ihrer Wechselwirkungen zur Standortstruktur analysiert werden. Grundannahmen sind dabei ein konstantes Produktionsvolumen im Produktionsnetz sowie eine nahezu gleich bleibende Anzahl an Nutzern der IT Infrastruktur.

Aufwendungen für die IT-Infrastruktur

Mit Blick auf den Aufbau eines betrieblichen IKS geht der Trend weg von Investitionen in eigene Hard- und Software hin zu Leasing- und/ oder Betreiberkonzepten. Entsprechend sind im Gegensatz zu den in Kap. 6.2.1 und 6.2.2 adressierten Zahlungen und Kosten ausschließlich die Aufwendungen pro Periode zu betrachten.

Die Aufwendungen für Hard- und Software, Administration und operativen Betrieb eines IKS sind durch die verfügbare Rechenleistung, die maximal zu verarbeitenden Datenmengen, die Anzahl der Arbeitsplätze und die erforderliche Verfügbarkeit charakterisiert. Jedes Merkmal als Einzelnes fungiert dabei als Kostentreiber.

Im Bereich der Hardware gilt grundsätzlich, dass ein professionell ausgestaltetes Netzwerk eine hohe Skalierbarkeit besitzt. Es ist sowohl auf wechselnde Benutzerzahlen als auch auf wechselnde Standortzahlen ausgelegt und muss im Falle von Änderungen nicht neu gestaltet werden. Benutzer und Netzwerkknoten (Standorte) können nach dem Bausteinprinzip hinzugefügt oder weggenommen werden.[2] Da auch die im Netzwerk zu verarbeitende Datenmenge direkt proportional zum Produktionsvolumen ist und dieses wiederum für jede mögliche Standortstruktur als konstant anzusehen ist, ergibt sich auch keine Abhängigkeit der Rechenleistung des Systems von der gewählten Standortkonfiguration. Die durch Hardware verursachten Aufwendungen können daher in Summe als standortstrukturneutral angesehen werden.

Im Rahmen der Aufwendungen für Software sind grundsätzlich drei Bereiche zu betrachten: die Softwarelizenzkosten, Softwarewartungskosten und die Kosten zur Mitarbeiter-

[1] Vgl. Wild, M.; Herges, S.: Total Cost of Ownership, 2000, S. 6.
[2] Vgl. Long, C.: IP-Netzwerkdesign, 2006, S. 1.

schulung, wobei die beiden letzten i.d.R. in direkter Abhängigkeit zu den Lizenzkosten stehen. Sie werden ebenfalls über den Softwareanbieter bezogen.[1] Lizenzen werden entweder für das Gesamtunternehmen oder aber für eine bestimmte Anzahl an Nutzern vergeben. Ähnlich wie bei den Aufwendungen für Hardware ist auch hier eine direkte Abhängigkeit von der (geographischen) Standortstruktur nicht gegeben.

Der Argumentation einer strukturneutralen Skalierung der Hard- und Softwaresysteme folgend sind auch keine nennenswerten strukturspezifischen Anforderungen an den operativen Betrieb oder den Administrationsaufwand zu berücksichtigen. Ein weiterer Beleg hierfür ist nicht zuletzt auch der unumstrittene Sachverhalt, dass gerade die geographische Unabhängigkeit der Informationstechnik einer der entscheidenden Treiber der Globalisierung ist.[2] Aus der Ferne gewartete Server, die am anderen Ende der Welt liegen, gehören mittlerweile zum Standard.

Aufwendungen für Kommunikation

Zur Untersuchung der Aufwendungen für Kommunikation in internationalen Verbundproduktionssystemen kann auf das in Kap. 5.3 aufgestellte Modell zurückgegriffen werden, in dem die Pfade des möglichen Informationsaustauschs zwischen einzelnen Standorten skizziert sind. Die Anzahl der Kommunikationspfade z_K ergibt sich hieraus für eine gegebene Anzahl an Standorten (n) wie folgt:

$$z_K = n \times \frac{(n-1)}{2}$$

Die Pfade sind bezüglich ihrer Nutzungsintensität in Haupt- und Nebenpfade zu unterteilen. Hauptpfade sind solche, über die wesentliche Planungs- und Steuerungsfunktionen ablaufen. Dazu zählen einerseits die Verbindungen zwischen der Zentrale und den einzelnen Standorten und andererseits die Verbindungen zwischen Standorten, die in einer direkten Leistungsbeziehung zueinander stehen. Ihre Anzahl z_H ist gegeben durch:

$$z_H = n - 1 + x$$

Die Variable x bezeichnet dabei die Anzahl der direkten Leistungsbeziehungen zwischen Standorten und ist damit ein Maß für den Einfluss der individuellen Standortstruktur auf die Gesamtintensität der Kommunikationspfade.

Den Hauptpfaden gegenüber stehen die Verbindungen der Standorte untereinander, die keine direkte Leistungsbeziehung unterhalten. Ihre Anzahl z_N lässt sich wie folgt ermitteln:

[1] Vgl. Brosze, T. et al. (Hrsg.): Marktspiegel Business Software 2007/2008, S. 126.

[2] Vgl. Kap. 2.1.1.

$$z_N = z_K - z_H$$
$$\Rightarrow z_N = \frac{(n-1)\times(n-2)}{2} - x$$

Die sich hieraus ergebene zahlenmäßige Entwicklung der Pfade mit zunehmender Anzahl an Standorten zeigt Bild 6.25. Dabei kann die Gesamtzahl der Kommunikationspfade zwei Extremausprägungen einnehmen: Einerseits das in Bild 6.25 links abgebildete Minimum an Hauptpfaden, welches einer vollständig zentralisierten Standortstruktur ohne Leistungsverflechtungen der Standorte untereinander gleichkommt, und andererseits die Situation, in der das Produktionsnetzwerk durch eine vollständige Leistungsverflechtung der Standorte untereinander charakterisiert, so dass z_H identisch mit z_K ist.

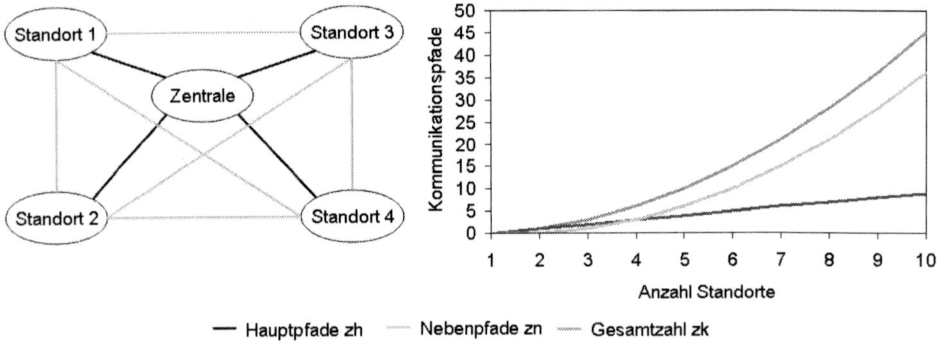

Bild 6.25: Kommunikationspfade im Produktionsnetzwerk[1]

Die vorgestellten Zusammenhänge eigenen sich vornehmlich zu einem relativen Vergleich unterschiedlicher Standortstrukturalternativen zueinander und bieten damit eine gute Orientierung hinsichtlich der Annahme von Schätzwerten. In Hinblick auf absolute Werte sind jedoch neben der Unterteilung in Haupt- und Nebenpfade weitere Differenzierungen hinsichtlich deren Nutzungsintensitäten vorzunehmen.

Darüber hinaus hat auch die praktische Umsetzung der oben genannten Kommunikationspfade, d.h. die Art der globalen Kommunikation, einen direkten Einfluss auf die Höhe der Aufwendungen. Grob lassen sich die Formen Telekommunikation und elektronische Datenübertragung unterscheiden. Eine Sonderstellung nehmen Reisen ein. Sie werden in einem späteren Abschnitt separat betrachtet.

Die Datennetze in mittelständisch strukturierten Unternehmen werden derzeit über SDSL Leitungen aufgebaut, die bei unterschiedlichen Anbietern angemietet werden können. Wesentliche Kostentreiber für den Anschluss am jeweiligen Standort sind die erforderliche Übertragungsgeschwindigkeit und die geographische Lage des Standortes (Bild 6.26).

[1] Eigene Darstellung.

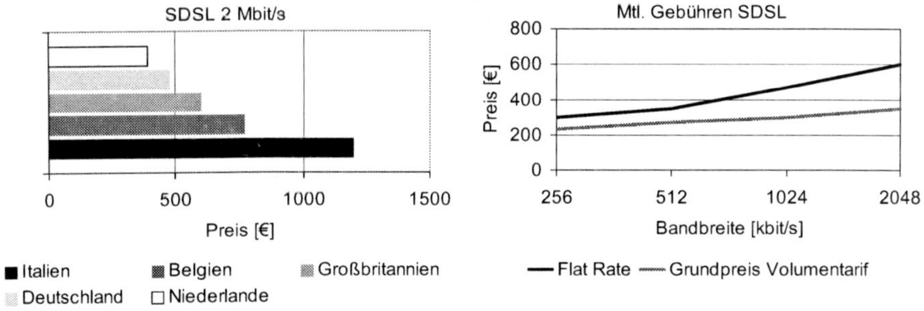

Bild 6.26: Internationale Kostenunterschiede für die Datenübertragung[1]

Die Gesamtkosten für die Datenübertragung *DK* in der Periode *i* lassen sich durch Aufsummieren der standortabhängigen Einzelfaktoren zusammenfassen. Der Faktor der Übertragungsgeschwindigkeit steigt dabei mit der Intensität der am Standort n zusammenlaufenden Kommunikationspfade – insbesondere der Hauptpfade. Der regionale Faktor sinkt mit steigendem Entwicklungslevel der technischen Infrastruktur am Standort n. Der formelmäßige Zusammenhang lautet:

$$DK_i = AK\sum_{n=1}^{N}(g_n \times r_n)$$

mit

DK_i	Datenübertragungskosten
n	Anzahl der Standorte n = 1...N
AK	durchschnittliche Anschlussgebühr
g_n	Faktor für Übertragungsgeschwindigkeit am Standort n
r_n	Faktor für regionale Abhängigkeit

Im Gegensatz zu Anschlusskosten für Internetverbindungen können Telekommunikationskosten als regional unabhängig betrachtet werden. Darüber hinaus befinden sie sich aktuell auf einem weltweiten Minimum, so dass weitere Senkungen nur noch im 10tel-Cent-Bereich stattfinden.[2] Die Kosten sind daher fast ausschließlich von der Häufigkeit der Nutzung dieser Kommunikationsform abhängig.

Da die Telekommunikation das Kommunikationsmittel ist, das am ehesten das direkte Gespräch ersetzen kann, ist es als Hauptkommunikationsmittel in einem globalen Produktionsnetzwerk anzusehen. Es kann davon ausgegangen werden, dass Telekommunikation auf allen Kommunikationspfaden stattfindet. Insgesamt kann damit auch ein progressiver Verlauf der Telekommunikationskosten angenommen werden. Des Weiteren ist die Intensität der Telekommunikation auf Hauptkommunikationspfaden deutlich höher als

[1] Eigene Darstellung. I.A.a. o.V.: CompanyConnect , 2007; o.V.: DSL Business Standleitungen, 2007.
[2] Vgl. o.V.: Jahresbericht 2006, 2007, S. 76.

auf Nebenpfaden. Im nachfolgenden Bild 6.27 ist das Verhältnis von Haupt- zu Nebenpfaden durch die Variable x abgebildet.

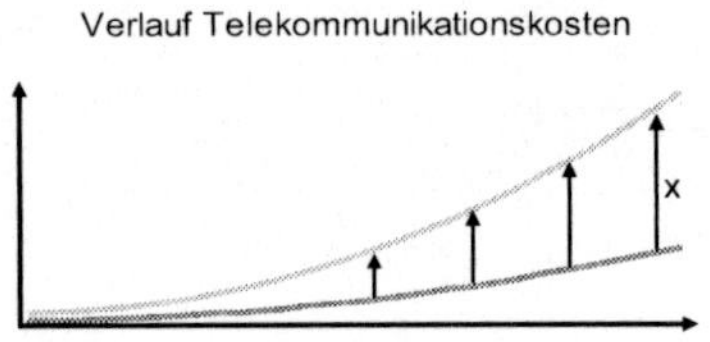

Bild 6.27: Telekommunikationskosten in Abhängigkeit der Anzahl der Standorte[1]

Die Gesamtkosten der Telekommunikation *TK* in der Periode *i* berechnen sich wie folgt:

$$TK_i = \sum_{n=1}^{N} \sum_{v=1}^{V} tk_{vn} \times t_{vn}$$

mit

TK_i	Telekommunikationskosten
n	Anzahl der Standorte n = 1...N
v	Verbindung v = 1...V
tk_{vn}	durchschnittlicher Kostensatz für die Verbindung v am Standort n
t_{vn}	Dauer der Verbindung v am Standort n

Aufwendungen für Reisen

Die Kommunikationsform mit dem höchsten Informationsgehalt ist das direkte und persönliche Gespräch. Das Anfallen von Reisekosten innerhalb eines Produktionsnetzwerkes ist daher obligatorisch.[2] Die Besonderheit, dass für das Zustandekommen direkter Kommunikation vom Unternehmen selbst keine aufwendige Infrastruktur gepflegt werden muss, macht Reisekosten einfach zu quantifizieren. In erster Nährung verhalten sich die Aufwendungen für Reisen analog zu den oben aufgeführten Telekommunikationskosten. Im Gegensatz zu den Telekommunikationskosten hat die geographische Streuung der Standorte bei der Ermittlung der Reisekosten einen deutlich höheren Einfluss. Einen Ansatzpunkt zur Berücksichtigung dieses Umstandes liefern Analysen der Fa. Wittenstein (Bild 6.28).

[1] Eigene Darstellung.

[2] Vgl. Levy, D. L.: The Costs of Coordination International Production, 1992, S. 54.

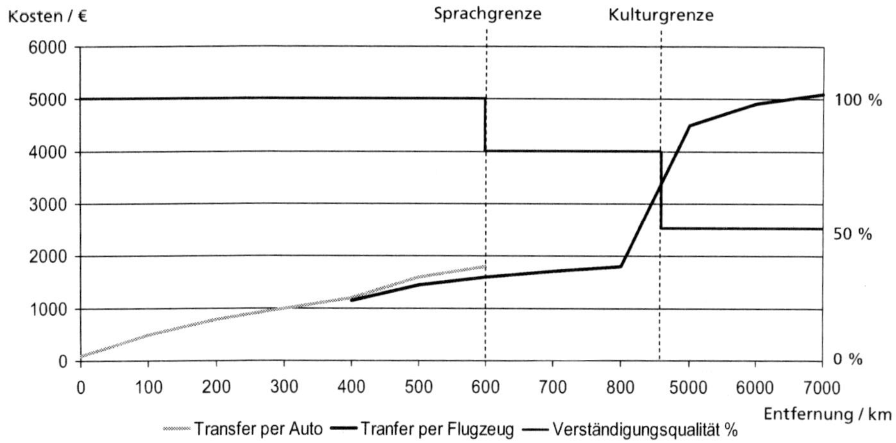

Bild 6.28: Reisekosten in Abhängigkeit der Entfernung und Reisemittel[1]

Es wird deutlich, dass zur Abschätzung der Reisekosten das Wissen über die geographische Entfernung zunächst ausreichend ist. Wichtig in diesem Zusammenhang ist jedoch auch der Aspekt der abnehmenden Verständigungsqualität, sobald Sprach- oder sogar Kulturgrenzen überschritten werden. Die Überbrückung sprachlicher Barrieren kann mittels Dolmetscher erfolgen, was in der dargestellten Funktion durch einen Fixkostenpunkt berücksichtig wird. Da aber auch davon auszugehen ist, dass die Verständigungsqualität selbst mit Dolmetscher nicht gleichzusetzen ist mit einer gleichsprachigen Kommunikation, ist zusätzlich mit einem erhöhten Kommunikationsaufwand in Form von zusätzlichen Reisen zu rechnen.

Die Kostenfunktion für direkte Kommunikation setzt sich somit aus dem Reisekostenanteil, der mit wachsender geographischer Entfernung steigt, und einem Übersetzungskostenanteil, der ab dem überschreiten bestimmter Grenzen anfällt, zusammen.

Die Gesamtkosten berechnen sich schließlich zu:

$$RK = \sum_{i=2}^{n} (rk_i + d_i) \cdot rz_i$$

mit

RK	Reisekosten
rk_i	Reisekosten zum Standort i
d_i	Dolmetscherkosten am Standort i

[1] Abschätzung der Aufwendungen für eine 3-4-Stunden-Besprechung in Abhängigkeit der Entfernung und des gewählten Transportmediums. Vgl. Wittenstein, M.: Forschung und regionale Produktionsnetzwerke, 2006, S. 38.

rz_i Anzahl der Reisen zum Standort i

Zusammenfassung

In den Ausführungen zu den Aufwendungen für Information und Kommunikation wurde der äußerst heterogene Charakter dieser möglichen Einflussgröße auf die Vorteilhaftigkeit einer Standortstruktur deutlich. Von kapazitätsproportionalen und standortneutralen über standort- und strukturspezifische Komponenten werden alle Ebenen des dieser Arbeit zugrunde liegenden Beschreibungs- und Erklärungsmodells tangiert. In der Konsequenz bedeutet dies, dass eine abschließende Berücksichtigung erst auf der Netzwerkebene erfolgen kann.

Für die Quantifizierung der Einflussgröße „Aufwendungen für Information und Kommunikation" ist jedoch die Differenzierung zwischen den einzelnen Komponenten anzustreben. So kann für alle zu bewertenden Szenarien auf konstante (kapazitätsproportionale) Aufwendungen zur Bereitstellung der IT-Infrastruktur zurückgegriffen werden. Lediglich die Aufwendungen für Kommunikation sind für jedes zu bewertende Szenario entsprechend der geographischen Lage und Verteilung der Standorte sowie deren Leistungsverflechtungen untereinander differenziert zu betrachten. In Form von Sicherheitsfaktoren sind darüber hinaus die indirekt anfallenden Kosten zu berücksichtigen.

6.2.3.5 Zusammenfassung

Auf der Basis der ermittelten Ursache-Wirkungs-Mechanismen kann in Kombination mit den aggregierten Standortgrößen folgende Kosten- und Zahlungsdarstellung gebildet werden:

Jahr	2008	2009	2010	2011	2012	2013	2014	2015	2016	2017
Periode	0	1	2	3	4	5	6	7	8	9
Investitionen in Gebäude und Grun	-26.644.621	0	0	0	0	0	0	0	0	0
Investitionen in Technische Anlage	-46.740.000	0	0	0	0	0	0	0	0	0
Zahlungsstrom	-1.223.367	36.906.738	54.563.026	64.777.339	64.777.339	64.777.339	64.777.339	64.777.339	64.777.339	64.777.339
Umsatz	0	219.928.160	301.948.928	349.063.360	349.063.360	349.063.360	349.063.360	349.063.360	349.063.360	349.063.360
Komponenen (Eigenfertigung)	0	-90.314.353	-123.714.120	-142.830.806	-142.830.806	-142.830.806	-142.830.806	-142.830.806	-142.830.806	-142.830.806
Rohmaterial	0	-11.237.949	-17.980.718	-22.475.898	-22.475.898	-22.475.898	-22.475.898	-22.475.898	-22.475.898	-22.475.898
Fremdbearberitung	0	-19.646.884	-26.221.599	-29.814.831	-29.814.831	-29.814.831	-29.814.831	-29.814.831	-29.814.831	-29.814.831
Kaufteile	0	-49.208.563	-65.491.029	-74.339.541	-74.339.541	-74.339.541	-74.339.541	-74.339.541	-74.339.541	-74.339.541
Betriebskosten	-259.127	-2.971.273	-4.336.036	-5.182.545	-5.182.545	-5.182.545	-5.182.545	-5.182.545	-5.182.545	-5.182.545
Lohnkosten	-964.240	-9.642.400	-9.642.400	-9.642.400	-9.642.400	-9.642.400	-9.642.400	-9.642.400	-9.642.400	-9.642.400
Transportkosten und Zölle		-12.851.282	-17.644.084	-20.397.168	-20.397.168	-20.397.168	-20.397.168	-20.397.168	-20.397.168	-20.397.168
IuK-Kosten		-50.000	-50.000	-50.000	-50.000	-50.000	-50.000	-50.000	-50.000	-50.000
Bestandsveränderung	-26.328.081	0	0	0	0	0	0	0	0	0
AfA-Beträge	5.734.406	5.734.406	5.734.406	5.734.406	5.734.406	5.734.406	5.734.406	5.734.406	5.734.406	5.734.406
steuerl. Bemessungsgrundlage	-6.957.773	31.172.332	48.828.619	59.042.933	59.042.933	59.042.933	59.042.933	59.042.933	59.042.933	59.042.933
Steuern	-2.368.905	6.027.414	10.002.451	12.232.491	12.232.491	12.232.491	12.232.491	12.232.491	12.232.491	12.232.491
Zahlungsstrom nach Steuern	-98.567.164	17.978.042	26.866.491	32.097.680	32.097.680	32.097.680	32.097.680	32.097.680	32.097.680	32.097.680
Zahlungsstrom diskontiert	-98.567.164	15.633.080	20.314.927	21.104.745	18.351.953	15.958.220	13.876.713	12.066.707	10.492.788	9.124.164
Kapitalwert (kumuliert)	-98.567.164	-82.934.084	-62.619.156	-41.514.411	-23.162.458	-7.204.239	6.672.474	18.739.181	29.231.969	38.356.133
Kapitalwert (10 Jahre)	**45.890.885**									
Kapitalwertrate	0,63									
Zinsen		-3.862.687	-2.945.232	-1.544.861	-452.908	629.254	1.739.852	2.879.728	3.919.547	4.919.313
Projektstand	-98.567.164	-84.451.808	-60.530.549	-29.977.730	1.667.042	34.393.975	68.231.507	103.208.914	139.226.141	176.243.133
Zahlungsstrom	-98.567.164	14.115.356	23.921.259	30.552.819	31.644.772	32.726.933	33.837.532	34.977.407	36.017.226	37.016.992
Amortisation	**3,95**									
	0,00	0,00	0,00	3,95	0,00	0,00	0,00	0,00	0,00	0,00

Bild 6.29: Zusammenfassung der Größen auf Standortebene[1]

[1] Eigene Darstellung.

6.3 Entscheidungsvorbereitung und -unterstützung

Auf der Basis der auf den unterschiedlichen Betrachtungsebenen einer Verbundproduktion generierbaren zahlungswirksamen Größen lässt sich die Auswahl der vorteilhaftesten Standortstrukturalternativen durch Gegenüberstellung der sich am Konzept der Unternehmenswertsteigerung orientierenden Zielwerte mit dem einer jeden Standortstrukturalternative zuordenbaren Ausmaß der Standortstrukturkomplexität treffen. Während ersteres die generelle Vorteilhaftigkeit adressiert, können durch die Analyse der strukturspezifischen (Komplexitäts-) Kosten Erkenntnisse bzgl. weiterer Gestaltungsoptionen sowie der sich hieraus ergebenden Auswirkungen auf den Verlauf der Gesamtkosten abgeleitet werden.

Um darüber hinaus eine möglichst effiziente und belastbare Entscheidung treffen zu können, bietet sich die Verfolgung einer definierten Prüfsequenz im Entscheidungs- bzw. Auswahlprozess an (Bild 6.30).

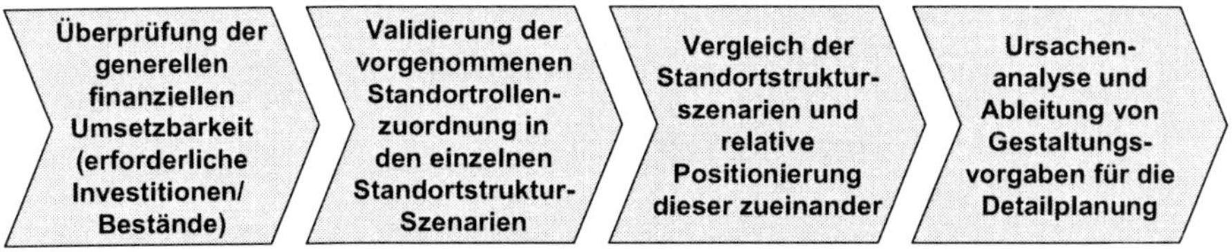

Bild 6.30: Zielsetzung des Entscheidungsmodells[1]

In einem ersten Schritt sind zunächst die zu tätigenden Investitionen sowie die Höhe der aufzubauenden Bestände zu ermitteln und damit die finanzielle Umsetzbarkeit einer jeden Standortstrukturalternative zu überprüfen. Im Anschluss hieran sind die im Rahmen der Gestaltung/ Konzeption der Standortstrukturalternativen vorgenommenen Zuordnungen von strategischen Rollen zu den einzelnen Standorten zu validieren; denn auch unter der Annahme eines vorteilhaften Gesamtsystems sind defizitäre Standorte im Produktionsverbund keine wirkliche Option. Sie sind eher ein Indiz für eine Fehleinschätzung von Potenzialen im Rahmen der strategischen Standortausrichtung. Erst nach Überprüfung dieser hinreichenden Bedingungen ist der Vergleich der Standortstrukturalternativen hinsichtlich ihrer Zielwerterfüllung und relativen Positionierung zueinander zweckmäßig. Aus den Ergebnissen lassen sich wiederum in Form einer Ursachenanalyse unter Verwendung der in Kap. 6.2 dargestellten Ursache-Wirkungsmechanismen die Ausprägungen der Bewertungsgrößen analysieren und Gestaltungsvorgaben für die sich anschließende Detailplanung oder aber in Form einer Rückkoppelung in die konzeptionell-gestalterische Phase ableiten.

In den zwei folgenden Unterpunkten werden der Aufbau, die genaue Zielsetzung sowie die Handhabung der Kernelemente des Entscheidungsmodells (Phasen 2 und 3) detail-

[1] Eigene Darstellung.

lierter ausgeführt. Deren praktische Umsetzung im Rahmen eines Gestaltungsmodells wird schließlich in Kap. 6.4 grob vorgestellt sowie dann in Kap. 1 an Fallbeispielen konkretisiert.

Validierung der Standortrollenzuordnung

Zur Validierung der Standortrollenzuordnung werden aus den auf der Standortebene zu einer Zahlungsreihe aggregierten Größen der Kapitalwert für eine diskrete Anzahl an Perioden sowie die Amortisationszeit des Standortes gebildet. Die handlungsleitende Fragestellung hierbei ist, ob sich an den jeweiligen Standorten wirtschaftlich produzieren lässt. In diesem Kontext werden die angenommenen standortspezifischen Einflüsse dahingehend untersucht, ob sie in Kombination mit den in Form von Modulen auf die Standorte verteilten Wertschöpfungsumfängen zu einem positiven Ergebnis führen (Bild 6.31).

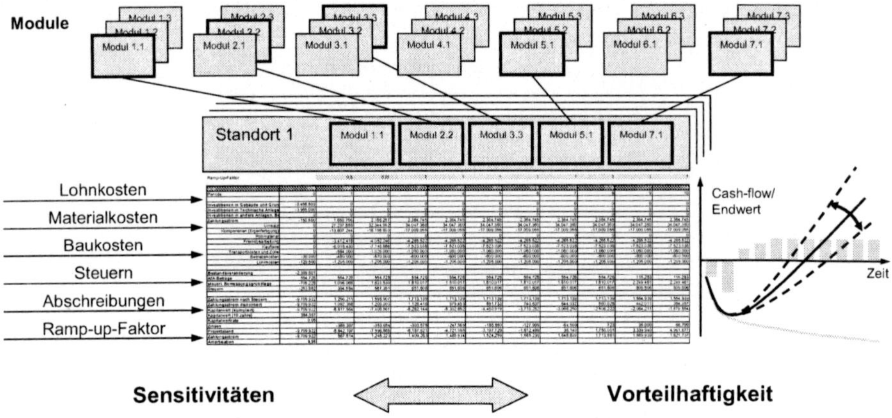

Bild 6.31: Validierung der vorgenommenen Standortrollenzuordnung[1]

Diese Betrachtung, bei der die auf der Netzwerkebene verorteten zahlungswirksamen Größen keine Berücksichtigung finden, entspricht stark der klassischen Entscheidungsunterstützung auf der Basis von Herstellungs- bzw. Produktionskostenvorteilen. Im Gegensatz zu dieser, auf ausschließlich kalkulatorischen Größen basierenden Rechnung, birgt jedoch das vorliegende Verfahren den Vorteil, auch die zeitliche Entwicklung der Zahlungsströme zu berücksichtigen. Eine langsame Anlaufkurve kann damit deutlich objektiver abgebildet werden, als es im Falle einer reinen Kostenbetrachtung eingeschwungener Systeme mit entsprechenden Verlagerungsschwellwerten der Fall ist.

Neben der rein statischen Betrachtung der Standorte sind im Rahmen des vorliegenden Bewertungsinstruments auch die Standorte bzw. deren wirtschaftliche Erfolge hinsichtlich ihrer Sensitivitäten bzgl. der in Bild 6.31 aufgeführten standortspezifischen Einflussgrößen zu analysieren. Dies ist insbesondere in Hinblick auf die Robustheit/ Belastbarkeit

[1] Eigene Darstellung.

der Annahmen/ Ergebnisse sowie für die sich anschließende Standortwahl von zentraler Bedeutung.

Vergleich und Positionierung der Standortstrukturalternativen

Der eigentliche Vergleich der zu bewertenden Standortstrukturalternativen erfolgt ebenfalls anhand der Zielgrößen Kapitalwert und Amortisationsdauer. Dabei ist jedoch nicht nur die absolute Höhe dieser Werte entscheidend, sondern vor allem die Erkenntnisse darüber, wie sich die in Kap. 6.2.3 beschriebenen strukturspezifischen (Zusatz-) Kosten auf die Vorteilhaftigkeit des aus einzeln betrachtet vorteilhaften Standorten zusammengesetzten Gesamtsystems auswirken (Bild 6.32).

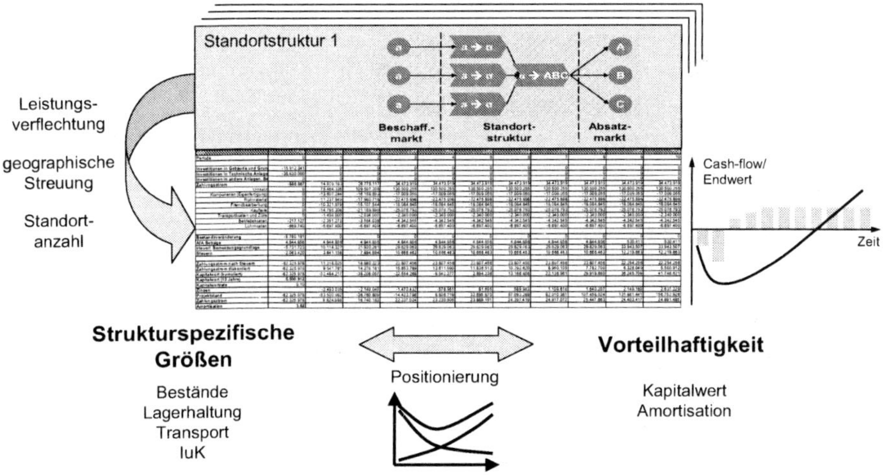

Bild 6.32: Vergleich und Positionierung der Standortstrukturalternativen[1]

In Abhängigkeit der jeweils vorliegenden Standortstruktur sind die aus der Leistungsverflechtung, der geographischen Streuung und der bloßen Anzahl der Standorte zu ermittelnden strukturspezifischen Größen in ihren jeweiligen Ausprägungsformen, d.h. entweder als Einmalzahlungen, Zahlungen je Periode oder auf die Periode Null abdiskontierte Zahlungen dem Zielwert gegenüberzustellen. Dies ist insbesondere in Hinblick auf die relative Positionierung der Alternativen zueinander von Bedeutung. Mit zunehmender Komplexität des Systems steigen die Anzahl der Systemelemente, deren Abhängigkeiten untereinander und der auf das System einwirkenden Umweltfaktoren. Die Störanfälligkeit des Systems steigt. Dem Ziel der Risikominimierung folgend ist es daher stets anzustreben, sich dem in der schematischen Darstellung des Gesamtkostenverlaufs ergebenden Minimum von der „gefahrloseren" linken Seite zu nähern, d.h. immer diejenige Alternative zu wählen, die bei ähnlichen Zielwerten geringere strukturspezifische Kosten aufweist. Diese Prämisse ist zugleich auch die Grundlage für Änderungsvorschläge, die – im Falle

[1] Eigene Darstellung.

fehlender Alternativen in diesem Bereich – in die konzeptionell-gestalterische Phase der Standortstrukturplanung rückzukoppeln sind.

6.4 Implementierung und Umsetzung

Der Zielsetzung folgend, einen möglichst weiten Anwenderbereich zu adressieren, wurde die beschriebene Bewertungsunterstützung ausschließlich in Microsoft Excel implementiert. Das Programm bietet auf der einen Seite die Möglichkeit, bereits existierende Daten und Kalkulationen (z.B. Materialkosten bzw. Herstellkosten), die im gleichen Format vorliegen, zu verwenden. Auf der anderen Seite stellt Microsoft Excel ein Datenformat bereit, in das Daten aus im Produktionsbetrieb genutzten Systemen wie z.B. ERP- oder BDE-Systemen entweder direkt exportiert oder aber über Zwischenschritte transferiert werden können. Auch in Hinblick auf zu tätigende Nebenrechnungen wie z.B. der Bestimmung der Modulkapazitäten und Maschinenauslastungen oder der Ermittlung der standortspezifischen Ramp-up-Faktoren lassen sich durch die Verknüpfung von Dateien definierte Schnittstellen nutzen. Darüber hinaus bietet Microsoft Excel die Möglichkeit, durch das Anlegen verschiedener ‚Mappen' die der Bewertungsunterstützung zugrunde liegende Ebenenstruktur abzubilden.

Die Verknüpfungen innerhalb und zwischen den Ebenen (Module werden auf der Standortebene zu einem Standort zusammengefasst und erweitert) und damit die Aggregation der erforderlichen Daten erfolgt im vorliegenden Falle ausschließlich auf der Basis von Formeln. Auf die Verwendung von Hilfsprogrammen (Makros) ist – obwohl bei bestimmten Anwendungen sicherlich effizienter – aufgrund der anspruchsvolleren Implementierung, Modifikation und Nachvollziehbarkeit verzichtet worden. Ziel ist es, sowohl jedem Anwender als auch der Entscheidungsebene im Unternehmen die Möglichkeit zu geben, mit verhältnismäßig geringem Aufwand die im Rahmen der Bewertungsunterstützung angewendeten Rechen- bzw. Aggregationsschritte nachzuvollziehen.

Der Aufbau des Gestaltungsmodells folgt dem logischen Prinzip, ein komplexes System aus übersichtlichen Sub- oder Teilsystemen sukzessiv aufzubauen. Es trägt damit sowohl der in Kap. 6.3 vorgestellten Prüfsequenz als auch dem im Beschreibungs- und Erklärungsmodell verfolgten Modulgedanken Rechnung.

Einen Überblick über die verwendeten Subsysteme sowie deren Interaktionen gibt Bild 6.33.

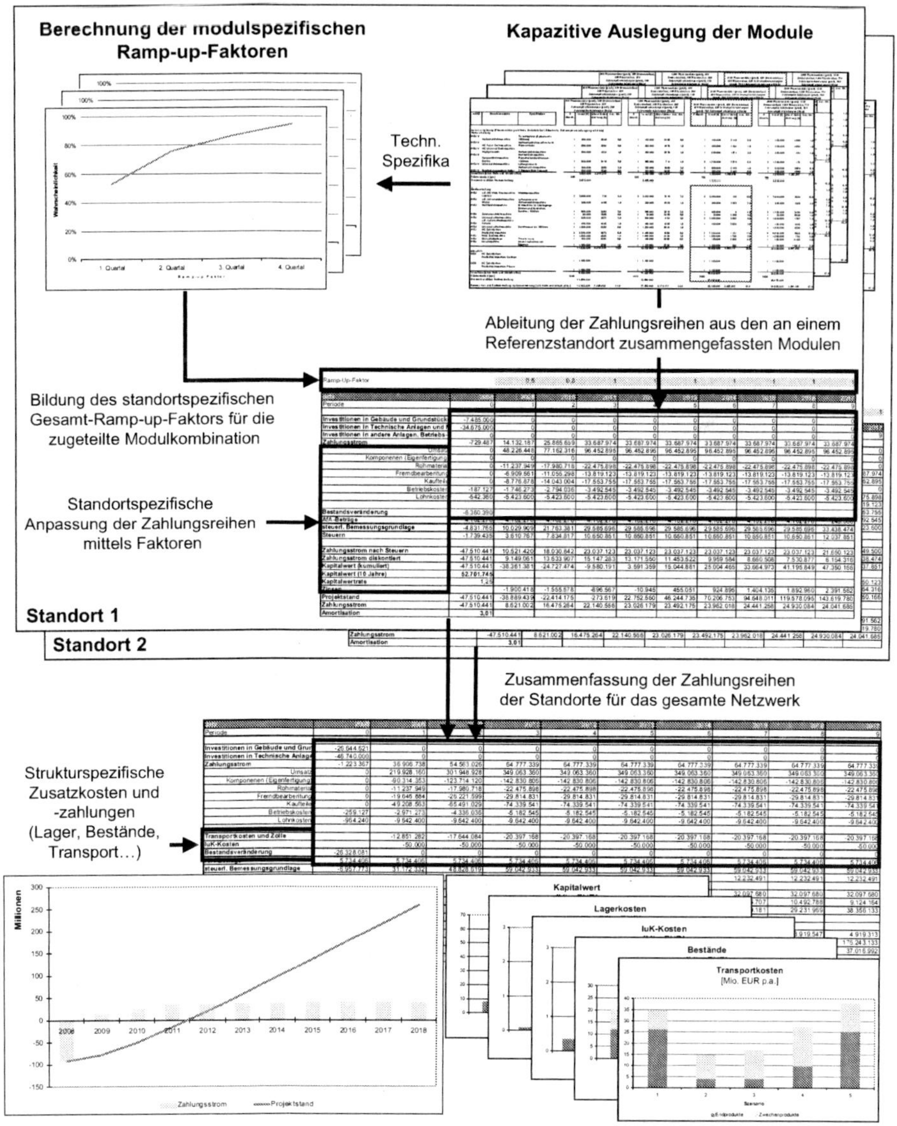

Bild 6.33: Aufbau des Gestaltungsmodells[1]

Ausgangsbasis bilden die im Produktionsnetz zum Einsatz kommenden Produktionsmodule. Während die diesen zugrunde liegende Kapazitätsbestimmung in gesonderten Nebenrechnungen entsprechend des in Kap. 6.2.1.1 dargestellten Verfahrens erfolgt, werden im eigentlichen Bewertungsprogramm die aus den in den Nebenrechnungen be-

[1] Eigene Darstellung.

stimmten Größen abzuleitenden Kosten und Zahlungen auf einem Datenblatt (Mappe) in Form einer Zahlungsreihe zusammengefasst. Berücksichtigung finden einerseits die in Kap. 6.1.2 identifizierten Input- und Outputfaktoren. Inputfaktoren sind dabei u.a. die jährlich anfallenden Kosten für Material, Personal und Betrieb; zu den Outputfaktoren zählen die den Umsatz bestimmenden Abgänge zu weiteren Modulen oder zum Kunden. Andererseits werden aber auch die Investitionen in technische Anlagen und Gebäude sowie die i.d.R. positiven Bestandsveränderungen (anteilig vom jährlichen Materialaufwand) berücksichtigt. Die Bestimmung der Modulgrößen erfolgt auf der Basis eines Referenzstandortes und entspricht damit der in Kap. 5.4 aufgestellten Forderung nach einer „bottom-up"-Bündelung strukturneutraler Daten. Somit kann auf diese Daten auch im Falle anderer zu untersuchender Modulzusammensetzungen eines Standortes zurückgegriffen werden. Eine erneute Datenerhebung ist nicht erforderlich.

Parallel werden für die einzelnen Module die Grundlagen für die Bestimmung der Ramp-up-Faktoren ebenfalls in Form externer Nebenrechnungen gelegt. Mit der Wahl des Standortes und Kenntnissen über die Art und Anzahl der an diesem zusammengefassten Module kann dann der eigentliche standortspezifische Ramp-up-Faktor gebildet werden.

Die Struktur der Standortebene ähnelt der der Modulebene. Auf einem Datenblatt (Mappe) werden die einzelnen Modulgrößen zu einer Gesamtzahlungsreihe aufsummiert. Dabei findet eine Verrechnung von Umsätzen und Materialkosten zwischen den Modulen auf der Basis zuvor auf Modulebene definierten Vorgänger- und Nachfolgerbeziehungen statt. Die so ermittelte Zahlungsreihe kann mittels des Ramp-up-Faktors dahingehend modifiziert werden, dass der Umsatz und die Materialaufwendungen während der Aufbau- bzw. Migrationsphase unter den Soll-Werten im eingeschwungenen Zustand liegen. Die anderen Größen werden als konstant angesehen, d.h. in der Anlaufphase wird mit der gleichen Anzahl an Mitarbeitern weniger Umsatz erzielt. Darüber hinaus wird die Zahlungsreihe um die in Kap. 6.1.3 definierten, der Standortebene zuzurechnenden kapazitätsproportionalen und standortinduzierten Größen erweitert. Hierbei ist die gleiche Differenzierung zwischen standortneutralen und standortspezifischen Größen zu wählen wie auf der Modulebene. Zur Validierung der vorgenommen Standortrollenzuordnung können dann die Einflüsse des Standortes auf die standortspezifischen Bestandteile der Zahlungsreihe abgebildet werden. Dies erfolgt einerseits durch Modifikation der einzelnen Zahlungs- bzw. Kostenarten mittels Faktoren[1], andererseits durch die Erweiterung der Rechnung um die Positionen Abschreibungen und Steuerzahlungen. Unter Berücksichtigung des (finanziell-) politischen Risikos in Form der gewählten Höhe des kalkulatorischen Zinssatzes werden im Rahmen einer Investitionsrechnung die Zielwerte Kapitalwert und Amortisationszeit gebildet und entsprechend der in Kap. 6.3 Entscheidungsvorgaben analysiert.

[1] Die Faktoren für die einzelnen Zahlungs- und Kostenarten (z.B. Lohnkostenfaktor) ermitteln sich aus dem Verhältnis der erwarteten Größen zu den entsprechenden Größen am Referenzstandort.

Zwischenergebnis ist damit ein Kostenmodell für Standorte, das so modular aufgebaut ist, dass sich für jeden gebildeten Standort durch Zufügen oder Weglassen von Modulen die Zahlungsreihe und damit die Zielwerte direkt verändern. Gleichzeitig erlaubt die standortspezifische Anpassung der grundsätzlich standortneutralen (bzw. auf einen Referenzstandort bezogenen) Zahlungsreihen die einfache Durchführung von Sensitivitätsanalysen und damit eine Abwägung von Chancen und Risiken bzw. der Robustheit der Ergebnisse.

Analog zur Aggregation der Module in einem Standortdatenblatt lassen sich die Kosten und Zahlungen der Standorte wiederum in einem Datenblatt (Mappe), welches die Netzwerkebene repräsentiert, zusammenfassen bzw. aufaddieren. Auch hier findet eine Verrechnung von Umsätzen und Materialkosten zwischen den Standorten auf der Basis der zuvor auf Standortebene definierten Vorgänger- und Nachfolgerbeziehungen statt. Aufgrund der in diesem Falle jedoch auftretenden geographischen Streuung der Standorte werden hierbei zusätzlich auch die mit der Leistungsverflechtung auftretenden Transportdaten (Volumen, Wert, Dauer, etc.) erfasst. Sie bilden die Basis zur Ermittlung der im Netzwerk anfallenden Transportkosten und auch der im Transport gebundenen Bestände. Die eigentliche Struktur der Zahlungsreihe ähnelt wiederum der Zahlungsreihe auf Standortebene, jedoch ohne die Möglichkeiten einer Beeinflussung der Größen.

Für den Vergleich der zu bewertenden Standortstrukturalternativen werden zunächst – soweit erforderlich – die aus den Nebenrechnungen zur Bestimmung der in Kap. 6.2.3 definierten netzwerkspezifischen Größen ermittelten Zahlungen und Kosten in die Standortdatenblätter zurückgekoppelt. Dies ist insbesondere für die Berücksichtigung der zusätzlichen Lagerflächen für strukturspezifische Sicherheitsbestände notwendig. Entsprechend passt sich auch die aus den Standortdaten aggregierte Netzwerk-Zahlungsreihe an. Diese wird darüber hinaus um die weiteren strukturspezifischen Kosten und Zahlungen wie z.B. den Kosten für Information und Kommunikation sowie der (positiven) Bestandsveränderung erweitert. Zur Berücksichtigung des Steuereffekts sind die jährlich anfallenden Kosten um einen definierten Steuersatz zu vermindern.

Zur Entscheidungsunterstützung werden schließlich auf der Basis der gebildeten Zahlungsreihen auf Netzwerkebene die Zielgrößen Kapitalwert und Amortisationsdauer im Rahmen einer Investitionsrechnung ermittelt. Parallel werden die sich ergebenden strukturspezifischen Kosten (z.B. Transportkosten je Periode) und Zahlungen (z.B. strukturspezifische Bestände) separat ausgewiesen.

Die Einsatzmöglichkeiten sowie die konkrete Praxisanwendung der Bewertungsunterstützung werden im folgenden Kapitel näher erläutert.

7 Fallbeispiel

In diesem Kapitel erfolgt die exemplarische Anwendung der vorgestellten Bewertungsunterstützung. Berücksichtigung finden dabei die in Kap. 6 aufgezeigten ebenenspezifischen Ursache-Wirkungszusammenhänge zwischen der Standortstruktur und den Ausprägungen von Kosten und Zahlungen. Ziel ist die Darstellung eines möglichen Gestaltungsmodells zur Implementierung der Bewertungsunterstützung in den Gesamtprozess der Standort(struktur)planung.

Nach einer knappen Vorstellung der dem Fallbeispiel zugrunde liegenden Ausgangssituation wird im zweiten Unterkapitel zunächst der in Kap. 5.4.1 adressierten Notwendigkeit zur Konkretisierung der Wertschöpfungsintensitäten im zukünftigen Produktionsverbund am Beispiel eines Fertigungsmoduls entsprochen. Hierauf aufbauend werden in den dann folgenden drei Unterkapiteln die kosten- und zahlungsmäßige Modellierung der drei Ebenen Modul, Standort und Netzwerk sowie die Vorgehensweise zur sukzessiven Verdichtung der Entscheidungsgrundlagen in repräsentativen Ausschnitten dargestellt. Abschließend erfolgen die Interpretation der Ergebnisse sowie eine kritische Reflexion der Einsatzmöglichkeiten der entwickelten Bewertungsunterstützung.

7.1 Ausgangssituation

Die Powertrain AG[1] mit Firmensitz in Hamburg ist ein mittelgroßes deutsches Maschinenbauunternehmen im Bereich der Getriebe- und Kupplungsherstellung. Mit einem Umsatz zwischen 100 und 500 Mio. € und einer Mitarbeiterzahl zwischen 500 und 1500 repräsentiert es die typischen, im Rahmen dieser Arbeit adressierten Unternehmen. Die Unternehmensstrukturen sind trotz der relativen Größe mittelständisch geprägt, was sich auch in dem bis dato geringen Umfang internationaler Aktivitäten widerspiegelt. Bei einem hohen Exportanteil beschränken sich die Auslandsaktivitäten auf die Bereiche Vertrieb und Service. Die Wertschöpfung mit einer Quote von knapp 40% findet ausschließlich am Stammsitz des Unternehmens statt. Das dieser zugrunde liegende Produktspektrum umfasst vornehmlich komplexe Komponenten und Endprodukte, die in kleinen bis mittleren Serien hergestellte werden.

Im Rahmen einer Phase der Restrukturierung bei parallel stattfindendem überdurchschnittlichem Wachstum der Absatzmärkte hat das Unternehmen seine Wertschöpfungstiefe in den vergangenen Jahren dahingehend reduziert, als dass die vorhandenen Produktionskapazitäten mittlerweile ausschließlich für die Herstellung von Kernkompetenzbauteilen sowie für die Montage genutzt werden. Der kontinuierliche Nachfrageanstieg schafft ferner die Grundvoraussetzungen zur produkt- und prozessseitigen Segmentie-

[1] Der Name und mögliche Standorte von Betriebsstätten sind verändert worden. Analog gilt dies auch für das Produkt- und Produktionsprogramm. Die vorliegenden Daten können jedoch als repräsentativ für die real zu bearbeitende Problemstellung angesehen werden.

rung der Produktion und damit auch zur Standortteilung im Sinne des Aufbaus von Produktionseinheiten mit definiertem strategischen Fokus. Dabei ist die Umsetzung dieser neuen Handlungsoptionen nicht nur ein Ergebnis des Wachstums, sondern gleichzeitig auch eine zwingende Notwendigkeit für weiteres Wachstum; denn nur durch die Erschließung neuer Märkte bei gleichzeitiger Nutzung der internationalen Arbeitsteilung kann das Unternehmen seine aktuelle Wettbewerbsposition nachhaltig festigen und weiter ausbauen.

Gerade im Geschäftsbereich Getriebetechnik zeichnen sich im Kontext dieser Entwicklung drastische Einschnitte ab. Einerseits gilt es, mit den wachsenden Kunden Schritt zu halten und die aktuelle Lieferantenstellung zu verteidigen, andererseits führt der zunehmende Seriencharakter des Geschäfts zu bis dato nicht gekannten Herausforderungen. Die begrenzten Kapazitäten auf dem Zulieferermarkt erfordern den weiteren Ausbau der Fertigungskapazitäten – in Teilen sogar über das strategisch erforderliche Maß hinaus. Zudem fordern die Kunden mit steigenden Stückzahlen auch eine Weitergabe der damit erwarteten Mengeneffekte. Verstärkt wird diese Preisspirale durch wachsende Konkurrenz aus Indien und China, die in die etablierten Märkte vorstößt.

Angesichts dieser Situation sieht sich das Management des Unternehmens dazu gezwungen, weitere Kapazitäten aufzubauen. In Hinblick auf die oben genannten unterschiedlichen Zielsetzungen wurden dabei verschiedene Szenarien und damit auch zukünftige Standortstrukturalternativen in Betracht gezogen. Als Ergebnis erster strategischer Überlegungen im Rahmen der Standortplanung sind folgende Randbedingungen festgelegt worden: Die Montage der Getriebe muss in Folge der Know-how-Sicherung und aufgrund ihres hohen Beitrags zum wahrgenommenen Kundennutzen zu 100% im eigenen Unternehmen erfolgen. Mit Blick auf den ebenfalls großen Erfahrungsvorsprung im Bereich der Fertigungstechnologie und vor dem Hintergrund der Sicherstellung eines effizienten Informationsrückflusses aus der Fertigung in die Bereiche Konstruktion sowie Forschung und Entwicklung sind auch hier signifikante Eigenfertigungsanteile im Unternehmen zu halten. Verstärkt wird dieses Bestreben durch die weltweit angespannte Situation auf den Zulieferermärkten für hochpräzise Fertigungsteile. Analog gilt dies auch für den Bereich der Wärmebehandlung.

Als Ergebnis des strategischen Sondierungsprozesses wurden die vier, im Folgenden dargestellten Standortstrukturalternativen entworfen, deren qualitative Bewertung im weiteren Planungsprozess durch eine grobe quantitative Bewertung ergänzt werden sollte. Als fünfte Alternative sollte zudem eine Konzentration aller neu aufzubauenden Kapazitäten am Standort China hinsichtlich ihres wirtschaftlichen Potenzials analysiert werden.

Erweiterung des Stammsitzes Hamburg

- Optimale Anlaufbedingungen durch das am Stammsitz gebündelte Fachwissen und damit schnellstmögliche Verfügbarkeit zusätzlicher Fertigungs- und Montagekapazitäten
- Realisierung von Größeneffekten bei Minimierung unkalkulierbarer strukturspezifischer (Zusatz-) Kosten

Erweiterung des Stammsitzes Hamburg, Bedienung der Märkte China und USA durch lokale Montagesatelliten[1]

- Optimale Anlaufbedingungen für die technologisch anspruchsvollen Fertigungsprozesse durch das am Stammsitz gebündelte fertigungstechnische Fachwissen
- Markterschließung und lokale Präsenz mit „einfacherer" Montage

Aufbau eines neuen Fertigungs- und Montagestandortes in Ostdeutschland sowie weiterer Montagekapazitäten am Stammsitz, Bedienung der Märkte China und USA durch lokale Montagesatelliten

- Umsetzung produktionsorganisatorischer Optimierungspotenziale (physische Segmentierung des Seriengeschäfts von der Einzel- und Kleinserie)
- Ideale wirtschaftliche Randbedingungen (Investitionsförderung, niedrige Personalkosten) für die kapitalintensiven Fertigungsprozesse bei hinreichender Nähe zum Fachwissen des Stammsitzes
- Markterschließung und lokale Präsenz mit „einfacherer" Montage

Aufbau eines Montagestandortes mit geringen Fertigungsumfängen in Polen, eines Fertigungsstandortes in Ostdeutschland sowie weiterer Montagekapazitäten am Stammsitz, Bedienung der Märkte China und USA durch lokale Montagesatelliten

- Verteilung der Wertschöpfungsumfänge ausschließlich unter der Zielsetzung minimaler Herstellungskosten (Investitionsförderung in Ostdeutschland, geringe Personalkosten in Polen, maximale Auslastung des Stammsitzes)
- Markterschließung und lokale Präsenz mit „einfacherer" Montage

Konzentration aller neu aufzubauenden Kapazitäten am Standort China

- Nutzung der Standortvorteile in China
- Realisierung von Größeneffekten bei Minimierung unkalkulierbarer strukturspezifischer (Zusatz-) Kosten

In den folgenden Unterkapiteln wird zunächst die vorgenommene Präzisierung des diesen Szenarien zugrunde liegenden Wertschöpfungsumfangs in Form von Modulen vor-

[1] Bei allen Szenarien wurden Intrafirm-Transporte von Europa in die USA oder China ausgeschlossen, d.h. die Montagesatelliten in den USA und China beziehen ihre Komponenten ausschließlich von Zulieferern.

gestellt. Hierauf aufbauend werden exemplarisch die kosten- und zahlungsmäßige Modellierung der Szenarien sowie die sich hieraus ergebende Bewertung durchgeführt. Abschließend erfolgt eine Interpretation der Ergebnisse.

7.2 Modulbestimmung und -auslegung

Aufbauend auf den oben dargestellten Ergebnissen der strategischen Standortstrukturplanung galt es in einem ersten Schritt, den in den einzelnen Szenarien abgebildeten Wertschöpfungsumfang zu präzisieren und zu strukturieren und damit die Grundlage für den Einsatz der Bewertungsunterstützung zu schaffen.

Eingangsgrößen hierzu bildeten Ergebnisse eines zuvor durchgeführten Strategieaudits und einer Kernkompetenzanalyse.[1] In Folge dieser Analysen wurden neben der bereits gesetzten Montage der Getriebe die zukünftigen Fertigungsumfänge qualitativ festgelegt, d.h. diejenigen Teile und Komponenten bestimmt, deren Herstellung einen signifikanten Einfluss auf die Strategischen Erfolgspositionen des Unternehmens haben. Hierzu zählten neben Planetenträgern für Planetenstufen die in diesen sowie den Stirnradstufen eingesetzten Verzahnungsteile. Aber auch der Bereich der Hohlradfertigung sowie die im Herstellungsprozess von Verzahnungsteilen erforderliche Wärmebehandlung stellten weitere, im Unternehmen zu belassene Kernkompetenzen dar.

Für die weitere Planung wurde das zukünftige Produktprogramm zu einem Referenzproduktprogramm abstrahiert, um einerseits die Komplexität des Betrachtungsbereichs zu reduzieren und andererseits auch der in Kap. 5.3 aufgezeigten modelltheoretischen Betrachtung eines Quasi-Ein-Produkt-Unternehmens zu entsprechen. Ähnliche Teile mit ähnlichen – wenn nicht sogar gleichen – Fertigungsprozessen wurden dabei kapazitiv auf das die jeweilige Teilegruppe repräsentierende Referenzprodukt umgerechnet.

Hierauf aufbauend konnten die aus fertigungstechnologischer Sicht erforderlichen Prozesse für diese Bauteile zu zweckmäßigen, bauteilspezifischen (Teil-) Prozessketten zusammengefasst werden – die Ausgangsbasis für die Bildung von Modulen (Bild 7.1) und damit auch zur Verteilung der Wertschöpfung auf die unterschiedlichen Standorte innerhalb der zu untersuchenden Szenarien.

[1] Für eine detailliertere Betrachtung dieser Methoden im Anwendungsbereich der strategischen Standortstrukturplanung vgl. Schuh, G.; Merchiers, A.: Wo ist Schluss mit dem Outsourcen? 2006; Schuh, G.: Change Management, 1999.

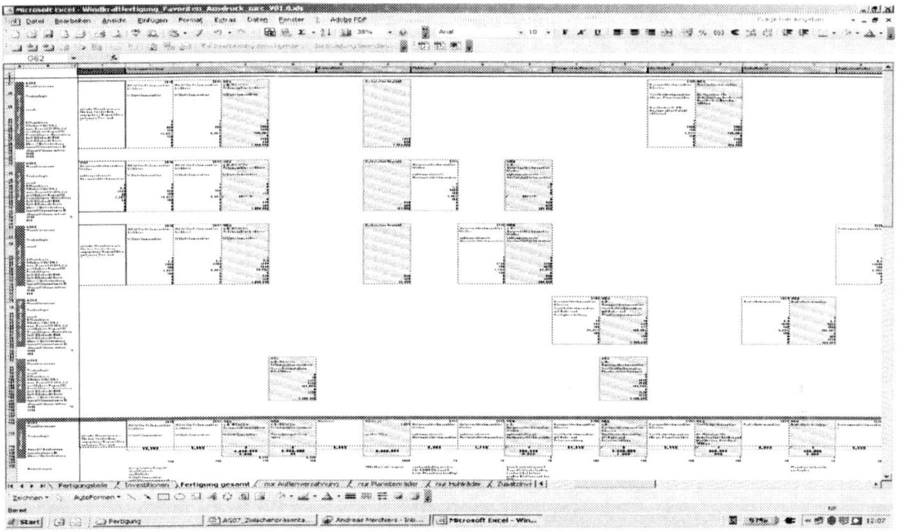

Bild 7.1: Zusammenfassen von Prozessketten zu Modulen

Konkret konnten als Ergebnis der Prozessanalyse die folgenden vier Fertigungs- sowie zwei Montagemodule definiert werden:

Außenverzahnung	Härterei	Montage 420
Planetenträger	Hohlräder	Montage 180

Das Modul Außenverzahnung beinhaltet dabei einerseits die aus vorwiegend Fräsoperationen bestehende Prozesskette zur Vorverzahnung von Schmiederohlingen sowie andererseits die sich an die Wärmebehandlung anschließende Endbearbeitung, bestehend aus Schleifoperationen und dem finalen Mess- und Prüfprozess. Das Modul Härterei umfasst die Wärmebehandlungen im oben genannten Fertigungsprozess, ist in Hinblick auf seine Auslegung als Profitcenter (Übernahme sowohl interner als auch externer Aufträge) jedoch entkoppelt von diesem zu sehen. Aufgrund deutlich anderer Dimensionen, der nicht erforderlichen Wärmebehandlung sowie der sich von der Außenverzahlungstechnologie deutlich unterscheidenden Innenverzahnungstechnologie bildet auch das Modul Hohlräder eine eigenständige Einheit. Analog gilt dies auch für das Modul Planetenträger. Die Montagemodule sind durch die Absatzmärkte sowie durch die erforderlichen Prüfkapazitäten für die unterschiedlichen Getriebetypen determiniert.

Während es sich bei der Kapazitätsbestimmung der Montagemodule vereinfacht angenommen nur um eine Aufteilung des Absatzvolumens handelte, erfolgte die Auslegung der anderen Module analog zu der in Kap. 6.2.1.1 vorgestellten Methode. Hierbei galt es, entsprechend der strategischen Vorgaben bzgl. der Unter- und Obergrenzen für die Wertschöpfungsintensität bzw. Eigenfertigungsquote der einzelnen Module die Kapazitäten so zu bestimmen, dass eine maximale Nutzung (Auslastung) des investierten Kapitals erzielt wird, wobei dieses so minimal wie möglich ausfallen sollte.

Exemplarisch sind in Bild 7.2 zwei unterschiedliche Kapazitäts- und damit auch Auslastungszustände des Hohlradmoduls dargestellt.

			400 Hohlräder				575 Hohlräder			
AGKZ	Maschinenname	Spezifikation	# Masch.	Invest [€]	Über-/ Unterdeckung [h]	Anz. MA	# Masch.	Invest [€]	Über-/ Unterdeckung [h]	Anz. MA
Hohlräder										
NEU	z.B. NC-Wälz-Fräsmaschine Liebherr	Verzahnungsfräsen innen	1	1.500.000	1360	2,0	1	1.500.000	10	3,0
NEU	z.B. Karusseldrehmaschine Dörries	Vertikaldrehmaschine mit Bohr- und Fräseinrichtung	1	1.100.000	4000	1,0	1	1.100.000	3460	2,0
NEU	Verzahnungsschleifmaschine (innen)		1	1.400.000	40	3,0	2	2.800.000	4045	3,0
NEU	Klingelnberg		1	1.100.000	4880	1,0	1	1.100.000	[illegible]	1,0
				5.100.000	*2.059.722*	**7,0**		**6.500.000**	*2.526.910*	**9,0**
				1.035.000 Halle inkl. Infrastruktur				1.335.000 Halle inkl. Infrastruktur		
				6.135.000				*7.835.000*		

Bild 7.2: Kapazitive Modulauslegung am Beispiel der Hohlradfertigung

Bei dieser relativ einfachen Prozesskette war gut zu erkennen, dass eine Erhöhung des Outputs in vorgegebenen Kapazitätsgrenzen nicht zwingend auch zu einer Verbesserung der Wirtschaftlichkeit führt. Im vorliegenden Beispiel führte erst eine Kapazitätserhöhung von über 100% (880 Hohlräder) zu einer geringfügig besseren Ausnutzung des eingesetzten Kapitals – jedoch bei deutlich höherem Gesamtinvestitionsvolumen.

7.3 Aufbau der Modulebene

Für die kosten- und zahlungsmäßige Modellierung der die Wertschöpfung in den jeweiligen Szenarien abbildenden Produktionsmodule wurde in Hinblick auf die Verfügbarkeit einer validen Datenbasis der Stammsitz des Unternehmens gewählt. Entsprechend bezogen sich alle Modulgrößen zunächst auf die am Standort Hamburg vorzufindenden Randbedingungen. Die standortspezifische Anpassung dieser Größen erfolgte im Zuge ihrer Zusammenfassung auf der Standortebene.

Die eigentliche Abbildung der Module auf der Modulebene erfolgte in Anlehnung an die in Kap. 6.1.2 aufgeführten Modulgrößen, die sich aus den Kapazitäten bzw. dem Produktionsprogrammen der Module herleiten ließen. Neben der Erfassung der modulspezifischen Umsätze und Investitionen wurden hierzu zunächst die möglichen Leistungsverflechtungen eines jeden Moduls zu anderen Modulen festgelegt, um bei einer späteren Zusammenfassung der Module auf Standortebene die dann stattfindenden internen Verrechnungen vornehmen zu können (Bild 7.3).

Eigenfertigungsstelle

Planetenräder groß

	Materialkosten [EUR/Stk]	Fremd-/ Vorbearbeitungskosten [EUR/Stk]	Marktpreise [EUR/Stk]	Masse [Kg/Stk]	Transporteinheiten [1/Stk]
Basisdaten	1.012,25	320,40	3.000,00	300	0,03

Produzenten	Menge
Außenverzahnung	2.400
Härterei	0
Planetenträger	0
Hohlräder	0
Montage 420-1	0
Montage 180-1	0
Montage 420-2	0
Montage 420-3	0
Leer2	0

Konsumenten	Menge
Außenverzahnung	0
Härterei	0
Planetenträger	0
Hohlräder	0
Montage 420-1	1.680
Montage 180-1	720
Montage 420-2	1.680
Montage 420-3	1.680
Leer2	0

Bild 7.3: Leistungsschnittstellen der Module zu vor- und nachgelagerten Modulen

In Bild 7.3 ist dies exemplarisch für die Planetenräder dargestellt. Neben den Informationen zu Materialkosten und Marktpreisen und Transportgrunddaten wurde in der Bewertungsunterstützung die Anzahl der in diesem Modul pro Jahr gefertigten Bauteile (hier: 2400) sowie der Bedarf anderer Module (hier: Montagemodule) an diesen Bauteilen hinterlegt.

Im Anschluss ließ sich der Kern der Modulebene, die In- und Output-Tabellen für die einzelnen Module aufbauen. In diesen Tabellen wurden die in einer Periode im eingeschwungenen Zustand des Systems zu erwartenden Zahlungsströme je Modul zusammengefasst. Im vorliegenden Falle erwies sich neben der Erfassung der Personal- und Betriebskosten eine Differenzierung der Materialaufwendungen nach Eigenfertigungsteilen (aus anderen Modulen oder aber vom Weltmarkt), Rohmaterialien, vorbearbeiteten Rohmaterialien und Zukaufteilen als zweckmäßig (Bild 7.4).

Input

von	Basiswerte [EUR]
Eigenfertigung (p.a.)	16.160.892
Rohmaterial (p.a.)	10.966.374
Fremd-/ Vorbearbeitung (p.a.)	2.309.838
Zukauf (p.a.)	0
Personal (p.a.)	2.549.000

Output

nach	Basiswerte [EUR]
Eigenfertigung (p.a.)	39.202.030
Vertrieb (p.a.)	0

Bild 7.4: Beispielhafte Darstellung modulspezifischer Kosten- und Zahlungsgrößen

Auf der Basis der ermittelten Materialaufwendungen konnte zudem eine erste Abschätzung der aufzubauenden (strukturneutralen) Produktionsbestände durchgeführt werden.

Mittels der der Modulebene zuzurechnenden Kosten- und Zahlungsgrößen konnten im Weiteren die in den einzelnen Szenarien vorkommenden Standorte generiert werden. Die grundlegenden Schritte hierzu werden im nachfolgenden Kapitel beispielhaft dargestellt.

7.4 Anlegen der Standortebene

Zum Anlegen der Standorte galt es zunächst, den als konstant angenommenen zukünftigen Wertschöpfungsumfang im Produktionsnetzwerk innerhalb der zu bewertenden Standortstrukturszenarien zu verteilen. Entsprechend der in Kap. 7.1 dargestellten grob umrissenen Standortstrukturszenarien wurden hierzu die im Rahmen der Modulauslegung definierten Module auf die Standorte der einzelnen Szenarien verteilt. Durch diese Zuordnung konnte sichergestellt werden, dass bei jedem Standort und später auch bei jedem Szenario auf die gleiche Datengrundlage zurückgegriffen wird (Bild 7.5).

	Standorte				
Module	Szenario1	Szenario2	Szenario3	Szenario4	Szenario5
Außenverzahnung	Hamburg	Hamburg	Leipzig	Leipzig	China
Härterei	Hamburg	Hamburg	Leipzig	Leipzig	China
Planetenträger	Hamburg	Hamburg	Leipzig	Polen	China
Hohlräder	Hamburg	Hamburg	Leipzig	Leipzig	China
Montage 420-1	Hamburg	Hamburg	Leipzig	Hamburg	China
Montage 180-1	Hamburg	Hamburg	Hamburg	Polen	China
Montage 420-2	Hamburg	China	China	China	China
Montage 420-3	Hamburg	USA	USA	USA	China
Leer2					
Leer1					

Bild 7.5: Wertschöpfungsverteilung in den Standortstrukturszenarien

Mit Blick auf die standortspezifische Anpassung der einem Standort so zugeordneten Modulgrößen (z.B. Materialaufwendungen) und auch der zusätzlich zu ergänzenden Standortgrößen (z.B. Personalkosten in der Verwaltung) wurden für jeden Standort Faktoren zur Modifikation der Grunddaten des Referenzstandortes Hamburg ermittelt und im Bewertungstool hinterlegt (Bild 7.6). Analog wurde mit den je nach geographischem Standort und Wertschöpfungszusammensetzung variierenden Ramp-up-Faktoren verfahren. Dabei erfolgte deren Berechnung separat in einem Excel-basierten Modell entsprechend der in Kap. 6.2.1.2 vorgestellten Methodik.

Standorte	Eigenfertigungsteile	Rohmaterialkosten	Fremd-/Vorbearbeitung	Zukauf	Betriebskost
Hamburg	1	1	1	1	
Leipzig	1	1	1	1	
China	0,9	0,7	0,7	1,2	
U[illegible]	[illegible]	[illegible]	[illegible]	[illegible]	
S[illegible]					
P[illegible]					

Standorte	Steuersatz p.a.	Kalkulatorischer Zins	Haben-Zinsen	Soll-Zinsen	Abschreibungszeitraum [Jahre] Gebäude und Grundstücke	Technische Anlagen und
Hamburg	36,0%	15,0%	2,0%	4,0%	30	10
Leipzig	36,0%	15,0%	2,0%	4,0%	30	10
China	25,0%	15,0%	2,0%	4,0%	20	10
USA	30,0%	15,0%	2,0%	4,0%	20	10
Schweiz	10,0%	15,0%	1,0%	3,0%	30	10
Polen	25,0%	15,0%	2,0%	4,0%	30	10

Bild 7.6: Abbildung der standortspezifischen Einflüsse auf Kosten und Zahlungen

Dem Modulgedanken folgend setzten sich die Standortdatenblätter damit zu einem Großteil aus Verknüpfungen zu den Moduldatenblättern zusammen, deren aggregierte Daten lediglich um einige wenige Standortdaten erweitert wurden. Die standortspezifische Anpassung der Daten erfolgte ebenfalls über eine Verknüpfung zum Faktoren-Datenblatt

(Bild 7.6). In Hinblick auf die spätere Ausweisung der strukturspezifischen Kosten und Zahlungen wurde bei den zum Betrieb des Standortes erforderlichen Größen zwischen strukturneutralen und strukturspezifischen Größen differenziert.

Die Erfassung und Darstellung der Daten auf den Standortdatenblättern erfolgte entsprechend der in Kap. 6.1.1 geforderten Bewertungsgrundlage des freien Cash flows in Form von Zahlungsreihen (Bild 7.7).

Investitionsrechnung

Steuersatz p.a.	25%	25%	25%	25%	25%
Kalkulatorischer Zins	15%				
Haben-Zinsen	2%				
Soll-Zinsen	4%				
Kapitalwertbetrachtung [Jahre]	10				
Ramp-Up-Faktor		0,5	0,8	1	1

Jahr	2008	2009	2010	2011	2012
Periode	0	1	2	3	4
Investitionen in Gebäude und Grun	-12.531.355	0	0	0	0
Investitionen in Technische Anlage	-46.140.000	0	0	0	0
Zahlungsstrom	-490.081	38.960.496	64.414.623	81.384.042	81.384.042
Umsatz	0	136.189.440	217.903.104	272.378.880	272.378.880
Komponenen (Eigenfertigung)	0	-29.765.847	-47.625.355	-59.531.693	-59.531.693
Rohmaterial	0	-7.866.564	-12.586.503	-15.733.129	-15.733.129
Fremdbearbeitung	0	-11.306.068	-18.089.709	-22.612.136	-22.612.136
Kaufteile	0	-43.339.651	-69.343.442	-86.679.303	-86.679.303
Betriebskosten	-143.776	-1.487.764	-2.380.422	-2.975.527	-2.975.527
Lohnkosten	-346.305	-3.463.050	-3.463.050	-3.463.050	-3.463.050
Transportkosten und Zölle					
IuK-Kosten					
Bestandsveränderung	-12.086.619				
AfA-Beträge	5.509.097	5.509.097	5.509.097	5.509.097	5.509.097
steuerl. Bemessungsgrundlage	-5.999.178	33.451.399	58.905.526	75.874.945	75.874.945
Steuern	1.499.795	-8.362.850	-14.726.382	-18.968.736	-18.968.736
Zahlungsstrom nach Steuern	-69.748.261	30.597.646	49.688.242	62.415.305	62.415.305
Zahlungsstrom diskontiert	-69.748.261	26.606.649	37.571.449	41.039.076	35.686.153
Kapitalwert (kumuliert)	-69.748.261	-43.141.612	-5.570.163	35.468.913	71.155.067
Kapitalwert (10 Jahre)	**205.923.569**				
Kapitalwertrate	3,51				
Zinsen		-2.789.930	-1.677.622	121.401	1.372.136
Projektstand	-69.748.261	-41.940.546	6.070.074	68.606.781	132.394.222
Zahlungsstrom	-69.748.261	27.807.716	48.010.620	62.536.707	63.787.441
Amortisation	**1,87**				

Bild 7.7: Kosten und Zahlungen auf Standortebene

Für die so modellierten Standorte konnten verschiedenste Analysen in Bezug auf die Fragestellung nach einer wirtschaftlichen Produktion und damit einer effektiven Standort-Rollen-Zuteilung durchgeführt werden. Einerseits ließen sich die Sensitivitäten der einzelnen Kostenblöcke durch Variation der Standortfaktoren ermitteln. Andererseits konnte aber auch durch einfaches Duplizieren und Anpassen an andere Standortgegebenheiten die geplante Standortwahl geprüft werden.

7.5 Anlegen der Netzwerkebene

Analog zum Aufbau der Standortdatenblätter wurden auch die Datenblätter für die Standortstrukturszenarien zu einem Großteil aus Verknüpfungen zu den Datenblättern der unteren Ebenen generiert. Dabei wurde das Tool so konzipiert, dass sich einem Netzwerk beliebig viele der angelegten Standorte zufügen und wegnehmen lassen, d.h. es findet eine automatische Anpassung der Basisdaten statt. Zur Erweiterung der so erzeugten Datenbasis um die strukturspezifischen Einflüsse in Form der Kosten und Zahlungen für zusätzliche Bestände, deren Lagerhaltung sowie Transport, Information und Kommunikation wurden die Leistungsverflechtungen zwischen den Standorten für jedes Szenario abgebildet. Die Basis hierzu bildeten die bereits vordefinierten Modulschnittstellen (vgl. Kap. 7.3) bzw. die sich aus diesen ergebenden Standortschnittstellen (vgl. Kap. 7.4). Datentechnisch wurden die Leistungsverflechtungen in Form von Warenströmen, die sich aus den jeweiligen Angebots-Nachfrage-Situationen in den Produktionsnetzwerken sowie unter Berücksichtigung der Transportwege ergaben, in einer Verflechtungsmatrix bereitgestellt. Neben Informationen über die Beschaffungssituation (vom unternehmenseigenen Standort oder vom Weltmarkt) und die Abnehmer (unternehmenseigene Standorte oder Weltmarkt) lieferte diese indirekt, d.h. durch Verknüpfung mit zuvor hinterlegten Transportkostensätzen, die in den einzelnen Szenarien anfallenden Transportkosten. Diese bildeten wiederum die Ausgangsinformationen zur Bestimmung der Sicherheitsbestände und im Transport gebundenen Bestände entsprechend der in Kap. 6.2.3.2 dargestellten Ursache-Wirkungs-Mechanismen (Bild 7.8).

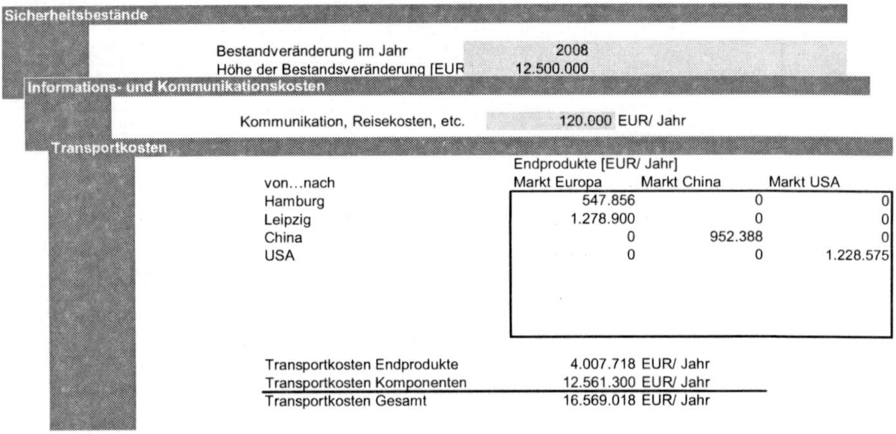

Bild 7.8: Erfassung der strukturspezifischen (Zusatz-) Kosten je Szenario

Damit war eine Aufgabe der Netzwerkebene die Verknüpfung der Standorte zu Standortstrukturszenarien und der damit verbundenen Aggregation der Standort-Zahlungsreihen sowie deren Erweiterung um strukturspezifische Größen. Die jedoch wesentlich bedeutendere Aufgabe der Netzwerkebene war die Darstellung der in den unterschiedlichen Standortstrukturszenarien anfallenden Kosten und Zahlungen in der Form, dass neben der Ermittlung von Zielwerten auch die unterschiedlichen Verhältnisse zwischen direkten Produktionskosten und strukturspezifischen (Zusatz-) Kosten ersichtlich wurden. Ähnlich der Standortebene erfolgte hierzu die Darstellung in Form von Zahlungsreihen, wobei jedoch eine klare Differenzierung nach der Beeinflussung durch die Standortstruktur vorgenommen wurde. Durch den strikt befolgten modularen, sukzessiven Aufbau war eine Berücksichtigung der standortspezifischen Einflüsse nicht mehr erforderlich.

Die Ergebnisse des vorliegenden Beispiels werden im folgenden Kapitel vorgestellt und interpretiert. Das vorliegende Datenmaterial wurde dabei in soweit abgeändert, als dass keine Rückschlüsse auf die tatsächlichen Kosten des Unternehmens erfolgen können, jedoch die Kostenstrukturen und damit die Relationen der einzelnen Kostenblöcke zueinander konstant geblieben sind.

7.6 Ergebnisse und Interpretation

Die der finalen Bewertung der Standortstrukturszenarien vorgeschaltete Validierung der Standortrollenzuordnung durch Berechnung der Kapitalwerte und Amortisationszeiten eines jeden Standortes führte im vorliegenden Fall zu keinem vorzeitigen Ausschluss eines der Szenarien. Hauptgrund für das positive Abschneiden der Standorte in dieser Phase der Prüfsequenz waren die durch die Dimensionen der Bauteile und Getriebe (bis zu 10 t) bedingt hohen Transportkosten und Bestände. Sie wurden hierbei noch nicht berücksichtigt, waren jedoch bereits in den erzielbaren Margen/ Weltmarktpreisen enthalten. In Hinblick auf die Standortsensitivitäten wiesen die reinen Montagestandorte naturgemäß eine hohe Sensitivität bzgl. der angenommenen Personalkosten auf. Aufgrund ihres im Verhältnis zum Wert eines fertigen Getriebes geringen Ausmaßes bildeten sie jedoch keinen kritischen Stellhebel. In diesem Zusammenhang wurde jedoch auch deutlich, dass diejenigen Standorte mit Fertigungsumfängen einem deutlich stärkeren globalen Wettbewerb ausgesetzt sind als die produktspezifischen Montagestandorte. Letztere profitieren überdurchschnittlich von der Produktdifferenzierung bzw. -einzigartigkeit am Markt und erzielen damit deutlich höhere Margen als die an Weltmarktpreise für Fertigungskapazitäten gebundenen Fertigungsstandorte. Entsprechend wurden auch die Konstruktionsumlagen und Gewährleistungsrückstellungen den Margen für die fertigen Getriebe zugeordnet und durch Variation des Verkaufspreises angepasst.

Der eigentliche Vergleich der zu bewertenden Standortstrukturalternativen erfolgte dann ebenfalls anhand der Zielgrößen Kapitalwert und Amortisationsdauer. Den Zielgrößen gegenübergestellt wurden dabei die jeweils erforderlichen Investitionen und aufzubauenden Bestände. Ziel dieser Gegenüberstellung war es, nicht nur die absolute Vorteilhaftigkeiten der Szenarien zu vergleichen, sondern durch die Bildung von so genannten Tradeoffs auch das unternehmerische Risiko abzubilden – in diesem Falle faktisch die Kapitalwertrate (Bild 7.9).

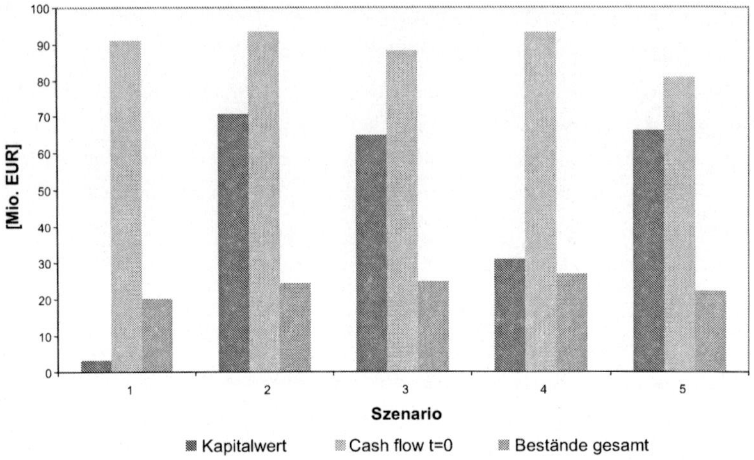

Bild 7.9: Szenarienvergleich im Überblick: Kapitalwerte und Kapitaleinsätze[1]

Das Szenario 1 (Erweiterung des Stammsitzes in Hamburg) wies im Gegensatz zu den anderen Szenarien den geringsten Kapitalwert bei einer hohen Amortisationsdauer (≥ 5 Jahre) auf. Dies konnte als deutliches Indiz dafür gewertet werden, dass die mit einer Konzentration aller Aktivitäten an einem Standort verbundene Standortstruktur in ihrer Komplexität nicht der Komplexität der Beschaffungs- und Absatzmärkte entsprach.[2] Die Vorteile der geographischen Konzentration in Form von Größeneffekten, idealen Umsetzungsbedingungen und/ oder der in Bild 7.9 erkennbaren geringeren aufzubauenden Bestände wurden in den anderen Szenarien (über-) kompensiert.

Das hypothetische Szenario 5 (Konzentration aller neu aufzubauenden Kapazitäten am Standort China) wies im Vergleich zu allen anderen Szenarien den geringsten Kapitaleinsatz auf. Im Vergleich zum Szenario 1 kompensierten ideale Standortbedingungen die Defizite in der Komplexitätsentsprechung. In Verbindung mit den oben genannten Vorteilen einer 1-Standort-Lösung führte dies zu einem ähnlich hohen Zielwert wie die der Szenarien mit höherer Standortstrukturkomplexität. Da die Rahmenbedingungen wie z.B. die Verfügbarkeit qualifizierter Mitarbeiter oder die Verfügbarkeit von Werkzeugen am Standort China zwar angenommen wurden, jedoch derzeit nach Einschätzung der Geschäftsführung in Realität nicht vorliegen, besetzte dieses Szenario lediglich eine Referenzposition in Hinblick auf die Einschätzung der absoluten Werte der anderen Szenarien.

Anhand der Szenarien 2, 3 und 4 wurde das Verhalten der Zielwerte in Abhängigkeit der zunehmenden Standortstrukturkomplexität ersichtlich. Der Entsprechungsgrad ihrer jeweiligen Standortstrukturkomplexität mit der vorliegenden Umweltkomplexität schlug sich

[1] Die ausgewiesenen Bestände sind ebenfalls im Cash flow der Periode t = 0 enthalten.

[2] Vgl. Kap. 4.3.1.

in den Ausprägungen der Zielwerte nieder. Neben den in Bild 7.9 dargestellten Kapitalwerten variierten die Amortisationszeiten zwischen 3,5 und 4,5 Jahren. Der in Kap. 5.2 beschriebenen Definition der Standortstrukturkomplexität durch die Einflussgrößen Varietät und Konnektivität folgend stieg demzufolge die Komplexität von Szenario 1 (niedrigste Komplexität) zu Szenario 4 (höchste Komplexität). Während die Szenarien 2 und 3 noch ähnliche Verhältnisse zwischen Kapitalwert und Kapitaleinsatz aufzeigten, hatte Szenario 4 bereits wieder ein schlechteres Verhältnis zwischen Kapitalwert und Kapitaleinsatz. Dies konnte als Indiz dafür gedeutet werden, dass hier der weitere Anstieg der Standortstrukturkomplexität keine weiteren Vorteile barg, jedoch die mit der stark dezentralisierten Standortstruktur verbundenen Nachteile in Form der unter den strukturspezifischen (Zusatz-) Kosten zusammengefassten Größen wie z.B. dem Intrafirm-Transport (Kosten) oder höheren Investitionen in Lager und Lagersysteme (Zahlungen) anstiegen.

Die Unterschiede zwischen den Szenarien 2 und 3 resultierten vornehmlich aus den unterschiedlichen Standortgegebenheiten. Während in Szenario 2 der Standort Hamburg ausgebaut wurde, wurde in Szenario 3 ein zusätzlicher Fertigungs- und Montagestandort in Ostdeutschland integriert. Die dort anfallenden niedrigeren Personalkosten in Verbindung mit Investitionszuschüssen führten trotz der höheren Standortkomplexität zu einem ähnlichen Verhältnis von eingesetztem Kapital zu erzielbarem Kapitalwert, jedoch mit dem niedrigsten Kapitaleinsatz aller realistischen Szenarien. Obwohl die sich ergebenden Trade-offs damit quantitativ gleichwertig waren, wurde unter Berücksichtigung des unternehmerischen Risikos das Szenario 3 mit dem niedrigsten Kapitaleinsatz seitens der Geschäftsführung bevorzugt.

Im Folgenden sind die Auswirkungen der Standortstrukturen auf die in den einzelnen Szenarien anfallenden Kosten und Zahlungen detailliert dargestellt. Aufgrund des starken Einflusses der Transportkosten im vorliegenden Beispiel sowie der Tatsache, dass bereits im Vorfeld der Intrafirm-Transport von Getriebekomponenten von Europa in die USA oder China ausgeschlossen wurde, wurden diese bei den strukturspezifischen (Zusatz-) Kosten herausgerechnet.

Das Verhalten der den strukturspezifischen (Zusatz-) Kosten zuzurechnenden laufenden Aufwendungen in Abhängigkeit der über die Szenarien zunehmenden Standortstrukturkomplexität ist in Bild 7.10 abgebildet. Dabei wurden in Anlehnung an die in Kap. 6.2.3 aufgeführten strukturspezifischen Größen die für die Verwaltung der Standorte anfallenden Aufwendungen sowie die Aufwendungen für Information und Kommunikation und für Lagerhaltung zusammengefasst. Verzeichnet werden konnte eine eindeutige Korrelation zwischen der Anzahl der Standorte in den einzelnen Szenarien zu den Beträgen dieser Größen. Die Konnektivität der Standorte hatte hingegen keinen spürbaren Effekt. Dies konnte auf den verhältnismäßig geringen Anteil der Aufwendungen für Information und Kommunikation zurückgeführt werden.

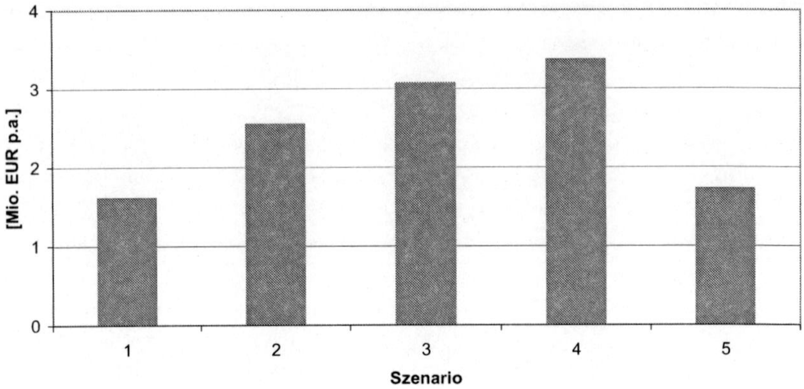

Bild 7.10: Darstellung der laufenden strukturspezifischen (Zusatz-) Kosten[1]

Überlagert wurden die Wechselwirkungen zwischen den unterschiedlichen Standortstrukturen und den sich ergebenden Ausprägungen der laufenden strukturspezifischen (Zusatz-) Kosten durch die an den unterschiedlichen Standorten variierenden standortspezifischen Bestandteile wie z.B. den Personalaufwendungen. Dies wurde bei der Betrachtung der laufenden Lagerkosten sehr deutlich (Bild 7.11): Trotz des Anstiegs der Anzahl der Lager stiegen die laufenden Kosten nur marginal an. So stieg bspw. im Vergleich zu Szenario 2 zwar die absolute Anzahl an Lagern in Szenario 3 an, jedoch wurde das „teure" Hamburger Lager zugunsten eines „günstigeren" Leipziger Lagers verkleinert. Die verbleibenden Redundanzeffekte wurden durch die Kostenvorteile des Leipziger Lagers kompensiert.

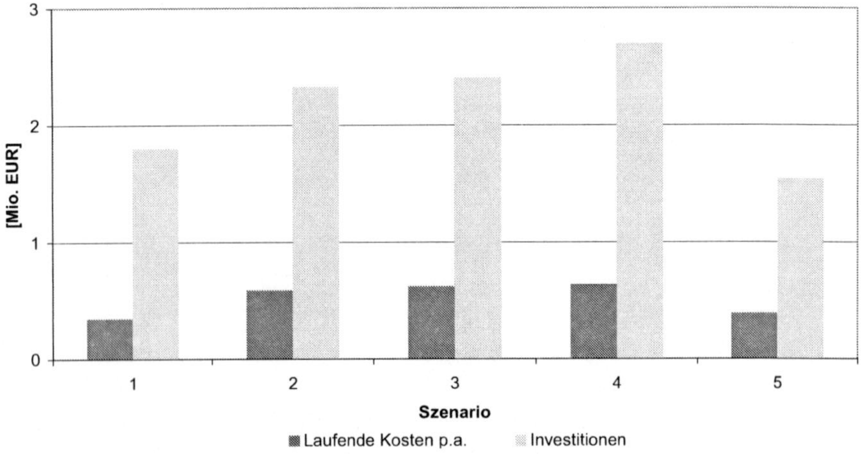

Bild 7.11: Darstellung der Kosten und Zahlung im Bereich der Lagerhaltung

[1] Die dargestellten strukturspezifischen (Zusatz-) Kosten beinhalten keine Transportkosten.

Analog zu den dargestellten laufenden Kosten verhielten sich auch die im Rahmen dieser Arbeit ebenfalls zu den strukturspezifischen (Zusatz-) Kosten zählenden „Zusatz-Auszahlungen“ für Gebäude, Anlagen, Infrastruktur und höhere Bestände. Entsprechend der rein pagatorischen Ausrichtung der entwickelten Bewertungsunterstützung wurden diese Größen durch Zahlungen in der Periode $t = 0$ separat ausgewiesen. Am Beispiel der Lagerhaltung zeigte sich dabei, dass aufgrund der Wahl der Standorte zwar die laufenden Kosten von Szenario 4 nur geringfügig von denen in den Szenarien 2 und 3 abwichen, Szenario 4 aber wegen der größeren Anzahl an Lagern deutlich höhere Investitionen tragen musste (Bild 7.11), was letztendlich eine der Ursachen für das schlechtere Abschneiden dieses Szenarios in Hinblick auf die Wirtschaftlichkeit war (Bild 7.9).

Neben höheren Investitionen waren es im vorliegenden Fall vor allem auch die mit steigender Anzahl an Standorten aufzubauenden Sicherheitsbestände, die einen signifikanten Einfluss auf die Vorteilhaftigkeit der einzelnen Szenarien hatten (Bild 7.12).

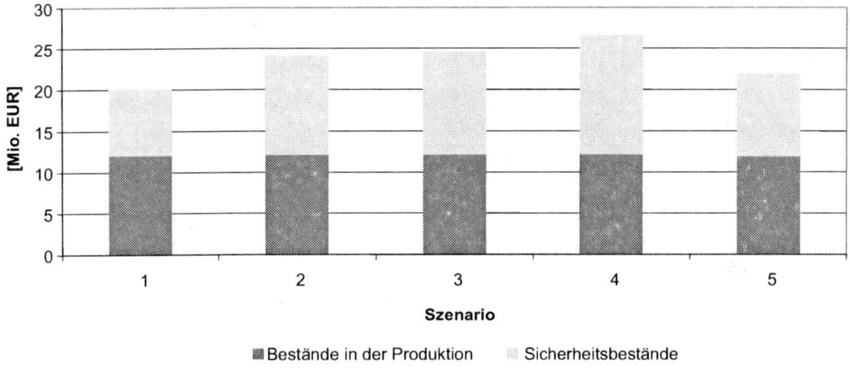

Bild 7.12: Darstellung der aufzubauenden Sicherheitsbestände

Im Vergleich zum Szenario 1 (1-Standort-Lösung) waren in den Szenarien 2 bis 4 deutlich höhere aufzubauende Sicherheitsbestände ermittelt worden. Der primäre Grund hierfür lag in der zunehmenden geographischen Streuung der Standorte.

In Szenario 2 führte eben diese geographische Streuung entlang der Wertschöpfungskette geteilter Standorte dazu, dass an den Montagestandorten in den USA und China erhöhte Sicherheitsbestände vorzuhalten waren, um der Störanfälligkeit des Belieferungsprozesses (z.B. Verzögerungen bei der Zollabfertigung oder fehlerhafte Ware) entgegen zu wirken. Die Sicherheitsbestände der kritischen Komponenten wurden so dimensioniert, dass immer ein Transportlos ausfallen konnte. Ebenfalls berücksichtigt wurde der Einfluss von Größeneffekten durch Zuschlagsfaktoren. Damit wurde dem Umstand Rechnung getragen, dass Nachfrageschwankungen an den beiden Überseestandorten im Vergleich zur 1-Standort-Lösung Hamburg schlechter entsprochen werden kann. Die Auswirkungen des Bullwhip-Effekts konnten hingegen aufgrund der nicht durchgängigen

Lieferkette unberücksichtigt bleiben. Der verhältnismäßig geringe weitere Anstieg der Sicherheitsbestände zwischen den Szenarien 2 und 3 resultierte vor allem darin, dass die zusätzliche Standorteilung keine große geographische Streuung beinhaltet. Das Versorgungsrisiko konnte als gering eingestuft werden und auch in Hinblick auf das Reaktionsvermögen der Standorte auf Nachfrageschwankungen ließen sich keine signifikanten Nachteile identifizieren. Anders hingegen stellte sich die Situation in Szenario 4 dar. Durch eine größere (grenzüberschreitende) geographische Streuung der in Europa belassenen Wertschöpfungsumfänge und die damit einhergehenden komplexeren und auch störanfälligeren Leistungs- und Zuliefererverflechtungen wurden im Gegensatz zu den Szenarien 2 und 3 zusätzliche Sicherheitsbestände erforderlich.

Den mit der Standortstrukturkomplexität steigenden strukturspezifischen (Zusatz-) Kosten standen sinkende direkte, durch die Module und damit die eigentliche Wertschöpfung verursachte Produktionskosten gegenüber. Ihr Sinken war von der effektiven Nutzung der global unterschiedlichen Absatz- und Beschaffungsmärkte im Sinne der „Kongruenz-Effizienz-Hypothese“ abhängig. Für das vorliegende Fallbeispiel sind am Beispiel der laufenden Kosten die sich in Abhängigkeit der jeweiligen Standortstrukturkomplexität ergebenden unterschiedlichen Zusammensetzungen in Bild 7.13 dargestellt.

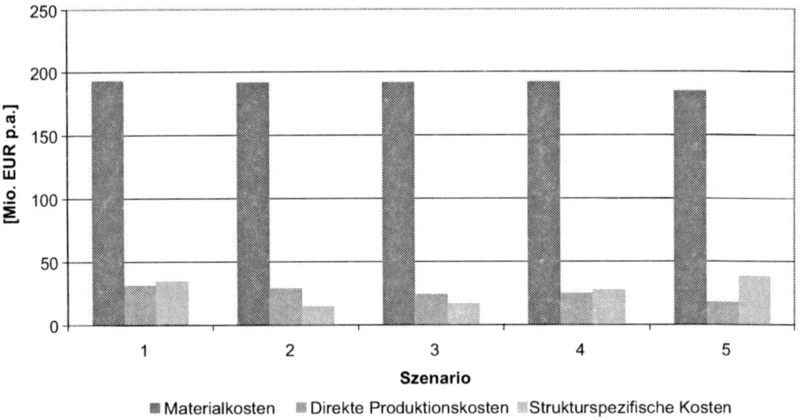

Bild 7.13: Einfluss der Standortstruktur auf die laufenden Kosten[1]

7.7 Fazit

Der Zielsetzung dieser Arbeit entsprechend wurde die entwickelte Bewertungsunterstützung im Rahmen des vorgestellten Fallbeispiels in einem sehr frühen Stadium der Standort(struktur)planung eingesetzt. Ausgangsbasis bildeten Standortstrukturalternativen, die

[1] In den dargestellten strukturspezifischen Kosten sind die Transportkosten enthalten. Aufgrund des Ausschlusses von Intrafirm-Transporten von Europa in die USA oder China reduzieren sich die Transportkosten mit steigender Standortkomplexität.

vornehmlich auf der Grundlage qualitativer Kriterien und antizipierter Rollenmuster generiert wurden.

Entsprechend war die Datengrundlage vom Umfang und Detaillierungsgrad noch nicht sehr ausgebildet. Konkrete Daten galt es erst zu entwickeln. Hierbei erwies sich die Abstraktion des Absatz- bzw. Produktionsprogramms in Anlehnung an die in Kap. 5.3 umrissenen Quasi-Ein-Produkt-Unternehmen als praktikabel. Als ähnlich konnten nicht nur die Endprodukte selbst, sondern auch Art und Umfang der für ihre Herstellung erforderlichen Komponenten erachtet werden. In der Konsequenz bedeutete dies, dass auf gleiche Ressourcen zurückgegriffen und das Verhältnis von Wertschöpfung zu Materialeinsatz als nahezu konstant angesehen werden konnte. Im Weiteren erwies sich auch die Orientierung an einem Referenzstandort zur Generierung der Datenbasis bei späterer Anpassung dieser an die jeweils vorzufindenden Standortgegebenheiten als zielführend. Hierbei wurde der Ansatz verfolgt, eine valide Datengrundlage zu verändern und die entsprechenden Ergebnisse über Sensitivitätsanalysen abzusichern, denn bereits Annahmen in den Grunddaten zu hinterlegen. Die entsprechende Bildung von standortneutralen Produktionsmodulen konnte darüber hinaus nicht nur als Hilfsmittel zur Modellierung der in den einzelnen zu bewertenden Standortstrukturszenarien zu verteilenden Wertschöpfungsumfänge gesehen werden, sondern entsprach gleichzeitig den produktionstechnischen und -organisatorischen Zielsetzungen im Maschinenbau.

Beim Aufbau der Bewertungsunterstützung wurde vor dem Hintergrund des Einsatzes in und der Anwendung durch die mittelständisch geprägten Unternehmen des Maschinenbaus ein selbsterklärender, stringenter und sequenziell-modularer Aufbau umgesetzt. Als Implementierungsbasis wurde das in diesen Unternehmen weit verbreitete Programm Microsoft Excel verwendet, welches nicht zuletzt auch durch seine intuitive Handhabung anderen Simulationsprogrammen deutlich überlegen schien. Durch die Abbildung der Produktionsmodule in Arbeitsmappen des Programms sowie die Hinterlegung von Schnittstellen (mögliche Leistungsverflechtungen eines jeden Moduls zu anderen Modulen) war es möglich, Standorten schnell und durch einfache Programmoperationen wie dem Kopieren einer Mappe bzw. der Erweiterung von Verknüpfungsformeln Module hinzuzufügen oder wegzunehmen. Die eigentliche standortspezifische Anpassung konnte diesen Operationen überlagert werden. Analog gestalteten sich der Aufbau der Netzwerkebene und damit auch die Modellierung der unterschiedlichen Standortstrukturszenarien. Es gelang somit, mit einem überschaubaren Datenaufwand durch Verdichtung von strukturneutralen Basisdaten unterschiedliche Situationen zu modellieren, wobei jeweils nur die in Kap. 6.2.3 bereitgestellten strukturspezifischen Wechselwirkungen noch angepasst werden mussten.

Aus den so gebildeten Standortstrukturszenarien ließen sich, wie in Kap. 7.6 dargestellt, die unterschiedlichen Analyseergebnisse in Hinblick auf die Bewertung der Szenarien ableiten. Dem Konzept der Unternehmenswertsteigerung folgend wurden der zeitlichen

Entwicklung von Ein- und Auszahlungen (insbesondere zur Berücksichtigung der Migrationsphase) durch die Darstellung der Vorteilhaftigkeit der einzelnen Szenarien anhand der Gegenüberstellung von erzielbaren Kapitalwerten zum erforderlichen Kapitaleinsatz entsprochen. In diesem Zusammenhang wurde besonderes Augenmerk auf die Darstellung der Ursache-Wirkungs-Mechanismen zwischen der gewählten Standortstruktur bzw. der damit verbundenen Standortstrukturkomplexität und der jeweiligen wirtschaftlichen Bewertung gelegt. Gleichzeitig bot das Tool auch die Möglichkeit, für die einzelnen Szenarien die Ausprägungen der in Kap. 6 definierten unterschiedlichen Kosten- und Zahlungsarten abzubilden und im Vergleich zu anderen Szenarien deren Abhängigkeit von der Standortstrukturkomplexität aufzuzeigen. Hieraus ließen sich, wie das vorliegende Beispiel zeigt, die durch bestimmte Gestaltungsoptionen bewirkten sowohl negativen als auch positiven Einflüsse auf die Kosten- und Zahlungsarten ermitteln und in den Kontext der wirtschaftlichen Gesamtbewertung setzen. Ergebnis des Einsatzes der Bewertungsunterstützung ist damit nicht nur die Identifikation des vorteilhaftesten Szenarios, sondern auch gewichtete Handlungsoptionen. So wurde im vorliegende Fallbeispiel deutlich sichtbar, dass vor dem Hintergrund der exponierten Produktabmaße die Transportkosten der dominierende Gestaltungsfaktor waren, während Lohnkostenunterschiede oder aber auch Unterschiede bei den Informations- und Kommunikationsaufwendungen keinen signifikanten Stellhebel auf die Wirtschaftlichkeit eines Szenarios bildeten. Gleichzeitig konnten so im direkten Vergleich der Szenarien zueinander die quantitativen Auswirkungen optimaler Ramp-up-Bedingungen in Relation zu den damit verbundenen strukturbedingten Nachteilen analysiert werden.

Die entwickelte Bewertungsunterstützung kam damit in weiten Teilen der Forderung nach Bereitstellung einer umfassenden und hinsichtlich Aufbau und Struktur des Bewertungsschemas transparenten Entscheidungsgrundlage nach. Einzig die rein pagatorische Betrachtungsweise führte im vorliegenden Falle zu Missverständnissen bei der Interpretation von Ergebnissen und Ursache-Wirkungs-Zusammenhängen. Die Unterteilung der Einflussgrößen in Zahlungen in der Periode $t = 0$ und laufende Kosten ermöglichte es nicht immer sofort, die einem Zielwert zugrunde liegenden standort- und strukturspezifischen Einflüsse zu erkennen. Hier besteht Handlungsbedarf für eine Weiterentwicklung der Bewertungsunterstützung dahingehend, dass neben der reinen Cash flow-Orientierung auch eine kalkulatorische Bewertung erfolgen kann.

Die weiteren Nutzungsmöglichkeiten im Rahmen des Standortplanungsprozesses, wie er in Kap. 3.3 dargestellt wurde, sind hingegen weit reichend. Einerseits lassen sich die hinterlegten Datenmodelle für die weitere Standortwahl einsetzen, andererseits aber auch zur Generierung weiterer Szenarien im Sinne einer Rückkoppelung in die (strategische) Gestaltungsphase. Ausgehend von einem in der Komplexitätsentsprechung gut abschneidenden Szenarios lassen sich so z.B. der Einfluss von Variationen der Wertschöpfungsumfänge an den jeweiligen Standorten oder aber unterschiedlicher Sourcing-

Strategien analysieren und die zukünftige Standortstruktur optimieren. Im vorliegenden Fall wurde das Tool über den vorgestellten Anwendungsfall hinaus dahingehend genutzt, als dass für die Standortwahl des neu zu errichtenden europäischen Fertigungs- und Montagestandortes im Szenario 3 die Standorte Ostdeutschland und Schweiz hinsichtlich der jeweils zu erwartenden Zuschüsse (Schweizer Steuerfreiheit bei höheren Investitionen vs. ostdeutsche Investitionszuschüsse) verglichen wurden. Gleichzeitig ließ sich die implementierte Bewertungsunterstützung zur Analyse unterschiedlicher Sourcing- und Markterschließungsstrategien für den US-amerikanischen Markt heranziehen, indem hierfür Transportaufwendungen potenzielle Beschaffungsvorteile gegenübergestellt wurden und entsprechende Sensitivitäten und damit Zielwerte (i.S.e. Target Costing) bestimmt werden konnten.

8 Zusammenfassung und Ausblick

Der globale Wettbewerbsdruck zwingt die Unternehmen des deutschen Maschinenbaus, ihre Wertschöpfungsstrukturen radikal umzugestalten. Die bisher verfolgte Kombination aus vertretbarer Reduzierung der Wertschöpfung (Outsourcing) und direkten Maßnahmen zur Effizienzsteigerung (Produkt- und Prozessoptimierungen) ist größtenteils ausgereizt. Die Unternehmen befinden sich in einem Dilemma: Ohne weitere Kostenreduzierung droht der Verlust von Marktanteilen. Bei einem weiteren Abbau von Wertschöpfung lassen sich zwar die erforderlichen Einsparungen kurzfristig erzielen, langfristig droht jedoch auch in diesem Falle eine Minderung der Wettbewerbsfähigkeit aufgrund verwässernder Strategischer Erfolgspositionen. Den Ausweg sehen viele Unternehmen im Aufbau von Produktionsnetzwerken und der Ausnutzung komparativer Standortvorteile. Stellhebel zur Kostenreduzierung wird damit die Standortstruktur.

Oftmals wird dabei jedoch der Einfluss der Standortstruktur auf die Kostenstrukturen entweder unterschätzt oder aber auch überschätzt – in beiden Fällen mit deutlich negativen Konsequenzen für die Wettbewerbsfähigkeit der Unternehmen. Ein Grund hierfür ist das Fehlen geeigneter Bewertungsinstrumente. Während sich große Unternehmen den regulierenden Mechanismus des internen Wettbewerbs zu Nutze machen, sind gerade kleinere Unternehmen stark auf den Einsatz solcher Instrumente angewiesen. Zwar existieren für die gestalterischen Aufgaben der Standortstrukturplanung zahlreiche Ansätze, die auch in der Praxis Anwendung finden, zur systematischen quantitativen Bewertung von Standortstrukturalternativen fehlt es jedoch an geeigneten Methoden und Verfahren. In Folge findet insbesondere in frühen Phasen der Standortstrukturplanung keine ausreichende Validierung und damit auch kein iterativer Änderungs- und Anpassungsprozess der favorisierten Gestaltungsoptionen statt.

Genau an dieser Stelle setzte die vorliegende Arbeit an. Es sollte eine Bewertungsunterstützung entwickelt werden, die im Rahmen der Gestaltung und Auswahl von Standortstrukturalternativen frühzeitige Aussagen hinsichtlich kosten- und zahlungsmäßiger Konsequenzen ermöglicht.

Der in Kap. 1.2 vorgestellten Forschungskonzeption folgend wurde hierzu in Kap. 1 das dieser Arbeit zugrunde liegende Problemverständnis anhand der in der Praxis vorzufindenden Begebenheiten empirisch belegt. Anhand der Auswertung statistischen Datenmaterials wurden hierzu zunächst die sich im Kontext der Globalisierung neu ergebenden bzw. veränderten Zielsetzungen produzierender Unternehmen im Allgemeinen beleuchtet und die sich hieraus ableitenden Trends bzgl. der Neu-/ Umverteilung von Produktionsaktivitäten herausgearbeitet. Diese wurden in einem zweiten Teil im Speziellen mit der Situation in der Maschinenbaubranche, die bis dato den allgemeinen Trends nicht uneingeschränkt gefolgt war, abgeglichen. Es konnten die in der Motivation dieser Arbeit unterstellten Probleme und Defizite belegt werden.

Als Objektbereich der Arbeit wurden auf dieser Basis Unternehmen des Maschinenbaus ausgewählt, die entweder die kritische Größe, die zu einer Standortteilung überhaupt erst befähigt, bereits überschritten haben oder kurz davor stehen. Ihr Produkt- und Produktionsprogramm weist dabei Klein- und Mittelseriencharakter auf; markt- und kundenseitig bewegen sie sich im Spannungsfeld von Standardisierung und kundenindividuellen Lösungen. Die adressierten Unternehmensfunktionen beschränken sich auf innerhalb der Unternehmensgrenzen liegende Produktionsaktivitäten.

Analog zur Beschreibung und Präzisierung des Praxisproblems wurden im Rahmen des Kap. 1 die diesem zugrunde liegenden theoretischen Zusammenhänge dargelegt und hinsichtlich des Objektbereichs dieser Arbeit präzisiert und eingegrenzt. Ziel hierbei war es, die Kausalzusammenhänge zwischen Strategie, Struktur und entsprechenden Planungs-, Gestaltungs- und Bewertungsprozessen in Hinblick auf die maßgeblichen Ziel- und Einflussgrößen, Gewichtungen und das methodische Vorgehen im Rahmen der zu entwickelnden Bewertungsunterstützung zu bestimmen.

Die zu entwickelnde Bewertungsunterstützung sollte im Sinne der Kostenverursachungs-Kostenentstehungsproblematik bereits in einem frühen Planungsstadium zum Einsatz kommen und entsprechend heuristischer Natur sein. Haupteinsatzgebiet war damit die sich an die strategisch orientierte konzeptionell-gestalterische Phase anschließende Bewertungsphase. Die eigentliche Standortwahl sowie der Übergang von der alten auf die neue Standortstruktur sollten hingegen nicht mehr im Fokus dieser Arbeit liegen.

In Kap. 4 wurden der Eingrenzung des Objektbereichs folgend die problemrelevanten Theorien erfasst und mit Blick auf einen möglichen Beitrag zur Zielsetzung dieser Arbeit interpretiert. Dabei wurden einerseits adaptierbare Aspekte herausgestellt, andererseits aus den identifizierten Defiziten Rückschlüsse auf Anforderungen an die im Rahmen dieser Arbeit zu entwickelnde Bewertungsunterstützung geschlossen.

Im Kern konnte festgestellt werden, dass die eher qualitativ geprägte konzeptionell-gestalterische Phase der Standortstrukturplanung in ausreichendem Maße beherrscht wird; die existierenden quantitativen Ansätze der sich anschließende Bewertungsphase weisen hingegen erhebliche Defizite auf. Sie sind entweder zu sehr auf die Standortwahl ausgerichtet oder aber mit Blick auf existierende Simulations- und Optimierungsmodelle wenig praktikabel bzw. zu komplex für den Objektbereich dieser Arbeit (Planungsstadium, Anwendung in der Industrie). Hinzu kommt, dass bei allen Ansätzen deutliche Defizite bei der Darstellung der Wirkzusammenhänge zwischen Struktur und Kosten zu verzeichnen waren – nicht zuletzt auch wegen unpräziser Modellierungen bzw. einer fehlenden Eingrenzung/ Strukturierung des Gestaltungs- und Lösungsraums.

Aufbauend auf den Analyseergebnissen der Kap. 4.1 und 4.2 und den hieraus abgeleiteten Anforderungen (Kap. 4.4) wurden in Kap. 5 das Konzept einer Bewertungsunterstützung entwickelt. In einem ersten Teil wurden hierzu zunächst die grundlegenden Zusammenhänge und Wirkmechanismen, die hinter der Beeinflussung der Kostenstruktur durch Veränderung der Wertschöpfungsstruktur stehen, verdeutlicht und hinsichtlich der Zielsetzung dieser Arbeit strukturiert. Zur adäquaten Abbildung und Nutzung dieser Zusammenhänge im Rahmen der Bewertungsunterstützung wurde ferner der Anwendungsbereich konkretisiert und modelliert. Hierauf aufbauend erfolgte im zweiten Teil die Konzeption der Bewertungsunterstützung. Die detaillierte Ausgestaltung der einzelnen Bestandteile der Bewertungsunterstützung erfolgte in Kap. 6.

Bei der Entwicklung der Bewertungsunterstützung stand insbesondere das sich durch die gegenläufigen Kostenfunktionen für direkte Produktionskosten und strukturspezifische (Zusatz-) Kosten ergebende Entscheidungsproblem hinsichtlich der Wahl des richtigen Grads an Standortstrukturkomplexität im Vordergrund. In Hinblick auf den damit verbundenen Aufbau einer transparenten Entscheidungsbasis galt den Ursache-Wirkungs-Beziehungen durch Veränderungen der Standortstruktur ein besonderes Augenmerk. Das gestaltungsleitende Motiv vor dem Hintergrund des Einsatzes in und der Anwendung durch die mittelständisch geprägten Unternehmen des Maschinenbaus war dabei ein selbsterklärender, stringenter und sequenziell-modularer Aufbau des Bewertungsmodells.

Vor dem Hintergrund, dass die durch die Komplexität der Standortstruktur beeinflussten gegenläufigen Kostenfunktionen für direkte Produktionskosten und strukturspezifische (Zusatz-) Kosten in verschiedenen Teilsystemen ihren Ursprung haben, wurde zur verursachungsgerechten Erfassung von Kosten und Zahlungen der Betrachtungsbereich des Produktionsnetzwerks in hierarchisch aufgebaute Ebenen unterteilt. Mittels eines hierauf aufbauenden Beschreibungsmodells ließen sich die vornehmlich durch die Wahl der Standortstrukturform hervorgerufenen Kosten von strukturunabhängigen, ggf. durch die Wahl des physischen Standortes abhängigen Kosten und Einflüsse auf Zahlungen trennen.

Im Rahmen eines Erklärungsmodells wurden die den erfassten Kosten und Zahlungen zugrunde liegenden Wirkzusammenhänge identifiziert und damit die Voraussetzung zur Quantifizierung im Anwendungsfall geschaffen. Die Herausforderung hierbei war es, im Sinne des Modulgedankens möglichst viele erforderliche Daten, die gleichen Einflussfaktoren unterliegen, zu Blöcken zusammenzufassen. Hierzu wurde auf der untersten Betrachtungsebene eine dem Planungsstand und der Zielsetzung entsprechende Darstellungsform – die der Produktionsmodule – gewählt. Das Zusammenfassen überschaubarer Produktionsumfänge mit definierten Schnittstellen zueinander ermöglichte es, einerseits die notwendige Flexibilität bei der Gestaltung unterschiedlicher Standorte und Standortstrukturszenarien zu gewährleisten, andererseits aber auch eine möglichst große Kongruenz zur produktionstechnischen und -organisatorischen Gestaltung sicher zu stellen. Mit Blick auf die adäquate Berücksichtigung der Migration einer bestehenden in eine zukünftige Standortstruktur wurde zudem eine Systematik bereitgestellt, mittels derer sich die unterschiedlichen Einflüsse zu einem repräsentativen Faktor für jeden Standort – dem so genannten Ramp-up-Faktor – verdichten und auf die Zahlungsreihen der Standorte anwenden lassen. Für die zumeist unbekannten, strukturspezifischen Größen wurden auf die Problemstellungen angepasste Heuristiken abgeleitet, mittels derer entsprechende Kostenverläufe generiert bzw. Beeinflussungen der entscheidungswirksamen Zielgrößen dargestellt werden konnten. Im Fokus dabei waren die Transportaufwendungen, die Bestände, der Bereich der Lagerhaltung und die Aufwendungen für Information und Kommunikation.

Auf der Basis der aus den ebenenspezifischen Erklärungsmodellen abzuleitenden zahlungswirksamen Größen wurde schließlich ein Entscheidungsmodell entwickelt, bei dem die Auswahl der vorteilhaftesten Standortstrukturalternativen durch Gegenüberstellung der Zielwerte mit dem einer jeden Standortstrukturalternative zuordenbaren Ausmaß der Standortstrukturkomplexität getroffen wird. Hierbei wurden einerseits die generelle Vorteilhaftigkeit adressiert, andererseits aber auch durch die Analyse der strukturspezifischen (Komplexitäts-) Kosten Erkenntnisse bzgl. weiterer Gestaltungsoptionen sowie der sich hieraus ergebenden Auswirkungen auf den Verlauf der Gesamtkosten abgeleitet.

Der Zielsetzung folgend, einen möglichst weiten Anwenderbereich zu adressieren, wurde die beschriebene Bewertungsunterstützung in Microsoft Excel implementiert. In Kap. 7 erfolgte abschließend der Einsatz der Bewertungsunterstützung im Rahmen einer Beratung eines mittelständischen Maschinenbauunternehmens und damit die Überprüfung der Forschungsergebnisse im Anwendungszusammenhang.

Die entwickelte Bewertungsunterstützung liefert damit einen entscheidenden Beitrag, mehr Transparenz in die komplexen Ursache-Wirkungs-Beziehungen zwischen Standort- und Kostenstruktur und damit auch in das gesamte, dahinter stehende Entscheidungsproblem der „richtigen“ Globalisierungsstrategie zu bringen. Unternehmen wird durch den Einsatz dieses Instruments bereits in einem frühen Planungsstadium ermöglicht, die Vor- und Nachteile in Frage kommender Standortstrukturen auf der Grundlage einer einheitlichen Basis strukturiert gegenüberzustellen. Dies ist insofern wichtig, als dass bisher den qualitativen Vor- und Nachteilen der internationalen Arbeitsteilung nur wenig valide quantitative Aussagen gegenübergestellt werden konnten – insbesondere in Hinblick auf die strukturspezifischen (Zusatz-) Kosten.[1]

Bei der Anwendung der Bewertungsunterstützung wurde jedoch auch deutlich, dass sich zwar die dargestellten prinzipiellen Ursache-Wirkungs-Mechanismen für den Objektbereich dieser Arbeit als richtig erwiesen, jedoch ihre Ausprägungen im Gesamtkontext stark variieren können. Die Gründe hierfür liegen vor allem in den sehr unterschiedlichen unternehmensspezifischen Randbedingungen, angefangen von der Produktgröße, dem Produktwert, der Kundenstruktur sowie den einzusetzenden Produktionsfaktoren Know-how, Arbeit und Kapital. Die Bereitstellung genereller Gestaltungsregeln ist damit nur mit

[1] Vgl. Ritter, R. C.; Sternfels, R. A.: When off-shoring doesn't make sense, 2004, S. 127.

vielen Einschränkungen verbunden. Im Umkehrschluss bestätigt dies jedoch die Erfordernis eine Bewertungsunterstützung wie der vorliegenden, mittels derer sich zielgerichtet für jedes Unternehmen die fehlenden gestaltungsleitenden Grundsätze identifizieren lassen. Entsprechend liegt der Mehrwert vor allem auf der Identifikation der relevanten Stellhebel in Bezug auf die weitere Ausgestaltung des Produktionsnetzwerks sowie der Validierung der getroffenen Annahmen hinsichtlich Standortwahl und Kosteneffekten.

Mit Blick auf mögliche Weiterentwicklungen der Ergebnisse dieser Arbeit kann das entworfene Gerüst dazu herangezogen werden, für definierte Stereotypen von Maschinenbauunternehmen Aussagen hinsichtlich ihrer relevanten strukturspezifischen Kostenstellhebel zu identifizieren, empirisch zu belegen und entsprechende spezifische Gestaltungsempfehlungen abzuleiten. Analog kann die vorliegende Bewertungsunterstützung auch auf weitere Branchen, wie z.B. die Automobilbranche, ausgeweitet bzw. angepasst werden. Hierzu sind die die getroffenen Modellierungen an die neue Rahmenbedingungen wie z.B. den möglichen Standortstrukturformen im Rahmen der „Kongrunez-Effizienz-Hypothese“ auszugestalten und die Ursache-Wirkungs-Mechanismen entsprechend anzupassen. Damit stellt die entwickelte Bewertungsunterstützung die Basis für die Entwicklung von Gestaltungsrichtlinien von globalen Produktionsnetzwerken im Rahmen des Standortplanungsprozesses dar.

9 Literaturverzeichnis

Abele, E.; Kluge, J.; Näher, U. (Hrsg.): Handbuch Globale Produktion, München, 2006.

Aggteleky, B.: Fabrikplanung, Band 1: Grundlagen, Zielplanung, Vorarbeiten, München, 1987.

Alicke, K.: Planung und Betrieb von Logistiknetzwerken – Unternehmensübergreifendes Supply Chain Management, 2. neu bearbeitete und erweiterte Aufl., Berlin, 2005.

Alpar, P. et al.: Unternehmensorientierte Wirtschaftsinformatik: Eine Einführung in die Strategie und Realisierung erfolgreicher IuK-Systeme, Wiesbaden, 1998.

Ballwieser, W.: Unternehmensbewertung – Prozess, Methoden und Probleme, 2. überarbeitet Aufl., Stuttgart, 2007.

Bankhofer, U.: Industrielles Standortmanagement: Aufgabenbereiche, Entwicklungstendenzen und problemorientierte Lösungsansätze, Wiesbaden, 2001.

Bartlett, C. A.; Ghoshal, S.: Tap your subsidiaries for global reach, in: HBR, No. November-December, 1986, p. 87-94.

Bassen, A.; Behnam, M.; Gilbert, D. U.: Internationalisierung des Mittelstands, in: ZfB, 71. Jg., H. 4, 2001, S. 413-432.

Bates, K.: Produktionsverlagerung nach Mittel- und Osteuropa – Chancen und Risiken für den Standort Deutschland, in: o.V.: Mittel- und Osteuropa Perspektiven – Jahrbuch 2005/ 2006, F.A.Z.-Institut, Rödl & Partner, GTZ und Ost-West-Contact, 13. Jg., Frankfurt a. M., 2005, S. 300-303.

Baumann, E.: Produzieren in globalem Maßstab – Chancen, Fallen, Gefahren, in: Bey, I. (Hrsg.): Karlsruher Arbeitsgespräche 2004, Wege zur individualisierten Produktion, Tagungsband, Karlsruhe, 2004, S. 387.

Baumgarten, H.; Bott, A.; Hagen, T.: Logistik und Kosten, Ergebnisse der Untersuchung Trends und Strategien in der Logistik 2000, Berlin, 1997.

Baumgartner, P.; Kautzsch, T.: Maschinenbau 2010 – Steigerung der Ertragskraft durch innovative Geschäftsmodelle, Studie, Mercer Management Consultants, München, 2005.

Beckermann, U.; Büchner, H.-J.: Maschinenbau in Deutschland – Tranditionsbranche mit hoher Innovationskraft, IKB Report, IKB Deutsche Industriebank AG, Düsseldorf, 2004.

Behrens, C.-U.; Kirspel, M.: Grundlagen der Volkswirtschaftslehre, 3. Aufl., München, 2003.

Bender, D.: Außenhandel, in: Bender, D. et al. (Hrsg.): Vahlens Kompendium der Wirtschaftstheorie und Wirtschaftspolitik, Band 1, 7. Aufl., München, 1999, S. 455-518.

Berger, R.: Chancen und Risiken der Internationalisierung aus Sicht des Standortes Deutschland, in: Krystek, U.; Zur, E. (Hrsg.): Handbuch Internationalisierung: Globalisierung – Eine Herausforderung für die Unternehmensführung, 2. Aufl., Berlin, 2002, S. 21-34.

Bhattacharaya, A. et al.: Capturing global advantages: How leading industrial companies are transforming their industries by sourcing and selling in China, India, and other Low-Cost Countries, The Boston Consulting Group, Boston, 2004.

Bichler, K.; Schröter, N.: Praxisorientierte Logistik, 3. Aufl., Stuttgart, 2004.

Bieberbach, F.: Die optimale Größe und Struktur von Unternehmen: Der Einfluss der Informations- und Kommunikationstechnik, Wiesbaden, 2001.

Biener, H.; Berneke, W.: Bilanzrichtlinien-Gesetz, Textausgabe des Bilanzrichtlinien-Gesetzes vom 19.12.1985 (Bundesgesetzblatt 1, S. 2355), Düsseldorf, 1986.

Binder, V.; Kantowsky, J.: Technologiepotentiale: Neuausrichtung der Gestaltungsfelder des strategischen Technologiemanagements, Diss. Univ. St. Gallen, Wiesbaden, 1996.

Bloech, J.: Industrieller Standort, in: Schweitzer, M. (Hrsg.): Industriebetriebslehre – Das Wirtschaften in Industrieunternehmungen, München, 1990, S. 61-145.

Bofinger, P. et al. (Hrsg.): Erfolge im Ausland – Herausforderungen im Inland, Jahresgutachten 2004/ 2005 des Sachverständigenrates zur Begutachtung der gesamtwirtschaftlichen Entwicklung, Wiesbaden, 2004.

Böhmer, M. et al.: Globalisierungsreport, Die internationale Vernetzung der deutschen Industrie, Report der prognos AG, Basel, 2007.

Botta, V.: Lean Management – Überlegungen zur effizienten Gestaltung von Produktionsnetzwerken, in: Wildemann, H. (Hrsg.): Produktions- und Zuliefernetzwerke, Tagungsband zur Sitzung der Wissenschaftlichen Kommission Produktionswirtschaft am 28./ 29.09.1995 in München, München, 1996, S. 169-189.

Brosze, T. et al. (Hrsg.): Marktspiegel Business Software 2007/ 2008, 4. überarbeitete Aufl., Aachen, 2007.

Budzinski, O.; Kerber, W.: Megafusionen, Wettbewerb und Globalisierung – Praxis und Perspektiven der Wettbewerbspolitik, Schriftreihe der Ludwig-Erhard-Stiftung, Bd. 5, Stuttgart, 2003.

Buhmann, M.; Schön, M.: Dynamische Standortbewertung – Denken in Szenarien und Optionen, in: Kinkel, S. (Hrsg.): Erfolgsfaktor Standortplanung, In- und ausländische Standorte richtig bewerten, Berlin, 2004, S. 253-276.

Buse, H. P. et al.: Organisation der Logistik, in : Dangelmaier, W. (Hrsg.): Vision Logistik: Logistik wandelbarer Produktionsnetze zur Auflösung ökonomisch-ökologischer Zielkonflikte, Schriftreihe „PFT-Berichte“ des Forschungszentrums Karlsruhe, Nr. 181, Karlsruhe, 1996, S. 13-35.

Calabuig Rull, J.: Bericht über einen politischen Rahmen zur Stärkung des verarbeitenden Gewerbes in der EU – Wege zu einem stärker integrierten Konzept für die Industriepolitik, Plenarsitzungsdokument, Europäisches Parlament, Ausschuss für Industrie, Forschung und Energie, Brüssel, 2006.

Canel, C.; Khumawala, B. M.: Multi-period international facilities location: an alghorithm and application, in: International Journal of Production Research, Vol. 35, No. 7, 1997, p. 1891-1910.

Chia, R.: The Problem of Reflexivity in Organizational Research: Towards a Postmodern Science of Organization, in: Organization, Vol. 3, No. 1, 1996, p. 31-59.

Clement, R.; Natrop, J.: Offshoring – Chance oder Bedrohung für den Standort Deutschland?, in: Wirtschaftsdienst, Nr. 8, 2004, S. 519-528.

Copeland, T., Koller, T.; Murrin, J.: Valuation – Measuring and Managing the Value of Companies, 3. Ed., New York, 2000.

Copeland, T.; Koller, T.; Murrin, J.: Unternehmenswert – Methoden und Strategien für eine wertorientierte Unternehmensführung, 2. aktualisierte und erweiterte Aufl., Frankfurt, 1998.

Corsten, H. (Hrsg.): Produktion als Wettbewerbsfaktor – Beiträge zur Wettbewerbs- und Produktionsstrategie, Wiesbaden, 1995.

Corsten, H.: Produktion, in: Bloech, J.; Ihde, G. B. (Hrsg.): Vahlens Großes Logistiklexikon, München, 1997, S. 812-813.

Corsten, H.; Will, T.: Das Konzept generischer Wettbewerbsstrategien, in: Corsten, H. (Hrsg.): Produktion als Wettbewerbsfaktor – Beiträge zur Wettbewerbs- und Produktionsstrategie, Wiesbaden, 1995, S. 119-131.

Corsten, H.; Will, T.: Wettbewerbsvorteile durch strategiegerechte Produktionsorganisation, in: Corsten, H. (Hrsg.): Produktion als Wettbewerbsfaktor – Beiträge zur Wettbewerbs- und Produktionsstrategie, Wiesbaden, 1995, S. 1-13.

Dasci, A.; Verter, V.: The plant location and technology acquisition problem, in: IIE Transaction, Vol. 33, No. 11, 2001, p. 963-973.

Dichtel, E. (Hrsg.): Vahlens großes Wirtschaftslexikon, München, 1993.

Diederichs, R. et al.: How to Go Global – Chancen globaler Produktion, Ergebnisse der McKinsey-PTW-Studie ProNet, Frankfurt, 2005.

Domschke, W.; Drexl, A.: Logistik: Standorte, Bd. III, 4. überarbeitete und erweiterte Aufl., München, 1996.

Eberhard, K.: Einführung in die Erkenntnis- und Wissenschaftstheorie – Geschichte und Praxis der konkurrierenden Erkenntniswege, 2. Aufl., Stuttgart, 1999.

Eicher, F. U.: Internationale Arbeitsteilung und Wohlstandsgefälle zwischen Entwicklungs- und Industrieländern, Frankfurt a. M., 1981.

Emigh, J.: Total Cost of Ownership, in: Computerworld, Nr. 51, 1999, S. 52.

Eversheim, W., Dohms, R., Schellberg, O.: Produktion in globalen Netzwerken – Potentiale der Globalisierung im Verbund erschließen, in: wt Werkstattstechnik, Bd. 90, Nr. 5, 2000, S. 183-188.

Eversheim, W.: Flexible Produktionssysteme, in: Frese, E. (Hrsg.): Handwörterbuch der Organisation, Stuttgart, 1992, S. 2058-2060.

Eversheim, W.: Standortplanung, in: Eversheim, W.; Schuh, G. (Hrsg.): Betriebshütte, Produktion und Management, Teil 2, 7. völlig neu bearbeitete Aufl., Berlin, 1996, S. 9/40-9/56.

Eversheim, W.; Schuh, G. (Hrsg.): Betriebshütte, Produktion und Management, Teil 2, 7. völlig neu bearbeitete Aufl., Berlin, 1996.

Falkner, A. M.: Logistik-Controlling für Produktionsnetzwerke, Diss. Univ. Heidelberg, Heidelberg, 2004.

Farrel, D.: Can Germany Win from Offshoring?, Perspective, McKinsey Global Institute, 2004.

Ferdows, K.: Made in the world: The global spread of production, in: Production and Operations Management, Vol. 6, No. 2, 1997, p. 102-109.

Ferdows, K.: Making the most of foreign factories, in: HBR, No. March-April, 1997, p. 73-88.

Ferdows, K.: Mapping International Factory Networks, in: Ferdows, K. (ed.): Managing International Manufacturing, Amsterdam, 1989.

Fleck, A.: Hybride Wettbewerbsstrategien – Zur Synthese von Kosten- und Differenzierungsvorteilen, Wiesbaden, 1995.

Fleisch, E.; Geginat, J.; Löser, B. O.: Verlagern oder nicht? Die Zukunft der Produzierenden Industrie in der Schweiz, Gemeinschaftsstudie von Roland Berger Strategy Consultants und dem Institut für Technologiemanagement der Universität St. Gallen (ITEM-HSG), Zürich, 2004.

Fleischer, J; Herm, M.; Schell, M.-O.: Wertschöpfung in Netzwerken – Integrierte Planungsmethodik zur Konfiguration von globalen Wertschöpfungsnetzwerken, in: ZWF, 99. Jg., Nr. 9, 2004, S. 470-476.

Franz, P.: Transportkosten, Veränderter Stellenwert eines Faktors der Standortwahl, in: WiSt Zeitschrift für Ausbildung und Hochschulkontakt, 27. Jg., Nr. 8, 1998, S. 409-411.

Fratzl, H.: Ein- und mehrstufige Lagerhaltung, Heidelberg, 1992.

Frese, E.: Grundlagen der Organisation: Konzepte, Prinzipien, Strukturen, 5. Aufl., Wiesbaden, 1993.

Friedli, T.; Loeser, B.; Elben, H.: Nicht nur die Kosten entscheiden, in: IO new management, 74. Jg., Nr. 4, 2005, S. 24-27.

Fujita, M.: Zur Transnationalisierung von kleinen und mittleren Unternehmungen, in: Internationales Gewerbearchiv, 42. Jg., H. 4, 1993, S. 247-260.

Gaitanides, M.: Strategie und Struktur: Zur Bedeutung ihres Verhältnisses für die Unternehmensentwicklung, in: zfo, 54. Jg., Bd. 2, 1985, S. 115-122.

Gal, T. (Hrsg.): Grundlagen des Operations Research, Bd. 3, 3. durchgesehene Aufl., Berlin, 1992.

Geissbauer, R.; Schuh, G.: Global Footprint Design – Die Spielregeln der internationalen Wertschöpfung beherrschen, Gemeinschaftsstudie von Roland Berger Strategy Consultants und dem Lehrstuhl für Produktionssystematik WZL der RWTH Aachen, Aachen, 2004.

Gomez, P.: Wertmanagement – Vernetzte Strategien für Unternehmen im Wandel, Düsseldorf, 1993.

Goshal, S; Bartlett, C. A.: The multinational corporation as an inter-organizational network, in: Goshal, S.; Westney, D. E. (eds.): Organization Theory and the Multinational Corporation, 2. Ed., Basingstoke, 2005, p. 68-92.

Gottschalk, B.: Standort Deutschland – Globalisierung? Erfolgsbedingungen für Standortsicherung und Wachstum, Vortrag anlässlich des Neujahrsempfangs der IHK Münster am 17.01.2005, VDA, Frankfurt, 2005.

Götze, U.: Investitionsrechnung, 5. Aufl., Heidelberg, 2006.

Götze, U.: Standortstruktur, in: Bloech, J.; Ihde, G. B. (Hrsg.): Vahlens Großes Logistiklexikon, München, 1997, S. 992-993.

Götze, U.; Meyer, M.: Strategische Standortstrukturplanung: Planungsprozesse, Modellanalysen und EDV-gestützter Analytischer Hierarchie Prozeß, Arbeitsbericht 3/1993, Göttingen, 1993.

Götze, U.; Mikus, B.: Strategisches Management, Skriptum, Chemnitz, 1997.

Grömling, M.: Zur Weltmarktposition der Deutschen Wirtschaft, IW-Trends, Institut der deutschen Wirtschaft Köln, Köln, 2003.

Grundig, C.-G.: Fabrikplanung, München, 2000.

Guba, E. G.; Lincoln, Y. S.: Competing Paradigms in Qualitative Research, in: Denzin, N. K.; Lincoln, Y. S. (Hrsg.): Handbook of Qualitative Research, Thousand Oaks, 1994, p. 105-117.

Gudehus, T.: Logistik 1 – Grundlagen, Verfahren und Strategien, Berlin, 2000.

Gutenberg, E.: Grundlagen der Betriebswirtschaftslehre, Band 1: Die Produktion, 1. Aufl., Berlin, 1951.

Gutenberg, E.: Grundlagen der Betriebswirtschaftslehre, Band 1: Die Produktion, 5. Aufl., Berlin, 1960.

Haberstock, L.: Kostenrechnung I, 12. Aufl., Berlin, 2005.

Hadeler, T.; Sellien, R. (Hrsg.): Gabler Wirtschaftslexikon, Wiesbaden, 2003.

Hagedorn, A.: Modellgestützte Planung und Kontrolle von Produktionsstandorten, Diss. Univ. Hildesheim, Wiesbaden, 1994.

Hake, B.: Der BERI-Index – Ein Frühwarnsystem für Auslandsinvestitionen, in: Industrielle Organisation, Bd. 48, Nr. 6, 1979, S.82-83.

Handrack, H.: Globaler Wettbewerb in der Automobilindustrie, in: Technologie & Management, 47. Jg., H. 4, 1998, S. 10-15.

Hansmann, K.-W.: Industrielles Management, 5. überarbeitete und wesentlich erweiterte Aufl., München, 1997.

Hardock, P.: Produktionsverlagerung von Industrieunternehmen ins Ausland – Formen, Determinanten, Wirkung, Diss. Univ. Mannheim, Wiesbaden, 2000.

Harre, J.: Global Footprint Design, Strategische Standortstrukturplanung für multinational produzierende Unternehmen, Diss. RWTH Aachen, Aachen, 2006.

Härtel, H.-H.; Jungnickel, R.: Grenzüberschreitende Produktion und Strukturwandel – Globalisierung der deutschen Wirtschaft, Baden-Baden, 1996.

Hartweg, E.: Instrumentarium zur Gestaltung innerbetrieblicher Produktionsnetzwerke, Diss. RWTH Aachen, Aachen, 2003.

Hartmann, E. A.: Psychologische Gestaltung von Arbeitssystemen und Arbeitsprozessen – Grundlagen, Konzepte Methoden und Praxis, unveröffentlichtes Manuskript, I-MA/ HDZ, RWTH Aachen, Aachen, 2001.

Haug, P.: An international location and production transfer model for high technology multinational enterprises, in: International Journal of Production Research, Vol. 30, No. 3, 1992, p. 559-572.

Heckscher, E. F.: The Effect of Foreign Trade on the Distribution of Income [1919], in: Flam, H.; Flanders, M. J. (Hrsg.): Heckscher-Ohlin Trade Theory, Cambridge, 1991.

Heinen, E.: Der entscheidungsorientierte Ansatz der Betriebswirtschaftslehre, in: Kortzfleisch, G. v. (Hrsg.): Wissenschaftsprogramm und Ausbildungsziele der Betriebswirtschaftslehre, Bericht von der wissenschaftlichen Tagung in St. Gallen vom 2.-5. Juni 1971, Berlin, 1971, S. 21-37.

Heinen, E.: Einführung in die Betriebswirtschaftslehre, 3. Aufl., Wiesbaden, 1970.

Hentze, J.; Brose, P.: Unternehmensplanung, Bern, 1985.

Hill, J.: Unter Kostendruck zum modernen Netz, in: Computerwoche, 04.07.2007, http://www.computerwoche.de/heftarchiv/2003/27/1057891/, Abruf am 16.12.2007.

Hinterhuber, H.; Lauda, K.; Matzler, K.; Schatz, D.: Strategische Standortplanung: Eine Fallstudie in der Bekleidungsbranche, in: Journal für Betriebswirtschaft, Nr. 2, März-April, 1994, S.102-112.

Hirn, W.: Trends: China, in: ManagerMagazin, Nr. 9, 2004, S. 88-96.

Hirsch-Kreinsen, H.: Internationalisierung der Produktion, in: von Behr, M.; Hirsch-Kreinsen, H. (Hrsg.): Globale Produktion und Industriearbeit, Arbeitsorganisation und Kooperation in Produktionsnetzwerken, Frankfurt a. M., 1998, S. 17-36.

Hofer, C.; Schendel, D.: Strategy Formulation – Analytical Concepts, St. Paul, 1978.

Homburg, C.: Quantitative Betriebswirtschaftslehre – Entscheidungsunterstützung durch Modelle, Mit Beispiele, Übungsaufgaben und Lösungen, 3. überarbeitete Aufl., Wiesbaden, 2000.

Ihde, G. B.: Transport, Verkehr, Logistik: Gesamtwirtschaftliche Aspekte und einzelwirtschaftliche Handhabung, 2. Aufl., München, 1991.

Jacob, F.: Quantitative Optimierung dynamischer Produktionsnetzwerke, Diss. TU Darmstadt, Aachen, 2005.

Jacob, F.; Meyer, T.: Globalisierung und globale Produktion, in: Abele, E.; Kluge, J.; Näher, U. (Hrsg.): Handbuch Globale Produktion, München, 2006, S. 2-35.

Jahnke, H.: Planung und Steuerung der Produktion, Landsberg, 1999.

Jarillo, J. C.; Martinez, J. I.: Different roles for subsidiaries: the case of multinational corporations in Spain, in: Strategic Management Journal, Vol. 11, No. 7, 1990, p. 501-512.

Jehle, E.: Über Fortschritt und Forschrittskriterien in betriebswirtschaftlichen Theorien, Stuttgart, 1973.

Jenner, T.: Hybride Wettbewerbsstrategien in der deutschen Industrie – Bedeutung, Determinanten und Konsequenzen für die Marktbearbeitung, in: DBW – Die Betriebswirtschaft, Bd. 60, H. 1, 2000, S. 7-22.

Jochimsen, R.: Globalisierung und Währungsintegration als Katalysatoren des Strukturwandels im Mittelstand, in: Franz, O. (Hrsg.): Globalisierung - Herausforderung und Chance für den deutschen Mittelstand, Eschborn, 1999, S. 27-34.

Jünemann, R.: Logistiksysteme, in: Eversheim, W.; Schuh, G. (Hrsg.): Betriebshütte, Produktion und Management, Teil 2, 7. völlig neu bearbeitete Aufl., Berlin, 1996, S. 16/1-16/119.

Jung, H.: Allgemeine Betriebswirtschaftslehre, 10. überarbeitete Aufl., München, 2006.

Kannegiesser, M.: Zukunft der M+E-Industrie: Die Rolle der Netzwerke zur Sicherung der Wettbewerbsfähigkeit, Pressestatement zur Vorstellung einer Studie des Instituts der deutschen Wirtschaft Köln zur Bedeutung der M+E-Industrie, Presseclub, Frankfurt, 14.10.2004.

Kanter, R. M.: Wachstum: Die fünf Erfolgsstrategien für die ersten Jahre des neuen Milleniums, in: Absatzwirtschaft, Bd. 43, Heft 1/2, 2000, S. 44-50.

Kempkens, W.; Dürand, D.: Wachstum kann nur über Innovationen kommen, Interview mit Joachim Milberg, in: Wirtschaftswoche, Nr. 50, 4.12.2003, S. 92.

Kettner, H.; Schmidt, J.; Greim, H.-R.: Leitfaden der systematischen Fabrikplanung, München, 1984.

Kinkel, S. (Hrsg.): Erfolgsfaktor Standortplanung, In- und ausländische Standorte richtig bewerten, Berlin, 2004.

Kinkel, S.; Lay, G.: Automobilzulieferer in der Klemme, Vom Spagat zwischen strategischer Ausrichtung und Auslandsorientierung, Mitteilungen aus der Produktionsinnovationserhebung, Fraunhofer Institut für Systemtechnik und Innovationsforschung, Karlsruhe, 2004.

Kinkel, S.; Lay, G.: Produktionsverlagerungen unter der Lupe – Stand, Entwicklung und Bewertung, in: ZWF, 100. Jg., Nr. 5, 2005, S. 240-245.

Kinkel, S.; Lay, G.: Produktionsverlagerungen unter der Lupe, Entwicklungstrends bei Auslandsverlagerungen und Rückverlagerungen deutscher Firmen, Mitteilungen aus der Produktionsinnovationserhebung, Fraunhofer Institut für Systemtechnik und Innovationsforschung, Karlsruhe, 2004.

Kinkel, S.; Lay, G.; Jung Erceg, P.: Problemfall internationale Standortbewertung oder: Warum neue Lösungen notwendig sind, in: Kinkel, S. (Hrsg.): Erfolgsfaktor Standortplanung, In- und ausländische Standorte richtig bewerten, Berlin, 2004, S. 17-48.

Kinkel, S.; Lay, G.; Maloca, S.: Produktionsverlagerungen ins Ausland und Rückverlagerungen, Bericht zum Forschungsauftrag Nr. 8/04, Fraunhofer Institut für Systemtechnik und Innovationsforschung, Karlsruhe, 2004.

Kinkel, S.; Som, O.: Strukturen und Treiber des Innovationserfolgs im deutschen Maschinenbau, Verbreitung und Effekte von innovationsunterstützenden Technik-, Organisations- und Kooperationskonzepten, Mitteilungen aus der ISI-Erhebung zur Modernisierung der Produktion, Fraunhofer Institut für Systemtechnik und Innovationsforschung, Karlsruhe, 2007.

Kirsch, W.: Die entscheidungs- und systemorientierte Betriebswirtschaftslehre – Wissenschaftsprogramm, Grundkonzeption, Wertfreiheit und Parteilichkeit, in: Dlugos, G.; Eberlein, G.; Steinmann, H. (Hrsg.): Wissenschaftstheorie und Betriebswirtschaftslehre, Düsseldorf, 1972, S. 153-184.

Klaus, P.; Krieger, W. (Hrsg.): Gabler Lexikon Logistik, Management logistischer Netzwerke und Flüsse, Wiesbaden, 2004.

Klein, H. J.: Internationale Verbundproduktion, Integrierte Produktionssysteme internationaler Unternehmungen, Gießen, 1993.

Klein, H.: Internationale Produktion, in: Schoppe, S. G. (Hrsg.): Kompendium der Internationalen Betriebswirtschaftslehre, 4. überarbeitete Aufl., München, 1998, S. 409-481.

Klemm, H.; Mikut, M.: Lagerhaltungsmodelle, Theorie und Anwendung, Berlin, 1972.

Klingen, H., Litzenburger, G.: Schlüsselindustrie und Dienstleister – Der Maschinenbau an der Saar, Branchenbericht der IHK Saarland, Saarbrücken, 2004.

Klodt, H.: Globalisierung: Phänomen und empirische Relevanz, in: Herder-Dornreich, P. (Hrsg.): Jahrbuch für Politische Ökonomie (Band 17): Globalisierung, Systemwettbewerb und nationalstaatliche Politik, Tübingen, 1998, S. 7-34.

Klotzbach, C.: Gestaltungsmodell für den industriellen Werkzeugbau, Diss. RWTH Aachen, Aachen, 2007.

Koch, H.: Die zentrale Globalplanung als Kernteil der integrierten Unternehmensplanung, in: ZfbF, H. 24, 1972, S. 222-238.

Koller, H.; Raithel, U.; Wagner, E.: Internationalisierungsstrategien mittlerer Industrieunternehmen am Standort Deutschland, in: ZfB, 68. Jg., H. 2, 1998, S. 175-203.

Kontny, H.: Standortplanung für internationale Verbundproduktionssysteme, Diss. Univ. Paderborn, Wiesbaden, 1998.

Korth, H.-M.: Industriekontenrahmen, München, 1990.

Kortmann, W.: Reale Außenwirtschaftslehre, Stuttgart, 1998.

Koudal, P.: Mastering complexity in global manufacturing: Powering profits and growth through value chain synchronization, Studie, Deloitte & Touche, London, 2003.

Krcal, H.-C.: Koordination durch „Wertschöpfungspartnerschaftlichkeit“ im Netzwerk Kompetenzzentrum, Discussion Paper Series, Department of Economics, Universität Heidelberg, No. 357, July 2001.

Kreikebaum, H.; Gilbert, D. U.; Reinhardt, G. O.: Organisationsmanagement internationaler Unternehmen, Grundlagen und moderne Netzwerkstrukturen, 2. vollständig überarbeitete und erweiterte Aufl., Wiesbaden, 2002.

Kröber, J.: Gestaltung europaweiter Distributionsnetzwerke, Distributionsstudie als Grundlage erfolgreicher Logistik, Miebach Logistik, Frankfurt, 2006.

Kromrey, H.: Empirische Sozialforschung – Modelle und Methoden der standardisierten Datenerhebung und Datenauswertung, 10. Aufl., Opladen, 2002.

Kruschwitz, L.: Investitionsrechnung, 10. Aufl., München, 2005.

Kubicek, H.: Heuristische Bezugsrahmen und heuristisch angelegte Forschungsdesigns als Elemente einer Konstruktionsstrategie empirischer Forschung, in: Köhler, R. (Hrsg.): Empirische und handlungstheoretische Forschungskonzeption in der Betriebswirtschaftslehre, Stuttgart, 1977, S. 3-36.

Kuhn, D.: Perspektiven für Deutschland, in: Maschinenmarkt, Nr. 3, 2005, S. 18-19.

Kuhn, J.: The role of continuous improvement within globalization, in: International Journal of Technology Management, Vol. 20, No. 3/4, 2000, p. 442-458.

Kuhn, T. S.: Die Struktur wissenschaftlicher Revolution, 9. Aufl., Frankfurt a. M., 1988.

Kuß, A.; Tomczak, T.: Marketingplanung, 2. Aufl., Wiesbaden, 2001.

Lackes, R.: Just in Time Produktion, Wiesbaden, 1995.

Lakatos, I.: Falsifikation und die Methodologie wissenschaftlicher Forschungsprogramme. in: Lakatos, I.; Musgrave, A. (Hrsg.): Kritik und Erkenntnisfortschritt, Braunschweig, 1974, S. 89-189.

Leffson, U.: Die Grundsätze ordnungsgemäßer Buchführung, 7. Aufl., Düsseldorf, 1987.

Levy, D. L.: The Costs of Coordinating International Production, Diss. Harvard University, Cambridge, 1992.

Liebmann, H.-P.: Standortwahl als Entscheidungsproblem, Würzburg, 1971.

Long, C.: IP-Netzwerkdesign: Grundlegende Prinzipien beim Netzwerkdesign, http://www.Searchnetworking.de, Abruf am 24.11.2006.

Lüder, K.; Küpper, W.: Unternehmerische Standortplanung und regionale Wirtschaftsförderung, Göttingen, 1983.

Mark, C.; Hammond, J.: China and the New Rules for Global Business, China Report: Studies in Operations and Strategy, Boston Consulting Group/ Knowledge-@Wharton, Philadelphia, 2005.

Markowitz, H. M.: Portfolio selection – efficient diversification of investments, New York, 1959.

Mayring, P: Einführung in die qualitative Sozialforschung: Eine Anleitung zu qualitativem Denken, 3. Aufl., Weinheim, 1996.

Meffert, H.: Marketing im Spannungsfeld von weltweitem Wettbewerb und nationalen Bedürfnissen, in: ZfB, Nr. 56, 1986, S. 689-712.

Meffert, H.: Wettbewerbsstrategien auf globalen Märkten, in: Betriebswirtschaftliche Forschung und Praxis, Bd. 43, H. 5, 1991, S. 399-415.

Meier, A.: Das Konzept der transnationalen Organisation, München, 1997.

Merath, F.: Logistik in Produktionsverbundsystemen, Schriftenreihe der Bundesvereinigung Logistik (BVL) e.V., Bd. 43, München, 1999.

Meyer, T.: Globale Produktionsnetzwerke – Ein Modell zur kostenoptimierten Standortwahl, Diss. TU Darmstadt, Aachen, 2006.

Mildenberger, U.: Selbstorganisation von Produktionsnetzwerken – Erklärungsansatz auf Basis der neueren Systemtheorie, Wiesbaden, 1998.

Miles, R. E.; Snow, C. C.: Causes of Failure in Network Organizations, in: CMR, No. 34, Issue 4, 1992, p. 53-72.

Mintzberg, H. et al.: Strategy Safari – Eine Reise durch die Wildnis des strategischen Managements, Wien, 1999.

Mirow, M.: Globalisierung der Wertschöpfung, in: Krystek, U.; Zur, E. (Hrsg.): Handbuch Internationalisierung: Globalisierung – Eine Herausforderung für die Unternehmensführung, 2. Aufl., Berlin, 2002, S. 107-124.

Müller-Stevens, G.; Lechner, C.: Strategisches Management: Wie strategische Initiativen zum Wandel führen, Stuttgart, 2001.

Nackmayr, J.: Globalisierungspotenziale im Maschinenbau, Diss. TU Berlin, Berlin, 1997.

Nackmayr, J.; Spur, G.: Globalisierte Wertschöpfungsstrukturen als Antwort auf den weltweiten Wandel, in: Barske, H. et al. (Hrsg.): Innovationsmanagement, Düsseldorf, 2005.

Niehans, J.: Geschichte der Außenwirtschaftstheorie im Überblick, Tübingen, 1995.

Nitschke, A.; Wimmers, S.: Produktionsverlagerungen als Element einer Globalisierungsstrategie von Unternehmen, Deutscher Industrie- und Handelskammertag (DIHK), Berlin, 2003.

Nohria, N.; Ghoshal, S.: The Differentiated Network – Organizing Multinational Corporations for Value Creations, San Francisco, 1997.

Nyhuis, P.; Wiendahl, H.-P.: Logistische Kennlinien – Grundlagen, Werkzeuge und Anwendungen, 2. erweiterte und neubearbeitete Aufl., Berlin, 2003.

o.V.: Arbeitsplatzeffekte der Globalisierung, in: Monatsbericht 08.2004, Bundesministerium der Finanzen, Berlin, 2004, S. 59-65.

o.V.: Arbeitsstättenverordnung vom 12. August 2004 (BGBl. I S. 2179), zuletzt geändert durch Artikel 2 des Gesetzes vom 20. Juli 2007 (BGBl. I S. 1595), Bundesministerium der Justiz, Berlin, 2007.

o.V.: Automobilstandort Deutschland in Gefahr? Automobilbranche auf dem Weg nach Osteuropa und China, Studie, Ernst & Young, Eschborn, 2004.

o.V.: Bestandserhebung über Direktinvestitionen, Statistische Sonderveröffentlichung 10, Deutsche Bundesbank, Frankfurt a. M., 2007.

o.V.: Branchenanalyse Maschinenbau 2000, Industriegewerkschaft Metall, Franfurt, 2001.

o.V.: Branchenanalyse Maschinenbau 2003, Industriegewerkschaft Metall, Frankfurt, 2003.

o.V.: CompanyConnect, Alle Varianten und Preise, http://www.mittelstand.t-systems.de /msp/cms/content/MSP/de/varianten-preise, Abruf am 16.10.2007.

o.V.: Der Psychologe Gerd Gigerenzer analysiert die Mechanismen der Entscheidungsfindung, DER SPIEGEL, Nr. 37, 2000, S. 184-186.

o.V.: destatis, Lange Reihen, Industrie/ Verarbeitendes Gewerbe, Deutsches Statistisches Bundesamt, http://www.destatis.de, Abruf am 22.09.2007.

o.V.: DSL Business Standleitungen, http://webdiscount.net/produkte/adsl-sdsl-business-standleitungen.php#sdslbusiness, Abruf am 16.10.2007.

o.V.: Empfehlungen zur Kosten- und Leistungsrechnung, Band 1, 2. Aufl., Bundesverband der Deutschen Industrie BDI, Köln, 1988.

o.V.: External affairs, The Economist, 26.07.2007, http://www.economist.com/business/ displaystory.cfm?story_id=9546338&CFID=20087120&CFTOKEN=34808421, Abruf am 31.07.2007.

o.V.: GENESIS online, Auskunftsdatenbank des Deutschen Statistischen Bundesamtes, https://www.destatis.de/genesis, Abruf am 05.09.2007.

o.V.: Global Spend Management Studie: „Europäische Strategien für Low Cost Country Sourcing", Studie, Supply Management Institute SMI, Wiesbaden, 2005.

o.V.: Globalisierung der Wertschöpfung im Maschinenbau: Produktionsverlagerung allein greift zu kurz, Spektrum 2005, Mercer Management Consulting, 2005, http://www.mercermc.de/veroeffentlichungen/spektrum/spektrum_2005.html, Abruf am 06.07.2007.

o.V.: Globalisierung: Geschichte und Dimensionen eines Begriffs, Tagungsbeitrag, Seminar „Globalisierung: Eine Chance für Entwicklungsländer?", Ost-West-Kolleg der Bundeszentrale für Politische Bildung, Bonn, 2001.

o.V.: Globalisierungsstrategien für Maschinen- und Anlagenbauer, Studie, Mercer Management Consulting, München, 2006.

o.V.: International Country Risk Guide, Volume XXIV, No. 9, PRS Group Inc., East Syracuse, 2003.

o.V.: Internationalisierung – Mittelständische Unternehmen sichern Wertschöpfung und Beschäftigung in Deutschland, IKB Report, IKB Deutsche Industriebank AG, Düsseldorf, 2005.

o.V.: Investitionen im Ausland, Ergebnisse einer DIHK-Umfrage bei den Industrie- und Handelskammern, Deutscher Industrie- und Handelskammertag (DIHK), Berlin, 2005.

o.V.: Jahresbericht 2006, Bundesnetzagentur für Elektrizität, Gas, Telekommunikation, Post und Eisenbahnen, Parderborn, 2007.

o.V.: Klassifikation der Wirtschaftszweige, Ausgabe 2003 (WZ 2003), Deutsches Statistisches Bundesamt, Wiesbaden, 2003.

o.V.: Königsweg Ausland? Erfolgsfaktoren von Produktionsverlagerungen, Gemeinschafsstudie der PA Consulting Group und den VDI Nachrichten, Frankfurt a. M., 2004.

o.V.: Maschinenbau – Branchenanalyse II/2006, D&B Deutschland und DLM Deutschland, 2006.

o.V.: Maschinenbau – Kompetenz im mittleren Ruhrgebiet, Nummer 8 der Publikationsreihe der Industrie- und Handelskammer im mittleren Ruhrgebiet zu Bochum, Bochum, 2002.

o.V.: Maschinenbau 2010 – Steigerung der Ertragskraft durch innovative Geschäftsmodelle, HypoVereinsbank AG, 2003.

o.V.: Maschinenbau Branchenanalyse 2000, IG Metall, Abt. Wirtschaft-Technologie-Umwelt, Frankfurt a. M., 2001.

o.V.: Maschinenbau Branchenanalyse 2003, IG Metall, FB Wirtschaft-Technologie-Umwelt, Frankfurt a. M., 2004.

o.V.: Maschinenbau in Deutschland 2006: Daten und Fakten, Konferenzbeitrag, Zukunftskonferenz Maschinenbau am 14./ 15. März 2007, Leipzig, 2007.

o.V.: Maschinenbau in Zahl und Bild 2007, VDMA, Frankfurt a. M., 2007.

o.V.: Mastering complexity in global manufacturing: getting more from your supply chain, Deloitte & Touche, London, 2003.

o.V.: Perspektiven im Maschinen- und Anlagenbau – Die Globalisierung in der Fertigungsindustrie, Studie der Economist Intelligence Unit im Auftrag von KPMG, Frankfurt a. M., 2007.

o.V.: Produktionsstandort Deutschland – quo vadis?, The Boston Consulting Group, München, 2003.

o.V.: Produktionsverlagerung: Integration in eine übergreifende Markt- und Standortstrategie, Spektrum 2006, Mercer Management Consulting, 2006, http://www.mercermc.de/veroeffentlichungen/spektrum/spektrum_2006.html, Abruf am 15.07.2007.

o.V.: Produzierendes Gewerbe, Statistisches Jahrbuch 2006, Fachserie 4, Reihe 4.1.2, Statistisches Bundesamt, Berlin, 2006.

o.V.: Strukturelle Marktveränderungen im Maschinen- und Anlagenbau unter Berücksichtigung der Unternehmensfinanzierung, Studie, KPMG, Frankfurt a. M., 2004.

o.V.: Studie zu den Auslandsaktivitäten deutscher Unternehmen: Beschäftigungseffekte und Folgen für den Standort Deutschland, KfW Bankengruppe, Frankfurt a. M., 2004.

o.V.: Tiefgliederung zum Industriekontenrahmen (IKR), 3. Aufl., Bundesverband der Deutschen Industrie BDI, 1990.

o.V.: Ungenutzte Chancen im Servicegeschäft, Presseinformation zur Studie „Service im Maschinenbau“, Mercer Management Consulting, 2003.

o.V.: VDI-Richtlinie 3644: Analyse und Planung von Betriebsstätten – Grundlagen, Anwendung und Beispiele, Verein Deutscher Ingenieure e.V., Düsseldorf, 1991.

o.V.: Verarbeitendes Gewerbe, Lange Reihen: Industrie, Statistisches Bundesamt, http://www.destatis.de/jetspeed/portal/cms/Sites/destatis/Internet/DE/Navigation/Statistiken/Zeitreihen/LangeReihen/Industrie/Tabellenuebersicht__nk.psml, Abruf am 22.06.2007.

o.V.: Volkswirtschaftliche Gesamtrechnungen: Investitionen, Statisches Bundesamt, Wiesbaden, 2007.

o.V.: Wertschöpfung hat Wert! Industrielle Erneuerung als Wirtschaftsmotor, Leitfaden des Verbands der Bayerischen Metall- und Elektroindustrie e.V., München, 2006.

o.V.: WID Country Profile Germany, World Investment Directory, UNCTAD, 2005, http://www.unctad.org/sections/dite_fdistat/docs/wid_cp_de_en.pdf, Abruf am 03. 07.2007.

o.V.: World Investment Report 2002: Transnational Corporations and Export Competitiveness, UNCTAD, New York, 2002.

Oldendorf, C.; Möhwald, H.: Global agieren, am Standort Deutschland produzieren, Beitrag zum Hannover Kolloquium 2004 – Produktionsstandorte sichern durch innovative Prozessketten am 04./ 05.11.2004, PZH, Hannover, 2004.

Patzak, G.: Systemtechnik – Planung komplexer innovativer Systeme, Berlin, 1982.

Pepels, W.: Produktmanagement, 2. Aufl., München, Wien, 2000.

Perlitz, M.: Internationales Management, 5. bearbeitete Aufl., Stuttgart, 2004.

Perridon, L.; Steiner, M.: Finanzwirtschaft der Unternehmung, 14. Aufl., München, 2007.

Pfaffmann, E.: Outsourcing: Die zwischenbetriebliche Organisation, in: Barske, H. et al. (Hrsg.): Innovationsmanagement, Düsseldorf, 2005.

Pfohl, H.-C.; Buse, H. P.: Logistik in Unternehmensnetzwerken - Weiterentwicklung des Konzepts der Logistikkette, in: Hossner, R. (Hrsg): Jahrbuch der Logistik, Düsseldorf, 1997, S. 14-20.

Picot, A.: Transaktionskostenansatz in der Organisationstheorie: Stand der Diskussion und Aussagewert, in: DBW – Die Betriebswirtschaft, Bd. 42, H. 2, 1982, S. 267-284.

Popper, K. R.: Logik der Forschung, 4. Aufl., Tübingen, 1971.

Porter, M. E.: Globaler Wettbewerb – Strategien der neuen Internationalisierung, Wiesbaden, 1989.

Porter, M. E.: Nationale Wettbewerbsvorteile, Erfolgreich konkurrieren auf dem Weltmarkt, Wien, 1993.

Porter, M. E.: Wettbewerbsstrategie – Methoden zur Analyse von Branchen und Konkurrenten; 7. Aufl., Frankfurt a. M.,1999.

Porter, M. E.: Wettbewerbsvorteile: Spitzenleistungen erreichen und behaupten (Competitive Advantage), 3. Aufl., Frankfurt a. M., 1992.

Rao, K.; Grenoble, W. L.: Modelling the Effects of Traffic Congestion on JIT, in: International Journal of Physical Distribution and Logistics Management, 1991, Vol. 21, Issue 2, p. 3-9.

Reiß, M.: Mythos Netzwerkorganisation, in: zfo, 67. Jg., H. 4, 1998, S. 224-229.

Riepl, L.: TCO versus ROI, in: Information Management, Nr. 2, 1998, S. 7-12.

Ritter, R. C.; Sternfels, R. A.: When off-shoring doesn't make sense, in: The McKinsey Quarterly, No. 4, 2004, p. 124-127.

Ropohl, G.: Allgemeine Technologie: Eine Systemtheorie der Technik, 2. Aufl., München, 1999.

Roth, S: Standortentscheidung in der Automobilindustrie, IG-Metall-Vorstands-Bericht, 25.03.2004.

Rößl, D.: Die Entwicklung eines Bezugsrahmens und seine Stellung im Forschungsprozess, in: Journal für Betriebswirtschaft, Nr. 2, 1990, S. 99-110.

Rüegg-Stürm, J.: Organisation und organisationaler Wandel: Eine theoretische Erkundung aus konstruktivistischer Sicht, Wiesbaden, 2001.

Rumelt, R. P.; Schendel, D.; Teece, D. J. (eds): Fundamental Issues in Strategy: A Research Agenda, Boston, 1994.

Schanz, G.: Wissenschaftstheoretische Grundfragen, in: Kieser, A.; Reber, G.; Wunderer, R. (Hrsg.): Handwörterbuch der Führung, Band 10, Stuttgart, 1987, Sp. 2039-2047.

Schellberg, O.: Effiziente Gestaltung von globalen Produktionsnetzwerken, Diss. RWTH Aachen, Aachen, 2002.

Schenk, K.-E.: Internationale Kooperationen und Joint Ventures. Theoretische und strategische Grundlagen, in: Schoppe, S. G. (Hrsg.): Kompendium der Internationalen Betriebswirtschaftslehre, 4. überarbeitete Aufl., München, 1998, S. 155-196.

Scherer, A. G.: Multinationale Unternehmen und Globalisierung: Zur Neuorientierung der Theorie der multinationalen Unternehmung, Heidelberg, 2003.

Scherm, E.; Süß, S.; Wirth, S.: Virtualisierung von Unternehmen – eine neue Chance im globalen Wettbewerb?, in: Industrie Management, 16. Jg, H. 6, 2000, S. 14-18.

Schiele, O.: Zur Bestimmung des Produktionsstandortes im In- oder Ausland, in: Jacob, H. (Hrsg.): Schriften zur Unternehmensführung – Logistik, Wiesbaden, 1984, S. 57-77.

Schill, C. O.: Industrielle Standortplanung: Eine theoretische Konzeption und deren praktische Anwendung, Frankfurt a. M., 1990.

Schmenner, R. W.: Multiplant manufacturing strategies among the Fortune 500, In: Journal of Operations Management, 2. Jg., Nr. 2, 1982, S. 77-86.

Schmidt, G.: Strategic, tactical and operational decisions in multi-national logistics networks: a review and discussion of modelling issues, in: International Journal of Production Research, Vol. 38, Issue 7, 2000, p. 1501-1523.

Schmigalla, H.: Fabrikplanung, München, 1995.

Schmitt, R.; Klenter, G.: Sourcing-Trends Maschinenbau 2005 – Wie deutsche Top-Manager zu Make or Buy stehen, Studie, Werkzeugmaschinenlabor WZL der RWTH Aachen, Droege&Comp. GmbH, Düsseldorf, 2005.

Schneck, O. (Hrsg.): Lexikon der Betriebswirtschaft - über 3400 grundlegende und aktuelle Begriffe für Studium und Beruf, 5. völlig überarbeitete und erweiterte Aufl., München, 2003.

Schneck, O.: Lexikon der Betriebswirtschaftslehre, 5. Aufl., München, 2003.

Scholl, A.: Robuste Planung und Optimierung, Grundlagen, Konzepte und Methoden, Experimentelle Untersuchungen, Heidelberg, 2001.

Schrooten, M.; König, P.: Exportnation Deutschland – Zukunftsfähigkeit sichern, in: Wochenbericht DIW, 73. Jg., Nr. 41, 2006, S. 545-551.

Schuh, G. et al.: Effizient, schnell und erfolgreich – Strategien im Maschinen- und Anlagenbau, Gemeinschaftsstudie von Roland Berger Strategy Consultants, VDMA und dem Lehrstuhl für Produktionssystematik WZL der RWTH Aachen, Frankfurt a. M., 2007.

Schuh, G. et al.: Serienanlauf in branchenübergreifenden Netzwerken – Eine komplexe Planungs- und Kontrollaufgabe, in: wt Werkstattstechnik, 92. Jg., Nr. 11/12, 2002, S. 656-661.

Schuh, G. et al.: Wettbewerbsfaktor Produktionstechnik, in: VDI-Z, 147. Jg., Nr. 5, 2005, S. 48-51.

Schuh, G.: Change Management, Von der Strategie zur Umsetzung, 2. Aufl., Aachen, 1999.

Schuh, G.; Linnhoff, M.: Zukunftsperspektive Deutschland, Gemeinschaftsstudie von Kienbaum Management Consulting und dem Lehrstuhl für Produktionssystematik WZL der RWTH Aachen, Aachen, 2006.

Schuh, G.; Merchiers, A. (Hrsg.): Entwicklung eines Geschäftskonzeptes für mobile Fabriken, Aachen, 2004.

Schuh, G.; Merchiers, A.: Wo ist Schluss mit dem Outsourcen? in: wt Werkstattstechnik, 96. Jg., Nr. 5, 2006, S. 308-313.

Schuh, G.; Merchiers, A.; Kampker, A.: Geschäftskonzepte für global verteilte Produktion, in: wt Werkstattstechnik, 94. Jg., Nr. 3, 2004, S. 52-57.

Schulte, C (Hrsg.).: Lexikon der Logistik, München, 1999.

Schwarz, P.: Morphologie von Kooperationen und Verbänden, Tübingen, 1979.

Shannon, C. E.; Weaver, W.: The mathematical theory of communication, Urbana, 1949.

Siebert, H.: Außenwirtschaft, Stuttgart, 1991.

Siebert, H.: Ökonomische Analyse von Unternehmensnetzwerken, in: Sydow, J. (Hrsg.): Management von Netzwerkorganisationen, Beiträge aus der Managementforschung, 4. aktualisierte und erweiterte Auflage, Wiesbaden, 2006, S. 7-28.

Simon, R.; Himmel, D.: Fallstricke in der Fremde, in: Markt und Mittelstand, Nr. 8, 2006, S. 78-79.

Sinn, H.-W.: Basar-Ökonomie Deutschland. Exportweltmeister oder Schlusslicht?, in: ifo Schnelldienst, 58. Jg., Nr. 6, 2005, S. 3-42.

Sinn, H.-W.: Der kranke Mann Europas: Diagnose und Therapie eines Kathedersozialisten, Deutschland-Rede, Stiftung Schloss Neuhardenberg, Neuhardenberg, 2003.

Sinn, H.-W.: Ist Deutschland noch zu retten?, 2. aktualisierte Aufl., Berlin, 2005.

Spur, G.: Globalisierungspotentiale im Maschinenbau, in: Franz, O. (Hrsg.): Globalisierung – Herausforderung und Chance für den deutschen Mittelstand, Eschborn, 1999, S. 59-69.

Spur, G.; Nackmayr, J.: Optionen industrieller Produktionssysteme im Maschinenbau, in: Spur, G. (Hrsg.): Optionen zukünftiger industrieller Produktionssysteme, Berlin, 1997, S. 219-300.

Stahlknecht, P.; Hasenkamp, U.: Einführung in die Wirtschaftsinformatik, 11. Aufl., Berlin, 2005.

Stich, V.; Bruckner, A.: Industrielle Logistik, 7. Aufl., Mainz, 2002.

Sura, W.: Maschinenbau in der EU, Statistik kurz gefasst, Thema 4, Nr. 18/2003, eurostat, Brüssel, 2003.

Sydow, J.: Management von Netzwerkorganisationen, Zum Stand der Forschung, in: Sydow, J. (Hrsg.): Management von Netzwerkorganisationen, Beiträge aus der Managementforschung, Wiesbaden, 1999, S. 279-314.

Sydow, J.: Strategische Netzwerke – Evolution und Organisation, Wiesbaden, 1992.

Thorelli, H. B.: Networks: Between Markets and Hierarchies, in: Strategic Management Journal, No. 7, Issue 1, 1986, p. 37-51.

Tomczak, T.: Forschungsmethoden in der Marketingwissenschaft, in: Marketing – Zeitschrift für Forschung und Praxis, 14. Jg., Nr. 2, 1992, S. 77-87.

Tönshoff, H. K.; Sielemann, M.: Dezentralisierte Auftragsabwicklung – Ein elementbasiertes Durchsetzungssystem für autonome, kooperative Fertigungseinheiten, in: wt Werkstattstechnik, 88. Jg., Nr. 3, 1998, S.120-177.

Ulrich, H.: Der systemorientierte Ansatz in der Betriebswirtschaftslehre, in: von Kortzfleisch, G. (Hrsg.): Wissenschaftsprogramm und Ausbildungsziele der Betriebswirtschaftslehre, Bericht von der wissenschaftlichen Tagung in St. Gallen vom 2.-5. Juni 1971, Berlin, 1971, S. 43-60.

Ulrich, H.: Die Betriebswirtschaftslehre als anwendungsorientierte Sozialwissenschaft, in: Dyllick, T.; Probst, G. (Hrsg.): Management, Bern, 1984, S. 168-199.

Ulrich, H.: Die Unternehmung als produktives soziales System, 2. Aufl., Bern, 1970.

Ulrich, H.: Management, Bern, 1984.

Ulrich, H.: Systemorientiertes Management, Das Werk von Hans Ulrich, Studienausgabe, Bern, 2001.

Ulrich, P.; Hill, W.: Wissenschaftstheoretische Grundlagen der Betriebswirtschaftslehre (Teil I), in: WiSt Zeitschrift für Ausbildung und Hochschulkontakt, 5. Jg., Nr. 7, 1976, S. 304-309.

Ulrich, P.; Hill, W.: Wissenschaftstheoretische Grundlagen der Betriebswirtschaftslehre (Teil II), in: WiSt Zeitschrift für Ausbildung und Hochschulkontakt, 5. Jg., Nr. 8, 1976, S. 345-350.

Uphoff, H.: Bestimmung des optimalen Standortes mit Hilfe der Profilmethode, Diss. FU Berlin, Berlin, 1977.

Vahrenkamp, R.: Produktions- und Logistikmanagement, München, 1994.

Valz, R. et al.: The case of the multiplant manufacturer, in: HBR, Vol. 42, No. 2, 1964, p. 12-30.

van de Ven, A. D. M.; Florusse, L.: Integrated Time-functions and Cost-functions as a Basis for Analysis of Complex Production Systems, in: Engineering Costs and Production Economics, Vol. 21, No. 2, 1991, S. 95-103.

Veit, E.: Individuelle Produkte und Systeme bei bestem Preis-/ Leistungsverhältnis, in: Bey, I. (Hrsg.): Karlsruher Arbeitsgespräche 2004, Wege zur individualisierten Produktion, Tagungsband, Karlsruhe, 2004, S. 14-19.

Verter, V.; Dincer, C. M.: Facility Location and Capacity Acquisition: An Integrated Approach, in: Naval Research Logistics, Vol. 42, No. 8, 1995, S. 1141-1160.

Vieweg, H.-G. et al.: Der Maschinenbau im Zeitalter der Globalisierung und „New Economy", ifo Beiträge zur Wirtschaftsforschung, München, 2002.

von Behr, M.: Internationalisierungsstrategien kleiner und mittlerer Unternehmen, Arbeitspapier des Lehrstuhls Technik und Gesellschaft, Nr. 9, Wirtschafts- und Sozialwissenschaftliche Fakultät, Universität Dortmund, Dortmund, 2001.

von Glaserfeld, E.: Radical Constructivism: A Way of Knowing and Learning, London, 1995.

von Stengel, R.: Gestaltung von Wertschöpfungsnetzwerken, Wiesbaden, 1999.

Vos, B.; Akkermans, H.: Capturing the dynamics of facility allocation, in: International Journal of Operations Research & Production Management, Vol. 16, No. 11, 1996, S. 57-70.

Vos, G. C. J. M.: International Manufacturing and Logistics – A Design Method, Eindhoven, 1993.

Warnecke, H.-J.: Der Produktionsbetrieb 1: Organisation, Produkt, Planung, 2. völlig neubearbeitete Aufl., Berlin, 1993.

Weber, J.: Logistikkostenrechnung, Kosten-, Leistungs- und Erlösinformationen zur erfolgsorientierten Steuerung der Logistik, 2. Aufl., Berlin, 2002.

Weber, J.: Modulare Organisationsstrukturen internationaler Unternehmensnetzwerke, Diss. TU München, Wiesbaden, 1995.

Weber, J; Kummer, S.: Logistikmanagement, 2. aktualisierte und erweiterte Aufl., Stuttgart, 1998.

Welkener, B.: Motorenfertigung in einem „Low Cost"-Land, Erfahrungen und Perspektiven, in: 12. Aachner Kolloquium Fahrzeug- und Motorentechnik, Tagungsband, Aachen, 2003, S. 19-29.

Westkämper, E. et al.: Dezentralisierung und Autonomie in der Produktion, in: ZWF, 93. Jg., Nr. 9, 1998, S. 407-410.

White, R. E.; Poynter, T. A.: Strategies for foreign-owned subsidiaries in Canada, in: Business Quarterly, Nr. Summer, 1984, p. 59-69.

Wiendahl, H.-P.: Grundlagen der Fabrikplanung, in: Eversheim, W.; Schuh, G. (Hrsg.): Betriebshütte, Produktion und Management, Teil 2, 7. völlig neu bearbeitete Aufl., Berlin, 1996, S. 9/1-9/30.

Wild, M.; Herges, S.: Total Cost of Ownership - Ein Überblick, Arbeitspapiere WI, Nr. 1, Lehrstuhl für allgemeine BWL und Wirtschaftsinformatik, Johannes Gutenberg-Universität Mainz, Mainz, 2000.

Wildemann, H. et al.: Logistikstrategien, in: Eversheim, W.; Schuh, G. (Hrsg.): Betriebshütte, Produktion und Management, Teil 2, 7. völlig neu bearbeitete Aufl., Berlin, 1996, S. 15/1-15/109.

Wildemann, H.: Fertigungsorganisation, in: Wildemann, H. (Hrsg.): Fabrikplanung, Frankfurt, 1989, S. 13-77.

Wildemann, H.: Produktion hat goldenen Boden, in: Frankfurter Allgemeine Zeitung, Nr. 19, 24.01.2005, S. 20.

Wildemann, H.: Unternehmensstandort Deutschland, Vortrag zum Kongress Stark am Standort Bayern, Bayreuth, 20. Oktober 2005.

Willke, H.: Systemtheorie – Eine Einführung in die Grundprobleme der Theorie sozialer Systeme, 4. Aufl., Stuttgart, 1993.

Windsperger, J.: Die Entstehung der Netzwerkunternehmung – Eine transaktionskostentheoretische Analyse, in: Journal für Betriebswirtschaft, Nr. 3, 1995, S. 190-200.

Winkler, G.: Koordination in strategischen Netzwerken, Wiesbaden, 1999.

Winters, J.; Helders, B.: Manufacturing Value Report – The Value of Working Together, Studie, Capgemini, Utrecht, 2006.

Wittenstein, M.: Forschung und regionale Produktionsnetzwerke, eine lebenswichtige Symbiose? Vortrag, Wissenschaftliches Festkolloquium, Universität Stuttgart, Stuttgart, 2006.

Zantow, D.; Kuhn, A. (Hrsg.): Prozessorientierte Bewertung von Produktionsstandorten in Produktionsnetzwerken, Diss. Univ. Dortmund, Dortmund, 1999.

Zeigler, B. P.; Praehofer, H.; Kim, T. G.: Theory of Modeling and Simulation, Integrating Discrete Event and Continuous Complex Dynamic Systems, 2. Ed., London, 2000.

Zohm, F.: Management von Diskontinuitäten: Das Beispiel der Mechatronik in der Automobilzulieferindustrie, Diss. RWTH Aachen, Wiesbaden, 2004.

Zundel, P.: Management von Produktions-Netzwerken: eine Konzeption auf Basis des Netzwerk-Prinzips, Wiesbaden, 1999.

10 Anhang

10.1 Ergänzende Informationen zum Objektbereich

In der Abgrenzung der Industriestatistik-Klassifikation der Wirtschaftszweige umfasst der Maschinenbau neben den vom VDMA) als „Maschinenbau im engeren Sinne (i.e.S.)" bezeichneten Branchenzweige auch die Teilbranchen Waffen/ Munition (29.6) und Haushaltsgeräte (29.7). In einer weiteren Fassung der Maschinenbaubranche können zudem auch die Herstellung von Werkzeugen (28.62) und Dampfkesseln (28.3) sowie die Herstellung bestimmter elektromechanischer Produkte dazu gezählt werden. In diesem Fall wird vom „Maschinenbau im weiteren Sinne (i.w.S.) gesprochen.[1]

Die im Rahmen dieser Arbeit getätigten Analysen und Aussagen basieren vorwiegend auf der Abgrenzung der Industriestatistik (Bild 10.1), da für diese Aggregationsebene insbesondere auch die Daten aus internationalen Vergleichen sowie längeren Zeitreihen umfassend vorliegen. Gleichzeitig ist davon auszugehen, dass sowohl der Verzicht auf die datentechnische Erfassung der o.g., dem Maschinenbau i.w.S. zuordenbaren Teilbranchen als auch der Einbezug der Teilbranchen Waffen/ Munition und Haushaltsgeräte aufgrund ihrer verhältnismäßig geringen wirtschaftlichen Bedeutung zu keinen signifikanten Abweichungen in den getroffenen Aussagen führen.

Abteilung	Gruppe	Klasse	Bezeichnung	Maschinenbau	Maschinenbau (i.e.S.)	Maschinenbau (i.w.S.)
28	Herstellung von Metallerzeugnissen					
	28.1		Stahl- und Leichtbau			
	28.2		H. v. Metallbehältern mit einem Fassungsvermögen von mehr als 300l			
	28.3		H. v. Dampfkesseln (ohne Zentralheizungskessel)			X
	28.4		H. v. Schmiede-, Press-, Zieh- und Stanzteilen, gewalzten Ringen und			
	28.5		Oberflächenveredlung und Wärmebehandlung			
	28.6		H. v. Schneidwaren, Werkzeugen, Schlössern und Beschlägen aus unedlen			
		28.61	Herstellung von Schneidwaren und Bestecken aus unedlen Metallen			
		28.62	Herstellung von Werkzeugen			X
		28.63	Herstellung von Schlössern und Beschlägen aus unedlen Metallen			
	28.7		Herstellung von sonstigen Metallwaren			
29	Maschinenbau					
	29.1		H. v. Maschinen für die Erzeugung und Nutzung von mechanischer Energie	X	X	X
	29.2		Herstellung von sonstigen nicht wirtschaftszweigspezifischen Maschinen	X	X	X
	29.3		Herstellung von land- und forstwirtschaftlichen Maschinen	X	X	X
	29.4		Herstellung von Werkzeugmaschinen	X	X	X
	29.5		Herstellung von Maschinen für sonstige bestimmte Wirtschaftszweige	X	X	X
	29.6		Herstellung von Waffen und Munition	X		
	29.7		Herstellung von Haushaltsgeräten	X		
30	H. v. Büromaschinen, Datenverarbeitungsgeräten und Einrichtungen					
31	H. v. Geräten der Elektrizitätserzeugung, -verteilung u. ä.					
	31.1		Herstellung von Elektromotoren, Generatoren und Transformatoren			X
	31.2		Herstellung von Elektrizitätsverteilungs- und -schalteinrichtungen			X
	31.3		Herstellung von isolierten Elektrokabeln, -leitungen und -drähten			
	31.4		Herstellung von Akkumulatoren und Batterien			
	31.5		Herstellung von elektrischen Lampen und Leuchten			
	31.6		Herstellung von elektrischen Ausrüstungen			
32	Rundfunk- und Nachrichtentechnik					
33	Medizin-, Mess-, Steuer- und Regelungstechnik; Optik, H. v. Uhren					
	33.1		Herstellung von medizinischen Geräten und orthopädischen Erzeugnissen			
	33.2		Herstellung von Mess-, Kontroll-, Navigations- u.ä. Instrumenten und			X
	33.3		Herstellung von industriellen Prozesssteuerungseinrichtungen			
	33.4		Herstellung von optischen und fotographischen Geräten			
	33.5		Herstellung von Uhren			

Bild 10.1: Abgrenzung des Objektbereichs[2]

[1] Vgl. o.V.: Branchenanalyse Maschinenbau 2000, 2001, S. 5; Vieweg, H.-G. et al: Der Maschinenbau im Zeitalter der Globalisierung und „New Economy", 2002, S. 4f.

[2] Eigene Darstellung. I.A.a. o.V.: Klassifikation der Wirtschaftzweige, 2003, S. 20ff.

10.2 Studie „Global Footprint Design“

Das Ziel der empirischen Studie „Global Footprint Design – Die Spielregeln der internationalen Wertschöpfung beherrschen“ war die Identifikation aktueller Entwicklungstendenzen in den Themenbereichen Standortstruktur (Global Footprint) und Verlagerung von Industrieunternehmen ausgewählter global-integrierter Branchen (Bild 10.2). Die Fragen umfassten die folgenden Themenfelder: Zielländer von Verlagerungen/ Direktinvestitionen und dort angesiedelte Wertschöpfungsumfänge, ziellandbezogene Motive, verfolgte Globalisierungsstrategien sowie den Verlagerungsprozess.

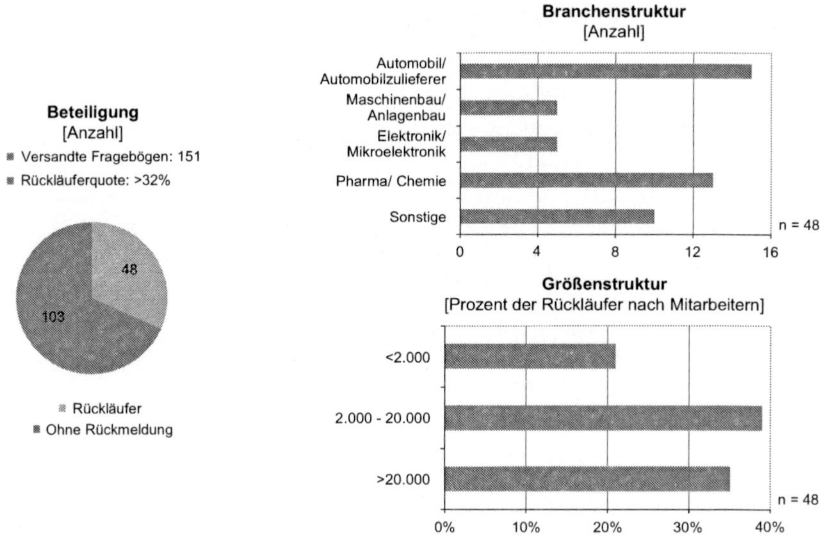

Bild 10.2: Teilnehmerstruktur der Studie „Global Footprint Design“

Der Ablauf der empirischen Studie gliederte sich in eine Breiten- und Tiefenanalyse: Im Rahmen der Breitenanalyse wurden insgesamt 460 Fragebögen an ausgewählte deutsche Industrieunternehmen versendet und deren Rückläufer (70) statistisch ausgewertet. Adressaten waren mehrheitlich Führungskräfte der ersten Führungsebene (Geschäftsführer, Vorstand). Die im Rahmen der Empirie gewonnenen Erkenntnisse wurden anschließend in der Tiefenanalyse mit Vertretern ausgewählter Unternehmen diskutiert und konsolidiert.

Die Studie wurde vom Werkzeugmaschinenlabor WZL der Rheinisch-Westfälischen Technischen Hochschule Aachen (RWTH Aachen) in Zusammenarbeit mit der Fa. Roland Berger Strategy Consultants im Jahr 2004 durchgeführt. Die Ergebnisse wurden in Form einer Broschüre[1] veröffentlicht.

[1] Vgl. Geissbauer, R.; Schuh, G.: Global Footprint Design, 2004.

Im Weiteren sind ausgewählte Ergebnisse dieser Studie dargestellt.

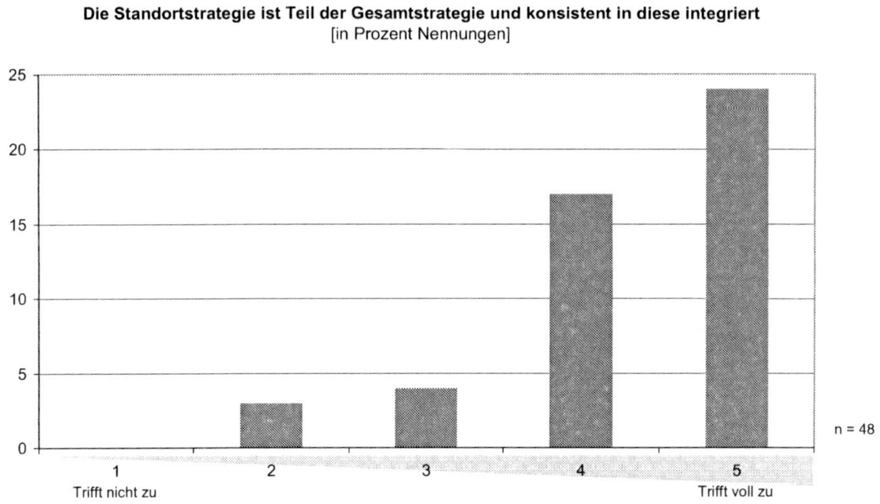

Bild 10.3: Verhältnis zwischen Unternehmens- und Standortstrategie

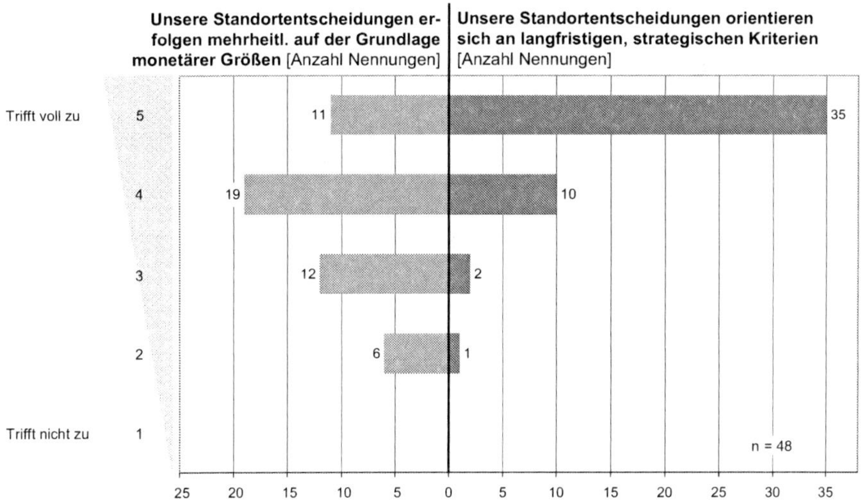

Bild 10.4: Zielgrößen von Standortentscheidungen

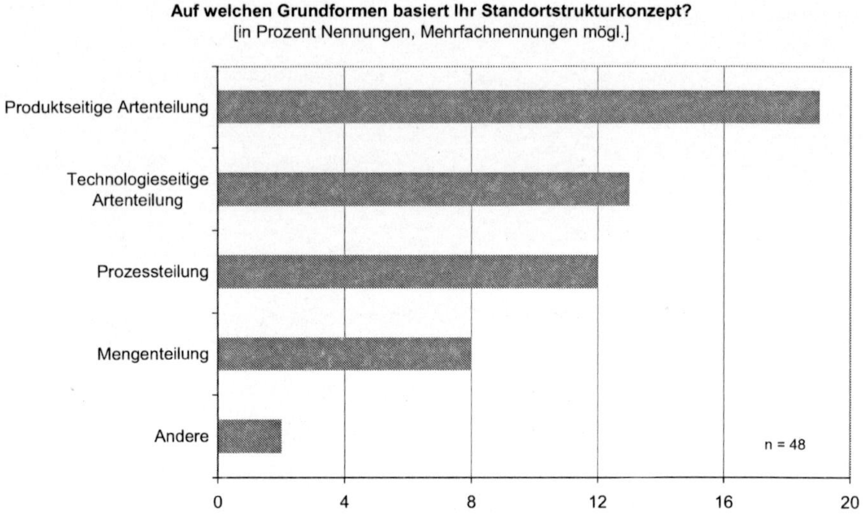

Bild 10.5: Formen globaler Standortstrukturkonzepte

Bild 10.6: Absichten globaler Standortstrukturkonzepte

10.3 Studie „Strategien im Maschinen- und Anlagenbau"

Zielsetzung der Studie „Effizient, schnell und erfolgreich – Strategien im Maschinen- und Anlagenbau" war es, die zukünftigen Herausforderungen für den deutschen Maschinen- und Anlagenbau zu identifizieren und auf Basis einer Breitenbefragung und mit anschließenden Tiefeninterviews Handlungsempfehlungen und Best-Practice-Strategien in den Kategorien Strategische Positionierung, Produkt, Produktion und Einkauf abzuleiten.

Der Fragebogen zur Studie Strategien im Maschinen und Anlagenbau wurde an 1.806 Unternehmen des deutschen Maschinen- und Anlagenbaus versand. Die Rücklaufquote betrug 14%. Die in Bild 10.7 dargestellte Wertschöpfungspyramide im Maschinen- und Anlagenbau zeigt einen Ausschnitt der in der Studie befragten Unternehmen, zusammengestellt nach der Positionierung in den Wertschöpfungsstufen. Durchschnittlich ist jedes der befragten Unternehmen in 2,1 Wertschöpfungsstufen vertreten.

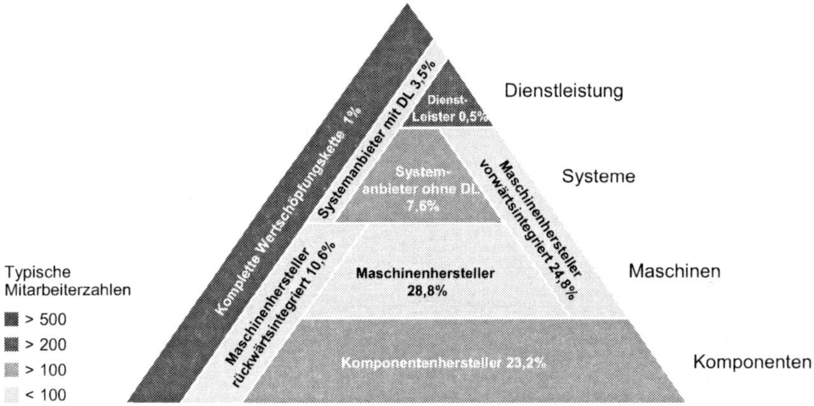

Bild 10.7: Branchenstruktur der befragten Unternehmen exklusive Mischformen

Die Studie wurde vom Werkzeugmaschinenlabor WZL der Rheinisch-Westfälischen Technischen Hochschule Aachen (RWTH Aachen) in Zusammenarbeit mit der Fa. Roland Berger Strategy Consultants und dem VDMA in den Jahren 2006/ 2007 durchgeführt. Die Ergebnisse wurden in Form einer Broschüre[1] veröffentlicht.

Im Weiteren sind ausgewählte Ergebnisse dieser Studie dargestellt.

[1] Vgl. Schuh, G. et al.: Effizient, schnell und erfolgreich, 2007.

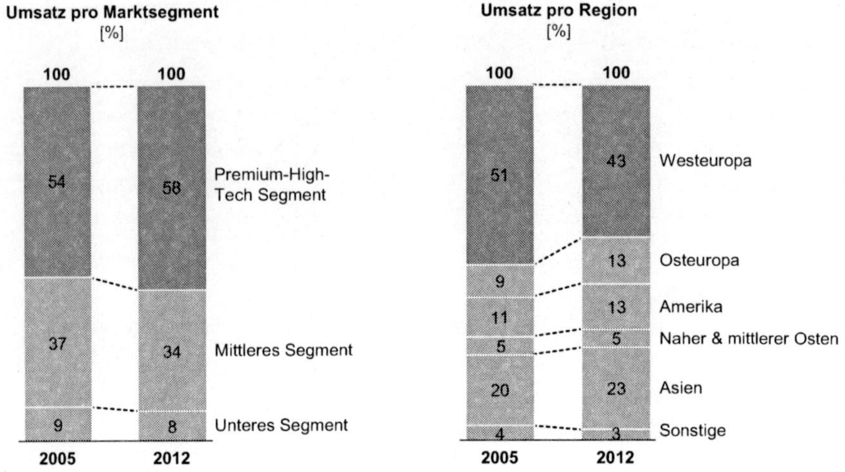

Bild 10.8: Umsatzverteilung im Maschinenbau

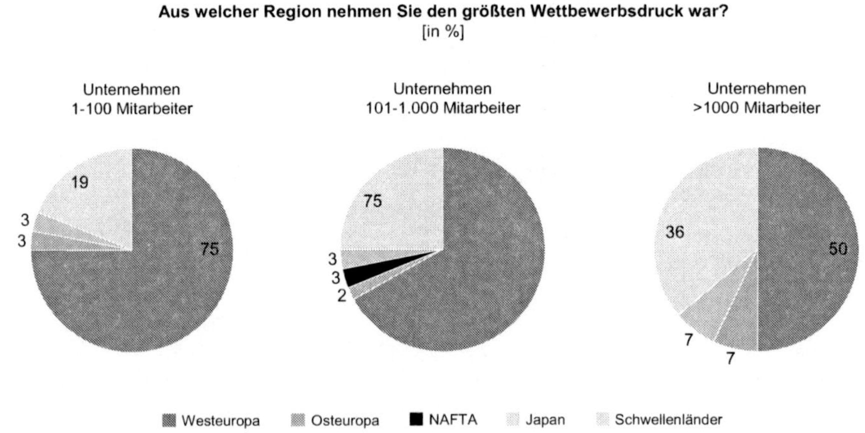

Bild 10.9: Wettbewerbsstrukturen im Maschinenbau

10.4 Studie „Zukunftsperspektive Deutschland“

Im Mittelpunkt der Studie „Zukunftsperspektive Deutschland – Chancen für den Produktions- und Entwicklungsstandort Deutschland“ standen Motive und Zielsetzungen für den Standort Deutschland, Maßnahmen zur Steigerung und Sicherung der Wettbewerbsfähigkeit sowie Verlagerungsschwellenwerte. Teilgenommen haben insgesamt über 100 Unternehmen. Die teilnehmenden Unternehmen spiegeln einen ausgewogenen Mix verschiedener Branchen wider, wobei der Schwerpunkt auf dem Maschinen- und Anlagenbau sowie der Automobilzulieferindustrie liegt. Bezogen auf die Umsatzklassen der Unternehmen stellt die Studie ebenfalls eine repräsentative Zusammensetzung dar. 61% der Beteiligten gaben zudem an, bereits über einen Produktionsstandort im Ausland zu verfügen.

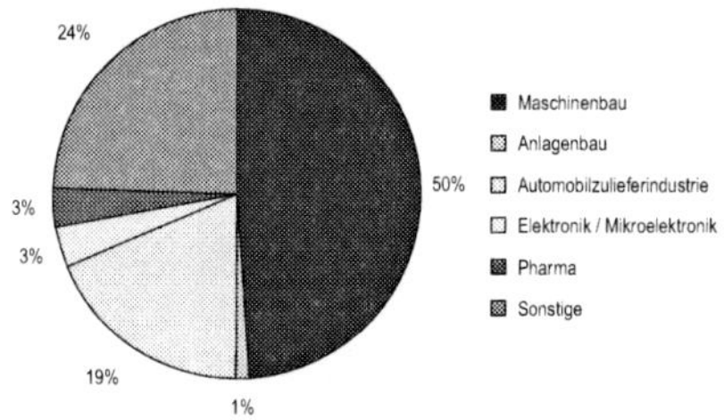

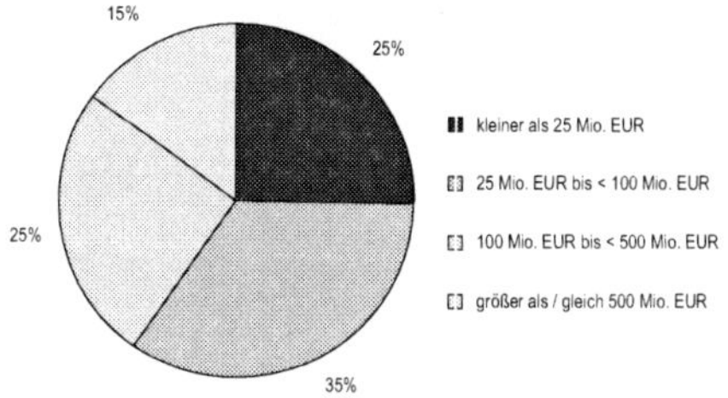

Bild 10.10: Design der Studie „Zukunftsperspektive Deutschland“

Die Studie wurde vom Werkzeugmaschinenlabor WZL der RWTH Aachen und der Kienbaum Consultants Management GmbH (KMC) im Jahr 2006 erstellt. Die Ergebnisse wurden in Form einer Broschüre[1] veröffentlicht.

Im Weiteren sind ausgewählte Ergebnisse dieser Studie dargestellt.

[1] Vgl. Schuh, G.; Linnhoff, M.: Zukunftsperspektive Deutschland, 2006.

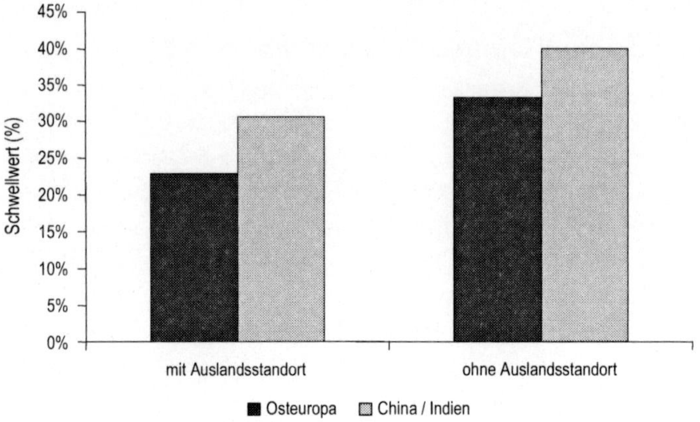

Bild 10.11: Verlagerungsschwellwerte für die Produktion

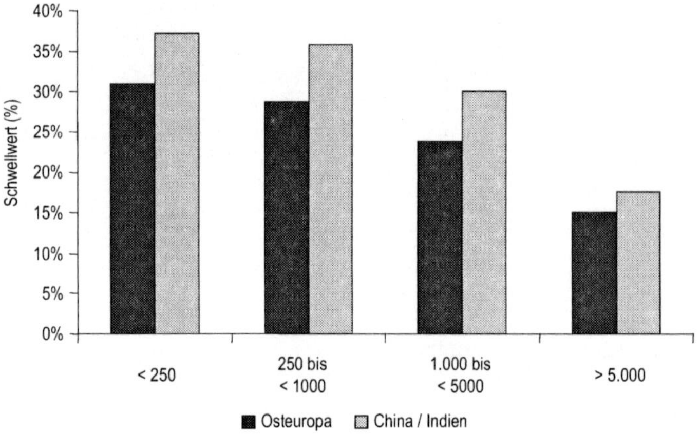

Bild 10.12: Schwellwerte für die Produktion in Abhängigkeit der Mitarbeiteranzahl

10.5 Erfassung und Klassifikationen von Kosten und Zahlungen

MATERIALKOSTENSTELLEN (BESCHAFFUNG)

- **Einkauf**
  - Angebotsbearbeitung
  - Bestellwesen
  - Terminwesen
  - Materialgruppen
  - Lieferbranchen
- **Warenannahme und -prüfung**
  - Warenannahme
  - Wareneingangskontrolle
  - Lagerrevision
  - Permanente Revision
- **Materialverwaltung**
  - Lagerbuchhaltung
  - Materialdisposition
- **Materiallagerung und -ausgabe**
  - Rohstofflager
  - Teilelager
  - Werkzeuglager
  - Werkzeugausgabe
  - Auswärtslager
  - Schrottlager

FERTIGUNGSKOSTENSTELLEN (FERTIGUNG)

a) Fertigungshilfsstellen

- **Fertigungsvorbereitung u. -steuerung**
  - Fertigungs- u. Betriebsmittelplanung
  - Arbeits- und Zeistudien
  - Fertigungssteuerung
  - Fertigungstechnik
- **Betriebsbüro**
- **Betriebsmittelfertigung**
- **Zwischenlager**
- **Werkzeuglager**
- **Qualitätssicherung**

b) Fertigungshauptstellen

- **Vorfertigung**
- **Hauptfertigung**
- **Montage**
- **Sonderfertigung**

FORSCHUNGS- UND ENTWICKLUNGS-KOSTENSTELLEN (ENTWICKLUNG)

- **Forschung und Entwicklung**
  - Forschung
  - Entwicklung
  - Verfahrensversuche
- **Konstruktion**
  - Normung
  - Zeichnungsregistratur
- **Versuche, Erprobung**
  - Prüflaboratorien
  - Prüffelder
  - Werkstoffprüfungen
- **Musterbau und -erprobung**
  - Funktionsmuster
  - Ausstellungsmuster

VERWALTUNGSKOSTENSTELLEN (VERWALTUNG)

- **Unternehmensleitung**
  - Geschäftsleitung
  - Pressestelle
- **Personalverwaltung**
  - Lohn- und Gehaltsabrechnung
  - Vorschlagswesen
  - Aus- und Fortbildung
  - Sozialwesen
- **Finanz- und Rechnungswesen**
  - Hauptbuchhaltung
  - Kontokorrentbuchhaltung
  - Finanzabteilung
  - Anlagenbuchhaltung
  - Betriebsabrechnung
  - Kalkulation
  - Auswertung und Controlling
- **Spezielle Verwaltungsdienste**
  - Recht
  - Steuern
  - Organisation
  - Revision
  - Unternehmensplanung
  - Datenverarbeitung
  - Patente
- **Allgemeine Verwaltung**
  - Telefonzentrale
  - Hauspost
  - Registratur
  - Übersetzungsbüro
  - Büromateriallager
  - Vervielfältigung

VERTRIEBSKOSTENSTELLEN (VERTRIEB)

- **Verkaufsvorbereitung**
  - Marktforschung
  - Produktinformation
  - Verkaufsplanung
  - Werbung
- **Akquisition/ Verkauf**
  - Außendienst
  - Niederlassungen
- **Auftragsabwicklung**
  - Auftragsbearbeitung
  - Fakturierung
- **Fertigwarenlager, Verpackung/ Versand**
  - Packerei
  - Versand
- **Kundendienst**

KOSTENSTELLEN DES ALLGEMEINEN BEREICHS

- **Grundstücke und Gebäude**
  - Grundstücke
  - Fabrikgebäude
  - Geschäftsgebäude
  - Lagergebäude
  - Wohngebäude
  - Baracken
- **Energieversorgung**
  - Wasserversorgung
  - Dampfversorgung
  - Heizungsanlage
  - Kraftzentrale
  - Gasversorgung
- **Transport**
  - Lastkraftwagen
  - Personenkraftwagen
  - Elektrokarren
  - Gleisanlagen
  - Tankstellen
- **Instandhaltung**
  - Instandhaltung Maschinen u. Werkzeug
  - Instandhaltung Gebäude
  - Instandhaltung Elektrische Anlagen
- **Allgemeiner Werksdienst**
  - Werkschutz
  - Feuerwehr
- **Sozialeinrichtungen**
  - Werksarzt
  - Betriebsarzt
  - Sporteinrichtungen
  - Bücherei
  - Kantine
  - Erholungswerk

Bild 10.13: Kostenstellenplan nach Funktionsbereichen[1]

[1] Vgl. o.V.: Empfehlungen zur Kosten- und Leistungsrechnung, 1988.

MATERIALAUFWAND

- **Aufwendungen f. RHB u. bezogene Waren**
  - Rohstoffe/ Fertigungsmaterial
  - Vorprodukte/ Fremdbauteile
  - Hilfsstoffe
  - Betriebsstoffe/ Verbrauchswerkzeuge
  - Verpackung
  - Energie
  - Reparaturmaterial und fremnsinstandhaltung
  - Sonstiges Material
    - Putz- und Pflegematerial
    - Berufskleidung
    - Lebensmittel und Kantinenwaren
    - Anderes sonstiges Material
  - Aufwendungen für Waren
  - Sonderabschreibungen für RHB und für bezogene Waren
- **Aufwendungen f. bezogene Leistungen**
  - Fremdleistungen für Erzeugnisse und andere Umsatzleistungen
  - Fremdleistungen für die Auftragsgewinnung
  - Entwicklungs-, Versuchs- und Konstruktonsarbeiten durch Dritte
  - Weitere Fremdleistungen (Garantiearbeiten, Leiharbeitskräfte)
    - Fremdleistungen für Garantiearbeiten
    - Leiharbeitskräfte für die Leistungserstellung
  - Frachten u. Fremdlager (incl. Versicherung und anderen Nebenkosten)
  - Vertriebsprovisionen
  - Fremdinstandhaltung und Reperaturmaterial
  - Sonstige Aufwendungen für bezogene Leistungen

PERSONALAUFWAND

- **Löhne**
  - Löhne für geleistete Arbeitszeit (einschl. Zulagen)
  - Löhne für andere Zeiten (Urlaub, Feiertag, Krankheit)
  - Sonstige tarifliche oder vertragliche Aufwendungen für Lohnempfänger
  - Freiwillige Zuwendungen
  - Sachbezüge
  - Vergütungen an gewerbliche Auszubildende
  - Sonstige Aufwendungen mit Lohncharakter
- **Gehälter (incl. Sozialen Abgaben)**
  - Gehälter (einschl. Zulagen)
  - Sonstige tarifliche oder vertragliche Aufwendungen für Lohnempfänger
  - Freiwillige Zuwendungen
  - Sachbezüge
  - Vergütung an technische/ kaufmännische Auszubildende
  - Sonstige Aufwendungen mit Gehaltscharakter
- **Soziale Abgaben u. Aufwände für Altersversorgung u. Unterstützung**
  - Arbeitgeberanteil zur Sozialversicherung (Lohnbereich)
  - Arbeitgeberanteil zur Sozialversicherung (Gehaltsbereich)
  - Beiträge zur Berufsgenossenschaft
  - Sonstige soziale Abgaben
    - Beiträge zum Pensionssicherungsverein
    - Übrige Sonstige soziale Abgaben
  - Gezahlte Betreibsrenten
  - Veränderung der Pensionsrückstellungen
  - Aufwendungen für Direktversicherungen
  - Zuweisungen an Pensions- und Unterstützungskassen
  - Sonstige Aufwendungen für Altersversorgung
  - Beihilfen und Unterstützungsleistungen

ABSCHREIBUNG

- **Abschr. auf aktivierte Aufwendungen für die Ingangsetzung und Erweiterung des Geschäftsbetriebes**
- **Abschr. auf immat. Vermögensgegenstände des Anlagenvermögens**
- **Abschr. auf Grundstücke und Gebäude**
- **Abschr. auf technische Anlagen und Maschinen**
- **Abschr. auf andere Anlagen, Betriebs- u. Geschäftsausstattung**
  - Abschr. auf andere Anlagen und Betriebsausstattung
  - Abschr. auf Fuhrpark
  - Abschr. auf Geschäftsausstattung
  - Abschr. auf geringwertige Wirtschaftsgüter
- **Außerplanmäßige Abschr. auf Sachanlagen**
- **Steuerrechtliche Sonderabschreibungen auf Sachanlagen**
- **Unübliche Abschr. auf Vorräte**
- **Unübl. Abschr. auf Forderungen u. sonst. Vermögensgegenstände**

SONSTIGE AUFWENDUNGEN

- **Sonstige Personalaufwendungen**
  - Aufwendungen für Personaleinstellung
  - Aufwendungen für übernommene Fahrtkosten
  - Aufwendungen für Werkarzt und Arbeitssicherheit
  - Personenbezogene Versicherung
  - Aufwendungen für Fort- u. Weiterbildung
  - Aufwendungen für Dienstjubiläen
  - Aufwendungen für Belegschaftsveranstaltungen
  - Ausgleichsabgabe nach dem Schwerbehindertengesetz
  - Übrige sonst. Personalaufwendungen
- **Aufwendungen für die Inanspruchnahme von Rechten u. Diensten**
  - Mieten, Pachten, Erbbauzinsen
  - Leasing
    - Leasing Sachmittel
    - Leasing EDV
  - Lizenzen und Konzessionen
  - Gebühren
  - Bankspesen/ Kosten des Geldverkehrs und der Kapitalbeschaffung
  - Provisionen
  - Prüfung, Beratung, Rechtschutz
  - Aufwendungen für Aufsichtsrat, Beirat, oder dgl.
- **Aufwendungen für Kommunikation**
  - Büromaterial und Drucksachen
    - Büromaterial
    - Vordrucke/ Formulare
    - Andere Drucksachen
  - Zeitungen und Fachliteratur
    - Abonnements für Zeitungen und Fachliteratur
    - Bücher und sonstiges Informationsmaterial
  - Post
    - Porto
    - Telefon
    - Andere Postnetzdienste
  - Sonstige Kommunikationsmittel
  - Reisekosten
    - Tagegeld und Übernachtung
    - Fahrt- und Flugkosten
    - Erstattung für private PKW-Benutzung und Parkgebühren
  - Gästebewirtung und Repräsentation
    - Bewirtung mit amtlichem Vordruck
    - Bewirtung ohne amtlichen Vordruck
    - Repräsentationen
    - Spenden
  - Werbung
  - Sonstige Aufwendungen für Kommunikation
- **Aufwendungen für Beiträge und Sonstiges**
  - Diverse Versicherungsbeiträge
  - Kfz-Versicherungsbeiträge
  - Beiträge zu Wirtschftsverbänden und Berufsvertretungen
  - Andere sonstige betriebliche Aufwendungen
    - Verluste aus Schadensfällen
    - Forderungsverzicht
    - Eigenverbrauch
  - Verluste aus Wertmind. von Gegenständen des Umlaufvermögens
    - Abschreibung auf Forderungenwegen Uneinbringlichkeit
    - Einzelwertberichtigungen
    - Pauschalwertberichtigungen
    - Kursverluste bei Forderungen/ Verbindlichkeiten in Fremdwährung
    - Zusätzliche Abschreibung auf Forderungen in Fremdwährungen
  - Verluste aus dem Abgang von Vermögensgegenständen
    - Immaterielle Vermögensgenstände
    - Sachanlagen
    - Umlaufvermögen
  - Einstellungen in den Sonderposten mit Rücklageanteil
    - Bildung unversteuerter Sinderrücklagen
    - Steuerliche Sonderabschreibungen auf Anlagevermögen
    - Steuerliche Sonderabschreibungen aud Umlaufvermögen
- **Betriebliche Steuern**
  - Gewerbekapitalsteuer
  - Vermögenssteuer
  - Grundsteuern
  - Kfz-Steuern
  - Wechselsteuer
  - Gesellschaftssteuer
  - Ausfuhrzölle
  - Verbrauchssteuern
  - Sonstige betriebliche Steuern
- **Abschreibung auf Finanzanlagen und auf Wertpapiere des Umlaufvermögens und Verluste aus Abgänge**
  - Abschreibung auf Finanzanlagen
    - Abschreibungen auf den beizulegenden Wert
    - Steuerliche Sonderabschreibungen
  - Abschreibung auf Wertpapiere des Umlaufvermögens
    - Abschreibungen auf den Tageswert
    - Zusätzl. Abschreib. bis Untergrenze erwarteter Wertschwankungen
    - Steuerliche Sonderabschreibungen
  - Verluste aus dem Abgang von Finanzanlagen
  - Verluste aus dem Abgang von Wertpapieren des Umlaufvermögens
  - Aufwendungen aus Verlustübernahme
- **Zinsen und ähnliche Aufwendungen**
  - Zinsen und ähnliche Aufwendungen an verbundenen Unternehmen
  - Bankzinsen
    - Zinsen für Dauerkredite
    - Zinsen für andere Kredite
  - Kredit- und Überziehungsprovisionen
  - Diskontaufwand
  - Abschreibungen auf Disagio
  - Bürgschaftsprovisionen
  - Zinsen für Verbindlichkeiten
  - Abzinsungsbeträge
  - Sonstige Zinsen und ähnliche Aufwendungen
- **Außerordentliche Aufwendungen**
- **Steuern vom Einkommen u. vom Ertrag**
  - Gewerbeertragssteuer
  - Körperschaftsschaftssteuer
  - Kapitalertragssteuer
  - Ausländische Quellensteuer
  - Latente Steuern
  - Sonstige Steuern vom Einkommen und Ertrag
- **Sonstige Steuern**
- **Aufwendungen aus Gewinnabführungsvertrag**

Bild 10.14: Abgrenzungsposten der Gewinn- und Verlustrechnung[1]

[1] Vgl. Ballwieser, W.: Unternehmensbewertung, 2007.

Lebenslauf

PERSÖNLICHE DATEN

Name, Vorname	Merchiers, Andreas
Geburtsdatum, -ort	23. September 1976, Iserlohn
Wohnort	Essen
Familienstand	ledig

AUSBILDUNG

2002 – 2004	Wirtschaftswissenschaftliches Zusatzstudium, RWTH Aachen, Abschluss: Dipl.-Wirt. Ing.
1996 – 2002	Studium des Maschinenbaus, Vertiefungsrichtung Fertigungstechnik, RWTH Aachen, Abschluss: Dipl.-Ing.
1988 – 1995	Albertus-Magnus-Gymnasium, Friesoythe, Abschluss: Abitur
1986 – 1988	Orientierungsstufe, Heinrich-von-Oytha-Schule, Altenoythe
1982 – 1986	Grundschule, Marienschule, Friesoythe

WEHRDIENST

1995 – 1996	3./ Fallschirmjägerbataillon 314, Oldenburg Luftlandeversorgungskompanie 270, Oldenburg Fallschirmjäger/ Transportsoldat

BERUFLICHER WERDEGANG

2007 – heute	Gebr. Eickhoff Maschinenfabrik u. Eisengießerei GmbH, Strategische Unternehmensplanung/ Ass. d. Geschäftsführung
2002 – 2007	Werkzeugmaschinenlabor WZL der RWTH Aachen, Lehrstuhl für Produktionssystematik, Wissenschaftlicher Mitarbeiter
1998 – 2000	Werkzeugmaschinenlabor WZL der RWTH Aachen, Lehrstuhl für Produktionssystematik, Studentischer Mitarbeiter
1998	Institut für allgemeine Mechanik (IAM) der RWTH Aachen, Studentischer Mitarbeiter

STIPENDIEN

1998 – 2004	Begabtenförderung der Konrad-Adenauer-Stiftung Stipendium der Deutschen Studentenförderung Stipendium der Deutschen Graduiertenförderung